David Christian
Zukunft denken

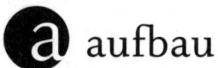

David Christian

ZUKUNFT DENKEN

Die nächsten 100, 1000
und 1 Milliarde Jahre

Aus dem Englischen von Hainer Kober

Die Originalausgabe erschien unter dem Titel
Future Stories. What's Next?
bei Little Brown Spark, New York

ISBN 978-3-351-03942-4

Aufbau ist eine Marke
der Aufbau Verlage GmbH & Co. KG

1. Auflage 2022
© Aufbau Verlage GmbH & Co. KG, Berlin 2022
Copyright © 2022 David Christian
Lektorat: Dr. Ludger Ikas
All rights reserved
Einbandgestaltung Anzinger und Rasp, München
Satz LVD GmbH, Berlin
Druck und Binden CPI books GmbH, Leck, Germany
Printed in Germany

www.aufbau-verlage.de

*Ich widme dieses Buch meinen Enkelkindern
Daniel, Evie Rose und Sophia.
Sie sind die Zukunft. Möge die Zukunft es gut mit ihnen meinen.*

Inhalt

Einleitung | **9**

Teil I
Über Zukunft nachdenken
Wie Philosophen, Wissenschaftler und Lebewesen es anstellen

    Kapitel 1:   Was ist die Zukunft?
                       Zeit als Fluss und Zeit als Landkarte | **23**
    Kapitel 2:   Praktisches Zukunftsdenken: Zeit als Relation | **49**

Teil II
Zukünfte managen
Wie Bakterien, Pflanzen und Tiere es anstellen

    Kapitel 3:   Wie Zellen die Zukunft managen | **81**
    Kapitel 4:   Wie Pflanzen und Tiere die Zukunft managen | **99**

Teil III
Vorbereitung auf Zukünfte
Wie die Menschen es anstellen

    Kapitel 5:   Was ist neu am menschlichen Zukunftsdenken? | **131**
    Kapitel 6:   Zukunftsdenken im Agrarzeitalter | **155**
    Kapitel 7:   Modernes Zukunftsdenken | **193**

Teil IV
Zukünfte imaginieren
Menschliche, astronomische und kosmologische
    Kapitel 8:   Nahe Zukünfte. Die nächsten hundert Jahre | **233**
    Kapitel 9:   Mittlere Zukünfte. Die menschliche Evolutionslinie | **279**
    Kapitel 10:   Ferne Zukünfte. Der Rest der Zeit | **305**

Danksagung | **323**
Glossar | **327**
Anmerkungen | **335**
Literaturverzeichnis | **359**

Einleitung

Wenn ihr durchschauen könnt die Saat der Zeit
Und sagen: dies Korn sproßt und jenes nicht, –
So sprecht zu mir ...

Banquo zu den drei Hexen, *Macbeth*[1]

Öffnen Sie eine knarzende Tür in einem verwunschenen Haus, und Ihnen werden kalte Schauer den Rücken hinunterlaufen. Alles Mögliche könnte erscheinen. In jedem Augenblick unseres Lebens öffnen wir Türen in die Zukunft. Was verbirgt sich hinter ihnen? Wie können wir uns auf das Unbekannte vorbereiten? Schon der Apostel Paulus schrieb: »Wir sehen jetzt durch einen Spiegel in einem dunklen Bild.«[2] In diesem Buch geht es um das verborgene Gesicht der Zeit, um die Teile, die im Dunkeln zu liegen scheinen, weil wir sie noch nicht gesehen haben. Es geht um das, was an dem seltsamen Ort auf uns lauert, den wir »die Zukunft« nennen – und darum, wie wir versuchen, es uns vorzustellen, uns darauf vorzubereiten und es zu bewältigen.

Das Bemühen, die Zukunft zu verstehen, kann einem das Gefühl geben, ins Leere zu fassen. Doch so ungreifbar sie auch erscheint, die Zukunft hat nachhaltigen Einfluss auf unser Denken, Fühlen und Tun. Wie viel Sorge und Mühe, Hoffnung und Kreativität widmen wir der Zukunft! Es könnte sogar sein, dass sich der *größte* Teil unseres Denkens mit möglichen Zukünften befasst. Meist reagieren wir automatisch auf sie. Das ist unser alltägliches Zukunftsdenken. Es ist vertraut und trivial. Gesteuert wird es von biologischen Prozessen, neurologischen Vorgängen und Algorithmen, die uns intuitiv vorkommen, weil sie meist unterhalb der Bewusstseinsschwelle stattfinden. Hier handelt es sich um das Zukunftsdenken, das wir praktizieren, wenn wir eine Straße überqueren und überlegen, ob uns der heranbrausende Sattelschlepper wohl erwischt. Dem Geheimnis der Zukunft begegnen wir erst dann wirklich, wenn wir neue Richtungen einschlagen, wenn ein Kind geboren wird, wenn wir uns einer plötzlichen Krise gegenübersehen, wenn wir in ein anderes Land ziehen oder wenn wir versuchen, uns die Zukunft des Planeten Erde vorzustellen. Das ist bewusstes Zukunftsdenken. Sobald wir aufmerksam und eingehend über die Zukunft nachdenken, wird uns rasch klar, wie sonderbar sie ist.

Im vorliegenden Buch werden wir uns damit beschäftigen, wie Philosophen, Wissenschaftler und Theologen über die Zukunft gedacht haben. Wir werden uns anschauen, wie sich andere Lebewesen – von Bakterien über Biber bis zu Baobabs – mit dem gleichen tiefen Geheimnis auseinandersetzen, indem sie eine ungeheuer komplexe biochemische und neurologische Maschinerie benutzen. Und wir werden uns mit der Frage beschäftigen, was unsere eigene Spezies von anderen unterscheidet, wenn sie kollektiv und bewusst über die Zukunft nachdenkt und versucht, auf sie einzuwirken. Zum Schluss geht es um einige der heute denkbaren Zukünfte in den nächsten Jahrzehnten, Jahrtausenden und Jahrmilliarden. Zum Schluss stellen wir einige Vermutungen über das Ende der Zeit an.

Ein alltägliches Geheimnis

In jedem Augenblick unseres Lebens sehen wir uns mit dem eigenartigen, existenziellen Geheimnis der Zukunft konfrontiert. Es scheint viele mögliche Zukünfte zu geben. Blitzartig sind dann alle diese Zukünfte bis auf eine verschwunden, und wir haben es nur noch mit einer einzigen Gegenwart zu tun. Wir müssen diese Gegenwart schnell bewältigen, weil sie gleich darauf schockgefroren im Gedächtnis und in der Geschichte landet – mit so viel Bewegungsfreiheit wie ein Mammut in Eiszeitgletschern. Auf der anderen Seite jeder knarzenden Tür wartet eine endlose, ungeduldige Menge anderer möglicher Zukünfte, einige alltäglich, einige trivial, einige geheimnisvoll und einige, die tiefgreifende Veränderung bringen. Und wir wissen nicht, mit welcher wir es zu tun bekommen werden.

Die Geheimnisse, in die die Zukunft gehüllt ist, sind verlockend und erschreckend zugleich; sie haben großen Anteil an der Fülle, Schönheit, Freude und Bedeutung des Lebens. Seinem Zauber! Wollen wir wirklich wissen, was hinter jeder Tür liegt? Vor 2000 Jahren fragte Cicero: Und Cäsar – hätte er »durch Weissagung die Versicherung erhalten (...), [er werde] (...) von Bürgern ersten Ranges, die zum Teil ihm Alles zu verdanken hatten (...) ermordet werden, und so da liegen, daß nicht nur keiner seiner Freunde, sondern nicht einmal Einer seiner Sklaven zu seinem Leichnam hinträte – in welcher Seelenqual, sage ich, würde er sein Leben hingebracht haben?!«[3] Cicero kannte Cäsar und hatte vielleicht sogar mit eigenen Augen gesehen, wie dieser in den Iden des Märzes (am 15. März) 44 v. Chr. erdolcht wurde. Als Cäsar starb, schrieb Cicero gerade an seinem bedeutenden Werk über Weissagung. Daher war das Beispiel für ihn so lebhaft und eindringlich. Türen zur Zukunft verbergen Dinge, die wir vielleicht lieber nicht kennen würden. Unsere Ahnungslosigkeit bezüglich der Zukunft trägt wesentlich zur Dramatik und zum Reiz des Lebens bei. Sie gibt uns die Freiheit, uns zu entscheiden, und nimmt uns in die moralische Pflicht, sorgfältig zu entscheiden.

Gleichwohl möchten wir oft unbedingt einen Blick auf das erhaschen, was uns erwartet. Welche Hinweise haben wir? Wenn wir in ein anderes Land reisen, können wir mit Leuten sprechen, die schon dort gewesen sind, oder wir richten uns nach *Lonely-Planet*-Reiseführern, so wie die Europäer im 19. Jahrhundert mit ihrem *Baedeker* reisten. Als gelernter Historiker habe ich die Vergangenheit in meiner Vorstellung bereist, indem ich die Aufzeichnungen und Erinnerungen der Menschen, die einst lebten, als *Baedeker* benutzte. Ich bin nicht blind gereist. Wenn wir aber die Zukunft betreten, haben wir keine Reiseführer, weil noch keine Menschenseele dort war. Zu Recht hat uns der Historiker und Philosoph R. G. Collingwood darauf hingewiesen, dass uns die Zukunft keine Dokumente hinterlasse.[4]

Dieses Nichtwissen ist beängstigend, weil die Zukunft wirklich – wirklich! – von großer Bedeutung ist. »Schließlich«, so der Zukunftsforscher Nicholas Rescher, »werden wir dort alle den Rest unseres Lebens zubringen.«[5] Daher suchen wir alle nach Orientierungshilfen.

Unser Verstand hält ständig nach Mustern, Trends und Zeichen Ausschau und stellt sich gute und schlechte Zukünfte vor; wir versuchen Botschaften von Träumen oder Sternen ebenso zu deuten wie die Warnungen oder Verheißungen von Wahrsagern oder Finanzberatern. Wir fragen Eltern, Ärzte oder Lehrer. Moderne Regierungen fragen Wirtschaftswissenschaftler und Statistiker (und entlohnen sie gelegentlich fürstlich). All das tun wir, denn mag die Zukunft auch keine Dokumente hinterlassen, so verfügen wir doch über einige Hinweise auf das, was da kommen könnte. Und manchmal können wir Vorhersagen auf der Basis von, wie Leibniz sagte, »moralischer [d. h. annähernder] Gewissheit« abgeben. Die Sonne wird morgen aufgehen; ich werde eines Tages sterben; der Staat wird darauf bestehen, dass ich Steuern zahle. Ich kann diese Dinge nicht mit »absoluter Gewissheit« behaupten. Aber doch mit annähernder. Ich kann die Zukunft nicht im Detail vorhersagen, abgesehen von seltenen Fällen, wie zum Beispiel Sonnenfinsternissen. Anders als die mit Einzelheiten gespickte Vergangenheit ist die Zukunft eine diffuse Welt unscharfer Formen, die sich im Zwielicht bewegen.

Am seltsamsten ist aber, dass unsere einzigen Hinweise auf die Zukunft in der Vergangenheit liegen. Daher fühlt sich Leben manchmal an, als lenke man einen Rennwagen, während man in den Rückspiegel blickt. Kein Wunder, dass wir hin und wieder Unfälle bauen. Wie die Wahrsager in Dantes Inferno, denen man zur Strafe die Gesichter nach hinten drehte, schauen wir zurück, während wir die Zukunft betreten. Daher ist es paradox, dass Historiker, die ihre Zeit damit verbringen, die Vergangenheit zu studieren, so selten an die Zukunft denken. Dieses Buch verfolgt unter anderem das Anliegen, für die Verknüpfung des Vergangenheitsdenkens (der »Geschichte«) mit dem Zukunftsdenken zu werben, damit wir die Vergangenheit besser nutzen, um mögliche Zukünfte auszuleuchten.

Heute ist sorgfältiges Zukunftsdenken besonders wichtig, weil die Geschichte des Planeten Erde vor einem Wendepunkt steht. Im letzten Jahrhundert haben wir Menschen plötzlich so viel Macht erworben, dass wir die Zukunft der Erde und ihre vulnerable Lebensfracht in unseren unsicheren Händen halten. Was wir in den nächsten fünfzig

Jahren tun, wird über die Zukunft der Biosphäre in den nächsten Tausenden oder vielleicht Millionen Jahren entscheiden. Was wir tun, wird seinerseits davon abhängen, wie wir uns unsere Zukünfte vorstellen und welche wir zu realisieren versuchen. Wenn klarer ist, was wir unter Zukunft verstehen, wie wir uns auf sie vorbereiten können und welche Zukünfte am wahrscheinlichsten sind, sind diese Erkenntnisse nicht nur für Experten von großer Bedeutung, sondern auch für jeden denkenden Bürger der heutigen Welt.

Und doch: Trotz des eigenartigen Charakters der Zukunft, der Aufmerksamkeit, die wir möglichen Zukünften schenken, und der elementaren Bedeutung sorgfältigen Zukunftsdenkens, sind die allgemeinen Fertigkeiten des Zukunftsdenkens nichts, was an unseren Schulen oder Universitäten gelehrt würde. Zwar werden Spezialisten bestimmte Fertigkeiten des Zukunftsdenkens wie Computermodellierung vermittelt, aber die meisten von uns müssen improvisieren. Wir verlassen uns auf unsere Instinkte und Intuitionen, um der geheimnisvollen Welt zu begegnen, die vor uns liegt und ihren Schatten auf so viele unserer Gedanken und Handlungen wirft. Einer der Gründe, dieses Buch zu schreiben, war die Erkenntnis, dass ich kaum eine Ahnung hatte, was genau wir unter »Zukunft« verstehen oder wie viel Einfühlungsvermögen man benötigt, um über wahrscheinliche Zukünfte nachzudenken. Und allgemein verständliche Einführungen in den Themenbereich der Zukunft und des Zukunftsdenkens konnte ich nirgends finden.[6] Ich vermute, dass ich nicht der Einzige bin, der mehr über die seltsame Welt hinter der knarzenden Tür erfahren möchte. Darum habe ich versucht, das Buch zu schreiben, nach dem ich gesucht habe. Ich sehe es als eine Art Bedienungsanleitung für die Zukunft. Obwohl ich kein Zukunftsforscher im engeren Sinn bin, habe ich versucht, zu begreifen, was wir *meinen*, wenn wir von »Zukunft« sprechen, besser zu erkennen, wie wir über wahrscheinliche Zukünfte *nachdenken* sollten, und mir mithilfe dieser Erkenntnisse Zukünfte für uns, unseren Planeten und das Universum als Ganzes *vorzustellen*.

Eine Big-History-Perspektive

Wenn ich analysiere, wie wir über mögliche Zukünfte nachdenken, verwende ich die Mehrfachlinsen von »Big History«, einem relativ neuen interdisziplinären Forschungsfeld, über das ich seit dreißig Jahren lehre und schreibe.[7] Big History betrachtet die Vergangenheit auf allen erdenklichen Größenskalen und aus vielen verschiedenen wissenschaftlichen Perspektiven in der Hoffnung, dass eine Art Triangulation zu einem vielseitigeren und gründlicheren Verständnis der Geschichte führt. David Hume sagte oft, es mache ihm Freude, ein Problem »ziemlich gründlich« anzugehen.[8] Genau das kann, so hoffe ich, eine Big-History-Perspektive für die Idee der Zukunft leisten. Stellen Sie sich vor, Sie blicken in einen Kristall, der die Zukunft wiedergibt. In den folgenden Kapiteln werden wir den Kristall viele Male drehen und die Zukunft durch verschiedene Facetten, in unterschiedlichem Licht und durch die Augen von Experten vieler Fachrichtungen betrachten. Jedes Mal, wenn wir den Kristall drehen, werden sich Form, Farbe und Bedeutung ein wenig verändern, und wir können neue Erkenntnisse gewinnen.

Der Blick auf ein Problem aus verschiedenen Perspektiven kann uns entscheidend voranbringen. Ein faszinierender Ansatz in der Netzwerktheorie, die »Kleine-Welt«-These, erklärt, warum. Sie zeigt, dass in einem Netzwerk, in dem die meisten Punkte Nachbarn sind, ein oder zwei Fernverbindungen das ganze Netzwerk verändern können, indem sie den Austausch von Ideen, Informationen und Waren beschleunigen. Der größte Teil der Menschheitsgeschichte ist von Netzwerken dörflicher Ausmaße geprägt worden, die sich aus Nachbarn mit ähnlichen Perspektiven zusammensetzten. Doch wenn nur einer der Nachbarn regelmäßig in ein anderes Dorf oder in die nächste Stadt fährt, kann er ein lokales Netzwerk völlig umkrempeln, da er ihm einen viel breiteren Informationsfluss und ganz andere Perspektiven zugänglich macht. Das erklärt, weshalb eine relativ kleine Zahl von Menschen, die sich zwischen den Welten bewegte – Vagabunden, Kaufleute mit ihren Karawanen, Hausierer, Wanderpropheten und Soldaten – eine ausgesprochen revolutionäre Rolle in der menschlichen Geschichte gespielt haben. Die antiken Seidenstraßen veränderten die Geschichte Eurasiens, indem sie von Korea bis zum Mittelmeer Tauschnetze spannten – nicht nur für Waren, sondern auch für Information und Kultur.[9] Sich entsprechend zwischen wissenschaftlichen Disziplinen zu bewegen, kann die gleiche Wirkung erzielen. Disziplinäre Grenzgänger entwickelten die fundamentalen Paradigmen der modernen Wissenschaft, etwa die Urknallkosmologie, die die Physik der sehr großen und der sehr kleinen Dinge miteinander verknüpft, oder die moderne Genetik, die gleichermaßen auf Chemie, Biologie und Physik fußt. Wie die Seidenstraßen verknüpft eine Big-History-Perspektive Stränge verschiedener Forschungsfelder zu Wissensnetzen, die neue Erkenntnisse und Denkweisen hervorbringen können. Neue Verbindungen herzustellen kann auf einem Feld, das so schwierig und zusammengestückelt ist wie das Zukunftsdenken, besonders wichtig sein. Wendell Bell, ein Pionier der modernen »Zukunftsforschung«, schreibt daher: »In einer Welt von Spezialisten und spezialisierten Wissensfeldern fällt demjenigen, der das große Bild sieht, der die Wechselbeziehung zwischen verschiedenen Dingen sieht, der das Ganze sieht und nicht nur die Teile, eine wichtige – und gegenwärtig vernachlässigte – Rolle zu.«[10]

Natürlich ist das Überschreiten von disziplinären Grenzen riskant, so gefährlich wie das Bereisen der Seidenstraßen. Es kommt zu einem Kompromiss zwischen lokalem Wissen und dem großen Bild. Ich hoffe, dass die Einsichten, die durch Perspektivenvielfalt gewonnen werden, den Verlust an Tiefenschärfe, Nuancen oder Genauigkeit aufwiegen werden. Der Quantenphysiker Erwin Schrödinger bringt dieses Dilemma in seinem Vorwort zu dem interdisziplinären Buch *Was ist Leben?*, das Francis Crick und James Watson zu ihrer epochalen Entdeckung der DNA-Struktur anregte, wunderbar zum Ausdruck. Sich sehr wohl bewusst, dass er kein Biologe war, aber davon überzeugt, dass die Physik der Biologie einiges zu bieten habe, schrieb Schrödinger:

> Wenn wir unser wahres Ziel nicht für immer aufgeben wollen, dann dürfte es nur den einen Ausweg aus dem Dilemma [der Schwierigkeit, Erkenntnisse aus verschiedenen Diszipli-

nen miteinander zu verknüpfen; DGC] geben: daß einige von uns sich an die Zusammenschau von Tatsachen und Theorien wagen, auch wenn ihr Wissen teilweise aus zweiter Hand stammt und unvollständig ist – und sie Gefahr laufen, sich lächerlich zu machen.[11]

Im vorliegenden Buch versuche ich, die Zukunft in einem ganz ähnlichen Geist zu erklären. Dabei bin ich bemüht, unser Zukunftsverständnis im Hume'schen Sinne »ziemlich gründlich« zu durchleuchten. Das geschieht aber paradoxerweise dadurch, dass ich erheblich in die Breite gehe und mich der Zukunft aus vielen verschiedenen Richtungen annähere. So frage ich, wie wir die Zukunft zu *verstehen* versuchen, wie wir und andere Organismen versuchen, verschiedene Zukünfte zu *managen*, wie wir Menschen versuchen, uns auf die wahrscheinlichsten Zukünfte *vorzubereiten*, und schließlich, wie wir Menschen uns die Zukünfte unserer eigenen Art, unseres Planeten und sogar unseres Universums *vorstellen*.

Die Ursprungsgeschichte von *Zukunft denken*

Warum schreibt ein Historiker über die Zukunft? Die meisten Geschichtswissenschaftler halten sich an die Vergangenheit, und das völlig zu Recht, wenn es nach R. G. Collingwood ginge. »Aufgabe des Historikers ist es«, wetterte er, »die Vergangenheit zu erkennen, nicht die Zukunft; und immer wenn Historiker sich anheischig machen, die Geschehnisse der Zukunft im Voraus bestimmen zu können, dürfen wir sicher sein, dass sie nicht ganz die richtige Auffassung vom Wesen der Wissenschaft haben.« Die meisten Historiker stimmen ihm zu. Tatsächlich ist Collingwoods Argument aber nicht haltbar, denn das Studium der Vergangenheit ist der Schlüssel zu den meisten Formen des Zukunftsdenkens. Aus diesem Grund stimmen ihm nicht alle zu. Zwar meint auch der Historiker E. H. Carr, Geschichtswissenschaftler seien nicht in der Lage, spezifische Ereignisse vorherzusagen, wohl aber, übergreifende geschichtliche Muster und Tendenzen zu erkennen, das heißt, »allgemeine Richtlinien für künftiges Handeln, die (…) gültig und nützlich sind«. Konfuzius hätte ihm zugestimmt. »Erzähle mir die Vergangenheit«, schrieb er, »und ich werde die Zukunft erkennen.«[12] Ich hoffe, einige Leser davon überzeugen zu können, dass Historiker erheblich zum Zukunftsdenken beitragen können.

Auf die Idee, ernsthafter über die Zukunft nachzudenken, brachte mich Big History. Anfang der 1990er-Jahre hatten meine Kollegen und ich an der Macquarie University gerade mit dem radikalen Experiment begonnen, einen Geschichtskurs zu geben, der die gesamte Vergangenheit abdeckte, angefangen mit dem unvorstellbaren Augenblick vor 13,8 Milliarden Jahren, als unser Universum im Urknall geboren wurde. Einen solche Kurs zu halten, war lächerlich ehrgeizig, weil er sehr viele traditionelle disziplinäre Grenzen überschritt. Darum kamen wir nie auf die Idee, auch noch die Zukunft in unsere Überlegungen einzubeziehen! Unsere letzte Vorlesung betraf die heutige Welt. Nach einer solchen Vorlesung sprach mich eine unserer besten Studentinnen an und sagte, ihr gefalle die atemberaubende Perspektive von Big History. »Aber«, ich erwartete es förmlich, »Sie können nicht in der Gegenwart aufhören. Nachdem Sie vierzehn Milliarden Jahre betrachtet haben, können Sie *unmöglich* die nächsten rund hundert Jahre außer Acht lassen. Wie können Sie uns mit einem solchen Cliffhanger entlassen? Sie müssen auch über die Zukunft sprechen.« Ich hätte mir am liebsten mit der flachen Hand vor die Stirn geschlagen. Natürlich hatte sie recht! Die Zukunft ist der Rest der Zeit. Sollte sich da ein Historiker nicht ein wenig Zeit für sie nehmen?

Im folgenden Jahr nahmen David Briscoe, ein Kollege, der wundervolle Biologievorlesungen zu dem Kurs beigesteuert hatte, und ich eine abschließende Vorlesung über die Zukunft mit auf. Wir wussten natürlich nicht, was wir taten. Welche Zukunft? Die nächsten zehn Jahre? Die nächsten Millionen? Keine Ahnung. Aber David machte einen brillanten Vorschlag, der zumindest dafür sorgen sollte, dass die Vorlesung Spaß machte. Er sagte: Übertreiben wir es nicht mit der Vorbereitung. *Schließlich wissen wir wirklich nicht, was geschehen wird!* Lass uns vor den Studenten eine Münze werfen, die festlegt, wer von uns der Optimist und wer der Pessimist ist. Dann beschreiben wir abwechselnd gute Zukünfte und schlechte Zukünfte. Und genau das taten wir. Wir entschieden uns, nur mit einem Mikrofon zu arbeiten, so dass wir darum kämpfen mussten, wenn wir glaubten, der andere verzapfe Unsinn.

Diese Vorlesungen hielten wir über mehrere Jahre. Was immer sie brachten, auf jeden Fall brachten sie Spaß. Und sie trugen dem instinktiven Gefühl unserer Studierenden Rechnung, dass man bei dem Versuch, über die Vergangenheit nachzudenken, die Zukunft nicht ausschließen kann. Gewiss, wir erleben Vergangenheit und Zukunft unterschiedlich, und doch sind sie unzertrennlich wie siamesische Zwillinge. Die Beschäftigung mit der Zukunft brachte mich mit einer vielfältigen und manchmal seltsamen Literatur von Theologen, Philosophen, Naturwissenschaftlern, Statistikern, Science-Fiction-Autoren und Vertretern der ganz neuen wissenschaftlichen Disziplin der Zukunftsforschung in Verbindung.

Als ich schließlich daranging, meine Geschichte der vollständigen Vergangenheit zu verfassen, beherzigte ich den Rat meiner Studentin. Das letzte Kapitel behandelte die Zukunft.[13] Und nun arbeite ich dieses Schlusskapitel zu einem ganzen Buch aus. Doch es geht viel weiter, weil ich sehr viel mehr über die Zukunft gelernt habe und weil ich erkannt habe, wie viele unserer Gedanken sich mit möglichen Zukünften beschäftigen

Von jetzt an werde ich mit dem Ausdruck »Zukunftsdenken« alle Gedanken an die Zukunft bezeichnen, auch wenn sie sich unterhalb der Bewusstseinsschwelle befinden. Es gibt viele andere Namen dafür, von H. G. Wells' »Voraussicht« über Bezeichnungen wie »Zukunftsforschung«, »Prognostik« (dem im Ostblock favorisierten Begriff) und »Planung« bis zu dem französischen Wort *prospective*. Mit dem Ausdruck »Zukunftsmanagement« möchte ich alle Versuche beschreiben, die bewusst oder unbewusst das Ziel verfolgen, die Zukunft in bevorzugte Richtungen zu lenken.

Struktur und Inhalt

Dieses Buch ist in vier Hauptteile gegliedert und um vier Grundfragen organisiert.

Im ersten Teil lautet die Frage: »Was ist Zukunft?« Dort betrachten wir, was Philosophen, Naturwissenschaftler und Theologen über die Zukunft zu sagen haben und mit welchen praktischen Herausforderungen sich alle Lebewesen konfrontiert sehen, wenn sie versuchen, mit möglichen Zukünften *umzugehen*. Im zweiten Teil geht es um die Frage: »Wie bewältigen Lebewesen die Zukunft?« Dort betrachten wir, welche ausgefeilten biochemischen und neurologischen Mechanismen Lebewesen zu Hilfe nehmen, um sich ungewissen Zukünften zu stellen. Das ist die Grundlage allen Zukunftsdenkens. Von den intelligenteren Lebewesen abgesehen, arbeiten diese Mechanismen bei allen Organismen unterhalb der Bewusstseinsebene. Größtenteils findet Zukunftsdenken also unter Deck statt. Der dritte Teil beschäftigt sich mit dem bewussten Zukunftsdenken unserer eigenen Art. Dort stellt sich die Frage: »Wie versuchen Menschen die Zukunft in den Blick zu bekommen, zu verstehen und sich auf sie vorzubereiten?« Im Unterschied zum Zukunftsdenken anderer Arten hat sich das des Menschen radikal verändert, seit unsere Art erstmals in Erscheinung trat. Daher werden wir im dritten Teil menschliches Zukunftsdenken in drei unterschiedlichen Abschnitten der Menschheitsgeschichte beschreiben: in der Gründerzeit bis vor rund 10 000 Jahren, im Agrarzeitalter bis 200 Jahre vor der Gegenwart und schließlich in der Neuzeit. Im vierten Teil geht es um die Frage: »Welche Art von Zukünften können wir uns (glaubhaft) für die Menschheit, den Planeten Erde und das Universum als Ganzes vorstellen?« Wie sollen wir uns ausmalen, was in den nächsten hundert oder den nächsten Millionen Jahren geschehen könnte – und können wir uns glaubhaft das Ende der Zeit vorstellen?

Teil I
Über Zukunft nachdenken

Wie Philosophen, Wissenschaftler und Lebewesen es anstellen

Kapitel 1
Was ist die Zukunft?

Zeit als Fluss und Zeit als Landkarte

> *Wir sind in diese Welt gesetzt in ein großes Theater, wo uns die wahren Quellen und Ursachen jedes Ereignisses vollkommen verborgen bleiben. Wir sind weder weise genug, die Übel, die uns ständig belästigen, vorherzusehen, noch haben wir genügend Macht, ihnen vorzubeugen. In steter Ungewissheit schweben wir zwischen Leben und Tod, Gesundheit und Krankheit, Überfluss und Mangel; Zustände, die durch geheime und unbekannte Ursachen unter der menschlichen Gattung verbreitet sind und deren Wirkung oft unerwartet, immer jedoch unerklärlich ist.*
>
> – David Hume, *Die Naturgeschichte der Religion*[1]

Was ist die Zukunft? Die Antwort sollte einfach sein. Schließlich leben wir in der Zeit. Ist die Zukunft dann nicht der Teil der Zeit, der noch nicht eingetreten ist?

Leider wird das Problem sehr rasch kompliziert, sobald man anfängt, genauer über diese Fragen nachzudenken. In der modernen Zukunftsforschung herrscht noch nicht einmal Einigkeit in der Frage, wie die Zukunft zu definieren sei. Dazu schreibt Jim Dator: »›Zeit‹ und ›die Zukunft‹ scheinen doch zwei der zentralsten Begriffe der Zukunftsforschung zu sein, tatsächlich aber wurde ›Zeit‹ kaum von den Begründern der Zukunftsforschung diskutiert und später selten problematisiert.«[2]

Kein Wunder! Über die Zukunft nachzudenken, kann mühsam und quälend sein. Die Philosophie der Zeit führt uns in einen gelehrten Dschungel voller schöner Ideen, metaphysischer Dickichte und philosophischen Krabbelgetiers. Ich werde versuchen, nicht allzu sehr in die Tiefe zu gehen. Aber wir müssen uns weit genug hineinwagen, um zu erkennen, dass sich die Probleme wie Lianen um die Begriffe von Zeit und Zukunft schlingen.

Um die Zukunft zu verstehen, müssen wir die Zeit verstehen. Aber gibt es die Zeit überhaupt? Oder ist das Wort nur ein Name für eine Art Begriffsgespenst? Einige Vertreter der Geisteswissenschaften bevorzugen verschwommenere Wörter, wie etwa »Temporalitäten« *(temporalities)*, was man wohl als »Erfahrungen zeitlicher Veränderung« übersetzen könnte.[3] Selbst die moderne Wissenschaft liefert keine endgültigen Antworten. Es ist, als ob niemand lange genug lebte, um wirklich zu begreifen, was es mit der Zeit auf sich hat. Hector Berlioz soll gesagt haben: »Die Zeit ist eine großartige Lehrerin, doch leider tötet sie all ihre Schüler.«[4] Wer sich zu tief auf die Frage einlässt, dem ergeht es leicht wie dem persischen Astronomen und Dichter Omar Khayyám. Er kommt sich vor wie ein Sufi-Tänzer, der sich im Kreis dreht.

> *Als ich jung war, lief ich eifrig zu Ärzten und Frommen*
> *Vernahm großartige Ausführungen zu diesem und jenem:*
> *Ging aber immerfort zur nämlichen Tür hinaus, durch die*
> *ich gekommen.*[5]

In Miltons *Das verlorene Paradies* sind selbst die Jünger des Satans nicht in der Lage, sich einen Reim auf die Zeit zu machen.

> *(…) [Sie] saßen seitwärts*
> *Auf einer Höh in süßerem Gespräch*
> *(…)*
> *Verhandeln dort, vertieft in hohes Sinnen,*
> *Von Vorsehung, Voraussicht, Willen, Schicksal,*
> *Verhängnis, freiem Willen, unbedingtem*
> *Voraussehen, endlos sich im Gang verwirrend.*[6]

Tief dachte Augustinus über die Zeit nach, als er Gottes Plan zu ergründen suchte. In dem wunderbaren Buch 11 seiner *Bekenntnisse*, einem grundlegenden Text zum Problem der Zeit, fragt Augustinus: »Denn was ist die Zeit? Wer vermöchte dies leicht und in Kürze auseinanderzusetzen?« Obwohl er ein gründlicher und scharfsinniger Denker war, schien sich das Problem immer seinem Zugriff zu entziehen. »Was ist also die Zeit? Wenn mich niemand danach fragt, weiß ich es, wenn ich es aber einem, der mich fragt, erklären sollte, weiß ich es nicht.« In seiner Verzweiflung bittet Augustinus Gott um Hilfe: »Meine Seele brennt vor Verlangen, diesen rätselhaften Knoten zu lösen. Verschließe nicht, o mein Gott und Herr, gütiger Vater, ich flehe dich an im Namen Jesu Christi, verschließe meinem Verlangen nicht dieses Alltägliche und doch so Geheimnisvolle.« Dazu der Philosoph Jenann Ismael: »So etwas wie zu viel Nachdenken gibt es nicht.«[7]

Zwei Betrachtungsweisen der Zeit

Das Problem der Zeit hat sie alle beschäftigt – Philosophen, Weise, Bauern, Schamanen, Theologen, Logiker, Anthropologen, Biologen, Mathematiker, Physiker, Glücksspieler, Propheten, Wissenschaftler, Statistiker, Dichter, Wahrsager und natürlich alle Menschen, die sich um die eigene Zukunft und die ihrer Liebsten sorgten. Moderne Philosophen unterscheiden zwischen zwei Betrachtungsweisen, die sich sehr unterschiedlich auf unser Verständnis der Zukunft auswirken.[8] Beide zeichnen sich bereits in der antiken Philosophie ab. Heraklit (ca. 520 bis ca. 460 v. Chr.) meinte, die Welt befinde sich im ewigen Wandel. Daraus folge, dass sich die Zukunft von der Vergangenheit unterscheide. Dagegen dachte Parmenides, fast sein Zeitgenosse, Veränderung sei eine Illusion, mithin seien Vergangenheit, Gegenwart und Zukunft weitgehend gleich. In vielen philosophischen und theologischen Lehren hat man sich mit der Beziehung zwischen Dauer und Veränderung auseinandergesetzt. Nach der alten indischen Textsammlung der *Upanischaden* gibt es »einen inneren Kern der Seele *(Atman)*, unwandelbar und gleichbleibend inmitten eines äußeren Bereichs der Unbeständigkeit und des Wandels«. In vielen buddhistischen Überlieferungen heißt es jedoch: »Es gibt in den Dingen keinen inneren und unwandelbaren Kern; alles ist im Fluss.«[9]

Die Erste unserer beiden Metaphern folgt Heraklit. Für ihn ist die Zeit eine Art Fluss, der uns durch eine endlose Folge von Veränderungen trägt. Nach dieser Auffassung wird die Zukunft anders als die Vergangenheit sein und sich nur schwer vorhersehen lassen. Genauso erleben wir die Zeit üblicherweise in unserem Alltag. Daher empfinden die meisten von uns dieses Bild als vollkommen natürlich. Die Zeit ist also eine turbulente Abfolge von Hochs und Tiefs, Freude und Kummer, Geburt und Tod – eine Welt, die in einigen indischen Lehren als *Samsara* bezeichnet wird.

Von den Anhängern der Gegenseite wird behauptet, unser Empfinden von Fluss und Veränderung sei eine verführerische Illusion. Die »reale Zeit«, so der verstorbene Zeitforscher D. H. Mellor, fließe nicht.[10] Sie ähnele eher einer Landkarte als einem Fluss. Diese Betrachtungsweise gleicht der göttlichen Perspektive, einem Blick von oben. Folglich sieht Veränderung nicht mehr wie etwas aus, das *geschieht*, sondern wie die Entfernung zwischen zwei Punkten auf einer Karte, so wie sie von einer zwischen ihnen krabbelnden Ameise erlebt wird. Unser Gefühl, die Zukunft unterscheide sich von der Vergangenheit, erwächst nach dieser Vorstellung aus unserer eigenen Bewegung und nicht aus dem vermeintlichen Fluss der Zeit. So gesehen, gibt es kaum einen Unterschied zwischen Vergangenheit und Zukunft, und in einem gewissen Sinne müsste die Zukunft vorhersehbar sein, weil sie bereits in der Karte verzeichnet ist. Die Idee, dass sich unter den oberflächlichen Veränderungen des Alltags eine Dauer verbirgt, könnte, wie ich in Kapitel 5 darlegen werde, einst das Denken der meisten Menschen bestimmt haben. Doch auch in unserer höchst veränderlichen Welt wird sie von Philosophen und Wissenschaftlern sehr ernst genommen, weil die Auffassung von der Zeit als Fluss logische Probleme aufwirft, mit denen wir uns an späterer Stelle in diesem Kapitel beschäftigen werden.

Die eine Metapher legt den Schluss nahe, wir seien in die Zeit eingebettet, die andere, wir könnten möglicherweise über der Zeit stehen. Eine kürzliche Übersicht über die Zeitforschung hat diese beiden Auffassungen als »dynamisch« und »statisch« bezeichnet. Doch in der Philosophie spricht man in Anlehnung an einen sehr bekannten Artikel des britischen Philosophen J. Ellis McTaggart häufig von A-Reihe und B-Reihe der Zeit.[11] Das ist Fachjargon, aber dieser Jargon ist bei Zeitphilosophen so verbreitet, dass wir uns vielleicht an ihn gewöhnen sollten.

In der Praxis gibt es weitgehende Überschneidungen zwischen den beiden Metaphern. Selbst McTaggart, der die Zeit als Illusion begriff, räumte ein: »Wir *beobachten* die Zeit nur dann, wenn sie beide Reihen bildet.«[12] Eine Mischung dieser Metaphern finden wir in der sehr bekannten Zeitdefinition Sir Isaac Newtons. In *Principia Mathematica*, einem Hauptwerk der wissenschaftlichen Revolution, schreibt Newton: »Die absolute, wahre und mathematische Zeit verfließt an sich und vermöge ihrer Natur gleichförmig, ohne Beziehung auf irgendeinen äußeren Gegenstand. Sie wird auch mit dem Namen: Dauer belegt.«[13] Newtons Zeit »fließt« wie ein Fluss, aber sie ist auch absolut, und sie besitzt Ausdehnung oder »Dauer« wie eine Linie auf einer Karte.

Zeit als Fluss: Die Zukunft in der A-Reihe

Um der Metapher, die die Zeit als Fluss darstellt, ein wenig ihre Abstraktheit zu nehmen, wollen wir Mark Twains jungen Helden Huckleberry Finn und seinen Freund Jim begleiten, während sie auf ihrem Floß den Mississippi hinabfahren:

> In dieser zweiten Nacht trieben wir 7 oder 8 Stunden lang mit einer Strömung, die 'ne Geschwindigkeit von 4 bis 5 Meilen die Stunde hatte. Wir fingen Fische und schwatzten, und hin und wieder schwammen wir 'n bisschen, um nicht schläfrig zu werden. Uns wurde ganz feierlich zumute, wie wir so den großen, stillen Fluss runtertrieben, auf dem Rücken lagen und zu den Sternen raufsahen; wir mochten gar nicht laut sprechen und lachten auch nicht oft. Wir kicherten höchstens leise 'n bisschen. Wir hatten im Allgemeinen gutes Wetter, und weder in dieser Nacht noch während der nächsten oder der übernächsten passierte uns irgendwas.
> Jede Nacht kamen wir an Städten vorbei; von denen manche weit drüben auf den schwarzen Hügeln lagen – nur ein fun-

kelndes Beet von Lichtern, nicht ein Haus war zu erkennen.
in der fünften Nacht kamen wir an St. Louis vorbei, und es
schien, als wäre die ganze Welt erleuchtet. (…)
Ich schlich mich jetzt jede Nacht gegen 10:00 Uhr bei irgend
'nem kleinen Ort an Land und kaufte für zehn oder fünf-
zehn Cent Maismehl oder Speck oder irgendwas anderes zu
essen, Und manchmal lupfte ich 'n Huhn, das auf der Stange
nicht bequem saß, und nahm's mit. (…) Morgens, bevor der
Tag anbrach, schlich ich mich immer auf die Maisfelder und
borgte mir 'ne Zuckermelone, 'nen Kürbis, ein bisschen jungen Mais oder irgendwas Ähnliches.[14]

Der Zeitfluss der A-Reihe ist majestätisch wie der Mississippi. Das Treibgut eines ganzen Universums – jeden Stern und jede Galaxie, jedes Atom und jeden Käfer – trägt er in die Zukunft, so wie der Mississippi Flöße, Fischerboote, Kanus, Raddampfer und Treibholz mit sich führt. Unser Leben ist ein Teil dieses Flusses.

Huckleberry Finn und Jim leben in einer dynamischen, heraklitischen Welt, die sich ständig verändert, während ihr Floß sie in die Zukunft trägt. Zwar scheinen sich die Dinge zu ähneln, wie die Ortschaften, die sie bei Nacht passieren, doch die Einzelheiten verändern sich ständig. In der Philosophie verwendet man den Fachbegriff *Passage*, um das Gefühl der immerwährenden Veränderung zu beschreiben. In der *Rubaiyat* des Omar Chayyam aus dem 19. Jahrhundert ist dieses Gefühl der *Passage* sehr schön eingefangen:

*O folgt dem alten Chayyam und überlasst das Reden den
Weisen;
denn der Tod ist gewiss, magst du das Leben noch so preisen.
Nur das steht fest, der Rest wird sich als Lüg' erweisen:
Der Blume, sobald sie verblüht, wird der Tod seine Macht
beweisen.*[15]

Als Zweites lehrt uns die Metapher vom Zeitfluss, dass die Zukunft sich in eine bestimmte Richtung bewegt. Von dem Ausgangspunkt in St.

Petersburg, Missouri (Mark Twain dachte wahrscheinlich an seinen Heimatort Hannibal) trägt das Floß seine Passagiere flussabwärts. Die Zukunft liegt flussabwärts oder vor uns; oder unter uns, wenn Sie sich, wie viele Sprecher des Mandarin, die Vergangenheit als oben und die Zukunft als unten vorstellen; oder hinter uns, wie es einige Aborigines-Gemeinschaften in Australien oder Sprecher des Hawaiianischen sehen.[16] Wo immer die Zukunft sein mag, sie liegt in einer anderen Richtung als die Vergangenheit.

Als Drittes lernen wir, dass die Zukunft verborgen ist. Bestenfalls erblicken wir eine Art Nebel, ohne die konkreten Einzelheiten, die Gerüche und Farben, die der Vergangenheit und der Gegenwart ihren unverwechselbaren Charakter verleihen. Huckleberry Finn kann sich an die Vergangenheit erinnern: wie er eine Zuckermelone »borgte« oder ein Huhn »lupfte«, »das auf der Stange nicht bequem saß«. Die Gegenwart ist flüchtig wie das gelegentliche »leise Kichern« in der Nacht. Doch während sie da ist, ist sie realer als alles andere. Nur *jetzt* können wir die Dinge empfinden – den Wind auf unseren Wangen, das Strömen eines großen Flusses, das Gewicht einer »geborgten« Melone oder den Geruch eines Holzfeuers. Wir erleben die Gegenwart so intensiv, dass einige Philosophen (»Präsentisten«) die Auffassung vertreten, sie sei die einzige Realität. Ich weiß noch, wie einmal der englische buddhistische Mönch Ariyasilo uns Zuhörern erklärt hat: »Die Vergangenheit ist vorbei, die Zukunft noch nicht da. Lauscht den Vögeln!«

In der A-Reihe unterscheiden sich Vergangenheit und Zukunft grundlegend. Das folgende Diagramm lässt einige der Unterschiede erkennen. Im Jahr 2013 hat die Bank von England es erstellt, um Inflationsvorhersagen zu veranschaulichen. Abschnitte vor 2013 beschreiben die Vergangenheit. Sie basieren auf gesicherten Daten und bilden eine einzige Linie. Nach 2013 verschwinden die Einzelheiten, und die Datenpunkte fächern sich zu einem Möglichkeits- oder Wahrscheinlichkeitskegel auf, der rasch zu weit auseinanderklafft, um noch nützliche Informationen zu liefern. Nur drei Jahre in die Zukunft, und die Bank von England war nur noch zu der wenig hilfreichen Vorhersage fähig, dass 90 Prozent der wahrscheinlichen Ergebnisse in einem Be-

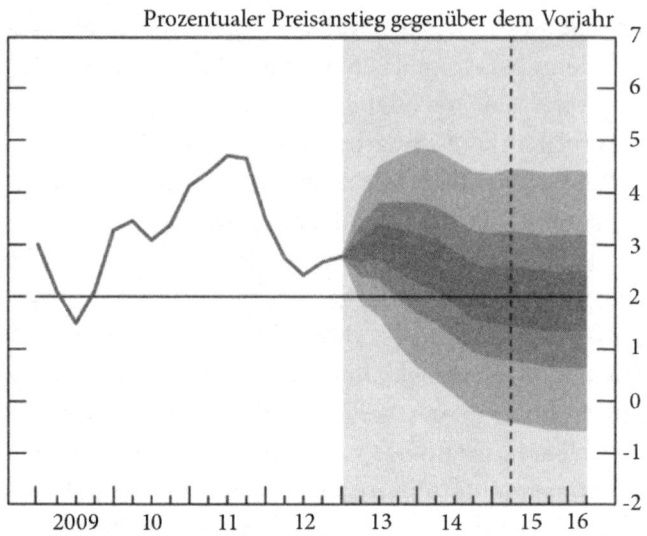

Abbildung 1.1: Durch die Bank von England erstelltes Fächerdiagramm der erwarteten Inflation, Mai 2013.
Der unschattierte Teil zeigt die Inflationsraten vor 2013. Sie sind bekannt. Rechts sehen wir einhundert wahrscheinliche Inflationswerte, ausgehend von der Annahme, es würden Bedingungen herrschen, die mit denen zur Zeit der Erstellung des Diagramms »identisch« seien. Die dunkleren Bereiche enthalten die nach Auffassung der Autoren wahrscheinlichsten Ergebnisse. Der Fächer zeigt, wie rasch die Vorhersagen zu weit auseinanderfallen, um noch brauchbare Vorhersagen zu liefern.
(Aus Kay und King, *Radical Uncertainty*, loc. 1625 Kindle.)

reich zwischen 0,5 Prozent Preisrückgang und einem Anstieg von fast 4,5 Prozent lagen. Obwohl nur durch den hauchdünnen Schleier des *Jetzt* getrennt, weisen Vergangenheit und Zukunft in der A-Reihe große Unterschiede auf.

Besonders geheimnisvoll ist der Augenblick, in dem Vergangenheit und Zukunft aufeinandertreffen. Während wir auf unserem Floß flussabwärts fahren, haben wir den Eindruck, einer unabsehbaren gespenstischen Flotte von möglichen Zukünften entgegenzutreiben. Doch je näher sie kommen, desto mehr von ihnen lösen sich in nichts auf, und in dem Augenblick, da wir sie erreichen, verflüchtigt sich der Nebel, und nur noch eine einzige bleibt übrig. Die überlebende Zukunft wird zur überwältigenden Gegenwart, bevor sie in die Vergangenheit entweicht.

Das ähnelt ein wenig dem seltsamen Prozess, den man in der Quantenphysik als Kollaps der Wellenfunktion bezeichnet. Die vielen möglichen Positionen und Bewegungen von Millionen subatomarer Teilchen lassen sich mathematisch durch eine probabilistische Wellenfunktion beschreiben, die ein wenig wie die Inflationsvorhersagen der Bank von England aussehen. Doch misst man das System, brechen alle Möglichkeiten zu einer einzigen zusammen, ähnlich den Beschreibungen, die die Bank für vergangene Inflationsraten liefert. Genauso scheinen in der A-Reihe mögliche Zukünfte zu einer einzigen zusammenzufallen, wenn sie uns erreichen. Wo aber sind jene anderen Zukünfte abgeblieben? Haben sie jemals wirklich existiert?

Die Hauptmerkmale der A-Reihe lassen sich in einem Diagramm zusammenfassen, auf das wir im vorliegenden Buch noch mehrfach zurückkommen werden – den Zukunftskegel.[17] Eine allgemeine Vorstel-

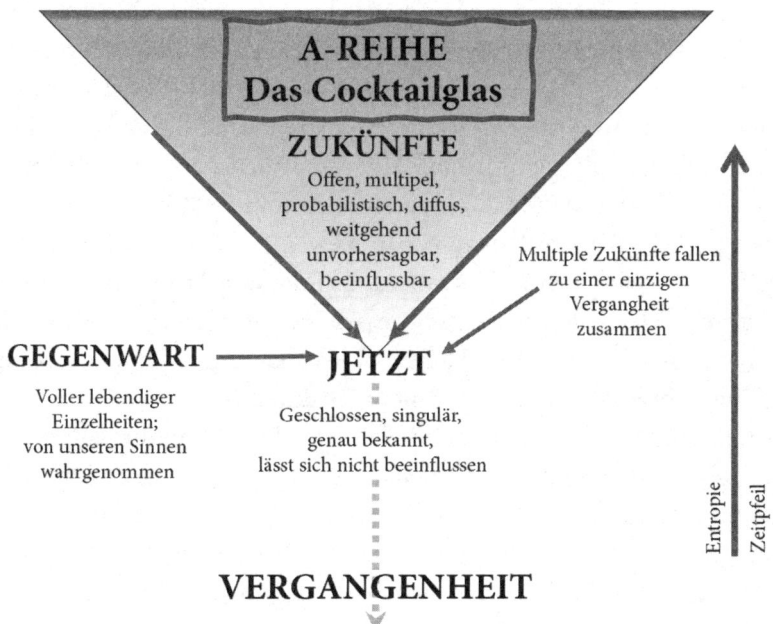

Abbildung 1.2: A-Reihe: Das Cocktailglas

lung von der Form der Zukunftskegel können wir gewinnen, wenn wir noch einmal zur Abbildung 1.1 zurückkehren, die die Vorhersagen künftiger Inflationsraten durch die Bank von England zeigt. Wir begradigen die Form, drehen sie um 90 Grad gegen den Uhrzeigersinn und erhalten ein Diagramm, das die Vergangenheit und die Zukunft enthält. Das Ergebnis ähnelt einem Cocktailglas, weil all unsere Informationen darauf schließen lassen, dass es nur eine Vergangenheit gibt, weshalb die Vergangenheit als eine einzelne Linie abgebildet ist, während die Zukunft sich in einen Kegel mit vielen Möglichkeiten auffächert.

Zeit als Landkarte: Die Zukunft in der B-Reihe

Die Zukunft aus Sicht der A-Reihe zu betrachten, *fühlt sich* in der heutigen Welt für die meisten Menschen richtig an. Aber es war nicht immer so. Zeitphilosophen und Anhänger traditioneller Religionen kennen eine zweite Zeit, die mehr einer Landkarte gleicht als einem Fluss. Das ist die Art, wie Götter die Zeit sehen. McTaggart nennt sie die B-Reihe der Zeit.

Die B-Reihe ist einfacher und geradliniger als die A-Reihe. Vergangenheit, Gegenwart und Zukunft sind nicht so verschieden voneinander; sie sind nur Regionen auf einer Karte. »Jetzt« ist dort, wo Sie sich zufällig in diesem Augenblick befinden, während die Zukunft auf der einen Seite Ihres gegenwärtigen Aufenthaltsortes liegt. Ein anderer Beobachter wird Gegenwart, Vergangenheit und Zukunft anders bestimmen, so wie sich ein Beobachter in New York den Westen anders vorstellt als ein Beobachter in Moskau. Es folgt ein Diagramm, das einige Merkmale der B-Reihe darstellt. Als Erstes werden Sie vielleicht feststellen, dass es keinen Kegel gibt! Dieses Diagramm hat mehr Ähnlichkeit mit einem Wurm als mit einem Cocktailglas.

Betrachten Sie einen Terminkalender oder einen Stundenplan, und Sie haben das zeitliche Äquivalent einer Karte vor sich. Zahnarzt 9:45, Meeting 11:30, Abendessen mit Freunden 18:30. Der Terminkalender beschreibt eine Landschaft, in der Zukunft und Vergangenheit nur verschiedene Orte sind. Zudem suggeriert die Landkarten-Metapher natürlich, man könne die Zukunft kennen: Um 18:30 Uhr werde ich mich mit meinen Freunden treffen.

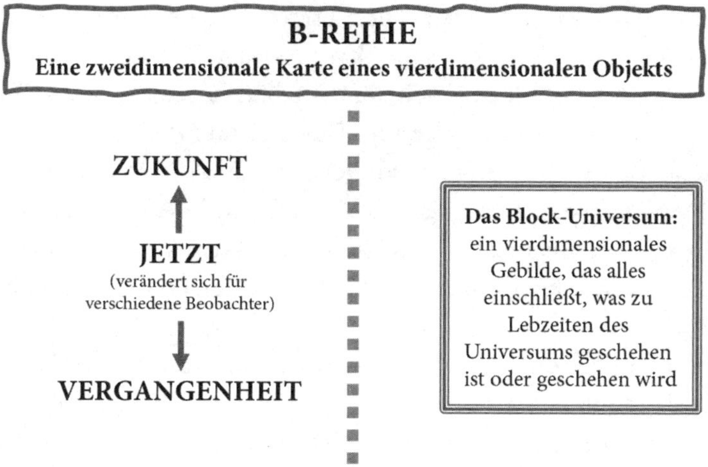

> **B-REIHE**
> Eine zweidimensionale Karte eines vierdimensionalen Objekts

ZUKUNFT
↑
JETZT
(verändert sich für
verschiedene Beobachter)
↓
VERGANGENHEIT

> **Das Block-Universum:**
> ein vierdimensionales
> Gebilde, das alles
> einschließt, was zu
> Lebzeiten des
> Universums geschehen
> ist oder geschehen wird

Abbildung 1.3: B-Reihe

In der B-Reihe wählt man den Blickwinkel des *Nowhen,* wie Huw Price es nennt, des *Nirgendwann,* in dem alle Zeitpunkte gleich sind.[18] Das ist der Blick von oben auf die Karte. Stellen wir uns vor, wir flögen hoch über dem Mississippi und erblickten Huckleberry Finn und Jim auf ihrem Floß. Im Gegensatz zu den beiden empfänden wir zwar nicht den Schub der Strömung, aber wir könnten sehen, woher sie gekommen sind und wohin sie fahren. Für uns lägen die verschiedenen Teile ihrer Reise in einem einzigen Raum. Flögen wir hoch genug, könnten wir uns sogar eine Karte vorstellen, die alles enthielte, was es jemals im Universum gab oder jemals geben wird. Die Koordinaten dieser universellen Karte erfassten den gesamten Raum und die gesamte Zeit, von der tiefsten Vergangenheit bis zur fernsten Zukunft. Schließlich sähen wir einen riesigen, gefrorenen Klumpen, der aus allen Ereignissen, Geschehnissen, Leben und Todesfällen bestünde – das seltsame vierdimensionale Gebilde, das William James als »Blockuniversum« bezeichnete. Später nannte Einstein es »Raumzeitkontinuum«. Das Blockuniversum ist voller Objekte und Ereignisse. Dort ist der gegenwärtige Augenblick keine Besonderheit, weil jedes Ereignis, wie William James sagt, »unabhängig von der Frage, wann es stattfindet, uneingeschränkt und gleichermaßen real ist, genauso wie Ereignisse, die an anderen *räumlichen* Orten passieren, uneingeschränkt und gleichermaßen real sind«.[19] Zwar drückte sich Augustinus nicht im modernen Fachjargon aus, doch scheint er die Überzeugung gehabt zu haben, Gott erblicke ein Blockuniversum. Denn er meinte, »daß (…) in der Ewigkeit nichts vorübergehe, sondern in ihr alles stets gegenwärtig sei«. Der Philosoph Simon Blackburn schreibt: »Alle Ereignisse – in Vergangenheit, Gegenwart und Zukunft – existieren wie Fliegen im Bernstein und sind durch größere oder kleinere Entfernungen getrennt.«[20]

Daher sollten wir im Blockuniversum nicht um die Toten trauern oder uns um die Zukunft sorgen. Diesen Gedanken brachte Albert Einstein in einem Kondolenzbrief an die Familie seines alten Freundes Michele Besso zum Ausdruck: »Nun ist er mir auch mit dem Abschied von dieser sonderbaren Welt ein wenig vorangegangen. Dies bedeutet nichts. Für uns gläubige Physiker hat die Scheidung zwischen Vergangenheit, Gegenwart und Zukunft nur die Bedeutung einer, wenn auch hartnäckigen, Illusion.«[21] Die außerirdischen Tralfamadorianer aus Kurt Vonneguts *Schlachthaus 5* hätten diese Haltung gebilligt. Sie leben in vier Dimensionen, nach ihrer Auffassung kann niemand sterben, weil »alle Zeitpunkte, Vergangenheit, Gegenwart und Zukunft seit jeher existieren und immer existieren werden«. Ähnliche Auffassungen finden sich in vielen philosophischen und religiösen Lehren. Im 13. Jahrhundert schreibt der japanische Zen-Mönch Dogen: »Leben ist ein Ort in der Zeit. Tod ist ein Ort in der Zeit. Sie sind wie Winter und Frühling, und im Buddhismus sind wir nicht der Ansicht, dass Winter zum Frühling *wird* oder dass Frühling zum Winter *wird*.«[22]

Die B-Reihe hat noch weitere seltsame Merkmale. Ohne ein festgelegtes »Jetzt«, in dem wir unsere Bilder von der Realität verankern können, sind wir auf die Vorstellung angewiesen, dass alles Ausdehnung in der Zeit wie im Raum besitzt, und daher nehmen wir die Idee von der Zeit als vierter Dimension ganz ernst. Wenn ich also auf Huck Finn und Jim hinabblicke, erscheinen sie mir möglicherweise nicht als bewegte Punkte, sondern als wurmartige Linien, die den Fluss Mississippi hinunterlaufen. Kurt Vonneguts Tralfamadorianer erblicken Menschen als riesige Tausendfüßler, »mit Baby-Beinen am einen Ende und Alte-Leute-Beinen am anderen«. Die Landkarten-Metapher stellt auch unser Gefühl infrage, wonach sich Veränderung nur in einer Richtung ereignen kann – von der Vergangenheit zur Zukunft. Auf einer Karte kann man sich in alle Richtungen bewegen, also warum nicht auch rückwärts oder vorwärts in der Zeit?

Trotzdem sind viele Philosophen und Wissenschaftler bereit, sich mit den Merkwürdigkeiten der B-Reihe abzufinden, weil die A-Reihe offenbar noch mehr philosophische und logische Rätsel aufgibt. Nehmen wir den Begriff des *Jetzt*, den Augenblick, der die Vergangenheit von der Zukunft scheidet. In der B-Reihe ist er keine Besonderheit. Er ist einfach der Punkt, wo/wann Sie zufällig sind. In der A-Reihe hingegen ist »jetzt« ein spezieller Ort, der sich von Vergangenheit und Zukunft wirklich unterscheidet. Sollten wir dann nicht in der Lage sein, ihn mit einer Linie zu umgeben? Wie lange dauert »jetzt«? Augustinus vertritt die Auffassung, »für die Gegenwart bliebe kein Raum«.[23] Dieser Gedanke führt zu Paradoxa, die den griechischen Philosophen wohlbekannt waren. Wie kann etwas geschehen, wenn keine Zeit vorhanden ist, innerhalb deren es geschehen kann? Der Philosoph Zenon (495–425 v. Chr.) forderte seine Zuhörer auf, sich einen fliegenden Pfeil vorzustellen. In einem unendlich kleinen Augenblick kann er keine Entfernung zurücklegen. Folglich muss er in Ruhe sein. Gleiches gilt für den nächsten Augenblick und den Augenblick davor. Daher kann der Pfeil sich nicht bewegen. Die Idee von einem unendlich kleinen Abstand scheint weder philosophisch noch intuitiv zu funktionieren.

Was aber, wenn das Jetzt *nicht* unendlich klein ist? Vielleicht besteht die Zeit wie Materie und Energie aus Teilchen. Befreit uns das aus unserer misslichen Lage? Vielleicht gibt es kleinste Zeitteilchen, *Chrononen*, Zeitquanten. Dann entspräche ein Chronon der Zeit, die das Licht braucht, um die kleinstmögliche Länge im Raum zu durchqueren, rund 10^{-35} Meter. Natürlich kann unsere innere Erfahrung des Jetzt nicht so winzige Einheiten wahrnehmen. William James nannte das psychologische Jetzt »die trügerische Gegenwart«. Vermutlich dauert sie zwei oder drei Sekunden, die Zeit, die unser Geist braucht, um die vielfältigen Sinneswahrnehmungen zu einem einzigen Bild des Jetzt zusammenzufügen, denn unsere Wahrnehmungen hängen von neurologischen Prozessen ab, die Informationen von vielen Sensoren und Prozessoren verarbeiten und verknüpfen, fehlende Daten ergänzen und dies mit der nötigen Umsicht und Gründlichkeit tun.[24] Wir erleben die Grenze zwischen Gegenwart und Zukunft als ein verschwommenes Gemisch aus Eindrücken, Bildern, Gedanken und Geräuschen. Doch wenn die Gegenwart nicht unendlich klein ist, dann müssen Teile von ihr wie flüchtige Cocktailspieße in die Zukunft und in die Vergangenheit hineinreichen. Lässt das die Vorstellung, Zukunft, Gegenwart und Vergangenheit unterschieden sich voneinander, nicht unsinnig erscheinen? Die B-Reihe der Zeit bewahrt uns vor diesen Paradoxa, weil sie das Jetzt nicht als Sonderfall behandelt.

Auf ein anderes Problem der A-Reihe verweist Augustinus. Wo sind Vergangenheit und Zukunft, wenn wir in der Gegenwart sind, was in der A-Reihe stets der Fall ist? »Oder sind auch diese und tritt etwa jene nur aus der Verborgenheit hervor, wenn aus der Zukunft die Gegenwart wird, und tritt diese etwa nur in die Verborgenheit zurück, wenn aus der Gegenwart die Vergangenheit wird?«[25] Wir erleben nie alternative Zukünfte, sondern immer nur eine einzige Zukunft, die sich, sobald sie uns erreicht, schon in Gegenwart verwandelt hat. In welchem Sinne existieren dann alternative Zukünfte, bevor wir nur mit einem Mitglied ihrer Delegation zusammentreffen? Hat die Delegation überhaupt existiert? In der B-Reihe sind Zukünfte nur Orte auf einer Karte, daher stellen sich diese Probleme nicht.

Das führt uns zu einem weiteren, sehr komplexen Problem. Wenn die Zeit fließt, stellt sich die Frage, wie rasch sie fließt. Huckleberry Finn maß die Strömung des Mississippi relativ zu den Ufern, an denen sie vorbeifloss, mit vier Meilen (6,4 Kilometern) pro Stunde. Können wir die Zeit messen? Nur wenn wir wissen, woran sie vorbeifließt. Newton erkannte, wie schwierig es war, die absolute Zeit, die er für das fundamentale Bezugssystem hielt – in unserem Beispiel die Ufer des Mississippi – von relativer Zeit zu unterscheiden. Newton erklärte den Begriff der absoluten Zeit, indem er sich der Theologie zuwandte, einem Gegenstand, über den er genauso lange und so gründlich nachdachte wie über die Physik. Seine Lösung lautete: Gottes Allgegenwart liefere den letztgültigen Rahmen für Raum und Zeit. Zwar distanzierte er sich später von dieser Idee, beschrieb aber zuvor das Universum als »unkörperliches, lebendes, intelligentes, allgegenwärtiges Wesen, das im unendlichen Raum wie in seinem Sensorium die Dinge selbst ganz unmittelbar schaut«.[26]

In der säkularen Welt der modernen Naturwissenschaft haben theologische Lösungen keine Gültigkeit mehr. Die Forscher des 19. Jahrhunderts versuchten, Newtons These von Gott als absolutem Bezugssystem der Wirklichkeit durch das Konzept des »Äthers« zu ersetzen, ein hauchdünnes Medium, das alle Energie und Materie umgebe und daher ein Maß für ihre Geschwindigkeit liefern könne. Vergeblich versuchte man den Äther nachzuweisen. Der bekannteste Versuch war das Michelson-Morley-Experiment aus dem Jahr 1887. Dabei ging man von der Annahme aus, dass die Lichtgeschwindigkeit gegen den Äther oder quer zu ihm langsamer sein müsste. Die Forscher erwarteten also, dass die Geschwindigkeiten zweier Lichtstrahlen, die sich im rechten Winkel zueinander bewegten, unterschiedlich sein müssten. Doch es ließ sich kein Unterschied feststellen. Damit hatten die Verfechter der A-Reihe zwar einen Zeitfluss von der Vergangenheit in die Zukunft, aber nichts, an dem sie die Geschwindigkeit dieses Flusses messen konnten. In Kapitel 2 werden wir betrachten, auf welch revolutionäre Weise Einstein dieses Rätsel löste.

Determinismus, Kausalität und Zeitpfeil

Die B-Reihe der Zeit vermeidet zwar die Paradoxa der A-Reihe, wirft aber selbst zwei schwerwiegende Probleme des Zukunftsdenkens auf. Erstens, das Konzept des Blockuniversums legt den Gedanken nahe, dass die Zukunft vollkommen festgelegt sei und daher keine Entscheidungen mehr offenlasse. Das wäre das Ende von Willensfreiheit, Ethik und Moral. Zweitens, in der B-Reihe scheinen Veränderungen keine eindeutige Richtung mehr zu haben. Das ist ein großes Problem für das Zukunftsdenken, denn es nimmt uns eines unserer mächtigsten Instrumente, die Zukunft vorherzusagen: die Überzeugung, dass wir, wenn A B verursacht, B in naher Zukunft voraussagen können, falls A eintritt. Treten Sie jetzt gegen einen Ball, und ich sage voraus, dass er sich in naher Zukunft bewegen wird. Diese Fragen zu Determinismus und Kausalität untergraben grundlegende Annahmen über unsere Strategien der Zukunftsbewältigung. Das ist ein hoher Preis für die Einfachheit der B-Reihe.

Glücklicherweise gibt es auf diese Fragen gute Antworten, die uns unser intuitives Empfinden bewahren, dass wir (1) die Zukunft beeinflussen können, weil sie nicht vollkommen durch die Vergangenheit vorherbestimmt ist, und dass sie (2) keine verfrühten Wirkungen verursacht, weil sich viele Formen der Veränderungen nur in eine Richtung vollziehen: von der Vergangenheit in die Zukunft.

Einige der Argumente sind alt, aber ihre moderne Form verdanken sie einem grundlegenden Wandel des wissenschaftlichen Denkens, der sich Ende des 19. Jahrhunderts ergab, einem Wandel, der zu einer neuen wissenschaftlichen und philosophischen Wahrnehmung von Wirklichkeit und Zukunft führte. Vom 17. Jahrhundert bis Anfang des 20. Jahrhunderts erschien das Konzept des Determinismus den Wissenschaftlern und Philosophen so logisch wie verheißungsvoll. Sie hofften, man werde immer weitere mechanische Gesetze entdecken, die bessere Vorhersagen der Zukunft ermöglichen würden. Sie gingen davon aus, dass alle Ereignisse in einem mechanischen Universum, vom Tod der Sonne bis zu der Extratasse Kaffee, die ich heute Morgen trinke, seit dem Moment der Schöpfung vorherbestimmt waren / sind / sein werden. Diesen Determinismus hat Omar Chayyám poetisch verarbeitet:

> *Als unsern Lehm einst rührte Gottes Spaten,*
> *Wusst' er im Voraus alle unsre Taten.*
> *Drum sünd'gen wir nicht, ohne dass er's will,*
> *Und dafür soll'n wir in der Hölle braten?.*[27]

Wenn Omar Chayyám recht hat, ist alles Planen von möglichen Zukünften unsinnig. Die Würfel sind gefallen. Bedeutet also die B-Reihe das Aus für die Idee des freien Willens, nebst allen unseren Vorstellungen über Verantwortung, Ethik und Moral? Die Antwort lautet ... nicht unbedingt.

Die klassische neuzeitliche Definition des Determinismus stammt von dem bedeutenden französischen Naturwissenschaftler Pierre-Simon de Laplace. Laplace war ein brillanter Mathematiker, der in einem Zeitalter lebte, das von einem glühenden Glauben an die Macht der Wissenschaft beseelt war. Im Jahr 1814 legte er in der Schrift *Philosophischer Versuch über die Wahrscheinlichkeit* die Grundzüge des post-Newton'schen Determinismus dar.

> Die gegenwärtigen Ereignisse stehen mit den vergangenen in einer Verbindung, die sich auf das evidente Prinzip gründet, dass ein Ding nicht anfangen kann zu sein ohne Ursache, die es hervorbringt (…). Wir müssen also den gegenwärtigen Zustand des Weltalls als die Wirkung seines früheren Zustandes und andererseits als die Ursache dessen, der folgen wird, betrachten. Eine Intelligenz, welche für einen gegebenen Augenblick alle Kräfte, von denen die Natur belebt ist, sowie die gegenseitige Lage der Wesen, die sie zusammensetzen, kennen würde, und überdies umfassend genug wäre, um diese gegebenen Größen einer Analyse zu unterwerfen, würde in derselben Formel die Bewegungen der größten Weltkörper wie die des leichtesten Atoms ausdrücken: nichts würde für sie ungewiss sein und Zukunft wie Vergangenheit ihr offen vor Augen liegen.

Allerdings räumte Laplace ein, dass der menschliche Verstand in der Praxis immer »unendlich weit« von dem Verstand eines solchen allwissenden Wesens geschieden sein werde.[28] Unsere Unwissenheit werde die Illusion des freien Willens aufrechterhalten. Aber der freie Wille sei eine Illusion.

Das Argument ist alt. Zweitausend Jahre zuvor legte Cicero es seinem Bruder Quintus in seinem sokratischen Dialog über das Weissagen in den Mund. Quintus vertritt die stoische Annahme, dass »alles durch das Schicksal geschieht«, weil es eine »Verkettung aller Ursachen« gebe, wobei Ursache mit Ursache verknüpft sei und jede Ursache eine Wirkung hervorbringe. Daraus schließt Quintus wie Laplace, dass man die Zukunft vorhersagen könne. Was »künftig ist, tritt nicht plötzlich in die Wirklichkeit, sondern wie man ein Schiffstau abhaspelt, so entwickeln sich die Ereignisse im Verlaufe der Zeit, die nichts Neues hervorbringt und immer nur das ursprünglich Wahre, das von jeher Notwendige, zur Entfaltung bringt«.[29]

Extremer Determinismus bereitet Theologen und Philosophen seit jeher viel Kopfzerbrechen, weil er Menschen keine freie Wahl lässt; man kann sie für das, was sie tun, nicht zur Verantwortung ziehen, und das ist das Ende von Ethik und Moral. Für Theologen der abrahamitischen Religionen liegt das Problem in der Frage, wie sich die Idee menschlicher Willens- und Wahlfreiheit mit der Idee eines allmächtigen und allwissenden Gottes in Einklang bringen lässt. Wissenschaftler wissen dagegen nicht, ob die naturwissenschaftlichen Gesetze der individuellen Entscheidung oder dem Zufall irgendeinen Spielraum lassen.

Schon immer sind starke Argumente gegen den extremen Determinismus vorgebracht worden. In einer kritischen Auseinandersetzung mit Cicero vertritt Augustinus die Ansicht, Gott lasse uns trotz seiner Allmacht und Allwissenheit sehr wohl die freie Wahl. Er gebe uns diese begrenzte Freiheit, wisse aber aufgrund seines unendlichen »Vorherwissens« und der Fähigkeit, außerhalb der Zeit zu sein, schon vorher, wie wir von unserem freien Willen Gebrauch machen würden![30] Moderne Zeitphilosophen bringen ganz ähnliche Argumente vor. Das Blockuniversum sei real, sagen sie, aber es beruhe auf mechanischen Ursachen, auf generell vorhersagbaren Prinzipien und auf Ereignissen, die in dem Augenblick, da sie stattfänden, nicht vorhersagbar seien, wie es etwa bei Quantenereignissen oder Entscheidungen zweckbestimmter Wesen der Fall sei. Das Blockuniversum könne nur von Entitäten »gesehen« werden, die sich außerhalb des Zeitflusses befänden, beruhe aber in Teilen auf Entitäten, die in diesen Fluss eingebettet seien. Heute bezeichnet man die Theorie, wonach freier Wille und Determinismus miteinander vereinbar – kompatibel – seien, etwas fantasielos als *Kompatibilismus*.

Seit Laplaces Zeiten hat der extreme Determinismus selbst bei den Vertretern der exakten Naturwissenschaften, wie den Physikern, an Boden verloren. Der Wissenschaftsphilosoph Harry Laudan schreibt, Ende des 19. Jahrhunderts hätten die meisten Naturwissenschaftler die

Hoffnung auf absolute Gewissheit aufgegeben. Stattdessen hätten sie sich »einem mehr oder minder bescheidenen Programm verschrieben: Theorien zu entwickeln, die plausibel, wahrscheinlich oder gründlich überprüft waren. Nach Ansicht von Pierce und Dewey stellt dieser Wechsel einen der großen Umbrüche in der Geschichte der Wissenschaftstheorie dar: den Verzicht auf die Suche nach Gewissheit.«[31]

Es gab mehrere Gründe für diesen tiefgreifenden Wandel der wissenschaftlichen Theorien über Erkenntnis, Wirklichkeit und Zukunft.

Philosophen zeigten, dass kein logisches System Sicherheit garantieren kann. Ein Beispiel lieferte Bertrand Russell mit dem scheinbar einfachen Satz: »Diese Aussage ist falsch.« Wenn sie falsch ist, kann sie nicht wahr sein. Wenn sie wahr ist, muss sie falsch sein. In den 1930er-Jahren belegte Kurt Gödel mit seinem »Unvollständigkeitssatz« die Auffassung, es müsse in allen logischen Systemen Aussagen geben, die sich weder beweisen noch widerlegen lassen. Laut Alan Turing lässt sich in der Informatik das Verhalten von Computerprogrammen unmöglich vorhersagen.[32] In neuerer Zeit hat der Schweizer Mathematiker Nicolas Gisin gezeigt, dass sich womöglich selbst in der Welt der Zahlen keine absolute Genauigkeit erzielen lässt.[33]

Anfang des 20. Jahrhunderts untergrub die Quantenmechanik den Determinismus in der Physik, indem sie nachwies, dass viele Ereignisse subatomarer Größenordnung prinzipiell unvorhersagbar sind. Richten Sie einen Lichtstrahl auf eine Platte mit zwei Löchern und versuchen Sie vorherzusagen, welches Loch ein gegebenes Photon durchqueren wird. Es wird Ihnen nicht gelingen. Daraus folgt, so der Physiker Richard Feynman: »Die Zukunft lässt sich nicht vorhersagen.«[34] Wirklich und wahrhaftig! Es liegt also nicht bloß an unserer Unwissenheit. Heute wird die Physik in ihrer Gesamtheit von diesen Ungewissheiten heimgesucht. Der Umstand, dass unser Universum aus nicht vorhersagbaren subatomaren Teilchen besteht, die zu unzähligen unterschiedlichen Gebilden organisiert sind, ist ein schwerwiegender Einwand gegen Laplaces extremen Determinismus. Zweifellos gibt es allgemeine Gesetze und Trends, doch sie können die Zukunft nicht im Detail bestimmen, so dass sie perfekte Vorhersagen grundsätzlich ausschließen.

Auch die Chaostheorie ist ein Anlass, die Hoffnung auf vollkommene Vorhersage abzuschreiben. Anfang der 1960er-Jahre entdeckte der Meteorologe Edward Lorenz, dass unscheinbare Unterschiede in den Ausgangsbedingungen komplexer Systeme wie dem des Wetters Prozesse auslösen können, die zu vollkommen verschiedenen Ergebnissen führen. Scheinbar winzige Unterschiede können durch positive Rückkopplungsschleifen um ein Vielfaches vergrößert werden. Das ist der sogenannte Schmetterlingseffekt, benannt nach der Lorenz'schen Metapher, dass der Flügelschlag eines Schmetterlings irgendwo auf der Erde sich zu einem Hurrikan anderswo auswachsen könne. Die COVID-19-Pandemie zeigt, dass durch die Veränderungen am Genom eines einzelnen Virus, so klein, dass es nur unter einem Mikroskop zu erkennen ist, ein Geschehen ausgelöst wurde, das die Welt veränderte.

Eines der stärksten Argumente gegen den strengen Determinismus liefert die Evolutionsbiologie. Wenn die Zukunft so exakt vorherbestimmt wäre, warum produzieren die Evolutionsprozesse dann so viele Geschöpfe (einschließlich unserer selbst), die offenbar versuchen, in die Ereignisse einzugreifen? Warum wird so viel evolutionäre Energie in die Entwicklung von Entscheidungsmechanismen investiert, wenn es doch gar keine Entscheidungen zu treffen gilt? (Mit einigen dieser Entscheidungsmechanismen werden wir uns in späteren Kapiteln beschäftigen.) Auch dieses Argument hat weit zurückreichende Ursprünge. In Boethius' Schrift *Trost der Philosophie,* die vor 1500 Jahren entstand, als ihr Autor im Gefängnis saß, fragt die Dame Philosophie, ob der Ausgang eines Wagenrennens vorherbestimmt sein könnte. »Keineswegs«, antwortet Boethius, »umsonst wäre nämlich die Wirkung der Kunst.«[35] Genau. Warum sollte Gott den Menschen die Fähigkeit geben, kluge Entscheidungen zu treffen, wenn er den Verlauf des Rennens längst festgelegt hätte?

Zusammenfassend lässt sich sagen, dass die meisten modernen Theorien des Universums darin übereinstimmen, dass spezifische Ereignisse und Resultate nicht vollkommen vorherbestimmt sind. Im Jahr 1972 schrieb der Physiker Phil Anderson: »Die Fähigkeit, alles auf einfache, fundamentale Gesetze zu reduzieren, setzt nicht automatisch die

Fähigkeit voraus, von diesen Gesetzen ausgehend das Universum wieder rekonstruieren zu können.« Das Universum der modernen Naturwissenschaft hat ein bisschen »Spiel«. William James schreibt: »Die Teile haben ein gewisses Maß an Bewegungsfreiheit untereinander.«[36] Wenn Huckleberry Finn und Jim ein Ruder in den Mississippi tauchen, können sie den Kurs ein wenig verändern. Die B-Reihe verpflichtet uns nicht auf den extremen Determinismus, weil es ein gewisses Geschiebe und Gezerre innerhalb des Blockuniversums zu geben scheint. Noch mal Glück gehabt!

Bleibt das Problem der Kausalität, denn die B-Reihe ermöglicht Veränderung offenbar rückwärts und vorwärts in der Zeit, während der Kausalitätsbegriff verlangt, dass Veränderung nur in einer Richtung stattfindet: Die Ursachen gehen den Wirkungen immer voraus.

Anfang des 20. Jahrhunderts bemerkte man, dass die meisten grundlegenden physikalischen Gleichungen zu unveränderten Ergebnissen führten, egal, ob man von einer Vorwärts- oder einer Rückwärtsbewegung der Zeit ausging. Filmen Sie Elektronen in Bewegung und versuchen Sie herauszufinden, ob der Film vorwärts oder rückwärts abgespielt wird. Es wird Ihnen nicht gelingen. Heute bekommen es Physiker, die an Forschungseinrichtungen wie dem Large Hadron Collider (Großer Hadronen-Speicherring) am Stadtrand von Genf arbeiten, ständig mit Teilchen zu tun – etwa Positronen –, die rückwärts in der Zeit zu reisen scheinen. Für die Elementarteilchen der Physik scheint die Zeit keine Richtung zu haben.

Das stellt alle unsere Kausalitätsvorstellungen auf den Kopf. Teilweise wurde dieser Umbruch sogar begrüßt, weil sich sowieso schon Zweifel an dem Kausalitätsbegriff ergeben hatten. Im 18. Jahrhundert zeigte David Hume, dass man die Kausalität niemals auf frischer Tat ertappen kann. Wohl lässt sich nachweisen, dass zwei Ereignisse zu korrelieren scheinen. Wenn Sie gegen einen Ball treten, bewegt er sich von Ihnen fort. Doch der Beweis, dass der Tritt die Bewegung *verursacht* hat, ist unmöglich. Das Problem liegt darin, dass es viele denkbare Ursachen gibt. Hat die Muskelkontraktion in meinem Bein bewirkt, dass der Ball sich bewegt? Oder war der Umstand schuld, dass es nichts gab, was den Ball an seinem Aufenthaltsort festhielt? Oder haben die Neuronen im Gehirn mich veranlasst, gegen den Ball zu treten? War am Ende der Urknall die Ursache, der mich, den Ball und den Sportplatz erschuf? Im Jahr 1912 hat Bertrand Russell die Auffassung vertreten, der Kausalitätsbegriff führe zu einem unendlichen Regress. Statistiker kennen sich mit dem Problem von verborgenen Ursachen aus. In den 1950er-Jahren häuften sich die Anhaltspunkte für eine Korrelation zwischen Rauchen und Lungenkrebs, aber der britische Statistiker Ronald Fisher, ein notorischer Querdenker und Raucher (und bezahlter Berater der Tabakkonzerne) äußerte die These, es gebe vielleicht ein unentdecktes Gen, das sowohl das Rauchen wie den Lungenkrebs verursache, oder vielleicht sei Lungenkrebs die Ursache fürs Rauchen! Solche Argumente sind überraschend schwer zu widerlegen.[37]

Anfang des 20. Jahrhunderts empfand man die Probleme als so schwerwiegend, dass viele Fachleute, unter ihnen auch Russell, vorschlugen, Wissenschaft und Philosophie sollten den Begriff der Kausalität zusammen mit der Annahme, die Zeit habe eine Richtung, einfach fallen lassen.[38] Doch selbst Russell zögerte, und das mit gutem Grund – wie viele Wissenschaftler des frühen 20. Jahrhunderts schickte er sich an, die determinierte Welt der Newton'schen Naturwissenschaft aufzugeben. Das brachte ihn dazu, sich die Kausalität und die Beziehung zwischen Vergangenheit und Zukunft nicht mehr so streng, sondern eher probabilistisch vorzustellen.

Auch Hume hatte eingeräumt, der Kausalitätsbegriff sei trotz aller logischen Schwierigkeiten, die er aufwerfe, in der Praxis unentbehrlich, weil er meistens so gut funktioniere. Russell war derselben Meinung. Es sei durchaus vernünftig, von Kausalitätsgesetzen zu sprechen, solange man sie nicht für »universell oder notwendig« halte. Mit anderen Worten, wir könnten den Kausalitätsbegriff verwenden, um mit großer Zuversicht Wahrscheinlichkeitsvorhersagen zu machen, selbst wenn absolute Gewissheit nicht zu erreichen sei. »Wenn (…) uns eine große Zahl von Fällen bekannt ist, in denen auf A B folgt, und wir von keinen oder nur wenigen wissen, in denen diese Abfolge ausgeblieben ist, sind wir *in der Praxis* zu der Aussage berechtigt: ›A verursacht B‹, vorausgesetzt, wir statten den Begriff der Ursache nicht mit all jenen abergläubischen Annahmen und Überzeugungen aus, die sich im Laufe der Zeit an dieses Wort angelagert haben.«[39]

Ende des 20. Jahrhunderts wurde der Kausalitätsbegriff in bescheidener Form wieder verwendet. Wie der Informatiker Judea Pearl nachwies, können wir den unendlichen Regress umgehen, indem wir die Kausalität aus der Perspektive lokaler Akteure betrachten, die in lokale Prozesse eingreifen.[40] Schließlich ist das der Blickwinkel, unter dem wir die Kausalität in der Realität nutzen. Wir versuchen nicht, alle Ursachen einzubeziehen, sondern beschränken uns auf diejenigen, die wichtig zu sein scheinen. Was wird jetzt passieren, wenn ich gegen den Ball trete? Ich kann relativ gute Vorhersagen machen, indem ich berücksichtige, wie stark ich zuzutreten gedenke, ob der Ball aufgepumpt ist, irgendwie an seinem Platz befestigt ist und so fort. Pearl hat nachgewiesen, dass sich dieser bescheidenere Kausalitätsbegriff mit großer mathematischer Strenge handhaben lässt.

Auch das Konzept des Zeitpfeils – die Vorstellung, die Zeit habe eine Richtung – kehrte in bescheidenerer, eher perspektivischer und probabilistischer Form wieder. Wenn man einfache Gebilde betrachtet, wie etwa Elementarteilchen, ist es in der Tat schwierig, der Zeit eine Richtung zuzuschreiben. Doch in unserem Alltag haben wir mit komplexeren Entitäten zu tun, und dort lassen sich viele Belege für die Existenz des Zeitpfeils finden. Filmen Sie, wie ein Ei aufgeschlagen und zu Rührei verarbeitet wird, und Sie werden keine Schwierigkeit haben, die Richtung der Zeit zu erkennen.[41] Die Zeit bewegt sich in die Richtung, in der organisierte Dinge unorganisierter werden, in die Richtung, in der die Schale zerbricht und in der Eigelb und Eiweiß miteinander vermischt werden – und *nicht* in die Richtung, in der sich ein Rührei von alleine »entrährt« oder entmischt.

Physiker beschreiben all diese Vorgänge in der Fachsprache der Thermodynamik, einer sehr anspruchsvollen Disziplin. Nach dieser Theorie wird die »Entropie«, die Unordnung von Energie und Materie, in der Regel größer, wenn wir uns aus der Vergangenheit in die Zukunft bewegen. Obwohl die Gesamtmenge der Energie im Universum unveränderlich ist, nimmt sie im Laufe der Zeit weniger geordnete Formen an. Sie verliert die Ähnlichkeit mit den geordneten Flüssen der elektrischen Energie und gleicht eher den Zufallsbewegungen der Wärmeenergie, die in ihren extremen Formen zu chaotisch ist, um nützliche Arbeit zu verrichten. Besser organisierte Energieflüsse (»freie Energie«) können mehr Arbeit leisten; sie sind sogar in der Lage, Materie zu geordneteren Strukturen zu organisieren. Doch wenn freie Energie Arbeit verrichtet, verliert sie ihre Ordnung, wie eine Batterie, die schwächer wird. Die Entropie nimmt zu. Diese unvermeidliche Beeinträchtigung der freien Energie verleiht aller Veränderung eine Richtung. Sie sorgt dafür, dass Energie fließt, und Flüsse freier Energie können komplexe Entitäten aufbauen und erhalten. Die komplexen Entitäten (einschließlich meiner und Ihrer Person) verringern jedoch die Ordnung der Energieflüsse, was zur Folge hat, dass unsere Existenz paradoxerweise zur Beeinträchtigung der freien Energie beiträgt.[42] Durch diese Beeinträchtigung wird die dauerhafte Existenz komplexer Entitäten erschwert, was sowohl bei der Energie wie der Materie zu einem Ordnungsverlust führt. Das ist, kurz gefasst, eines der wichtigsten naturwissenschaftlichen Gesetze – der Zweite Hauptsatz der Thermodynamik.

Genau genommen ist der Zweite Hauptsatz kein Gesetz, sondern eine sehr einflussreiche Richtungstendenz in der Entwicklung unseres Universums. Es gibt kein Gesetz, nach dem es unmöglich ist, dass sich alle Atome eines geschlagenen Eis entmischen und wieder ihren Platz in einer sich perfekt zusammenfügenden Schale einnehmen. Allerdings ist die Wahrscheinlichkeit, dass so etwas passiert, extrem (unfassbar! wahnwitzig!) gering. Komplexe Entitäten zerfallen letztlich, weil es viel mehr ungeordnete Konfigurationen als geordnete gibt. Kurzum, wir können eine allgemeine Regel (eine weitere »moralische« Gewissheit) formulieren: Wenn komplexen Entitäten von außen keine geordnetere »freie Energie« zugeführt wird (wenn nicht jemand »aufräumt«), werden sie dazu tendieren, auf dem Weg aus der Vergangenheit in die Zukunft Komplexität einzubüßen. In der Zukunft wird Ihr Zimmer unordentlicher werden, wenn Sie es nicht aufräumen. Der Zeitpfeil zeigt in Richtung einer zunehmenden Unordnung und letztlich des Zerfalls.

Es gibt noch andere Gründe für die Annahme, dass die meisten Veränderungen gerichtet sind. Werfen sie einen Stein in einen See, und die

Wellen werden sich immer vom Mittelpunkt nach außen bewegen, nie nach innen. Aus Gründen, die wir nicht ganz verstehen, ist das charakteristisch für jede wellenartige Bewegung, einschließlich der Bewegung der Energie durch das Universum.[43] Doch das beste Beispiel für eine Richtung der Zeit liefert die Urknallkosmologie. Unser Universum expandiert nur in eine Zeitrichtung, in die Zukunft.

Obwohl die B-Reihe keine Prozesse ausschließt, die sich rückwärts in der Zeit bewegen, sieht es so aus, als könnten grobschlächtige, komplexe Wesen wie wir selbst diese Möglichkeiten ignorieren, wenn es um die Bewältigung der Zukunft hier auf dem Planeten Erde geht. Wir dürfen davon ausgehen, dass die Zeit eine Richtung hat, und können uns daher selbst in der B-Reihe an den Kausalitätsbegriff halten, um vorherzusagen, was wahrscheinlich in der Zukunft geschehen wird. Wieder Glück gehabt!

Fassen wir also noch einmal zusammen: Obwohl das Blockuniversum der B-Reihe unsere Annahmen über freien Willen und Kausalität außer Kraft zu setzen scheint, versichert uns die moderne Wissenschaft, dass auch im Blockuniversum nicht alle Ereignisse im Voraus festgelegt seien und dass die meisten Veränderungen, die uns beträfen, eine Richtung hätten, was bedeute, dass die Ursachen tatsächlich den Wirkungen vorausgingen. Mit anderen Worten, wir können einige freie Entscheidungen über die Zukunft treffen, und wir sind damit im Großen und Ganzen wirklich in der Lage, uns auf das Kausalitätsprinzip zu stützen, um wahrscheinliche Zukünfte vorherzusagen. Zukunftsdenken ist möglich! Was für eine Erleichterung!

Kapitel 2
Praktisches Zukunftsdenken

Zeit als Relation

Die Zeit, wie sie in der Physik wahrgenommen wird, mit der Zeit zu versöhnen, wie sie uns in unserer Erfahrung begegnet, ist das Hauptproblem für die Metaphysik der Zeit.

– Jenann Ismal[1]

In Kapitel 1 haben wir uns mit einigen Rätseln der Zukunft beschäftigt, die durch die Zeitphilosophie aufgeworfen werden. Doch in unserem Alltag ist die Zukunft keine Abstraktion. Uns interessiert nicht der *Begriff* der Zukunft, mag er auch noch so genau oder streng sein. Uns interessiert vielmehr, was wir tatsächlich von Augenblick zu Augenblick tun müssen. Wir erwarten von unseren Gedanken und Vorstellungen über die Zukunft, dass sie uns gewissermaßen den Weg freiräumen. Wenn sich eine winzige Bakterie an philosophischen Debatten beteiligen könnte, würde sie wahrscheinlich der letzten der Marx'schen »Thesen über Feuerbach« zustimmen: »Die Philosophen haben die Welt nur verschieden interpretiert, es kommt drauf an, sie zu verändern.«[2] In der Praxis geht es um die Frage, wie wir mit der Ungewissheit umgehen. Wir leben in der Turbulenz und der Dunkelheit der A-Reihe, sehnen uns aber nach den erkennbaren Zukünften, die in die Karte der B-Reihe eingetragen sind. Das große hinduistische Epos *Bhagavad Gita*, »der Gesang des Erhabenen«, enthält eine zentrale Stelle, die sich als poetische Auseinandersetzung mit dieser tiefen Sehnsucht deuten lässt.

Der Held Arjuna schickt sich an, die Schlacht zu beginnen. Darauf erhebt sich »ein ungeheurer Lärm von Muscheln und Rinderhörnern und dem Schlagen von Trommeln«. Als er in den einander gegenüberstehenden Heeren »Väter und Großväter dort, / Lehrer, Brüder und Oheime, Söhne, Enkel und Freunde auch; / Schwäher wie auch Gefreundete« erblickt, befürchtet er, die Zukunft werde ihnen fürchterlichen Bruder- und Verwandtenmord bescheren. Er sieht all den Aufruhr und Schrecken in den Zukünften der A-Reihe und ist entsetzt und verstört. Daher bittet er seinen Wagenlenker, den Gott Krishna, den Fluss der Zeit anzuhalten und eine Art kosmische Auszeit auszurufen. Also »hielt Krishna gleich / (...) inmitten beider Heere dort den herrlichsten der Wagen an«. Jetzt befinden sich Arjuna und Krishna in einem seltsamen zeitlichen Zwischenbereich, frei von der Dynamik und Besonderheit der A-Reihe, aber ohne die gottähnliche Perspektive der B-Reihe. An diesem besonderen Ort bittet der Held den Gott um Rat für die Zukunft. Arjuna ist so entsetzt über die Aussicht der bevorstehenden Schlacht, dass er beschlossen hat, nicht zu kämpfen. Er »ließ fahren Pfeil und Bogen da, durch Schmerz verwirrt in seinem Geist«. Doch Krishna erklärt ihm, niemand könne den Kämpfen des Lebens ausweichen: »Nie kann man frei von allem Tun auch einen Augenblick nur sein.« Selbst Untätigkeit ist Tätigkeit. Dann lässt Krishna den Helden für einen kurzen Moment teilhaben an seinem göttlichen Blick von oben auf die Zeit, in der schon alle Zukünfte in die Karte eingetragen sind. Ich bin der, sagt er, der »alle Welt vernichtet, / erschienen, um die Menschen fortzuraffen; /auch ohne dich sind sie dem Tod verfallen, / die Kämpfer all, die dort in Reihen stehen«. In dem Blockuniversum, das Arjuna durch Krishnas Augen erblickt, hat es keinen Zweck, den eigenen Tod oder den seiner Feinde zu beklagen. »Nie war die Zeit, da ich nicht war, und du und diese Fürsten all, / Noch werden jemals wir nicht sein, wir alle, in zukünftger Zeit.« Arjunas Blick in das ewig gleiche Reich der B-Reihe verleiht ihm die Gelassenheit, die er braucht, um in der Welt zu handeln. Nicht zittern solle er, befiehlt ihm Krishna, sondern kämpfen.[3]

Wie Arjuna bereiten wir uns alle an einem bestimmten Ort in Zeit und Raum auf die Zukunft vor, aber um handeln zu können, brauchen wir eine umfassendere und universellere Vision dessen, was vor sich geht. Daher ist alles Zukunftsdenken relational. Es ist eine Art Verhandlung zwischen unserem augenblicklichen Wer und Wo und einem umfassenderen Universum, das wir in den Blick zu bekommen versuchen.

Daraus folgt, dass es auf die Frage »Was ist die Zukunft und wie entfaltet sie sich?« nicht die eine Antwort gibt. Wie man mit der Zukunft umgeht, hängt davon ab, wer man ist und wo und an welchem Zeitpunkt des Universums man sich befindet.

Relativitätstheorie und die Zukunft

Zu Beginn des 20. Jahrhunderts wies Albert Einstein wissenschaftlich exakt den relationalen und perspektivischen Charakter unseres Zeiterlebens nach. Sein aufsehenerregender Artikel über die spezielle Relativitätstheorie, den er 1905 als 26-jähriger technischer Experte am Berner Patentamt verfasste, stellte Newtons Auffassung von einer absoluten Zeit auf den Kopf und verwandelte unser Verständnis von Zeit und Zukunft.[4]

Demnach gibt es keinen universellen, absoluten Zeitfluss. Vielmehr variiert seine Geschwindigkeit von Beobachter zu Beobachter gemäß strengen Regeln, die von dem »Bezugssystem« jedes Beobachters abhängen, von seiner Position und Bewegung im Universum. Dazu schrieb der deutsche Soziologe Norbert Elias in einer bahnbrechenden Geschichte der Veränderung unserer Zeiterfahrung: »Schließlich und endlich musste erst Einstein die Entdeckung besiegeln, dass die Zeit eine Beziehungsform ist und nicht, wie Newton glaubte, ein objektiver Fluss.«[5]

Einstein beginnt seine Ausführungen mit der bemerkenswerten und damals bereits bekannten Tatsache, dass die Lichtgeschwindigkeit absolut zu sein scheint. Das ist sehr seltsam. Wenn Sie zur Sonne reisen und messen, wie schnell Ihnen ein Sonnenstrahl entgegenkommt, werden Sie exakt dasselbe Ergebnis erhalten wie ein Beobachter, der sich von der Sonne *entfernt* oder der im rechten Winkel zu ihr reist. Alle ihre Messgeräte werden eine Geschwindigkeit von rund 300 000 Kilometern pro Sekunde anzeigen.[6] Ein derartiges Verhalten erwarten wir nicht von den Dingen, mit denen wir auf der Erde umgehen. Wenn ich die Geschwindigkeit eines Autos messe, das meinem entgegenkommt, erwarte ich, dass sie sich von der Geschwindigkeit unterscheidet, mit der ein Auto sich von mir entfernt. Die meisten Zeitgenossen Einsteins gingen davon aus, dass sich diese Anomalien auflösen würden: Vermutlich waren sie einfach das Ergebnis von Versuchsfehlern. Einstein sah das anders. Möglicherweise war die Lichtgeschwindigkeit wirklich absolut, wie alle Experimente nahelegten. In diesem Fall verhielten sich die Uhren und Messgeräte verschiedener Beobachter seltsam, wenn sie immer zum selben Ergebnis kamen. Dazu schreibt ein Kommentator: »Wenn Beobachter in verschiedenen Bewegungszuständen immer den gleichen Wert [für die Lichtgeschwindigkeit] finden, müssen sich ihre Messungen von Raum und Zeit unterscheiden.« Einstein überprüfte diese These mit einem berühmten Gedankenexperiment, in dem er das schnellste Beförderungsmittel seiner Zeit verwendete: die Eisenbahn.[7]

Betrachten wir eine leicht veränderte Version dieses Gedankenexperiments. Stellen wir uns vor, Isaac stehe auf einem Bahnhof und sehe zwei Blitze gleichzeitig aufleuchten – der eine zehn Kilometer östlich, der andere zehn Kilometer westlich. Natürlich weiß er, dass die Blitze stattgefunden haben, kurz bevor er sie gesehen hat, weil das Licht eine gewisse Zeit für den Weg benötigt. Stellen wir uns weiter vor, Albert befinde sich in einem Zug, der genau in dem Augenblick, wo die Blitze stattfinden, ostwärts durch den Bahnhof fährt. Wird Albert Isaac zustimmen, wenn dieser sagt, die Blitze hätten gleichzeitig stattgefunden? Einsteins Antwort lautet nein. Warum?

Es dauert eine Zeit lang, ehe das Licht die zehn Kilometer bis zum Bahnhof zurückgelegt hat. Isaac und Albert können beide ausrechnen, wie lange das dauern wird, weil sie wissen, dass die Lichtgeschwindigkeit sich nicht verändert. Ihnen ist aber auch bekannt, dass sich Alberts Zug zu dem Zeitpunkt, da das Licht Isaac erreicht, ein wenig nach Osten bewegt haben wird. Um Albert im Zug zu erreichen, wird das westliche Licht also eine etwas längere Distanz zurücklegen müssen als das Licht des östlichen Blitzes. Daher wird Albert den westlichen Blitz *nach* dem östlichen sehen. Die Bedeutung dieses kleinen Unterschieds ist enorm. Zwei Ereignisse, die Isaac gleichzeitig erschienen, sind es für

Albert nicht. Denn als Albert den östlichen Lichtblitz im Jetzt erlebt, befindet dieser sich noch in Isaacs Zukunft. Einstein zeigte, dass identische Uhren, die die Zeit desselben Ereignisses messen, zu verschiedenen Ergebnissen kommen können, weil sie die Zeit des Ereignisses aus leicht verschiedenen Bezugssystemen messen. Und beide sind korrekt. Lassen Sie sich nicht von dem Argument in die Irre führen, Isaac müsse recht haben, weil er sich nicht bewege. Sowohl Isaac als auch Albert sausen durch den Raum auf einem Planeten, dessen Oberfläche mit etwa 1600 Stundenkilometern rotiert (je nachdem, wie nahe wir dem Äquator sind), während die Erde mit 20 000 Stundenkilometern um die Sonne kreist und das Sonnensystem das Zentrum der Milchstraße mit mehr als 800 000 Stundenkilometern umrundet.

Normalerweise bemerken wir diese zeitlichen Anomalien nicht, weil wir selten Dingen begegnen, die sich relativ zu uns schnell genug bewegen, um aufzufallen. Doch die Effekte sind real. Als Jugendlicher habe ich einmal ein Experiment im Fernsehen gesehen, bei dem mit einem Geigerzähler die radioaktive Zerfallsrate eines Uranklümpchens gemessen wurde. Man konnte das regelmäßige Klicken hören. Dann kam das Stück Uran in eine Zentrifuge und wurde sehr, sehr schnell herumgeschleudert; jetzt bewegte es sich rascher als die Objekte außerhalb der Zentrifuge. Damit befand es sich in einem anderen Bezugssystem als die Beobachter im Fernsehstudio oder ich. Der Klumpen bewegte sich wie Albert der Reisende in Einsteins Zug, nur eben mit sehr viel höherem Tempo. Als die Zentrifuge beschleunigte, begann das Klicken des Geigerzählers sich zu verlangsamen. Im Bezugssystem des Fernsehstudios gemessen, schien die Zeit in der Zentrifuge langsamer zu verstreichen. Als jugendlicher Wissenschaftsfan war ich verblüfft und hingerissen. Heute gehört es zum Alltag von GPS-Systemen, solche hauchfeinen Unterschiede zu berücksichtigen, weil sie die sehr unterschiedlichen Bezugssysteme von erdumkreisenden Satelliten und auf der Planetenoberfläche herumkriechenden Autos miteinander vereinbaren müssen. Auch Physiker die an Teilchenbeschleunigern wie dem Large Hadron Collider des CERN arbeiten (der in seiner Wirkungsweise einer Zentrifuge gleicht), müssen diese Effekte ernst nehmen, wenn sie ihre subatomaren Teilchen bis fast auf Lichtgeschwindigkeit beschleunigen.

In der 1915 veröffentlichten allgemeinen Relativitätstheorie zeigte Einstein, dass Gravitationsfelder auch Raum und Zeit krümmen können. Diese Idee wurde 2014 in dem Film *Interstellar* aufgegriffen, dessen Held Cooper durch Schwarze Löcher reist, die dichtesten Gebilde, die wir kennen, und von dort ins Sonnensystem zurückkehrt, wo er feststellt, dass seine Tochter inzwischen viele Jahrzehnte älter ist als er.

In welcher Weise wirken sich Einsteins Theorien nun auf unser Zukunftsdenken aus? In erster Linie zeigen sie, dass sich nicht mit absoluter Gewissheit sagen lässt, wann die Vergangenheit endet und die Zukunft beginnt. Die Antworten werden davon abhängen, wo wir gerade sind und wie wir uns bewegen. Ein Ereignis, das sich in meiner Zukunft befindet, könnte in Ihrer Vergangenheit stattfinden. Mit anderen Worten, unsere Definitionen von Zukunft und Vergangenheit beruhen auf unseren Bezugssystemen. Sie sind relativ.

Auch unser Kausalitätsbegriff wird durch Einsteins Theorie verändert, denn sie zeigt, dass sich nichts schneller als das Licht bewegen kann. Daraus folgt, dass sich kausale Effekte nicht mit unendlicher Geschwindigkeit bewegen können. Wenn ich das Siegestor im Endspiel der Fußballweltmeisterschaft schieße (die Wahrscheinlichkeit ist nicht sehr hoch), wird die Nachricht von meinem Triumph mit Lichtgeschwindigkeit ins All gesendet. Nach wenigen Sekunden werden meine Fans auf dem Mond feiern, in gut vier Jahren werden sich die Fans auf den Planeten des nächsten Sternensystems, Alpha Centauri, anschließen. Aber es wird Jahrmillionen dauern, bis die gute Nachricht die Andromedagalaxie erreicht. Bis dahin wird meine Leistung überhaupt keinen Einfluss auf sie haben. Es ist so, als würden sich die Wellen meines Triumphes mit Lichtgeschwindigkeit von dem Ort aus verbreiten, wo ich das Tor geschossen habe – je weiter die Orte von mir entfernt sind, desto länger brauchen die Wellen, um sie zu erreichen.

Einstein und der mit ihm befreundete Mathematiker Hermann Minkowski verdeutlichten diesen Sachverhalt mit dem Konzept des Lichtkegels. Wir können Ereignisse in der Zukunft nur in einer Region der Raumzeit beeinflussen, die sich mit Lichtgeschwindigkeit erweitert, während wir uns in die Zukunft bewegen. Entsprechend können wir durch Ereignisse in der Vergangenheit nur dann beeinflusst werden,

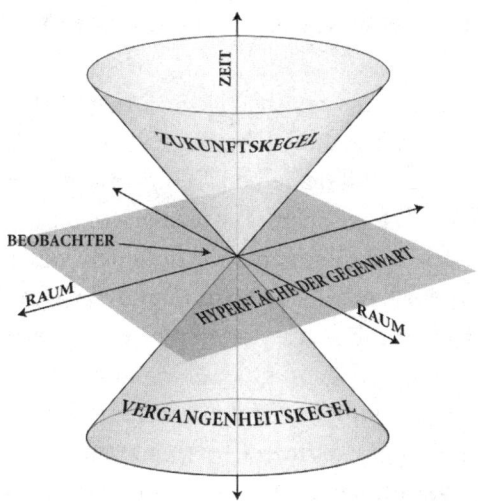

Abbildung 2.1: Einstein-Minkowski-Lichtkegel und Kausalitätsbegriff
Eine zweidimensionale Darstellung eines vierdimensionalen »Hyperraums«
(K. Aainsqatsi, SVG-Version der Abbildung: World_line.png, 7. Mai 2007,
https://commons.wikimedia.org/w/index.php?curid=2210907).

wenn wir uns innerhalb des jeweiligen Zukunftskegels befinden. Die Einstein-Minkowski-Lichtkegel grenzen jene Bereiche des Blockuniversums, zu denen ich in eine kausale Beziehung treten kann (diejenigen innerhalb der beiden Kegel), von den Bereichen ab, zu denen ich nie eine Beziehung haben kann.

Im Prinzip wies Einstein nach, dass wir bei Fragen nach Zeit und Zukunft das »Bezugssystem« oder die Perspektive angeben müssen, aus dem beziehungsweise aus der diese Fragen gestellt werden, weil unterschiedliche Fragen zu unterschiedlichen Antworten führen. Die »Wahrheit« über die Gegenwart und die Zukunft wird je nach unserem Bezugssystem variieren. In gewissem Sinne entsprechen diese Argumente der philosophischen Position des *Perspektivismus,* die der Philosoph David Danks »grob« beschreibt als die »Idee, dass wissenschaftliche Theorien, Modelle, Erkenntnisse und Behauptungen an eine bestimmte Perspektive gebunden sind und nicht unbedingt objektive, universelle Wahrheiten zum Ausdruck bringen«.[8] Sie zeigen, dass die Zukunft und unser Verständnis der Zukunft perspektivisch zu begreifen sind.

Die Zukunft aus der Sicht lebender Organismen

Im Alltag haben Einsteins relativistische Effekte kaum praktische Bedeutung, weil Sie, Ihre Freunde, Ihre Heimatstadt und Ihr Heimatplanet sich mehr oder minder mit derselben Geschwindigkeit durch den Raum bewegen, so dass sich alle mehr oder weniger in demselben Bezugssystem befinden. Doch Bezugssysteme werden nicht nur durch Bewegung bestimmt. Sie unterscheiden sich auch in anderer Hinsicht. Für uns als Menschen sind unsere Bezugssysteme vor allem durch die einfache, aber bedeutsame Tatsache geprägt, dass wir lebendig sind. Am Leben zu sein, verleiht allen lebendigen Organismen eine besondere Beziehung zu Universum, Zeit und Zukunft. Unter anderem bestimmt dieser Umstand, was die Zukunft für sie bedeutet und wie sie versuchen, sie zu bewältigen.

Was heißt es, lebendig zu sein? Diese Frage hat genauso komplizierte und schwierige Diskussionen ausgelöst wie die nach der Zeit.

Es gibt viele Definitionen des Lebens. Die NASA etwa definiert ein Lebewesen als »autarkes chemisches Wesen, das zu darwin'scher Evolution fähig ist«. Für unseren Zusammenhang müssen wir uns auf die Merkmale lebender Organismen konzentrieren, die für ihr Verhältnis zur Zukunft maßgeblich sind. Dabei spielen zwei eine besondere Rolle: (1) Lebewesen sind komplex, daher sind sie Zerfall und Verwesung unterworfen, und (2) Lebewesen handeln – ob bewusst oder nicht –, als orientierten sie sich an Zwecken und Zielen; sie interessieren sich also für ihre Zukunft und versuchen, sie zu beeinflussen. Beide Aspekte – Komplexität und Zweckorientierung – müssen wir uns etwas genauer ansehen.

Was meinen wir, wenn wir ein DNA-Molekül, einen Goldfisch oder meinen Nachbarn als »komplex« bezeichnen? Die moderne Physik kennt viele »Felder«, die die einfachsten und grundlegendsten Komponenten des Universums erzeugen – Energien wie die Gravitation und kleinste Bestandteile der Materie wie Quarks.[9] Diese Komponenten sind im Grunde auf die einfachsten Formen reduziert, die möglich sind. Sie sind nicht aus anderen Dingen zusammengesetzt, obwohl sie Eigenschaften haben, die sich bei flüchtigen Begegnungen mit anderen Kräften und Teilchen verändern können. Ein Großteil des Universums besteht aus einfachen Dingen und Kräften, die sich scheinbar zufällig in der Zeit hin und her zu bewegen scheinen. Es ist nicht ganz klar, welche Bedeutung die Zeit für diese einfachen Bestandteile haben könnte.

Mit komplexen Gebilden verhält es sich anders. Sie sind nicht besser oder schlechter als einfache Dinge, aber aus dem Zweiten Hauptsatz der Thermodynamik folgt, dass sie weniger häufig und weniger stabil sind als einfach Dinge. Doch für uns Menschen sind es vor allem die komplexen Dinge, die dem Universum seine Schönheit und Bedeutung verleihen. Komplexe Dinge lassen sich als Strukturen definieren, deren unterschiedliche Komponenten so angeordnet sind, dass sie ihren Trägern besondere, »emergente« Eigenschaften verleihen. Diese Strukturen können dank ihrer Beschaffenheit eine Zeit lang überleben (ein paar Sekunden oder Jahrmilliarden).

Atome und Moleküle sind komplexe Gebilde, genau wie Sterne und Seesterne, wie Kristalle und Bakterien, wie die Beobachter in Einsteins Experimenten nebst ihren Uhren und Messlatten und elektronischen Geräten. Atome bestehen aus Protonen, Neutronen und Elektronen, die so angeordnet sind, dass die Atome emergente Eigenschaften erhalten wie unterschiedliche Radioaktivität oder unterschiedliche Neigungen, mit anderen Atomen zu reagieren. Chemiker und Physiker können diese Eigenschaften sehr genau messen. Da sich die Beziehungen zwischen ihren Bestandteilen ändern können, können sich auch ihre Eigenschaften verändern. Für komplexe Gebilde ist die Zeit also von Bedeutung: Sie bedeutet Veränderung. Und letztlich bedeutet sie Zerfall, weil sich früher oder später alle komplexen Entitäten in ihre Bestandteile auflösen werden, wie es der Zweite Hauptsatz der Thermodynamik verlangt, mit dessen teuflischem Werk wir uns im vorhergehenden Kapitel beschäftigt haben. Daraus folgt für komplexe Entitäten, dass die Zukunft der Zeitabschnitt ist, in dem sie zerfallen werden. Die Zukunft ist für sie also voller dramatischer Spannung. Wie lange werden sie überleben? Wann werden sie zerfallen? Auf welche Weise? Tatsächlich lässt sich die Geschichte des ganzen Universums als ein Drama erzählen, in dem es um die Auseinandersetzung zwischen komplexen Entitäten und den am Ende siegreichen entropischen Kräften geht.[10]

Das zweite entscheidende Merkmal von Lebewesen ist, dass sie sich verhalten, als orientierten sie sich an Zwecken; sie beweisen »Handlungsfähigkeit«. »Zweckmäßiges Verhalten«, schreibt der Genetiker Paul Nurse, »ist ein definierendes Merkmal des Lebens.«[11] Natürlich verwenden wir hier Wörter wie *Zweckorientierung* oder *Handlungsfähigkeit* metaphorisch, denn in Wahrheit sind sie nur Platzhalter für Phänomene, die wir nicht wirklich verstehen – etwa so, wie es in der Physik bei der *dunklen Energie* der Fall ist. Im Folgenden gilt also immer, dass es bei *Zweckorientierung* oder *Handlungsfähigkeit* um Verhaltensweisen geht, die zweckorientiert *aussehen*.

Komplexe Dinge, die nicht lebendig sind, erwecken nicht den Anschein von Zweckorientierung. Gewiss, sie können eine Zeit lang fortbestehen, den Zerfall vermeiden, aber ihr Fortbestand ist mechanisch, ein Ergebnis der physikalischen Gesetze, mit deren Hilfe sie konstruiert wurden. Beispielsweise werden Atome durch elektromagnetische Kräfte zusammengehalten, manchmal über Jahrmilliarden. Doch wenn sie instabil sind, können wir präzise vorhersagen, wann sie zerfallen.

Anders verhält es sich mit Lebewesen. Sie werden »nicht gelassen in die gute Nacht« gehen, wie Dylan Thomas sagt. Wenn sie bedroht werden, erscheinen sie vielmehr »im Sterbelicht (…) doppelt zornentfacht«.[12] Beobachten Sie eine Bakterie, wie sie auf der Jagd nach Nahrungsmolekülen hin und her schießt oder bei Gefahr zurückweicht, und Sie sehen etwas ganz anderes als ein Atom, etwas weit weniger Vorhersagbares. Das Verhalten von Bakterien ist weniger mechanisch, viel kreativer und offener. Das ist kein Wunder, denn ein Bakterium befindet sich nie im Gleichgewicht mit den ständig veränderlichen Kräften und Energien, von denen es umgeben ist. Wie Huckleberry Finn und Jim scheint jedes Bakterium das zerbrechliche Floß seiner Existenz bewusst durch die stetem Wechsel unterworfene Energie und Materie zu steuern, immer auf der Suche nach neuen Lösungen für neue Herausforderungen. Bakterien verhalten sich so, als ob sie überleben *wollten*, und sie kämpfen mit einem erstaunlichen Maß an Kreativität und Einfallsreichtum um ihr Überleben, was erklärt, warum ihr individuelles Verhalten so schwer vorherzusagen ist. Wie alle Organismen befinden sie sich in einem ständigen Kampf gegen die Möglichkeit eines entropischen Zerfalls, und ebendarum ist ihre Beziehung zur Zukunft so angespannt, unsicher und dramatisch. Während die nicht lebende Welt der Zukunft passiv begegnet, verhält sich die lebende Welt ihr gegenüber aktiv, das heißt differenziert und zweckgerichtet. Im Gegensatz zu Atomen oder Asteroiden scheinen Organismen wählerisch im Hinblick auf ihre Zukünfte zu sein.

Welche Ursache hat diese augenscheinliche Zweckorientierung? Wir kennen die Antwort noch nicht ganz genau. Viele traditionelle religiöse und philosophische Lehren haben Zweckorientierung für eine Eigenschaft gehalten, die dem Universum von seinen Schöpfern mitgegeben wurde. Aber die moderne Wissenschaft kann einen dem Universum als Ganzem zugrunde liegenden Zweck nicht erkennen. Wir müssen also erklären, wie ein Universum ohne Zweck Wesen hervorbringen konnte, die handeln, als wären sie zweckorientiert.

Die beste Erklärung, die uns gegenwärtig für das augenscheinlich zweckbestimmte Verhalten der Lebewesen um uns her zur Verfügung steht, ergibt sich aus dem blinden, zweckfreien oder ziellosen Mechanismus, den Charles Darwin als *natürliche Selektion* bezeichnet hat. Oder wie der Philosoph Daniel Dennett es formuliert: »[D]er Prozess der Evolution durch natürliche Selektion kann nicht im mindesten vorausschauen, aber sie hat (…) [die] Fähigkeit zum Vorausschauen hervorgebracht.«[13] Dazu stattet die Evolution die Lebewesen mit immer mehr Überlebenstricks aus und verleiht den Organismen auch die Fähigkeit, sie zu verwenden. Lebewesen fertigen Kopien ihrer selbst an; wenn also ein individueller Organismus stirbt, bewahren seine Kopien die Struktur und die Fertigkeiten, dank denen er so lange überleben konnte. Deshalb verhalten sich alle Lebewesen, als orientierten sie sich an zwei fundamentalen Zwecken: zu überleben und sich zu reproduzieren. Die wahre Schönheit der natürlichen Selektion erwächst aus den Unvollkommenheiten des Kopierprozesses, denn sie bringen kleine Veränderungen hervor, von denen einige neue Überlebensmöglichkeiten eröffnen. Im Laufe von Milliarden Generationen werden nur jene Anpassungen weitergegeben, die die Überlebenschancen verbessern, weil sich allein die Überlebenden fortpflanzen. Das erklärt, warum die natürliche Selektion Lebewesen mit einem so gewaltigen Repertoire an Tricks ausgerüstet hat, die ihnen erlauben, auf ungewisse Zukunftsaussichten in verschiedenen Umwelten zu reagieren.

Entscheidend für das Überleben aller Organismen ist ihre Orientierung an Zwecken und Zielen. Uns sind keine Organismen bekannt, denen egal zu sein scheint, was mit ihnen geschieht. Die heute lebenden Organismen sind hier, weil ihre Vorfahren sich verhalten haben, als hätten sie den Wunsch, zu überleben und sich fortzupflanzen – und denen das trotz der destruktiven Kräfte, die im Dunkel der Zukunft auf sie lauerten, gelungen ist. Vier Milliarden Jahre natürliche Selektion erklären, warum alle Organismen solche kreativen Zukunftsdenker und -manager sind.

Lebewesen betrachten die Zukunft also aus einem besonderen Bezugssystem. Erstens, sie sind komplexe Entitäten und damit immer der Gefahr von Zerfall und Vernichtung ausgesetzt, weshalb ihre Zukunft der ganzen Dynamik und Ungewissheit der A-Reihe unterliegt. Zweitens, Lebewesen scheinen sich zweckbestimmt zu verhalten, als wenn sie sich für ihre Zukunft interessierten: Offenbar bemühen sie sich aktiv und kreativ um Zukünfte, in denen sie überleben, sich reproduzieren und vielleicht sogar ungehindert entfalten können. Für Lebewesen ist die Zukunft ein Bereich, in dem wenig gewiss ist und viel auf dem Spiel steht, und es gilt für sie, ihre Chancen zu nutzen. Immerhin sind die Geschöpfe dabei nicht vollkommen machtlos. Wie der Ökologe Carl Safina in einer wunderbaren Beschreibung der gefährlichen Welt fliegender Fische schreibt: »Jeder Erfolg – der Flugfische, der Vögel, eines jeden – ist schnelllebig, doch schnelllebiger Erfolg ist hier alles, was zählt.«[14]

Antizipation und Management der Zukunft: Allgemeine Prinzipien

Wie können Organismen etwas so Ungreifbares wie die Zukunft beeinflussen? Es gibt ein paar Grundprinzipien, die für das Zukunftsdenken aller Lebewesen gelten. Einige haben wir schon kennengelernt, aber hier wollen wir sie etwas genauer beschreiben.

Das erste Prinzip ist einfach: Wir haben keine Evidenz aus der Zukunft, daher dürfen wir kein exaktes Wissen über die Zukunft erwarten, von seltenen Ausnahmen wie Sonnen- oder Mondfinsternissen abgesehen, obwohl sich auch diese Vorhersagen auf Erkenntnisse aus der Vergangenheit stützen. Der Historiker R. G. Collingwood beklagte, man habe keine Dokumente aus der Zukunft, mit denen man seine Hypothesen über mögliche Zukünfte abgleichen könnte.[15] Meine Geburtsurkunde teilt mir mit, wann und wo ich geboren wurde, aber ich kenne meine Sterbeurkunde nicht, die mir sagen könnte, wann, wo und wie ich sterben werde. Daraus folgt, dass Aussagen über die Zukunft nicht eindeutig durch Evidenz abgesichert werden können, wie es etwa bei historischen, naturwissenschaftlichen oder juristischen Aussagen der Fall ist. Kein Wunder, dass die Regeln des Zukunftsdenkens ganz anders sind.

Das zweite Prinzip ist im ersten implizit enthalten. Es ist die paradoxe Idee, dass die einzigen Anhaltspunkte für Annahmen über wahrscheinliche Zukünfte in der Vergangenheit zu finden sind. Wir sind alle wie die Wahrsager in Dantes Hölle mit ihren nach hinten gedrehten Köpfen. Den Versuch, die Zukunft zu erkennen, indem wir die Vergangenheit studieren, unternehmen wir häufiger, als wir uns gewöhnlich klarmachen. Ich werde ihn die Nasreddin-Hodscha-Methode nennen, nach einer Geschichte, die von einem türkischen Weisen überliefert ist. Eines Nachts verlor Nasreddin Hodscha seinen Ehering im dunklen Keller seines Hauses. Nachdem er dort vergeblich gesucht hatte, ging er nach draußen und sah unter einer Straßenlaterne nach. Als ein Freund ihn fragte, warum er dort suche, antworte Hodscha: »Weil es hier hell ist.«

Wenn wir die Nasreddin-Hodscha-Strategie übernehmen wollen, müssen wir dort suchen, wo es hell ist. In unserem Fall heißt das, nach Hinweisen auf die verborgenen Zukünfte in der gut ausgeleuchteten Welt der Vergangenheit zu suchen. Deshalb haben alle Lebewesen Sinnesmoleküle oder -organe, mit denen sie in ihrer Umgebung die Strömungen aus Vergangenheit und Gegenwart wahrnehmen können, denn diese können sich möglicherweise auf die in der Zukunft verborgenen Strömungen auswirken. Augustinus sah das genauso: »Wenn man (…) von einem Schauen in die Zukunft redet, so ist dies nicht ein Schauen dessen, was noch nicht ist, sondern was bereits gegenwärtig ist, aus dem das im Geiste Aufgefasste als zukünftig vorausgesagt wird.«[16]

Das dritte Prinzip des Zukunftsdenkens besagt, dass sich auch unsere Vorstellungen von der Zukunft auf die Zukunft auswirken können. Wie mächtig der Zeitstrom auch sein mag, selbst Bakterien haben eine gewisse Kontrolle über die zerbrechlichen Flöße ihres Lebens, das heißt, auch sie beeinflussen die Zukunft. Heute sind die meisten Wissenschaftler davon überzeugt, dass die fortgesetzte Verwendung fossiler Brennstoffe die globalen Klimaverhältnisse gefährlich verändern wird. Diese Annahme motiviert unser gegenwärtiges Handeln, das seinerseits die Geschichte des Klimawandels in den kommenden Jahrzehnten prägen wird. Vergangenheitsdenken (die Geschichtswissenschaft) kann unsere Einstellung zur Vergangenheit verändern, aber, soweit wir wissen, nicht die Vergangenheit selbst. Zukunftsdenken dagegen kann seinen Gegenstand verändern – die Zukunft.

Das vierte Prinzip ist das wichtigste und das komplexeste: Obwohl wir keine Belege aus der Zukunft haben, können wir vielversprechende Hinweise über die Zukunft in der Vergangenheit finden. Dazu stehen uns im Wesentlichen zwei Wege zur Verfügung: (1) Wir können andere zweckorientierte Lebewesen fragen, was sie zu tun gedenken, und (2) wir können vergangene Strömungen und Trends untersuchen und sie vorsichtig in die Zukunft projizieren.

Am einfachsten kann man Erkenntnisse über wahrscheinliche Zukünfte gewinnen, indem man andere zweckbestimmte Lebewesen fragt, was sie zu tun beabsichtigen. Die Sprache ermöglicht uns Menschen, diese Strategie höchst differenziert anzuwenden. Ständig fragen wir andere (übernatürliche Wesen eingeschlossen) nach ihren Absichten. »Halten die Geschworenen den Angeklagten für schuldig oder nicht schuldig?« »Apoll, kannst du meine Feinde vom Antlitz der Erde fegen?« Diese Strategie zur Informationssammlung über die Zukunft ist jedoch nicht in allen Situationen nützlich, sondern nur dann, wenn wir der Meinung sind, die Zukunft hänge von den Entscheidungen eines Wesens ab, und wenn wir glauben, wir könnten mit diesem Wesen kommunizieren und es beeinflussen. Diese Strategie wird in Kapitel 6 eine große Rolle spielen, wenn wir uns mit Weissagungen und Prophezeiungen beschäftigen.

Die wichtigste Methode, die Vergangenheit als Wegweiser in die Zukunft zu nutzen, ist die *Suche nach Trends*. Sie ähnelt dem Bemühen, die Strömungen, von denen unser Boot getrieben wird, genau zu beobachten, um zu entscheiden, wohin sie uns tragen und ob wir die Richtung verändern können.

Die Suche nach Trends wird von allen Lebewesen praktiziert, und selbst für Menschen ist diese Strategie die erste Wahl. Unser Verstand ist ständig – und meist unbewusst – damit beschäftigt, nach wahrscheinlichen Trends zu suchen und sie zu berechnen. Bei der Suche nach Trends geht es nicht um Gewissheiten. Die gibt es in der Zukunft nicht, und wenn es sie gäbe, hätten wir weder die Zeit noch die Ressourcen, um zu warten, bis wir sie finden. Vielmehr geht es um allgemeine Muster, von denen wir hoffen, sie würden sich in die Zukunft erstrecken. Ein wenig ähnelt die Vorgehensweise also der Pferdewette. Häufig suchen wir auch gezielt nach Strömungen und Trends, von denen wir hoffen, sie steuern zu können. Der Wirtschaftswissenschaftler Brian Arthur wählt in diesem Zusammenhang eine Metapher, die Huckleberry Finn wohl gefallen hätte:

> *Wenn man denkt, man sei ein Dampfschiff und könne gegen den Strom schwimmen, macht man sich etwas vor. Eigentlich ist man nur der Kapitän eines Papierschiffs, das den Fluss hinuntertreibt. Wenn man versucht, sich dem zu widersetzen, kommt man nirgendwohin. Beobachtet man hingegen ruhig den Fluss und macht sich klar, dass man ein Teil von ihm ist, dass der Fluss sich fortwährend ändert und zu immer neuen Komplexitäten führt, kann man ab und zu die Ruder eintauchen und von einem Wirbel zum anderen staken ...* [17]

Trotz ihrer probabilistischen Natur kann die Suche nach Trends außerordentlich nützlich sein, weil einige Trends der Vergangenheit so regelmäßig sind, dass wir sie mit großer Gewissheit in die Zukunft projizieren können. Sterblichkeit, Steuern und Sonnenaufgang am Morgen werden in der Zukunft so gewiss sein, wie sie es in der Vergangenheit waren.

Im Wesentlichen gibt es vier Verfahren der Trendsuche.

Die erste und häufigste Methode ist die direkte Suche nach Korrelationen und Trends, etwa die fallenden Temperaturen, die einem Bären sagen, dass es Zeit zum Winterschlaf ist. Informationen über das, was gegenwärtig vorgeht, setzt möglichen Zukünften Grenzen, daher sind (gute) Informationen enorm wichtig für alle Formen von Zukunftsdenken. Wenn Sie das Pikass schon ausgespielt haben, weiß ich, dass es kein anderer mehr machen kann. Soll heißen, dass generell die Regel gilt: Je mehr Informationen wir über Trends haben, desto besser sind unsere Vorhersagen. Genau deshalb sammelten die Regierungen auf der Höhe der COVID-19-Pandemie so viele statistische Daten über die Veränderungen von Infektionsraten.

Die zweite Methode der Trendsuche ist das Zufallsverfahren *Random Dipping*. Wie ein Goldgräber gräbt man irgendwo und hofft. Man nimmt beliebige Stichproben und schaut, ob man über einen verheißungsvollen Trend stolpert. Moderne mathematische Techniken wie die »Monte-Carlo-Simulation« verwenden sehr raffinierte Formen des *Random Dipping*. Seit Urzeiten bedient sich die natürliche Selektion dieses Verfahrens, wenn sie ihr genetisches Rouletterad kreisen lässt und eine genetische Zufallsvariation nach der anderen durchprobiert, bis die lebensfähigen herauskommen. Um *Random Dipping* handelt es sich auch, wenn politische Meinungsforscher zufällig herausgegriffene Wähler befragen, um Hinweise auf wahrscheinliche Wahlergebnisse zu erhalten.

Alle Arten, die in der Lage sind, Informationen auszutauschen (und selbst Pflanzen sind dazu in gewissem Maße fähig), nutzen eine dritte Methode der Trendsuche: Sie verwenden ihr gemeinsames Wissen über das, was gerade geschieht und was in naher Zukunft wahrscheinlich geschehen wird. Viertens, Menschen (und vermutlich *nur* Menschen) erforschen systematisch die *Ursachen* von Trends. Wir versuchen herauszufinden, warum Trends in der Gegenwart so und nicht anders sind, denn dadurch gewinnen wir eine viel klarere Vorstellung

2 GRUNDLEGENDE METHODEN ZUR ANTIZIPATION WAHRSCHEINLICHER ZUKÜNFTE

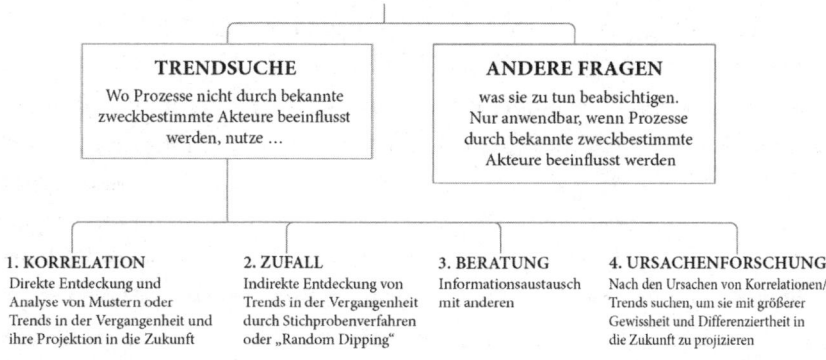

Abbildung 2.2: Wie man die Vergangenheit nutzt, um wahrscheinliche Zukünfte zu antizipieren

davon, wie sich ein Trend zukünftig entwickeln mag. Newtons Bewegungsgesetze erklärten, warum sich Kanonenkugeln, Äpfel und Planeten auf exakt messbare Weise bewegen; dieses kausale Verständnis ermöglichte es, die Bahnen der Objekte mit viel größerer Genauigkeit in die Zukunft zu projizieren. In Kapitel 7 werden wir sehen, dass das verbesserte Verständnis der Ursächlichkeit die Vorhersagefähigkeit der modernen Naturwissenschaft zu großen Teilen erklärt.

Warum sollen wir vergangenen Trends zutrauen, dass sie uns Aufschluss über wahrscheinliche Zukunftsverläufe geben können, wo wir doch wissen, dass sich die Dinge in Sekundenbruchteilen verändern können? Die Schlusstechnik, die der Suche nach Trends zugrunde liegt, wird in der Philosophie als »induktive Logik« oder einfach »Induktion« bezeichnet. Ihr Gegenstück ist die »deduktive Logik«, die beispielsweise in Euklids mathematischen Lehrsätzen zur Anwendung kommt. Eine sorgfältige Deduktion verspricht vollkommen richtige Ergebnisse, wenn die Axiome wahr sind. Dagegen verheißt die induktive Logik kein vollkommenes Wissen. Trotzdem ist sie in der Praxis nützlicher als ihre deduktive Schwester, weil nur wenige Axiome mit Gewissheit wahr sind. Die Induktion sucht nach Mustern in der Vergangenheit und entschließt sich dann zum »Glaubenssprung«, dem

Vertrauen darauf, dass sich diese Muster in der Zukunft fortsetzen werden. Damit behält sie nicht immer recht, weil es keine Garantie dafür gibt, dass die gegenwärtigen Muster fortdauern werden. Sehr schön veranschaulicht Bertrand Russell die Grenzen dieser Schlusstechnik in seiner tragischen Geschichte vom induktivistischen Truthahn. Tag für Tag bemerkte der induktivistische Truthahn, dass das Futter um 9 Uhr vormittags kam. Täglich bewahrheitete sich seine Vorhersage. Eines schönen Dezembertages gelangte er zu dem Schluss, seine bisherigen Erfahrungen reichten nun aus, um daraus eine allgemeine (induktive) Wahrheit abzuleiten: Das Futter werde immer um 9 Uhr vormittags gebracht. Die Zukunft schien also strahlend und verheißungsvoll vor ihm zu liegen, doch tragischerweise kam er kurz vor einer unter Menschen sehr verbreiteten Sitte zu diesem Schluss, dem sogenannten Weihnachtsfest, zu dessen Krönung der Truthahn geschlachtet und gebraten wird. Mitleidlos meint Alan Chalmers dazu, der Truthahn sei dazu »von einer Reihe richtiger Beobachtungen zu einem falschen Schluss gekommen«.[18]

Trotz aller Grenzen der Induktion können wir nicht auf sie verzichten, weil die Welt nicht so eindeutig, logisch oder vorhersagbar ist wie die Euklidische Mathematik. Der induktivistische Truthahn war tatsächlich auf der richtigen Spur, weil sich seine induktiven Argumente lange Zeit bewahrheiteten. Die der Induktion zugrunde liegende Logik ist ein Prinzip, das auch von David Hume erläutert wurde, als er schrieb, »dass Fälle, die uns nicht in der Erfahrung gegeben waren, denjenigen gleichen müssen, die Gegenstand unserer Erfahrung waren, dass also der Lauf der Natur jederzeit unversehrt derselbe bleibe«.[19] Damit sind wir wieder bei Nasreddin Hodschas Prinzip: Die Dinge, die wir sehen können, liefern uns möglicherweise Hinweise auf verborgene Sachverhalte. Dem sichtbaren Antlitz der Zeit können wir möglicherweise Hinweise auf ihr verborgenes Gesicht entnehmen. Doch wir können nicht sicher sein. Humes Prinzip der »unversehrten« Gleichförmigkeit ist kein echtes philosophisches oder wissenschaftliches Gesetz, sondern ein gewichtiger Anhaltspunkt oder, um es noch ehrlicher auszudrücken, ein »Glaubenssprung«. Dazu Hume: »Wir werden von unserer Gewohnheit zu der Annahme veranlasst, dass die Zukunft mit der Vergangenheit übereinstimme.«[20] Ich habe die Sonne im Morgengrauen so oft aufgehen sehen, dass ich fest damit rechne, sie auch in Zukunft am Morgen aufgehen zu sehen. Zwar habe ich keine Garantien, aber dieser Anhaltspunkt ist so gut, dass man in einer Welt unvollkommenen Wissens auf ihn wetten kann. Tatsächlich kann ich meine Vorhersage einfach als Wahrheit behandeln. Im Jahr 2010 hat der Klimarat IPCC in seinen Richtlinien für Autoren geschrieben: »In einigen Fällen empfiehlt es sich, Ergebnisse, für die erdrückende Belege und Argumente vorliegen, als Tatsachenaussagen ohne einschränkende Formulierungen mitzuteilen« (vgl. Tabelle 2.1). Es gibt viele Anhaltspunkte, die sich in der Vergangenheit so gut bewährt haben, dass wir sie einfach als Fakten behandeln, so wie in der berühmten buddhistischen Meditation über den Tod, die voller sehr wahrscheinlicher Voraussagen ist:

1. Der Tod ist unvermeidlich.
2. Unsere Lebensdauer nimmt kontinuierlich ab.
3. Der Tod wird kommen, ob wir darauf vorbereitet sind oder nicht.
4. Die Lebenserwartung des Menschen ist ungewiss.
5. Es gibt viele Todesursachen.
6. Der menschliche Körper ist zerbrechlich und verletzlich.[21]

Wenn wir die Induktion verwenden, geschieht das freilich nicht nur aus Gewohnheit oder blindem Vertrauen. Es gibt einen tieferen Grund, warum die Induktion häufig so nützlich ist. Obwohl nichts in allen Einzelheiten vorherbestimmt wird, ist unser Universum nicht chaotisch. Es gibt allgemeine Gesetze, und die sorgen für Regelmäßigkeiten und Trends, wie wir sie etwa in der Astronomie beobachten und sie getrost in die Zukunft projizieren können. Viele dieser Regeln sind probabilistisch. Sie legen nicht fest, dass bestimmte Ereignisse eintreten werden, aber sie lenken sie, wobei sie manchmal die Zügel etwas lockerer lassen und sie manchmal fester anziehen. Außerdem ziehen sie dem, was geschehen kann, bestimmte Grenzen, was der Grund dafür ist, dass einige Zukünfte wahrscheinlicher sind als andere. Beispielsweise sagt eine der Fundamentalregeln des Universums, dass die Gravitation Objekte immer zueinander hinzieht. Diese Regel erklärt den schon seit Jahrmilliarden anhaltenden Trend der Sternenbildung unter dem Einfluss der Gravitation. Die Regel gibt jedoch nicht an, wo und wann jeder neue Stern erscheinen wird. Die Existenz von fundamentalen Veränderungsgesetzen ist der Grund, warum sich die Ergebnisse der induktiven Logik, obwohl nie hundertprozentig sicher, sehr häufig als richtig erweisen.

Einmal erkannt, lassen sich mithilfe von Trends Karten und Modelle möglicher oder wahrscheinlicher Zukünfte entwerfen. In gewisser Weise gilt für alle Organismen, dass sie ihre Zukünfte modellieren und sich auf die wahrscheinlichsten vorbereiten, wenn auch nicht mit so erstaunlicher Virtuosität wie wir Menschen. Wir konstruieren in der Vorstellung viele verschiedene Modelle möglicher Zukünfte, weil unser sensorisches System zu wenige zuverlässige Informationen liefert. Beispielsweise können unsere Augen nur einen winzigen Teil des elektromagnetischen Spektrums sehen. Doch wie Kapitel 4 zeigen wird, kann unser evolutionär angelegtes Antizipationssystem interpolieren, das heißt, die Lücken durch Annahmen füllen, die es aus früheren Erfahrungen ableitet. Ein flüchtiger Blick auf einen Sattelschlepper, der in meine Richtung rast, liefert mir genügend Information, um eine unangenehme Zukunft zu modellieren, in der ich wie ein Käfer zerquetscht werde; aber ich kann auch bessere Zukünfte modellieren, so dass ich einfach zur Seite springe.

Optische Täuschungen zeigen uns, wie unser Verstand interpoliert, um selbst dann Modelle zu bilden, wenn Informationen fehlen. Der *Necker-Würfel* besteht lediglich aus zwölf geraden Linien.[22] Doch schauen Sie ihn eine Zeit lang unverwandt an, und Sie werden feststellen, dass Ihr Verstand daraus mithilfe dieser spärlichen Information ein Modell entwickelt. Wahrscheinlich sehen Sie einen dreidimensionalen Würfel. Die optische Täuschung beruht aber auf einer vorsätzlichen Uneindeutigkeit, die uns Gelegenheit gibt, unseren Verstand dabei zu beobachten, wie er sich abmüht, alternative Modelle zu entwerfen. In diesem Fall kann der Verstand nicht entscheiden, ob sich die Vorderseite des Würfels unten links oder oben rechts befindet. Schauen sie den Würfel ungefähr fünf Sekunden lang an, und er wird seine Aus-

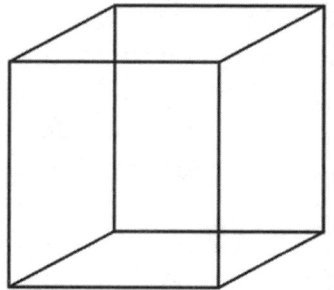

Abbildung 2.3: Wir beobachten den Verstand bei der Modellbildung: der Necker-Würfel

richtung verändern. Spielende Kinder bilden ununterbrochen solche Vorstellungwelten, genauso Schachspieler, die im Kopf verschiedene Varianten durchspielen, sowie Künstler oder Wissenschaftler, die alternative Hypothesen entwerfen, um zu beschreiben, wie die Welt sein könnte. Modellbildung ist ein grundlegendes Instrument der modernen Wissenschaft. Die Entwicklung vieler Modellzukünfte, die auf Informationen über Trends der Vergangenheit beruhen, ist ein entscheidender Bestandteil allen Zukunftsdenkens. Kein Modell ist perfekt, doch der englische Statistiker George Box meint: »Alle Modelle sind falsch, aber einige sind nützlich.«[23]

Bei der Suche nach Trends ist es wichtig, zwischen verschiedenen Trendarten zu unterscheiden. Trends können viele Formen aufweisen. Manchmal sind sie geradlinig, exponentiell oder wellenartig, und manchmal sind sie so sprunghaft, dass keine verlässlichen Vorhersagen möglich sind. Natürlich sind die regelmäßigen Trends am hilfreichsten für das Zukunftsdenken. Einige Wirklichkeitsbereiche, wie etwa die Astronomie, liefern viele zuverlässige mechanische Trends, mit deren Hilfe sich starke und detaillierte Vorhersagen machen lassen. Astronomen können uns sagen, wann wir an unserem Standort die nächste Mondfinsternis bestaunen können und wie lange sie dauern wird. Aus anderen Bereichen, der Politik zum Beispiel, lassen sich nur wenige regelmäßige Trends über menschliches Verhalten ableiten, weil unsere Handlungen, wie die aller Lebewesen, nur schwer vorherzusagen sind. Manche Wirklichkeitsbereiche bieten überhaupt keine Ansatzpunkte für sichere Vorhersagen. Verlangen Sie bitte nicht von mir, den Zinssatz für die nächsten zehn Jahre vorauszusagen. Ein Großteil der Zukunft liegt vollkommen im Dunkeln. Außerdem müssen wir zwischen realen und vorgestellten Trends unterscheiden, zwischen dem, was Statistiker als *Signal* und *Rauschen* bezeichnen.[24] Lauert in der Dämmerung hinter den Bäumen ein Bär oder bewegt sich nur ein Busch im Wind?

Unser ganzes Zukunftsdenken kulminiert in dem entscheidenden, dramatischen und mysteriösen Augenblick, in dem die vielfältigen möglichen Zukünfte sich zu einer einzigen Gegenwart verdichten und wir vorhersagen und handeln müssen. Dabei hat uns das Zukunftsdenken auf diesen Augenblick vorbereitet, indem es die Möglichkeiten immer weiter einengte, wenngleich selten so weit, dass nur noch eine einzige mögliche Zukunft übrig blieb. Also wie spezifisch sollten unsere Vorhersagen sein? Wie alle Glücksspieler stehen wir vor einer heiklen Entscheidung. Sollen wir in der Hoffnung auf einen riesigen Gewinn alles auf einen einzigen Sieger setzen (egal, ob es sich um ein Pferd oder ein Unternehmen handelt) oder die Wetten lieber auf mehrere Pferde oder Unternehmen verteilen, um bei verringerter Gewinnquote die Gewinnaussichten zu steigern? Wie jede Jahrmarktshellseherin weiß, darf man bei Weissagungen nicht zu spezifisch werden (dann werden sich die Vorhersagen fast mit Sicherheit als falsch erweisen) oder zu allgemein (dann werden sie uninteressant werden). »Sie werden morgen einen großen, dunkelhaarigen und reichen Fremden kennenlernen und ihn in einer Woche heiraten« ist zu genau, um zutreffen zu können. »Sie werden einen Fremden kennenlernen« wird wahrscheinlich zutreffen, ist aber zu allgemein, um interessant zu sein. »Que será será« ist eine Vorhersage, die an Zuverlässigkeit wohl kaum zu übertreffen ist ... aber wen interessiert sie?[25] Nicholas Rescher spricht in diesem Zusammenhang von dem »leidigen Grundprinzip, dass bei ansonsten gleichen Bedingungen die informativere Vorhersage die weniger sichere und umgekehrt die weniger informative die sicherere ist«.[26] Die Suche nach der goldenen Mitte zwischen Allgemeinheits- und Genauigkeitsgrad ist vielleicht die schwierigste Aufgabe, die sich bei allen Formen des Zukunftsdenkens stellt.

Bemerkenswerterweise wird diese Aufgabe von allen Lebewesen ziemlich gut bewältigt, weil die natürliche Selektion ihre Mechanismen zur Zukunftsbewältigung mit vielen Feinheiten ausgestattet hat. Ohne diese Fertigkeiten hätte das Leben auf der Erde nicht fast vier Milliarden Jahre überleben können.

Die Geografie der vorgestellten Zukünfte: Zukunftskegel

Unsere Vorstellungen von möglichen ZUKÜNFTEN sind verschwommen, im Gegensatz zu unseren Vorstellungen von der Vergangenheit sind sie nicht eingeschränkt durch detaillierte Evidenz – Daten, Namen und Ereignisse. Daher können wir unsere Versuche, uns ein Bild von wahrscheinlichen Zukünften zu machen, mit verschwommen vorgestellten »Landkarten« oder Landschaften vergleichen. Einige dieser Zukunftsbilder mögen so fantastisch sein wie mittelalterliche Karten von fernen Ländern, voller mythischer Ungeheuer. Andere dagegen könnten sich als überraschend zutreffend erweisen. Wie wir uns die Geografie der Zukunft vorstellen, ist wichtig, weil uns unser dritter allgemeiner Grundsatz sagt, dass vorgestellte Landschaften unser Handeln prägen und dass unser Handeln heute die Zukünfte bestimmt, mit denen wir es morgen zu tun bekommen.

Um uns mit diesen vorgestellten Landschaften etwas vertrauter zu machen, wollen wir uns noch einmal mit den Zukunftskegeln beschäftigen. Die folgenden Zukunftskegel sind von den Einstein-Minkowski-Lichtkegeln abgeleitet, die wir an früherer Stelle dieses Kapitels betrachtet haben. Dabei ist zu betonen, dass sie kein Versuch sind, die Zukunft zu beschreiben. Sie sollen lediglich ein Bild der Landschaftsarten vermitteln, die wir unserer Meinung nach in der Zukunft vorfinden werden.

Die folgenden drei Diagramme heben einige der wichtigsten Eigenschaften vorgestellter Zukunftslandschaften hervor. Die genauen Positionen der verschiedenen Bereiche sind willkürlich und sollten nicht überinterpretiert werden.

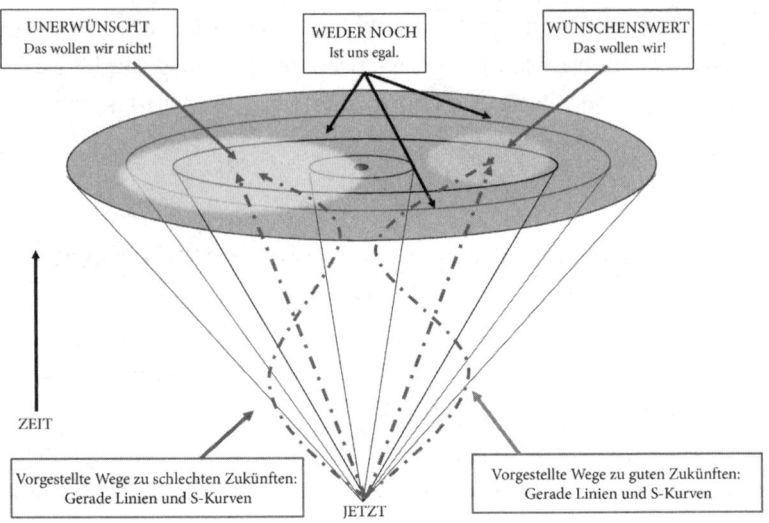

Abbildung 2.4: Zukunftskegel 1: Präferenzbereiche

Als zweckorientierte Wesen muss unsere erste Frage lauten: Welche Zukünfte halten wir für wünschenswert? Der erste Zukunftskegel versucht unserem intuitiven Empfinden Rechnung zu tragen, wonach die Zukunft gute und schlechte Regionen enthält, aber auch viele Landschaften, die dazwischenliegen. Normalerweise streben wir nach den guten Landschaften, den Utopien, und versuchen die schlechten zu vermeiden.

Unsere zweite Frage lautet: Welche Zukünfte sind am wahrscheinlichsten? Hier orientieren wir uns an Trends in der Vergangenheit. Vergangene Trends unterscheiden sich freilich im Hinblick auf die Regelmäßigkeit und die Orientierung, die sie bieten. Häufig werden Wahrscheinlichkeitsskalen auf Gebieten wie Wettervorhersagen und Prognosen des Klimawandels verwendet. Beispielsweise schlug der Weltklimarat (IPCC) 2010 in seiner Empfehlung an Autoren die folgende siebenstufige Skala vor: In unserem zweiten Zukunftskegel verwenden wir eine vereinfachte Skala mit nur vier Bereichen der Vorhersagbarkeit. Die Prozentwahrscheinlichkeiten sollten nicht zu ernst genommen werden; sie liefern nur ungefähre Anhaltspunkte.

Tabelle 2.1: Wahrscheinlichkeitsskala des Weltklimarats (2010)

Ausdruck	Wahrrscheinlichkeit
So gut wie gewiss	99–100 Prozent
Sehr wahrscheinlich	90–100 Prozent
Wahrscheinlich	66–100 Prozent
Ebenso wahrscheinlich wie unwahrscheinlich	33–66 Prozent
unwahrscheinlich	0–33 Prozent
Sehr unwahrscheinlich	0–10 Prozent
Extrem unwahrscheinlich	0–1 Prozent

In den dunklen äußeren Bereichen von Zukunftskegel 2 finden wir wenige oder gar keine hilfreichen Trends und so wenig Orientierung in Bezug auf mögliche Zukünfte, dass Vorhersagen generell »unsinnig« erscheinen. Wird eine Supernova morgen das Sonnensystem auslöschen? Wir haben keine Ahnung. Nach einer Schätzung des Philoso-

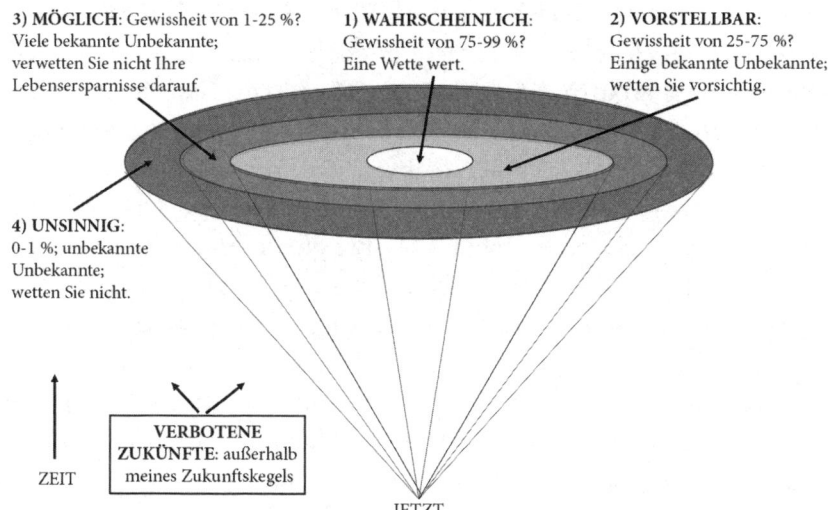

Abbildung 2.5: Zukunftskegel 2: Bereiche der Vorhersagbarkeit

phen Toby Ord beträgt die Wahrscheinlichkeit eines solchen Ereignisses während der nächsten hundert Jahre eins zu fünfzig Millionen.[27] Aber er weiß selbst, dass es sich um eine wilde Spekulation handelt. Ein Schritt nach innen, und wir erreichen den Bereich von »wahrscheinlich«, wo das Geschehen noch ziemlich unregelmäßig ist – es gibt keine Trends oder Muster, die verlässlich genug sind, um als Grundlage für vernünftige Vorhersagen dienen zu können. Diese Zukünfte könnten eintreten, aber man sollte nicht zu viel auf sie wetten. Wird uns die Fusionstechnologie in den nächsten dreißig Jahren umweltfreundliche Energie in Hülle und Fülle liefern? Es ist möglich, aber mehr lässt sich dazu nicht sagen. Noch ein Schritt nach innen, und die Trends werden verlässlicher, bieten »vorstellbare« Hinweise, aber immer noch keine Gewissheit. Hier finden wir viele probabilistische Prozesse, für die wir pauschale Ergebnisse, aber keine individuellen Ereignisse vorhersagen können: Ich würde eine Wette darauf abschließen, wie lange es dauert, bis die Hälfte eines Uranklumpens zerfallen ist, aber nicht darauf, wann dieses Schicksal ein bestimmtes Atom ereilt (diese Wette liefe im Bereich »unsinnig«). Im Bereich »vorstellbar« können wir wetten, sollten aber Vorsicht walten lassen. Wird der Favorit den Melbourne Cup gewinnen? Die Handlungen von zweckbestimmten Organismen wie Menschen und Rennpferden erstrecken sich über die Bereiche »möglich« und »vorstellbar«. Das macht politische Vorhersagen besonders interessant, aber auch sehr schwierig. Werden die Staatenlenker der Welt ernsthafte Anstrengungen unternehmen, die Kohlenstoffemissionen bis 2050 auf null herunterzufahren? Es ist möglich, aber wie viel würden Sie darauf wetten? Im Mittelpunkt dieses Zukunftskegels finden wir schließlich »wahrscheinliche« Ereignisse. Hier können wir mit einer bestimmten Gewissheit auch auf das Ergebnis eines einzigen Ereignisses wetten, weil wir es mit regelmäßigen, mechanischen Prozessen zu tun haben, die fast gesetzmäßig ablaufen. Das ist der Bereich, in dem jeden Morgen die Sonne aufgeht und uns die Entropie früher oder später vernichten wird. In diesem Bereich können wir unsere Vorhersagen als »moralische« Gewissheiten betrachten.

Wie wir in Kapitel 7 sehen werden, haben moderne Naturwissenschaften und modernes Zukunftsdenken die Vorhersagbarkeit bestimmter Prozesse merklich erhöht. Astronomen können heute die Bahnen von Asteroiden in Erdnähe nachverfolgen, was die Vorhersagen von Asteroideneinschlägen auf der Erde aus dem Bereich »unsinnig« in den Bereich »vorstellbar« befördert hat. Eine Vielzahl medizinischer Vorhersagen – unter anderem von Sterberaten infolge bestimmter Krankheiten – haben sich in dieselbe Richtung bewegt, genauso wie die Vorhersagen im Hinblick auf das Bevölkerungswachstum und das globale Klimasystem.

In Wirklichkeit erfolgen die Übergänge zwischen den verschiedenen Graden von Vorhersagbarkeit in winzigen, unmerklichen Abstufungen. Daher kann die Einschätzung wahrscheinlicher Zukünfte weit differenzierter vorgenommen werden, als diese vierteilige Skala vermuten lässt. Der amerikanische Statistiker Nate Silver, der Vorhersagesysteme für Politik und Sport entwickelt hat, berichtet, dass Spezialisten für US-Wahlen die Vorhersagbarkeit der einzelnen Wahlarten unterschied-

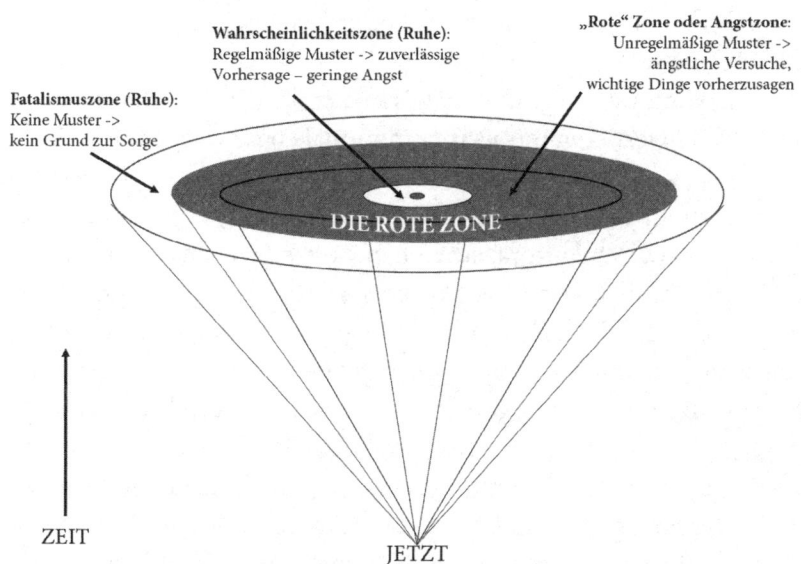

Abbildung 2.6: Zukunftskegel 3: Angstbereiche

lich bewerten: »Umfragen zu Repräsentantenhaus-Wahlen ergeben weniger zutreffende Resultate als Umfragen zu Senatswahlen, und diese hinwiederum sind ungenauer als Umfragen zu Präsidentschaftswahlen, das gilt auch für Vorwahlen. Dort sind die Umfragen ungenauer als später bei den Präsidentschaftswahlen.«[28] Unsere vier unterschiedlichen Bereiche der Vorhersagbarkeit sind eine Hilfe, wenn es um Fragen wie Schwankungen in der Regelmäßigkeit von Trends oder die Prognose allgemeiner Prozesse geht, aber größere Genauigkeit oder Nuancen sind nicht von ihnen zu erwarten.

Der Zukunftskegel 3 schließlich verbindet Präferenzen und Wahrscheinlichkeiten. Als gehirngesteuerte Säugetierart haben wir Menschen starke Wünsche, Ängste und andere Emotionen, die unser Zukunftsdenken nachhaltig beeinflussen und sich manchmal gegen die Ratschläge unseres bewussten Denkens durchsetzen. Aus diesem Grund verwechseln wir häufig wünschenswerte und wahrscheinliche Zukünfte. Einmal teilte der Wirtschaftswissenschaftler Kenneth Arrow einem Offizier mit, die Wettervorhersagen, die er verwende, seien statistisch betrachtet zufällig und daher wertlos. Man antwortete ihm, »der Kommandierende General sei sich durchaus bewusst, dass die Vorhersagen keinen Wert hätten, aber er brauche sie nun einmal für seine Planung«.[29]

Ein Großteil unseres Zukunftswissens erwächst aus intensiven Gefühlen. Wir investieren nur wenig emotionale oder intellektuelle Energie in Gedanken über Zukünfte, die wir nicht vorhersagen können, wie wir sie etwa in den »unsinnigen« Außenbereichen des Zukunftskegels 2 antreffen. Wenig Kopfzerbrechen machen wir uns auch über Zukünfte, die ziemlich zuverlässig vorhersagbar sind, weil sie im Bereich »wahrscheinlich« liegen. In solchen Regionen herrscht oft jener Stoizismus vor, den man bei einigen Gefangenen in Todestrakten beobachten kann. Besonders heftige Emotionen werden durch die Bereiche »möglich« und »vorstellbar« ausgelöst, denn dort besteht eine gewisse Aussicht, dass wir die Zukünfte vorhersagen und beeinflussen können, die uns am Herzen liegen. Das ist die Rote Zone. Sie weckt intensive Gefühle und veranlasst angestrengte Versuche, mögliche Zukünfte vorherzusagen und zu managen. In diesen Bereichen fühlen Leute das Bedürfnis, zu Astrologen und Hellsehern zu laufen, und moderne Unternehmenschefs sich bemüßigt, Wirtschaftsprognostiker fürstlich zu entlohnen. Zuverlässiger Rat von kundigen Prognostikern kann die quälende Unruhe der Ungewissheit lindern, aber auch einen Sündenbock liefern, falls sich die Vorhersagen als völlig falsch erweisen.[30]

Die Rote Zone, in der sich Dringlichkeit und Vorhersagbarkeit begegnen, bestimmt auch die Beziehung anderer Organismen zur Zukunft. Darum soll es im folgenden Kapitel gehen.

Teil II
Zukünfte managen

Wie Bakterien, Pflanzen und Tiere es anstellen

Kapitel 3
Wie Zellen die Zukunft managen

> *Die überraschendste Erkenntnis, die wir aus der Simulation komplexer physikalischer Systeme auf Computern gewonnen haben, ist die, dass komplexes Verhalten keine komplexen Wurzeln zu haben braucht. ... In der Tat kann sich aus der Ansammlung vieler extrem einfacher Komponenten außerordentlich komplexes Verhalten entwickeln.*
>
> – Christopher Langton, Santa Fe Institute, 1989[1]

Sie oder eine beliebige Venusfliegenfalle verhalten sich zu einem *E.-coli*-Bakterium wie Dubais Burj Khalifa zu einer Ameise auf seiner Vordertreppe. Zellen sind winzig, das heißt, in der Regel viel zu klein, um sie mit bloßem Auge zu sehen. Doch auch sie scheinen sich nach Kräften um bessere Zukünfte zu bemühen, weshalb sie bei der Suche nach wahrscheinlichen Zukünften wie wir nach der goldenen Mitte zwischen Genauigkeit und Allgemeinheit streben. Trotz ihrer geringen Größe muss ihr Zukunftsdenken ziemlich effektiv sein, hätten sie doch sonst nicht so lange überlebt. Wie bringt man so viel Zukunftsdenken auf so winzigem Raum unter?

Das Zukunftsdenken von Zellen müssen wir begreifen, weil alles Leben aus Zellen besteht. Sie und ich sind Anhäufungen von Aberbillionen Zellen, deren jede ihre eigene Zukunft bewältigen muss, wenn wir überleben sollen. Insofern bildet zelluläres Zukunftsdenken die Grundlage unseres gesamten Zukunftsdenkens. Natürlich geschieht das Zukunftsdenken auf dieser Ebene nicht bewusst. Es beruht auf biochemischen und neurologischen Mechanismen, die nicht auf so hoch entwickelte Phänomene wie Bewusstsein angewiesen zu sein scheinen. Streng genommen drücken wir uns metaphorisch aus, wenn wir über das Zukunftsdenken von Zellen sprechen. Trotzdem werde ich mich

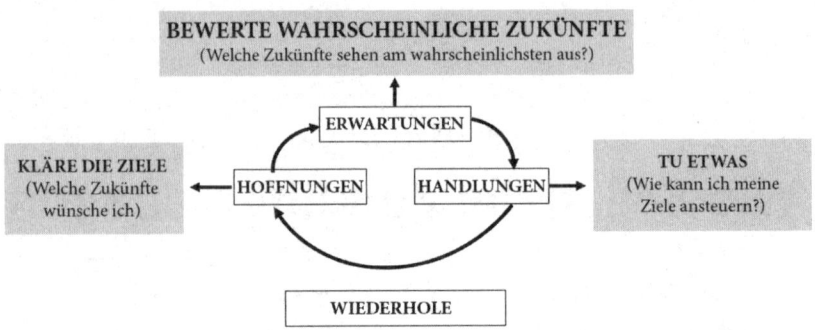

Abbildung 3.1: Grundausrüstung des Zukunftsmanagements: drei universelle Schritte

dieser Metapher bedienen, denn die Zukunftsbewältigung von Zellen wirkt zweckbestimmt, entschlossen und, wie ich finde, intelligent.

Alle Organismen gehen bei ihrem Zukunftsmanagement von drei (metaphorischen) Fragen aus: Welche Zukünfte wünsche ich? Welche Zukünfte sehen am wahrscheinlichsten aus? Kann ich die Zukünfte ansteuern, die ich wünsche?

Im ersten Schritt versuchen sich Organismen darüber klar zu werden, was sie erhoffen. Was ist ihre Utopie? Ich habe mir das Wort *Utopie* entliehen, um die Ziele und Hoffnungen zu beschreiben, die allem Zukunftsdenken zugrunde liegen. Als Erster hat Sir Thomas More das Wort in einem 1516 veröffentlichten Buch verwendet, das eine fiktive Inselgesellschaft vor der Küste von Südamerika beschrieb. Mit seiner Utopie wollte More das Ideal einer guten Gesellschaft beschreiben, und so wurde das Wort zum Etikett aller idealen imaginierten Welten. Wiederum metaphorisch gesprochen, haben alle Organismen ihre Utopien. Das sind die wünschenswerten Regionen des Zukunftskegels 1. In diesen Zukünften verfügen die Organismen über Sicherheit, genügend Nahrung, Bequemlichkeit, Schutz vor übermäßigem Stress und die Möglichkeit, zu überleben und sich zu reproduzieren. Selbst der einfachste Organismus kann zwischen einer guten und einer schlechten Zukunft unterscheiden. Utopien und ihre Gegenteile, Dystopien, geben dem Zukunftsdenken aller Lebewesen seine Richtung und Dringlichkeit.

Im zweiten Schritt halten die Organismen Ausschau nach Trends, das heißt, sie suchen nach Informationen über Trends, die ihnen bei der Vorhersage wahrscheinlicher Zukünfte helfen. Insbesondere beschäftigen sie sich mit den eher regelmäßigen Trends, die in den Bereichen »wahrscheinlich« und »vorstellbar« des Zukunftskegels 2 angesiedelt sind, weil von denen die größte Hilfe zu erwarten ist. Nachdem sie maßgebliche Trends bestimmt und ihre Stärke bewertet haben, werden sie diese (was natürlich wieder metaphorisch zu verstehen ist) mithilfe induktiver Logik in eine vorgestellte Zukunft projizieren.[2]

Einfache Organismen wie Bakterien bewerten Trends anhand allgemeiner Algorithmen, die in ihre Genome eingebaut sind. So verfügt *E. coli* zum Beispiel über Algorithmen, die ihm sagen, dass es Verschwendung ist, wenn es Enzyme zur Verarbeitung von Laktose produziert, obwohl in seiner Umgebung kaum Laktose vorhanden ist. Im Laufe von Millionen Generationen wurden diese Regeln durch die natürliche Selektion in das Genom des Organismus eingebaut, wo sie erhalten blieben, weil Individuen, die diesen Algorithmus erbten, bessere Aussichten hatten, zu überleben und sich fortzupflanzen. Doch um zu wissen, wann sie diese Regeln anzuwenden haben, müssen die Bakterien auch wissen, was sich in ihrem Umfeld gerade tut. Steigen die Laktosekonzentrationen oder fallen sie? Um die Trends erkennen zu können, brauchen die Bakterien Sensoren. Aber auch eine Form von Gedächtnis ist nötig, damit die Situation jetzt mit der Situation kurz zuvor verglichen werden kann. Gut möglich, dass es das Gedächtnis nur gibt, um Zukunftsdenken zu ermöglichen. Jüngere Studien haben gezeigt, dass bei Organismen mit Nervensystemen Gedächtnis und Zukunftsdenken von denselben Gehirnregionen kontrolliert werden. Das könnte erklären, warum Menschen, deren Gedächtnis beeinträchtigt ist, auch die Fähigkeit verlieren, sich alternative Zukünfte vorzustellen.[3] Mit der fachlichen Kompetenz des Neurobiologen schreibt Joseph LeDoux dazu: »Gedächtnis ist aber zuallererst eine Zellfunktion, die das Überleben erleichtert, da auf diese Weise die Vergangenheit als Informationsquelle für künftige Zellfunktionen dienen kann.« Das vermutete Kant schon mehr als zwei Jahrhunderte zuvor: »Das Zurücksehen aufs Vergangene (Erinnern) geschieht nur in der Absicht, um das Voraussehen des Künftigen dadurch möglich zu machen.«[4]

Im dritten Schritt platzieren die Organismen ihre Wetten, häufig unter dem Druck der Ängste aus der Roten Zone von Zukunftskegel 3. Sie handeln. Sie greifen in das Weltgeschehen ein, tauchen ihre Ruder in die Strömungen, die sie umfließen, und versuchen ihre Utopien anzusteuern. Wenn Sie ein Bakterium sind, können Sie einfach in eine neue Richtung davonschwimmen, weil sie keine Nahrung vor sich sehen. Brian Arthur meint, Zukunftsmanagement gleiche dem Kampfsport: »Es kommt darauf an, zu beobachten, mutig zu handeln und ein präzises Timing zu haben.«[5] Für den dritten Schritt braucht man Mut, den Mut, entschlossen zu handeln, ohne zu wissen, wie das Ganze ausgeht, und einzukalkulieren, dass alle Einsätze verloren gehen könnten. Wie schon Krishna dem Helden Arjuna befahl, geht es darum, nicht zu zittern, sondern zu kämpfen.

Dann wiederholt sich der Zyklus. Aber jetzt haben Sie neue Informationen, daher können Sie Ihre Pläne justieren. Sie können sogar Ihre Ziele anpassen, wenn Sie zu dem Schluss kommen, dass das ursprüngliche Ziel unerreichbar war oder einen zu hohen Preis kosten würde oder dass Sie es besser machen können. Dieses Verfahren, bei dem die Wahrscheinlichkeit verschiedener möglicher Zukünfte ständig neu eingeschätzt wird, heißt unter Statistikern »bayessche« Analyse (nach dem englischen Mathematiker Thomas Bayes) – eine Methode, auf die wir in Kapitel 7 noch einmal kurz zurückkommen werden. Der Terminus mag einschüchternd klingen, aber die Grundidee ist denkbar einfach. Man beginnt mit einer zunächst groben (oder auch zufälligen) Einschätzung eines Ereignisses. Bayessche Statiker nennen sie den *Prior*. Wenn neue Informationen verfügbar sind, gleicht man den Prior an, modifiziert die Wetteinsätze, und so geht es immer weiter. Alle Organismen – von Amöben bis Venusfliegenfallen – sind ziemlich gute bayessche Statistiker.[6]

In der Wirklichkeit überschneiden sich die drei genannten Schritte. Indem wir sie gesondert betrachten, erkennen wir aber vielleicht deutlicher, was in Organismen vor sich geht, die versuchen, in einer sehr ungewissen Welt zu überleben.

Das Instrumentarium für Zukunftsmanagement, über das alle Organismen verfügen, macht einen beträchtlichen Teil jenes Fertigkeitsrepertoires aus, das wir als Kognition bezeichnen. »Biologische Kognition«, schreibt die Kognitionsbiologin Pamela Lyon, »ist der Komplex aus sensorischen und anderen informationsverarbeitenden Mechanismen, die ein Organismus verwendet, um seine Umgebung kennenzulernen, zu bewerten [mit ihr zu interagieren] und auf diese Weise existenzielle Ziele zu erreichen, die auf fundamentalster Ebene Überleben [Wachstum oder Entfaltung] und Reproduktion sind.«[7] Das kognitive Repertoire auch der einfachsten Organismen umfasst die Fähigkeit, wahrscheinliche zukünftige Ereignisse zu antizipieren, Ereignisse in der unmittelbaren Umgebung wahrzunehmen und zu bewerten, Erinnerungen zu speichern und aus ihnen zu lernen, sowie eine gewisse Fähigkeit, Informationen mit anderen Angehörigen derselben Art auszutauschen.

Allmählich begreifen die Biologen, dass alle Organismen kognitive Funktionen haben.[8] Kognition schließt alle Lernfertigkeiten ein, die es Organismen ermöglichen, auf die ständigen lebensbedrohlichen Veränderungen ihrer Umgebung kreativ zu reagieren, indem sie sich geschickt auf wahrscheinliche Zukünfte vorbereiten. Was Daniel Dennett vom bewussten Geist sagt, gilt für alle Lebewesen: »Ein Geist ist im Grundsatz ein Vorherseher, ein Erwartungserzeuger.«[9]

Die einfachste Form des Zukunftsmanagements beobachten wir bei Viren und einzelligen Organismen. Um eine gewisse Vorstellung von diesen Vorgängen zu gewinnen, werden wir uns im weiteren Verlauf dieses Kapitels ansehen, wie einzellige Organismen ihre Zukünfte managen und dabei biochemische Methoden und Mechanismen verwenden, die auch in jeder Zelle unserer eigenen Körper am Werk sind.

Die mikrobielle Welt

Die Behauptung, es gebe Lebewesen, die zu klein seien, um mit bloßem Auge wahrgenommen zu werden, wäre noch vor wenigen Jahrhunderten als Fantasterei abgetan worden. Doch heute gelten individuelle Zellen als die kleinsten Einheiten, die noch lebendig genannt werden können, und als Grundbausteine allen Lebens. Zellen sind für die Biologie so fundamental wie Atome für die Chemie.

Der erste »Naturphilosoph«, der Zellen durch ein Mikroskop betrachtete, war der englische Universalgelehrte Robert Hooke. Im Jahr 1665 sah er individuelle Zellen in einer dünnen Korkscheibe und nannte sie *cella,* das lateinische Wort für Mönchszelle oder Kammer, denn jede Zelle hatte ihre eigene Wand oder Membran, die sie vom Rest der Welt abteilte. Als Erster beobachtete der niederländische Naturforscher und Mikroskopbauer Antoni van Leeuwenhoek im Jahr 1676, dass individuelle Zellen möglicherweise lebendig sind. Leeuwenhoek entdeckte eine ganz neue Welt von Organismen, die nur aus einer einzigen Zelle bestanden und so klein waren, dass eine Million von ihnen bequem in einem Wassertropfen leben konnten. Er nannte sie *Dierkens,* also »kleine Tiere«.[10]

Die Entdeckung, dass große Organismen wie wir sich diesen Planeten mit einer Miniaturwelt von bis dahin unbekannten Mikroorganismen teilten, war sicherlich genauso erschütternd, wie es die Entdeckung von Leben auf anderen Planeten wäre (eine Entdeckung, die möglicherweise in den nächsten Jahrzehnten auf uns wartet). Doch erst 1839 erkannte man, dass Zellen die Bausteine aller Lebensformen sind. Matthias Schleiden and Theodor Schwann erklärten: »Wir haben gesehn, daß alle Organismen aus wesentlich gleichen Theilen, nämlich aus Zellen, zusammengesetzt sind.« Im Jahr 1858 vollendete Rudolf Virchow die Zelltheorie, indem er darauf hinwies, dass jede Zelle als separates Lebewesen zu betrachten sei. Obwohl nur zwei Moleküle dick, bildet eine Zellmembran eine Grenze zwischen der inneren, lebendigen Welt und der Außenwelt. Dabei ermöglicht sie jedoch auch den Kontakt mit der Außenwelt und den Austausch von Energie, Nährstoffen und Ausscheidungen.[11]

Man könnte meinen, Organismen, die nur aus einer Zelle bestehen, müssten einfach sein. Aber wir wissen heute, dass jede Zelle aus Milliarden Atomen und Tausenden von verschiedenen Molekülen besteht. Der Bau aller dieser Teile folgt einem exakten Plan, und in ihrem Zusammenwirken richten sie sich nach einer ausgeklügelten Choreografie, die wir noch nicht ganz verstehen. Jede Komponente scheint einfach zu sein, aber wie die Ergebnisse der noch jungen Komplexitätsforschung zeigen, kann außergewöhnliche Komplexität aus der Wechselwirkung einfacher Komponenten mittels mehrfacher Rückkopplungsschleifen erwachsen.[12]

Wir wissen heute, dass einzellige Organismen geschickte und raffinierte Wetten auf ihre Zukünfte abschließen können. Sie sind in der Lage, aus ihren Fehlern zu lernen, sich zu erinnern, was einen Augenblick zuvor passiert ist, und mithilfe bayesscher Analyse ihre Chancen zu berechnen. Sie können innere molekulare Modelle externer Bedingungen wie Temperatur und Sauerstoffkonzentrationen entwickeln und auf dieser Grundlage über angemessene Handlungen entscheiden.[13] Wenn Sie nur eine Zelle haben, können Sie natürlich nicht richtig denken. Die Gehirne, die für uns das Denken erledigen, sind aus Milliarden einzelner Zellen aufgebaut, die meisten von ihnen größer als ein einzelnes Bakterium, daher sind Gehirne keine Option für Bakterien. Bakterien gestalten ihre Zukünfte, indem sie Netzwerke biochemischer Reaktionen nutzen, die berechnen können, was erforderlich ist, was wahrscheinlich geschehen wird und was im Moment zu tun ist.

Einfachste Spielarten des Instrumentariums, das Bakterien für ihr Zukunftsmanagement nutzen, gibt es wahrscheinlich, seit sich das Leben vor fast vier Milliarden Jahren zum ersten Mal auf der Erde regte. Wie Vergleiche der Genome vieler verschiedener mikrobieller Arten gezeigt haben, ist dieses Zukunftsrepertoire so verbreitet, dass es wahrscheinlich schon der Urvorfahr in sich trug, der letzte gemeinsame Vorfahr aller lebenden Organismen (im Englischen LUCA genannt, nach *Last Universal Common Ancestor*).[14] Der Urvorfahr lebte vor fast vier Milliarden Jahren, besaß aber schon Sensoren und konnte sich schützen. Außerdem verfügte er über ein computerähnliches Netzwerk aus molekularen Schaltern, das zweckbestimmte Entscheidungen treffen konnte, wie zum Beispiel: »Wenn Nahrung entdeckt wird (A), bewege dich darauf zu (B), aber nur wenn viel Nahrung vorhanden ist …; wenn kaum Nahrung da ist (-A), dann vergeude keine Mühen für die Bewegung (-B).« Wie alle komplexen Systeme enthielt also auch das des Urvorfahren fast mit Sicherheit sowohl positive Rückkopplungsschleifen, um aktive, dynamische Prozesse auszulösen, als auch negative Rückkopplungsschleifen, um diese Prozesse gegebenenfalls zu bremsen und Stabilität zu bewahren, sowie schließlich Verbindungen zwischen den Systemen, die dank Rückmeldungen anderer Systemteile feiner justierte Reaktionen ermöglichen. Mit anderen Worten, der Urvorfahr enthielt die grundlegenden logischen Schaltkreise, die alle Organismen benötigen, um angesichts ungewisser Zukünfte die erforderlichen Berechnungen durchzuführen.

Der Star dieses Kapitels ist das *E.-coli*-Bakterium. Heute gibt es unzählige von ihnen, davon einige Millionen auch in Ihrem Darm. Sie lieben menschliche Därme.

In den letzten Jahrzehnten haben Biologen eine Menge über *E. coli* gelernt und die Genome verschiedener Spielarten entschlüsselt. Tatsächlich ist wohl kein anderer Organismus so eingehend untersucht worden wie *E. coli*, von uns selbst einmal abgesehen.[15] Unter anderem liegt dies daran, dass wir gelernt haben, modifizierte *E.-coli*-Zellen in biologische Fabriken umzuwandeln, die Substanzen wie Insulin produzieren können. Ein anderer Grund ist, dass *E.-coli*-Bakterien uns erheblich schaden können, wenn sie außer Kontrolle geraten.

Die vollständige Bezeichnung für *E. coli* lautet *Escherichia coli,* nach Theodor Escherich, dem österreichischen Biochemiker, der das Bakterium als Erster bestimmt hat. Der Name bezeichnet nicht eine Bakterienart, sondern mehrere, die sich während der letzten rund 100 Millionen Jahre Evolution unterschiedlich entwickelt haben.[16] Bakterien bilden eine der drei Domänen oder Superregna, in die Biologen alle Organismen unterteilen: Bakterien, Archaeen und Eukaryoten. Bakterien und Archaeen sind Einzeller und werden als Prokaryoten klassifiziert. Mit nur einer Zelle pro Organismus müssen Prokaryoten Generalisten sein. Ihre einzige Zelle muss alles erledigen, was für das Überleben der Zelle notwendig ist, einschließlich der Vorbereitung auf die Zukunft.

Jede stabförmige *E.-coli*-Zelle ist nur einige Millionstel eines Meters – einige Mikron – lang. Würde man dreißig oder vierzig von ihnen der Länge nach aneinanderlegen, käme man gerade einmal auf die Dicke eines menschlichen Haars (ungefähr 80 Mikron).[17] Trotzdem enthält jede Zelle bis zu 100 000 Milliarden Atome und eine Menge interessantes biologisches Rüstzeug.

Wie bewältigt *E. coli.* ungewisse Zukünfte?

Um die Zukunftsgestaltung von *E.-coli*-Bakterien zu verstehen, bräuchten wir einen Führer, der uns auf die Größe eines Proteinmoleküls schrumpfen und uns in die seltsame, schwammartige Welt eines Bakterienzytoplasmas mitnehmen könnte. Das wäre unheimlich, aber aufschlussreich, denn unser Führer würde uns jenes grundlegende Instrumentarium allen Zukunftsmanagements zeigen, das sich in ganz ähnlicher Form in jeder Zelle unseres eigenen Körpers wiederholt. Wir geraten also in eine schwankende, schlammige Landschaft, die unter dem Einfluss zufälliger, ungeordneter Wärmeenergie erbebt, während geordnetere elektromagnetische Kraftfelder uns ziehen und schieben. In unserer unmittelbaren Umgebung erblicken wir eine Ansammlung von Molekülen, die aussehen, als würden sie Schlammcatchen. Es ist eine komplexe und gelegentlich gewalttätige Welt, aber auch eine Welt bemerkenswerter Zusammenarbeit und Teambildung.

Nehmen wir an, wir haben unsere Nerven wieder in den Griff bekommen und unser Führer beginnt mit der Besichtigungstour. Zunächst begeben wir uns zum Genom der Zelle, dem Ort, an dem die Informationen für die Herstellung von etwa 4000 verschiedenen Molekülarten gespeichert sind – den Bausteinen, aus denen eine *E.-coli*-Zelle zusammengesetzt ist und die sie befähigen, ihre Zukunft zu managen. Auf dem Weg zum Genom waten wir durch das klebrige Zytoplasma und passieren eine Menge schwitzender, entschlossener Arbeitsmoleküle, bei denen es sich überwiegend um Proteine handelt. Schließlich erreichen wir einen riesigen, verknoteten Ring von DNA (Desoxyribonukleinsäure), der frei im Inneren der Zelle schwebt. Ein bisschen fühlen wir uns wie Astronauten, die auf einer schrottreifen, spiralförmigen Raumstation landen.

Aus der Nähe betrachtet, sieht der DNA-Ring wie eine baufällige Wendeltreppe aus. In regelmäßigen Abständen sind die beiden Seiten der Treppe durch Sprossen verbunden. Jede Sprosse besteht aus zwei Hälften, die sich wiederum aus zwei locker durch Wasserstoffbindungen verknüpften Basen zusammensetzen. Jede Base umfasst nur wenige Atome. Es gibt vier verschiedene Basen. Wenn man sie rot, weiß, blau und schwarz färbte, bestünde jede Sprosse aus zwei unterschiedlichen Farben. Scheinbar zufällig wiederholen sich die farbigen Basen mehr als vier Millionen Mal. Die Zufälligkeit ist allerdings eine Täuschung. Wie Genetiker in den 1960er-Jahren entdeckten, handelt es sich beim Muster der Basen in Wahrheit um einen Vier-Buchstaben-Code, der alle Informationen enthält, welche die *E.-coli*-Zelle braucht, um die verschiedenen Arbeitsmoleküle zu produzieren, die für ihr Wohlergehen sorgen.

Um den Code zu lesen, müssen Sie zunächst jede Sprosse des DNA-Moleküls halbieren. Das ist nicht schwer, weil die Wasserstoffbindungen zwischen den beiden Hälften jeder Sprosse schwach sind. Nun können Sie die Basen lesen, die an den beiden Seiten der Treppe hängen. Jeweils drei Basen codieren für eine bestimmte Aminosäure. Wenn Sie beispielsweise eine Seite der DNA-Leiter von oben nach unten lesen und für den Augenblick die andere Seite außer Acht lassen, erhalten Sie vielleicht die Basensequenz GAT (für die Basen Guanin, Adenin und Thymin). Diese Sequenz ist der DNA-Code für die Aminosäure Aspartat. Die nächsten drei Basen codieren wahrscheinlich für eine andere Aminosäure und so fort, wobei einige Basen auch für Befehle codieren wie »Höre hier auf zu lesen«. Die genaue Reihenfolge der Basen spielt eine entscheidende Rolle, weil der größte Teil des Codes Anweisungen für den Bau von Proteinen enthält, jenen Molekülen, die am wichtigsten für das Zukunftsmanagement der Zelle sind. Proteine bestehen aus langen, exakt geordneten Ketten von Aminosäuren.

Die Milliarden Basen, aus denen der DNA-Code besteht, bilden abgegrenzte Stränge aus Hunderten oder Tausenden von Basen, die (in Triplets) die erforderlichen Aminosäurensequenzen für den Bau bestimmter, lebensnotwendiger Moleküle auflisten. Diese Basenstränge sind die *Gene* der Zelle, und die Gesamtheit aller Gene bezeichnet man als das *Genom* der Zelle. *E.-coli*-Zellen haben ungefähr 3000 Gene. (Viel besser ausgestattet sind die Menschen auch nicht. Wir bringen es auf ungefähr 21 000 bis 25 000 Gene.) Die meisten Gene codieren für Proteinmoleküle, einige jedoch auch für RNA-Moleküle, die der DNA ähneln, aber nur in Einzelsträngen vorkommen. RNA-Moleküle sind extrem wichtig, weil sie in der Lage sind, Informationen zu übertragen wie die DNA, aber auch ernsthafte Arbeit zu verrichten wie Proteine. Die Genliste ist von Art zu Art verschieden, weil das Überleben jeder Art auf eine besondere Mischung von Arbeitsmolekülen angewiesen ist.

Im ersten Schritt des Zukunftsdenkens gilt es, Klarheit über die Ziele zu gewinnen. Tatsächlich sind die Ziele in der DNA der Zelle gespeichert. Das ist natürlich nicht wörtlich zu verstehen. Es gibt kein Schild, auf dem steht: Überlebe und vermehre dich! Essen hilft! Aber das Genom enthält die Befehle zur Herstellung der Proteine und anderer Moleküle, die die Zelle braucht, um in ihren normalen Habitaten zu überleben. Tatsächlich speichert das Genom Informationen über die kurzfristigen Ziele, die erreicht werden müssen, um die langfristigen – Überleben und Fortpflanzung – zu verwirklichen. Beispielsweise wird die *E.-coli*-Zelle irgendwann Laktosemoleküle abbauen müssen, und siehe da, das Genom enthält Befehle zur Herstellung eines Proteins, das genau über diese Fähigkeit verfügt.

Bis hierhin mag unsere Besichtigungstour den Eindruck erweckt haben, die DNA entscheide, was im Rest der Zelle passiert – so ähnlich wie das Kontrolldeck des Raumschiffs *Enterprise*. Doch in den letzten Jahrzehnten hat sich gezeigt, dass die Dinge nicht so einfach liegen. Die DNA enthält Informationen wie ein Kochbuch. Tatsächlich tut sie gar nichts. Kontrolliert wird das Verhalten der Zelle durch die Zusammenstellung der Gene, die jeweils aktiviert sind. Und dieser Vorgang wird von sogenannten Transkriptionsfaktoren bestimmt, Arbeitsmolekülen, die mit ihren Sensoren wahrnehmen, was innerhalb und außerhalb der Zelle vor sich geht, und anhand dieser Informationen »entscheiden«, welche Moleküle hergestellt und welche abgebaut werden. Die Transkriptionsfaktoren binden an der DNA und lösen dadurch die Befehle für die Herstellung der erforderlichen Moleküle aus (oder beenden die Produktion von Molekülen, die nicht mehr gebraucht werden). Zu jedem gegebenen Zeitpunkt werden nur einige Gene des Genoms eines Organismus »exprimiert«. Der Rest des Genoms wird abgeschaltet und wartet (unter Umständen bis in alle Ewigkeit) darauf, dass er gelesen und verwendet wird. Heute bezeichnet man in der Biologie die Prozesse, die bestimmen, welche Gene in einem gegebenen Augenblick aktiviert werden, als *epigenetische* Prozesse. Ohne das Genom zu verändern, haben sie Einfluss darauf, wie und wann bestimmte Gene exprimiert werden. Epigenetik ist die Lehre von den nicht genetischen Faktoren, die über die Expression von Genen entscheiden. Deshalb sind epigenetische Prozesse von entscheidender Bedeutung für das Zukunftsdenken der Zelle, denn sie teilen der Zelle mit, was gerade geschieht und worauf sich diese vorbereiten muss.

Wenn wir unmittelbar außerhalb des DNA-Rings schweben, sehen wir eine intensive epigenetische Aktivität: Ausgerüstet mit neuen Informationen über bevorstehende Gefahren oder günstige Gelegenheiten, kommen Proteine und RNA-Moleküle hereingeschossen und brechen mit ihren molekularen Schraubenschlüsseln und Hebeln bestimmte Sprossen der DNA auf, um den genetischen Code für diesen Abschnitt entweder abzulesen oder seine Expression zu blockieren. Wenn ein neues Protein gebraucht wird, bewegt sich ein spezieller Transkriptionsfaktor am DNA-Ring entlang und sucht nach dem entsprechenden Gen. Sobald er ihn gefunden hat, löst er diesen Abschnitt aus der Wendeltreppe, indem er einige Basensprossen durchtrennt. Dann ruft er ein Team von messenger RNA-(mRNA-)Molekülen herbei. Die mRNA-Moleküle lesen die Sequenz von Basenbuchstaben im exponierten Gen ab und speichern sie. Dann können die offenen Sprossen wieder geschlossen werden, und die mRNA-Moleküle, die jetzt eine geordnete Liste von Basen – das Rezept für ein neues Protein – mit sich führen, verschwinden im schlammigen Zytoplasma, um an einem Ribosom anzudocken, einem riesigen Klumpen aus Proteinen und RNA, der ein bisschen wie ein 3-D-Drucker arbeitet. Das Ribosom packt die messenger RNA, liest die geordnete Liste von Aminosäuren, die an der DNA kopiert wurde, fischt in dem umgebenden Schlamm herum, greift unter den umherschwimmenden Proteinen die benötigten heraus und setzt sie in genau jener Reihenfolge zu einer langen Kette zusammen, die erforderlich ist, um das gesuchte Protein zu bilden. Ribosomen arbeiten rasch. Für ein Protein aus 300 verschiedenen Aminosäuren braucht ein Ribosom nur eine Minute. Zu einem gegebenen Zeitpunkt können mehrere Millionen Ribosomen aktiv sein, folglich vermag eine Zelle eine Menge Proteine gleichzeitig zu produzieren.[18] Dieser komplexe Herstellungsprozess läuft fortwährend in allen Zellen von Lebewesen ab und erzeugt ununterbrochen die wechselnden Zusammenstellungen von Molekülen, die eine Zelle jeweils braucht, um bevorstehende Krisen zu bewältigen und sich auf wahrscheinliche Zukünfte vorzubereiten.

Woher weiß eine Zelle, welche Proteine sie herstellen oder welche Proteinproduktion sie beenden soll? Damit kommen wir zum zweiten Schritt des Zukunftsmanagements: frühere Trends zu entdecken und die in ihnen enthaltenen Hinweise auf wahrscheinliche Zukünfte zu bewerten. Zellen gehen auf Trendjagd.

Um Trends in der Außenwelt zu entdecken, verwenden Zellen spezielle Sensormoleküle, die wie Cocktailspieße durch ihre Membranen ragen, so dass sich jeweils ein Teil in der Außenwelt und der andere in der Zelle befindet. Jede *E.-coli*-Zelle kann bis zu zehntausend solcher molekularen Sensoren besitzen, die quer in ihrer Membrane stecken, meist am Vorderende der Zelle, wo sie mit neuen Bedingungen zuerst in Berührung kommt. Mit diesen Sensoren können *E.-coli*-Zellen bis zu fünfzig verschiedene chemische Stoffe entdecken. Durch Kombination der von den Sensoren erfassten Informationen sind die Zellen in der Lage, chemische Trends in der Umgebung sehr genau zu erspüren. Wie wir gesehen haben, wächst die Effizienz der Trendsuche mit der Menge der verfügbaren Informationen über sich abzeichnende Trends.

Stellen wir uns also vor, unser Führer ginge mit uns durch den Schlamm des Zytoplasmas bis zur Zellmembran, wo wir einige der Sensormoleküle bei der Arbeit beobachten können. Um zum außenliegenden Teil eines Sensors zu kommen, müssen wir durch molekulare Tunnel in der Membran klettern, was uns in die weniger klaustrophobische Welt außerhalb der Zelle bringt. Jetzt befinden wir uns unter den Kundschaftern, Spionen, Spürhunden und Grenzwächtern der Zelle. Sensormoleküle sind Proteine wie die meisten Arbeitsmoleküle der Zelle. Wenn wir ihnen bei der Arbeit zusehen, werden wir uns vorstellen können, wie alle Proteine arbeiten.

Proteine können fast die Hälfte des Zellvolumens stellen (wenn wir die Wassermoleküle unberücksichtigt lassen, die in einer Zelle bis zu 70 Prozent der Moleküle ausmachen).[19] Eine beliebige *E.-coli*-Zelle kann jederzeit Millionen Proteinmoleküle enthalten, von denen jedes aus mehreren Tausend Atomen besteht. Einige werden sich noch im Bau befinden, während andere, nachdem sie ihre Aufgaben erfüllt haben, abgebaut und für die Herstellung neuer Arbeitsmoleküle recycelt werden.

Wie verrichten nun Proteine ihre Arbeit? Jedes Protein besteht aus Hunderten von Aminosäuren, die von einem Ribosom in einer genau festgelegten Reihenfolge miteinander verknüpft werden. Dabei hat jede der vielen Hundert Aminosäuren in einem Protein etwas andere chemische und elektrische Eigenschaften. Wenn die neu zusammengesetzte Kette in der Zelle hin und her geschleudert wird, faltet sie sich schon bald zu einer Form zusammen, die wie ein achtlos zusammengedrücktes Knäuel aus Stahlwolle aussieht, tatsächlich aber spezifische biochemische Strukturen enthält, die so ähnlich aussehen wie die Vertiefungen von Baseballhandschuhen und es dem Protein ermöglichen, bestimmte Moleküle einzufangen. Beispielsweise haben die menschlichen Hämoglobinmoleküle (mit die ersten Proteine, deren Struktur entschlüsselt wurde) Taschen, die Sauerstoffmoleküle einfangen und transportieren. Proteine können auch die Anordnung der Moleküle verändern, die sie eingefangen haben, indem sie sie aufspalten, stoßen, verbiegen oder miteinander verbinden. Deshalb können Proteine als Enzyme fungieren: Sie ermöglichen chemische Reaktionen, die ohne sie nicht möglich wären. Außerdem verändert ein Protein seine Form, wenn es ein Molekül einfängt – wie eine Socke, die man sich über den Fuß zieht. Diese Formveränderung (die sogenannte Allosterie), erzeugt eine Art Kurzzeitgedächtnis für Ereignisse und Trends, wobei die Informationsübertragung darauf beruht, dass andere Moleküle die Veränderungen in der räumlichen Anordnung des Sensormoleküls bemerken.

Kommen wir nun auf eines der Sensormoleküle an der Oberfläche unserer *E.-coli*-Zelle zurück. Nehmen wir an, es hätte eine Tasche, die dazu bestimmt ist, Moleküle der Aminosäure Aspartat einzufangen, die von *E.-coli*-Zellen als schmackhafter Imbiss angesehen werden. Wenn unser Sensorprotein ein Aspartatmolekül findet, ergreift es das Molekül und verändert daraufhin seine Form. Die neue räumliche Anordnung verschickt eine Nachricht, wie jemand, dessen Haltung auf eine frohe Botschaft schließen lässt, und diese Nachricht verbreitet sich über das andere Ende des sensorischen Proteins in der Zelle. Die veränderte Form des Proteins erzeugt eine Art von Gedächtnis, weil die Nachricht über das gefangene Aspartatmolekül so lange erinnert werden wird, wie das Sensorprotein seine Umklammerung des gefangenen Moleküls und seine neue Haltung beibehält. Im Inneren der Zelle reagieren andere Moleküle, indem sie *ihre* Form verändern, durch das Zytoplasma schwimmen und auf diese Weise die gute Nachricht über das gefangene Aspartatmolekül verbreiten. Auch sie erinnern sich. Wie die meisten Moleküle in prokaryotischen Zellen bewegen sich diese Messenger-Proteine zufällig durch den Zytoplasma-Glibber, von der Wärmeenergie so hin und her gestoßen, wie Menschen in einem überfüllten Bus herumgeschubst werden. Auf diese Weise verbreiten Millionen Messenger-Proteine die Nachricht über Trends und Strömungen in der Außenwelt. »Aspartat-Konzentrationen hoch, Festessen wahrscheinlich«, rufen sie vielleicht, oder: »Aspartat-Spiegel fallend, Hungersnot möglich«. Dazu der Biologe Dennis Bray: »Man hat den Eindruck, jeder Organismus mache sich ein Bild von der Welt – eine Beschreibung, die nicht in Worten oder in Pixel zum Ausdruck kommt, sondern in der Sprache der Chemie.«[20]

Schritt drei in jeder Form des Zukunftsmanagements ist Handeln: einzugreifen in das Weltgeschehen, um die eigenen Ziele zu erreichen. Wie also wird die Information von der Zelle aufgegriffen und in Handlung umgesetzt?

Wie Zellen Information verwenden, um ihr Verhalten zu regulieren, wurde in den 1960er-Jahren von den französischen Forschern François Jacob und Jacques Monod sowie ihrem Doktoranden Jean-Pierre Changeux erstmals gezeigt. Zunächst wiesen sie nach, dass die Fähigkeit zur Formveränderung Proteinen erlaubt, sowohl als Enzyme wie auch als Informationsträger zu wirken. Die Forscher zeigten jedoch auch, dass sich der Einfluss von Proteinen um ein Vielfaches verstärkt, wenn sie in Gruppen oder Netzen arbeiten, die Jacob und Monod »Operonen« nannten.

Eines der ersten Operonen, das sie untersuchten, reguliert die Laktoseverdauung der Zelle.[21] Entscheidend sind dabei die Protein-Transkriptionsfaktoren, die auf die Blockierung von Genen spezialisiert sind. Sie haben zwei Taschen oder Bindungsstellen. Eine hängt im Zytoplasma und hält Ausschau nach Laktosemolekülen. Wenn sie keine finden kann, wird die andere Tasche an den DNA-Abschnitten binden, die für laktoseverdauende Proteine codieren, und blockiert ihre Expression. Die Zahl der Repressorproteine, die Laktose entdecken, teilt der Zelle mit, wie viel Laktose vorhanden ist. Wenn sehr viele der Repressorproteine keine Laktose gefunden haben, werden sie die Produktion von laktoseverdauenden Proteinen mehr oder minder abschalten. Doch sobald die Repressorproteine eine größere Zahl von Laktosemolekülen fangen, verändern sie ihre Form, lockern ihre Umklammerung der DNA und lassen die Expression ihrer laktoseverdauenden Gene zu. Fällt die Laktosekonzentration wieder, kehrt sich der ganze Prozess um. Das ist ein vorbildlicher negativer Feedback-Mechanismus, der zuverlässig dafür sorgt, dass Laktose verdaut werden kann, wenn genügend verfügbar ist, und dass keine verschwendet wird, wenn Knappheit herrscht. Das ist hoch entwickeltes Zukunftsdenken auf der Basis von probabilistischen Entscheidungen über den Bedarf der Zelle in naher Zukunft.

In einer Zelle können Millionen Operonen gleichzeitig auf unvorstellbar komplexe Weise zusammenarbeiten. Einige Prozesse sind dabei noch viel ausgeklügelter als der, den wir eben betrachtet haben. Beispielsweise kann eine Zelle mehrere Proteinschalter besitzen, die betätigt werden müssen, bevor sie damit beginnen kann, ein neues Protein zu produzieren. So wäre denkbar, dass dies nur geschieht, wenn die Bedingungen A, B und C alle erfüllt sind. In dem Fall hätten wir einen Schalter, der nach dem Prinzip »Wenn A und B und C, dann D« funktioniert. Bei einem anderen Schalter kann das Prinzip »Wenn A oder B oder C, dann D« lauten. Auf diese Weise können Proteinketten und -netzwerke wie logische Schaltkreise funktionieren. Wenn genügend Schalter dieser Art miteinander verknüpft werden, zum Beispiel in einem Computer, kann man damit eine Menge Rechenarbeit leisten. In diesem Zusammenhang schreibt die Komplexitätsforscherin Melanie Mitchell, eine Maschine, die viele »Und«-, »Oder«- und »Nicht«-Schalter in der richtigen Weise verbinden könne, sei in der

Lage, im Grunde alles zu berechnen, was sich berechnen lässt.[22] Genau so können die einfachen biomolekularen Schalter einer *E.-coli*-Zelle außerordentlich komplizierte Verrechnungen vornehmen, unter anderem der Wahrscheinlichkeit denkbarer Zukünfte. Da viele Operonen gleichzeitig aktiv sind, arbeiten Zellen wie Parallelrechner. Mit anderen Worten, selbst einfachste Zellen können mehrere Wahrscheinlichkeiten gleichzeitig berechnen – Nahrungsvorkommen, Temperaturen, inneren Salzgehalt, ob sie sich bewegen sollten und so weiter.

Nehmen wir Bewegung als Beispiel für die Handlungen, die sich durch diese Verrechnungen auslösen lassen. *E.-coli*-Zellen haben zwei schnittige, kräftige Propeller, die ihnen ermöglichen, sich vorwärtszubewegen oder einfach umherzutaumeln. Wie die Sensormoleküle durchbohren sie die Membranen. Sie verwenden peitschenartige Schwänze oder Flagellen, die zur Zelle hinaushängen und mit einer Frequenz von mehreren Hundert Umdrehungen pro Sekunde schwingen.[23] Stellen wir uns vor, die inneren Enden der Propellermoleküle stoßen auf eine große Anzahl von Messenger-Proteinen, die verkünden, dass sich in Fahrtrichtung eine Häufung von Aspartat befindet. Die Propeller treten nun gemeinsam in Aktion, und die Zelle bewegt sich vorwärts. Wenn aber die Aspartat-Spiegel fallen, ändern einige Propeller möglicherweise die Richtung und versetzen die Zelle für einen Augenblick in den Taumelmodus. Anschließend schlägt die Zelle einen neuen Kurs ein, den sie auf der Suche nach besseren Jagdrevieren durch eine Art Zufallsprinzip bestimmt.

Was ist da gerade passiert? Wir haben gesehen, dass ein Organismus, der viel zu klein ist, um mit bloßem Auge wahrgenommen zu werden, fähig ist, sich Ziele zu setzen, die aktuelle Situation einzuschätzen und höchst vernünftige Entscheidungen für die Zukunftsbewältigung zu treffen. Seine langfristigen Ziele sind in Form von Codes zur Herstellung der Mechanismen, die er für kurzfristige Ziele wie Nahrungssuche braucht, in sein Genom eingebaut. Proteinsensoren halten die Zelle auf dem Laufenden über den Erfolg der fortwährenden Jagd nach Aspartat und anderer Nahrung; Proteinnetzwerke bewerten, wie die Angelegenheit vonstattengeht, während die sich verändernde Zusammenstellung und Form dieser Proteine bestimmt, wie die Zelle sich verhalten soll.

Taumeln oder nicht taumeln? Die ganze Sequenz hat sich in Jahrmillionen Evolution entwickelt. Während dieser Zeit besaßen Zellen, die nicht taumelten, als es klug gewesen wäre zu taumeln, eine geringere Überlebenswahrscheinlichkeit als die taumelnden Zellen, was zur Folge hatte, dass die erfolgreicheren Algorithmen in das Genom der Art eingebaut wurden. Deshalb arbeiten die für das Zukunftsdenken zuständigen Mechanismen der Zelle in der Regel sehr zufriedenstellend, und deshalb hat die *E.-coli*-Linie seit vielen Hundert Millionen Jahren überlebt.

Das sind hochkomplexe Zusammenhänge! Im nächsten Kapitel wollen wir untersuchen, wie mehrzellige Organismen die Aufgaben des Zukunftsmanagements angehen, wobei sie mithilfe neuartiger Mechanismen die Aktivitäten von Milliarden Zellen verbinden, deren jede mindestens so intelligent ist wie eine *E.-coli*-Zelle.

Kapitel 4
Wie Pflanzen und Tiere die Zukunft managen

Zu Beginn einer Trockenperiode steigern Pflanzen oft das Wurzelwachstum in Richtung tieferer Erdschichten, auf der Suche nach neuen Wasserquellen. Gleichzeitig stoppt die Pflanze das Wachstum flacher Wurzeln, weil oben die Erde meist am trockensten ist. Auf diese Weise geht eine Pflanze auf Nummer sicher und konzentriert sich darauf, dort zu wachsen, wo sie die besten Chancen hat, Wasser zu finden.

– Daniel Chamovitz, Was Pflanzen wissen[1]

Wie die Mehrzelligkeit das Zukunftsdenken verändert

Makroben wie Sie und ich bestehen aus Billionen von Zellen, die zusammenarbeiten, um das Überleben eines einzigen großen Organismus zu ermöglichen. Erst im letzten Sechstel der Erdgeschichte, seit etwa 600 Millionen Jahren, haben sich Makroben durchgesetzt. Dank der Mehrzelligkeit kann das Leben in neuen Formen und in neuen Größenordnungen existieren.

Jede makrobielle Zelle verwendet mehr oder weniger die gleichen Mechanismen des Zukunftsmanagements wie Bakterien. Aber neben der Bewältigung der eigenen Zukunft haben es makrobielle Zellen noch mit einer weiteren Herausforderung zu tun: Sie müssen ihre Aktivitäten mit denen von Milliarden oder Billionen anderer Zellen abstimmen, um die Zukunft des Superorganismus zu managen, von dem sie abhängig sind. Wie bekommt man Milliarden Zellen dazu, eine bestimmte kollektive Zukunft gutzuheißen, gemeinsam Informationen zu sammeln, die daraus resultierenden Trends zu bewerten und dann kollektiv zum Wohl des Großorganismus zu handeln, dem sie alle angehören? Wie lässt sich Milliarden Zellen das Einverständnis abringen, dass jetzt der richtige Zeitpunkt ist, um Energie in den Versuch zu investieren, vor einem Löwen davonzulaufen oder die Wurzeln tiefer in den Boden zu treiben?

Diese kollaborativen Herausforderungen sind von denen einzelliger Organismen so verschieden, dass sie neue biologische Mechanismen für die kollektive Zukunftsbewältigung erfordern. Die Herstellung solcher Mechanismen dauerte viele Millionen Jahre, was auch erklären dürfte, warum Makroben eine relativ späte Errungenschaft der Erdgeschichte sind. In jedem Fall hilft es zu erklären, warum die Genome makrobieller Zellen größer sind als die Genome von Bakterien und für viele neue Proteinarten codieren. Der einfache Fadenwurm *Caenorhabditis elegans* (mit dem wir noch einmal zu tun haben werden) ist nur rund einen Millimeter lang und hat etwa tausend Zellen. Doch ungefähr 90 Prozent seiner 19 000 Gene sind für die Pflege guter Beziehungen zwischen den Zellen zuständig.[2] Um kollektiv zu überleben, müssen makrobielle Zellen einen Großteil ihrer Energie für Kommunikation, Verhandlungen und Zusammenarbeit aufwenden.

Kann der ausgeklügelte Mechanismus kollektiven Zukunftsmanagements von Makroben einer Art wie der unseren, deren einzelne Mitglieder gerade begreifen, dass ihre individuelle Zukunft vom Erfolg der ganzen Menschheit abhängt, irgendwelche neuen Aspekte aufzeigen?

Wie gelingt es mikrobiellen Zellen, so gut zusammenzuarbeiten?

Um das Zukunftsdenken von Makroben zu verstehen, müssen wir zunächst verstehen, wie es Billionen von Zellen gelingt, so reibungslos zusammenzuarbeiten.

Mit wenigen Ausnahmen bestehen Makroben aus eukaryotischen und nicht prokaryotischen Zellen, sie gehören also zur dritten biologischen Domäne, den Eukaryoten. Die ersten eukaryotischen Zellen entwickelten sich vor fast zwei Milliarden Jahren, wahrscheinlich durch die Verschmelzung bereits existierender prokaryotischer Arten. (Diese zuerst von Lynn Margulis vorgeschlagene, revolutionäre Theorie wird heute von den meisten Biologen vertreten.) Im Vergleich zu den Bauernkaten der Prokaryoten sind die eukaryotischen Zellen wahre Paläste. Sie können viele Hundert Mal größer werden als prokaryotische Zellen und enthalten im Inneren zahlreiche Unterteilungen oder Gemächer, die verschiedenen Zwecken und Funktionen dienen. Am wichtigsten ist der Zellkern, ein befestigter innerer Bereich, der die DNA der Zelle schützt.

Vor allem zwei Gründe erklären die vorzügliche Kooperation der eukaryotischen Zellen. Erstens, jede Zelle einer Makrobe besitzt die gleiche DNA. Das erzeugt eine Art vorprogrammierter Loyalität gegenüber dem größeren Organismus. Tatsächlich werden makrobielle Zellen manchmal wie Kampfpiloten auf Selbstmordmissionen aufgefordert, für das Wohl des größeren Organismus zu sterben, und in der Regel gehorchen sie. Das biologische Fachwort für dieses Selbstopfer lautet Apoptose. Die Finger an Ihrer Hand haben sich gebildet, weil die Zellen in den Räumen zwischen den Fingern, als diese sich in der Gebärmutter formten, den Befehl erhielten, abzusterben, und gehorchten.[3] Krebszellen missachten solche Befehle, was wiederum zeigt, wie gefährlich es bei Störungen der Zusammenarbeit für die Makrobe werden kann.

Der zweite Grund für die gelungene Zusammenarbeit makrobieller Zellen ist das zelluläre Äquivalent gesellschaftlicher Arbeitsteilung: Die Zellen verwandeln sich gewissermaßen in Chirurgen und Klempner, Musiker und Modeschöpfer. Die Spezialisierung macht jede Zelle abhängig von anderen Zellen und vom Überleben des Makroorganismus. Das ähnelt, wie gesagt, der Situation von Menschen in modernen Gesellschaften. Bauern sorgen für unsere Ernährung, und Krankenschwestern pflegen die Kranken. Um zu überleben, müssen wir kooperieren. Der Bauer ernährt die Krankenschwester, und diese kümmert sich um dessen Kinder, wenn sie krank sind; Bauer wie Krankenschwester sind wiederum auf das Funktionieren der größeren Gesellschaft angewiesen, der sie beide angehören. Ganz ähnlich teilen makrobielle

Zellen Aufgaben wie Bekämpfung eindringender Bakterien, Muskelbeugung oder ... Zukunftsdenken untereinander auf. Die zelluläre Arbeitsteilung ist fast genauso komplex wie die menschlicher Gesellschaften. Bei Tieren spezialisieren sich rote Blutzellen auf Sauerstofftransport, Knochenzellen sorgen dafür, dass der Organismus in sich stabil ist, Muskeln sind dort im Einsatz, wo Kraft vonnöten ist, Hautzellen verteidigen die Körpergrenzen, während Neuronen oder Nervenzellen Informationen übertragen und bewerten. Alles in allem gibt es rund 30 Billionen Zellen im menschlichen Körper, die sich in 200 verschiedene Arten aufteilen.

Obwohl alle Zellen einer bestimmten Makrobe die gleiche DNA haben, enthält diese Anweisungen für die Herstellung vieler verschiedener Zellarten. Aus ebendiesem Grund können sich eukaryotische Zelle spezialisieren. In den ersten Tagen einer Makrobe sind alle Zellen des Organismus identische Stammzellen, die die Möglichkeit haben, sich in viele verschiedene Zellarten zu verwandeln. Doch nach ein oder zwei Wochen wird der wachsende Zellklumpen so groß, dass sich die einzelnen Zellen in leicht voneinander abweichenden Umgebungen wiederfinden. Je nachdem, ob sich eine Zelle mehr in der Mitte der Kugel oder mehr am Rande befindet, wird sie etwas unterschiedlichen Drücken, chemischen Konzentrationen und Temperaturen ausgesetzt sein. Im Inneren jeder Zelle lösen diese kleinen Unterschiede unterschiedliche Reaktionen von Transkriptionsfaktoren aus, die in die DNA eindringen, um einige Gene zu blockieren und andere zu exprimieren. Einmal mehr ist die Epigenetik am Werk und sorgt dafür, dass jede Zelle etwas andere Gene exprimiert. Je mehr sich die Unterschiede häufen, desto weiter kommen die Zellen auf dem Weg zu ihren jeweiligen Sonderrollen voran. Ganze Regionen ihrer DNA werden abgeschaltet, in einigen Fällen dauerhaft, während andere Regionen aktiviert werden. Sobald Sie anfangen, sich in eine Muskelzelle zu verwandeln, sind Sie festgelegt. Über Ihre Zukunft ist entschieden. Neue Signale können bestimmen, was für eine Muskelzelle Sie werden sollen, aber Sie können sich nicht mehr in eine Nerven- oder eine Blutzelle verwandeln. Spezialisierung erklärt, warum die meisten makrobiellen Zellen weniger als die Hälfte der Gene in ihrer DNA verwenden – nur die Gene, die für die Grundfunktionen erforderlich sind, werden in allen Zellen verwendet.[4] Epigenetische Prozesse sorgen auch dafür, dass die Spezialisierung der Mutterzellen an deren Nachkommen weitergegeben wird. Wenn die DNA sich selbst kopiert, überträgt der Kopierprozess das in die DNA eingebundene Muster der Transkriptionsfaktoren auf die neuen DNA-Kopien, so dass die Tochterzellen nur die Gene exprimieren, die schon die Mutterzellen exprimiert haben. Deshalb produzieren Knochenzellen neue Knochenzellen, Neuronen neue Neuronen und Muskelzellen Muskelzellen.

Die durch die Spezialisierung geschaffene extreme Abhängigkeit erklärt, warum jede Zelle den Signalen, die von außen durch die Membran kommen, sehr aufmerksam lauscht. Sie beobachtet ihre Nachbarn und registriert die Chemikalien, Nährstoffe, Energien und Informationen, die an ihren Sensormolekülen vorbeifließen und über weiter entfernte Verhältnisse unterrichten. Derartige Botschaften sind wie öffentliche Bekanntgaben. Sie kommen in Gestalt von elektrischen Impulsen, von speziellen Molekülen, wie etwa Hormonen, oder einfach durch unruhiges Gedränge der Nachbarn.

Kurzum, makrobielle Zellen sind bestrebt, zusammenzuarbeiten und Informationen mit anderen Zellen sowie dem Organismus als Ganzem auszutauschen. Diese Art von Zusammenarbeit ist die Basis für das Zukunftsdenken aller Makroben. Sie erklärt, wie es makrobiellen Zellen gelingt, sich kollektive Ziele zu setzen, gemeinsam wahrscheinliche Zukünfte zu bewerten und zusammenzuarbeiten, sobald sie sich über die günstigste Handlungsweise einig geworden sind. Im nächsten Abschnitt werden wir einige der Methoden betrachten, mit deren Hilfe Pflanzen ihre Zukunft bewältigen. Dann werden wir, unserer eigenen Art näherkommen, untersuchen, wie Tiere für ihre Zukunft planen, und uns zum ersten Mal ernsthaft mit Zukunfts*denken* befassen.

Wie Pflanzen ihre Zukunft organisieren

Die Vorstellung, dass Pflanzen ihre Zukunft planen und bewältigen, mag seltsam erscheinen, weil wir dazu neigen, Pflanzen für passiv zu halten. Doch hinter diesem täuschenden Eindruck verbirgt sich ein hohes Maß an zweckorientiertem und vielschichtigem Zukunftsmanagement.

Pflanzen unterscheiden sich von Tieren vor allem dadurch, dass sie den Großteil ihrer Energie mithilfe der komplexen biochemischen Reaktionen, die wir als Fotosynthese bezeichnen, direkt von der Sonne beziehen. Pflanzen schlecken das Sonnenlicht auf wie Kätzchen die Milch, müssen sich aber, da sie von Sonnenlicht umgeben sind, nicht bewegen, um es zu bekommen.

Die Fotosynthese liefert einen Großteil der biochemischen Energieflüsse, auf die das Leben angewiesen ist. Gespeist wird sie von den energiereichen Photonen des Sonnenlichts und ausgeführt von den Chloroplasten im Inneren der Pflanzenzellen. Außerdem braucht sie noch Wasser und Kohlendioxid, aber auch die werden Pflanzen frei Haus geliefert. Andere lebenswichtige Elemente, wie Stickstoff, Phosphor und Magnesium, finden sich meist im Boden unweit der Wurzeln der Pflanze. Da sich die Energie und die Nährstoffe, die die Pflanzen benötigen, in ihrer unmittelbaren Umgebung befinden, sind die meisten von ihnen sessile »Stubenhocker«. Ihre Nachkommen gehen zwar nicht selten als Sporen oder Samen auf Wanderschaft, aber einmal sesshaft geworden, bleiben die meisten Pflanzen ihr Leben lang an einem Ort.

Daraus folgt freilich nicht, dass Pflanzen nun entspannt die Hände in den Schoß legen könnten. Um zu überleben und sich fortzupflanzen, müssen sie sich um Informationen bemühen und, wie alle Lebewesen, Wahrscheinlichkeitswetten vornehmen.[5] Die Währungen, in denen Pflanzen ihre Wetten abschließen, sind jedoch Energie und Nahrung statt Geld, und der Einsatz ist meist das Wohl ihrer Körper. Wenn ich eine Trauerweide wäre, wie viel Energie müsste ich aufwenden, um höher zu wachsen als meine Nachbarn? Ist die Zeit gerade günstig, um mehr Blätter auszubilden, oder sollte ich mich lieber mit Blüten ausstatten? Muss ich mich bereitmachen, einen Angriff von Käfern abzuwehren? Egal, ob Sie eine Trauerweide, ein Schneeglöckchen oder eine Kartoffel sind, Sie werden so routiniert wie ein menschlicher Glücksspieler auf wahrscheinliche Zukünfte setzen, und Ihre Zukunft wird von der Anzahl Ihrer gewonnenen Wetten abhängen.

Wie alle Lebewesen folgen Pflanzen bei ihrem Zukunftsmanagement der gleichen Sequenz von drei Schritten. Sie haben bestimmte Ziele, kleine wie große; sie suchen und analysieren Trends in ihrer Umgebung, um herauszufinden, was als Nächstes passiert; und dann handeln sie: Sie platzieren ihre Wetten.

Schneeglöckchen und Kartoffeln haben ihre eigenen Utopien. Im Detail sieht der Erfolg für verschiedene Arten jedenfalls unterschiedlich aus, und auch die Schritte, die zum Erfolg führen sollen, weichen voneinander ab. Daher hat jede Pflanze ihre eigenen Mikroziele, die zum größten Teil in das Genom eingebaut sind – in Form von Genen für die Herstellung von jenen Proteinen und Zellen, die jede Art braucht, um in ihrer besonderen Nische zu überleben, sich zu entfalten und sich fortzupflanzen. Die Mikroziele sind wie eine Liste mit biochemischen Tricks und Manövern, die sich für viele Generationen von Trauerweiden oder Kakteen in der Vergangenheit als hilfreich erwiesen haben.

Schritt zwei bedeutet Suche nach Trends. Um zu erfahren, was außerhalb ihrer Körper vor sich geht, haben die Zellen an der Oberfläche einer Pflanze Sensorproteine, die Veränderungen der sie umgebenden Moleküle, Energien, Gerüche und sogar Laute wahrnehmen. Als intime Kenner des Sonnenlichts haben Pflanzen eine besondere Fähigkeit, zwischen Lichtfrequenzen zu unterscheiden. Die Ackerschmalwand *(Arabidopsis thaliana)*, eine Verwandte der Senfpflanze und ein beliebtes Objekt botanischer Experimente, hat mindestens elf verschiedene Arten von Photorezeptoren, »von denen einige der Pflanze sagen, wann sie keimen soll, andere, wann sie sich zum Licht hinbiegen soll, und wieder andere, wann es Nacht ist«.[6]

Einmal entdeckt, müssen die Informationen über entstehende Trends an andere Zellen gesandt werden, manchmal über erhebliche Distanzen. Die Kommunikation mit Nachbarzellen ist einfach. Einige Zellen können durch ihre Membran Proteine einschließlich Transkriptionsfaktoren direkt an ihre Nachbarn weitergeben.[7] Um Wasser, Nährstoffe und informationstragende Moleküle von den Wurzeln bis in die Blätter zu transportieren, verwenden Gefäßpflanzen holzige Kanäle, die man als *Xyleme* bezeichnet. Die Flüssigkeiten werden dabei unter anderem nach oben gezogen, weil Verdunstung den Druck in den oberen Teilen der Pflanze verringert. Gefäßpflanzen befördern außerdem den Saft der Pflanze, der informationstragende Hormone und die energiereichen Nebenprodukte der Fotosynthese in alle Teile der Pflanze trägt. Der Saft wird von den Blättern aus in den *Phloemen* nach unten transportiert, speziellen Geweben, die direkt unter der Rinde liegen.

Auch elektrisch können Pflanzen Informationen übertragen. In den 1990er-Jahren hat ein Forschungsteam unter Leitung von Dianna Bowles nachgewiesen, dass geschädigte Tomatenblätter andere Blätter gewissermaßen anrufen können, indem sie elektrische Signale senden. Daraufhin stellen die anderen Blätter Schutzproteine her für den Fall, dass sie ebenfalls angegriffen werden. Inzwischen haben Schweizer Forscher an der Ackerschmalwand gezeigt, dass die elektrischen Impulse, die für diese botanischen Telefonanrufe verantwortlich sind, durch *Chemiosmose* erzeugt werden, einen Mechanismus, der in den meisten Zellarten vorhanden ist. Spezielle Pumpen veranlassen die Zelle dazu, die Konzentration der Kalium- und Kalziumionen zu beiden Seiten ihrer Membran zu prüfen. Das erzeugt eine leichte elektrische Spannung zwischen den beiden Seiten, die unter anderem dazu benutzt werden kann, einen elektrischen Impuls abzufeuern.[8] Wenn wir an späterer Stelle dieses Kapitels zu den Neuronen kommen, werden wir darauf noch genauer eingehen.

Mithilfe von Signalmolekülen wie Hormonen und von elektrischen Nachrichten können Pflanzenzellen eingehend darüber informieren, was gerade vor sich geht und was getan werden muss. Blätter und Wurzeln nehmen chemische Stoffe in der Luft und im Boden wahr und setzen andere Zellen von deren Anwesenheit in Kenntnis. Pflanzen wissen auch, wenn sie berührt werden (man beobachte nur eine Venusfliegenfalle, wenn sie ihre stachligen Kiefer um einen kleinen Frosch schließt). Nach neueren Forschungsergebnissen könnten Pflanzen sogar in der Lage sein, Geräusche wie das Fließen eines nahen Wasserlaufs zu hören. Außerdem können Pflanzen Informationen mit anderen Pflanzen austauschen. Beispielsweise nehmen sie wahr, wenn sich die Intensität und Zusammensetzung der von benachbarten Pflanzen ausgesandten feinen Wolke aus Proteinen und chemischen Stoffen ändert, die man *Pheromone* nennt. Pflanzen, die von Käfern angegriffen werden, könnten beispielsweise käferabweisende Proteine und Chemikalien absondern. In der Nähe wachsende Pflanzen nehmen die chemischen Substanzen wahr, erkennen die Gefahr, von der sie künden, und reagieren möglicherweise, indem sie ihre eigenen Schutzgifte produzieren. Wir Menschen haben wirksamere Kommunikationsformen. Für uns sind Pheromone unerheblich, doch für Pflanzen sind sie eine Art chemischer Sprache. Man kann in ihr vielleicht nicht über das Leben oder die Zeittheorie philosophieren, aber Informationen über wahrscheinliche Zukünfte lassen sich in ihr durchaus mitteilen. Vor Kurzem hat Suzanne Simard nachgewiesen, dass Bäume ihre Wurzeln auch dazu verwenden, Informationen und Nährstoffe über riesige Pilznetzwerke auszutauschen, ein System, das man *Wood Wide Web* – Internet des Waldes – nennt.[9]

Pflanzen, die anfangen, Gifte herzustellen, nachdem sie die Pheromone in Not geratener Nachbarn aufgefangen haben, handeln nach Informationen, die sie über wahrscheinliche Zukünfte erhalten haben: Eine Gefahr, die vorher nur möglich war, ist jetzt wahrscheinlich geworden. Außerdem haben sie auf der Grundlage dieser Information Wetten platziert und bezahlen ihren Einsatz in Form der Energie, die sie brauchen, um neue chemische Stoffe zu produzieren.

Wahrscheinliche Zukünfte einzuschätzen, heißt, nach Trends zu suchen. Und Trends zu erkennen, setzt eine bestimmte Form des Gedächtnisses voraus – die Fähigkeit, das, was gerade geschehen ist, mit dem abzugleichen, was vorher geschehen ist. Wie erinnern sich Pflanzen?[10]

Darwin, der auch ohne technischen Aufwand ein glänzender biologischer Forscher war, hat nachgewiesen, dass eine fleischfressende Pflanze wie die Venusfliegenfalle eine Art Gedächtnis verwendet, wenn sie entscheidet, ob sie ihre Kiefern schließt oder nicht. Darwin züchtete fleischfressende Pflanzen in seinem eigenen Treibhaus und veröffentlichte 1875 eine bahnbrechende Schrift zu dem Thema. Er erkannte, dass fleischfressende Pflanzen kleine Geschöpfe wie Käfer, Fliegen oder kleine Frösche fressen, weil sie auf nährstoffarmen Böden wachsen und sich zusätzlich Stickstoff und Phosphor zuführen müssen. Allerdings sind sie wählerische Prädatoren, weil es sie Energie kostet, ihre kieferartigen Fallen zuzuschnappen und dann wieder zu öffnen. Daher müssen sie sich davon überzeugen, dass es sich lohnt, eine bestimmte Beute zu fangen. Darwin konnte seine fleischfressenden Pflanzen nicht hinters Licht führen – weder mit Wassertropfen noch mit Organismen, die so klein waren, dass sie aus der Falle entkommen konnten. Wir wissen heute, dass sie ihre Fallen nur dann zuschnappen lassen, wenn eine potenzielle Beute mindestens zwei einer kleinen Anzahl von winzigen Sensoren im Inneren ihrer Kiefer berührt. Die erste Berührung sagt: Es ist »möglich«, dass da etwas Großes gelandet ist, halt dich bereit. Diese Information wird im Gedächtnis gespeichert. Die zweite Berührung sagt: Es ist »wahrscheinlich«, schließ deine Kiefer!

Moderne Forschungsergebnisse zeigen, dass hier die Chemiosmose am Werk ist. Durch die erste Berührung wird ein Fluss von Kalziumionen durch die Membranen der Sensorzellen ausgelöst. Das Potenzial, das er erzeugt, reicht noch nicht ganz aus, um die Falle zuschnappen zu lassen. Die Venusfliegenfalle traut sich bei den Buchmachern noch nicht so recht. Sie wird sich an die erste Berührung so lange erinnern, wie das Potenzial andauert, das durch die Berührung erzeugt wurde. Doch die Bereitschaft der Pflanze, eine Wette zu platzieren, wird in dem Maße schwinden, wie sich das elektrische Potenzial verflüchtigt, es sei denn, dieses wird rasch durch weitere Informationen in Form elektrischer Impulse erneuert. Und genau das wird eine zweite Berührung der Falle bewirken. Die beiden Ladungen können zusammen einen elektrischen Impuls erzeugen, der groß genug ist, um die Falle auszulösen. Das Gedächtnis besteht in der Addition zweier Ladungen innerhalb eines kurzen Zeitraums. Es gleicht einem Pferdewetter, der auf dem Weg zu den Buchmachern zwei vielversprechende Tipps erhält. In der Computertechnik entspricht das einem Schalter der Form »Wenn A und B, dann C«. Wenn zwei Berührungen in kurzem Abstand erfolgen, dann löse die Falle aus! Nach dem Zuschnappen der Falle sondert die Pflanze Verdauungssekrete in den »zeitweiligen Magen« ab, wie Darwin ihn nennt.[11]

Pflanzen verwenden unterschiedliche Mechanismen, um kurzfristige und langfristige Erinnerungen zu speichern. Wir haben gerade gesehen, wie eine Venusfliegenfalle ihr Kurzzeitgedächtnis einsetzt.

Pflanzen können Erinnerungen aber auch über Stunden oder sogar Monate und Jahre speichern. Die meisten Pflanzen erkennen jahreszeitliche Veränderungen an Unterschieden in der Länge von Tagen und Nächten.[12] Doch wenn Tage und Nächte fast gleich lang sind, kann die Pflanze nicht wissen, in welcher Jahreszeit sie sich gerade befindet. Sie muss auch wissen, ob die Temperatur steigt oder fällt. Um einen Trend auszumachen, braucht man mindestens zwei Datenpunkte, von denen einer im Gedächtnis gespeichert werden muss. Einige Pflanzen wissen, ob sie kürzlich eine Kälte- oder Wärmephase erlebt haben, was ihnen wiederum hilft, zwischen Herbst (in dem sie wahrscheinlich die Blätter abwerfen sollten) und Frühling (in dem die Blätter ausgetrieben werden müssen) zu unterscheiden.

Wichtige Ergebnisse zum Langzeitgedächtnis von Pflanzen liefern Studien an der Ackerschmalwand, weil bestimmte Arten dieser Gattung einen Kälteeinbruch benötigen, bevor sie blühen können. Und auch hier sind wieder epigenetische Mechanismen beteiligt. In eukaryotischen Zellen sind DNA-Moleküle im Zellkern eingeschlossen, wo sie eng und platzsparend um sogenannte Histone gewickelt sind – Proteine, um die sich DNA-Stränge wie Wollfäden um eine Spule winden. Jedes Knäuel ist in größere Knäuel verpackt, die einen dichten Komplex bilden, das *Chromatin*. Wenn ein Gen exprimiert werden soll, müssen die Transkriptionsfaktoren ganze Schichten von Chromatin durchdringen, um den richtigen DNA-Abschnitt zu finden und ihn abzuwickeln, damit das Gen gelesen und exprimiert werden kann. Von der Art, wie die DNA aufgewickelt ist, kann also abhängen, ob es leicht oder schwer ist, bestimmte Gene zu erreichen und zu exprimieren. Bei Pflanzen wie der Ackerschmalwand scheinen Kälteperioden dafür zu sorgen, dass die Faltung des Chromatins den Zugang zu den Genen erleichtert, die für die Keimung verantwortlich sind.[13] Doch nach der Keimung werden die Histone wieder verpackt, so dass die Expression dieser Gene bis zu einer späteren Jahreszeit geblockt ist. Ein solches Langzeitgedächtnis entsteht durch Veränderungen der Organisation des Chromatins, in das die DNA einer Zelle verpackt ist.

Alle Organismen, einschließlich der Pflanzen, scheinen eine zirkadiane oder innere Uhr zu besitzen, die ihnen hilft, wahrscheinliche

Veränderungen der Außenwelt vorherzusagen.[14] Die Tag-und-Nacht-Rhythmen sind besonders wichtig, weil sie viele andere Rhythmen auf unserem Planeten beeinflussen, von Temperaturveränderungen bis zum Verhalten von Raubtieren. Die Augen mancher Rifffische brauchen zwanzig Minuten, um sich ans Tageslicht zu gewöhnen. Daher sagt ihnen ihre innere Uhr zwanzig Minuten vor der Morgendämmerung sinngemäß: »Ich weiß, dass es noch Nacht zu sein scheint, aber die Wahrscheinlichkeit ist groß, dass in zwanzig Minuten Tageslicht herrscht, und genauso groß ist die Wahrscheinlichkeit, dass böse Fische auf dich Jagd machen werden, sobald es hell ist, deshalb ist es besser, du beginnst mit dem Aufwachen JETZT!«[15]

Die frühesten Hinweise auf die Existenz von zirkadianen Rhythmen bei Pflanzen wurden Anfang des 18. Jahrhunderts von dem französischen Astronomen Jean-Jacques d'Ortous de Mairan berichtet. Er bemerkte, dass sich die Blätter von Mimosen je nach Sonnenstand hoben und senkten und dass sie damit auch dann fortfuhren, wenn man sie in einen dunklen Schrank gestellt hatte, wobei ihre Rhythmen allerdings im Lauf der Zeit von denen der Sonne abwichen. Augenscheinlich richtete sich ihr rhythmisches Verhalten nach einer Art innerer Uhr. Einige Cyanobakterien benötigen nur drei Proteine, um rhythmische Zyklen zu erzeugen. Bei komplexeren Organismen kann es viele verschiedene zirkadiane Uhren geben, die sich in einem Prozess, den man *Entrainment* nennt, selbst einstellen und synchronisieren. Säugetiere haben in einer bestimmten Hirnregion eine Struktur mit dem schönen Namen *Nucleus suprachiasmaticus* (SCN nach englisch *suprachiasmatic nucleus*), die ihrem Körper als eine Art Hauptuhr dient und viele innere Uhren synchronisiert, so ähnlich wie die Greenwich Mean Time.[16] Doch keine zirkadiane Zeit ist perfekt. Pflanzen leiden unter Jetlags, wenn ein Forscher im Labor so gemein ist, dass er die Tag-und-Nacht-Rhythmen künstlich verändert. Künstliches Sonnenlicht kann sie so durcheinanderbringen, dass sie ihre Blätter mitten in der Nacht öffnen. Sofern sie es aber nicht mit einem ausgemacht bösartigen Vertreter seiner Zunft zu tun haben, der die Uhren immer weiter verstellt, werden sie sich bald an neue Rhythmen gewöhnt haben. Heute baut man in der Internationalen Raumstation Salatpflanzen, Erbsen, Zinnien und Sonnenblumen unter speziellen Umweltbedingungen an, die künstliche Tage und Nächte für sie erzeugen, und die Pflanzen passen ihre zirkadianen Uhren entsprechend an.

Die Fähigkeit der Pflanzen, Informationen zu sammeln und zu analysieren, ist so beeindruckend, dass Darwin sich in einem ungewöhnlichen Anflug von gewagter Spekulation fragte, ob Pflanzen vielleicht in einem »Würzelchen« oder der Spitze eines Sämlings eine Art Gehirn besäßen. »Es ist kaum eine Übertreibung«, schrieb er, »dass die in dieser Weise ausgerüstete Spitze des ›Würzelchens‹ (…) gleich dem Gehirn eines niederen Tieres wirkt.«[17] Heute hört sich das wie eine seltene Übertreibung von Darwin an. Dass Pflanzen in der Lage sind, wahrscheinliche Zukünfte zu antizipieren und einzuplanen, bedarf keines zentralen Koordinationssystems. Vielmehr ist dieses Vermögen über den ganzen Organismus verteilt. Die Verrechnungsfähigkeiten der Pflanzen scheinen, wie die der Bakterien, eine emergente Eigenschaft zu sein, die aus den Interaktionen von Milliarden einzelner biochemischer Reaktionen erwächst. Doch das sollte unsere Hochachtung vor den sensorischen und rechnerischen Leistungen, mit denen Pflanzen ungewissen Zukünften begegnen, nicht schmälern, denn viele der zukunftsbewältigenden Entscheidungen unseres eigenen Körpers entstehen auf ähnliche Weise.

Schließlich beginnen die Pflanzen zu handeln. Sonnenblumen, Mimosen und viele anderen Pflanzen wenden ihre Gesichter der Sonne zu; Wurzeln spüren Wasser und Nährstoffe im Boden auf und graben tiefer, um sie zu finden; verschiedene Teile eines Pflanzenkörpers wachsen, schrumpfen, verändern die Farbe, die Knospe oder scheiden exotische Gerüche aus. Viele dieser Handlungen verändern den Pflanzenkörper, doch an einer überraschend großen Zahl sind Bewegungen beteiligt. Pflanzenbewegungen beeindruckten Darwin dermaßen, dass er ein Buch mit dem Titel *Das Bewegungsvermögen der Pflanzen* schrieb. Darin zeigte er, dass Pflanzen in dem Bemühen, ihre Zukünfte zu bewältigen, anmutig-komplizierte Bewegungen ausführen. Viele dieser Bewegungen sind »Zirkumnutation«, wie Darwin sie nannte. Es handle sich, schrieb er, um eine exploratorische Kreisbewegung »derselben Art, wie die des Stammes einer kletternden Pflanze, welcher sich nacheinander nach allen Punkten der Windrose hin bewegt, so dass die Spitze rotiert«. Weiter führte Darwin aus, dass »jeder wachsende Teil einer jeden Pflanze beständig in Zirkumnutation ist, wenn auch in geringerem Maße, selbst die Stämme von Sämlingen zirkumnutieren, ehe sie den Boden durchbrochen haben, ebenso wie ihre eingegrabenen Würzelchen, soweit es der Druck der umgebenden Erde gestattet«.[18]

Die Zirkumnutation zeigt, dass alle Schritte des Zukunftsmanagements miteinander verknüpft sind. Sie ermöglicht jedem Teil einer Pflanze, egal, ob Wurzel, Zweig oder Blatt, seine Umgebung zu erkunden, willkürlich in den Fluss der Ereignisse zu stippen und nach Gelegenheiten, Trends oder Hinweisen zu suchen, die Aufschluss darüber geben könnten, was demnächst passieren wird. Außerdem führt Zirkumnutation zum Handeln. *Cuscuta*, auch Seide oder Teufelszwirn genannt, ist eine mit der Ackerwinde verwandte Schlingpflanze. Wie ein Vampir saugt sie ihren Nachbarn den Lebenssaft aus. Sämlinge von *Cuscuta* ranken sich spiralförmig empor und versuchen, die Witterung potenzieller Beutepflanzen aufzunehmen. Mögliche Opfer erkennen sie, wenn ihre Sensorproteine spezifische chemische Stoffe in der Luft aufgreifen, so wie unsere Nasen die Moleküle abfangen, die beim Dekantieren eines guten Weins aufsteigen. Wenn *Cuscuta* »Tomate« wittert, beugt sie sich zur Tomate hinüber, windet sich um ihren Stängel und bearbeitet ihn mit kleinen Bohrern. Wenn diese das Phloem erreichen, in dem die Tomatenpflanze ihren Saft befördert, beginnt *Cuscuta*, ihrem Opfer die Nährstoffe abzusaugen. *Cuscuta* wird prächtig gedeihen, während die Tomate verwelkt.[19]

Mag uns das Verhalten von *Cuscuta* auch ausgesprochen finster erscheinen, so sind ihre schönen, kreisenden Bewegungen doch eine hübsche Metapher für die Art und Weise, wie diese Pflanzen – und eigentlich alle Organismen – sich vorsichtig in das Dunkel ihrer Zukünfte vortasten: indem sie zufällige Gelegenheiten beim Schopf packen, dabei aber stets mithilfe der in ihren Genomen verankerten Regeln, der gespeicherten Erinnerungen an Vergangenes und der aktuellen Informationen, die sie von Wurzeln und Blättern erhalten, auf wahrscheinliche Zukünfte wetten.

Wie Tiere ihre Zukünfte mithilfe von Nervensystemen und Gehirnen managen

Tiere sehen sich in ihrem Leben komplexeren Herausforderungen gegenüber als Pflanzen, denn sie bewegen sich viel, was unumgänglich ist, da sie sich ernähren, indem sie andere Organismen fressen. Pflanzen können auf Sonnenlicht, Regen und Nährstoffe warten – die werden ihnen alle frei Haus geliefert. Auch Pilze haben es in der Hinsicht leichter. Zwar fressen auch sie andere Organismen, aber im Gegensatz zu Tieren besitzen Pilze den Anstand, den Tod ihrer Beute abzuwarten (allerdings gibt es auch Vertreter dieses Reichs, die ihre Opfer mit psychotropen Drogen abfüllen, um sie in Zombies zu verwandeln und lebendig verspeisen zu können).[20] Tote Beute zu fressen, macht das Leben leichter, weil sie nicht weglaufen, zum Gegenangriff übergehen oder sich einen Trick einfallen lassen kann. Und da Überreste verendeter Organismen großzügig über den Planeten verstreut sind, können Pilze, ähnlich wie Pflanzen, ihre Nahrung in der Regel finden, ohne sich viel bewegen oder nachdenken zu müssen. Folglich sind die meisten Pilze sessil und können ohne die hoch entwickelten Rechensysteme auskommen, auf die Tiere angewiesen sind.

Tiere haben das Problem, dass die meisten Großorganismen, einschließlich anderer Tiere, ganz und gar nicht damit einverstanden sind, gefressen zu werden. (Gras und die Früchte einiger Pflanzen sind die seltenen Ausnahmen, was vielleicht einer der Gründe ist, warum sich Pflanzenfresser mit kleineren Gehirnen zufriedengeben können als Fleischfresser.) Im Gegensatz zu dem gentechnisch erzeugten Rind in Douglas Adams' Roman *Das Restaurant am Ende des Universums*, das den Gästen vor dem Essen sein delikates Fleisch anpreist und dann hinausgeht, um sich zu erschießen, laufen die meisten Tiere davon oder verstecken sich, wenn man versucht, sie zu essen, während viele Pflanzen versuchen, Angreifer zu erstechen, zu verbrennen oder zu vergiften. Daher kommen die meisten Tiere nur dann zu einer Mahlzeit, wenn es ihnen gelingt, ihre Beute hinters Licht zu führen, bei einem Wettlauf einzuholen oder im Kampf zu besiegen. Sie müssen durch die Welt schlittern, krabbeln, schwimmen oder fliegen, um fressen zu können, und häufig verlangt das von ihnen, sich auf lange und schwierige Reisen zu begeben. Wenn sie dann schließlich eine potenzielle Mahlzeit gefunden haben, müssen sie vielleicht mit ihr kämpfen oder sich darüber den Kopf zerbrechen, wie sie ihre Verteidigungsmaßnahmen überwinden können.

Kurzum, es ist hart, ein Tier zu sein, und die Zukunft eines Tiers ist in der Regel vielfältiger und weniger vorhersagbar als die eines Gänseblümchens oder Pilzes. Wie Pflanzen und Pilze brauchen Tiere klare Ziele, viele Informationen und ein großes Repertoire an möglichen Reaktionen auf rasch veränderliche Situationen. Es ist jedoch die mittlere Stufe unserer dreistufigen Zukunftsplanung – die Bewertung und Analyse von Trends in der Umgebung –, welche für Tiere die größte Herausforderung darstellt. Daher wollen wir uns für den Rest dieses Kapitels mit der ausgeklügelten neuronalen Maschinerie beschäftigen, die es den Tieren ermöglicht, wahrscheinliche Zukünfte mit außergewöhnlicher Genauigkeit zu modellieren – dem Nervensystem. Was für Zukunftsvorstellungen schießen einer jungen Antilope durch den Kopf, bevor sie sich entschließt, aus dem Wasserloch zu trinken? Und wie werden diese Vorstellungen erzeugt?

Die Evolution von Nervensystemen

Tierische Nervensysteme sind aus Netzen von Neuronen gebaut: Zellen, die sich auf gut funktionierende Kommunikation über oft große Entfernungen spezialisiert haben. Im Wesentlichen gibt es drei Arten von Neuronen: *Sensoneuronen* entdecken Informationen, und *Motorneuronen* sagen den Muskeln, was sie zu tun haben. Zwischen den Senso- und Motorneuronen liegen die *Interneuronen*. Netzwerke von Interneuronen analysieren die Informationen der Sensoneuronen, berechnen wahrscheinliche Zukünfte, entscheiden, was zu tun ist, und leiten ihre Entscheidungen an Motorneuronen weiter. In einfachen Situationen oder in solchen, die keine Zeit zum Nachdenken lassen, übergehen Sensoneuronen die Interneuronen und schicken ihre Befehle direkt an Motorneuronen. Sie begreifen das Prinzip, wenn Sie ein rot glühendes Eisenstück berühren und beobachten, wie Ihr Körper reagiert. Er wird nicht lange überlegen. Doch in komplizierteren Situationen werden Entscheidungen erst getroffen, nachdem sie von Interneuronennetzen analysiert worden sind.

Ein Maß für die wachsende Bedeutung des Zukunftsdenkens bei Tieren ist der Umstand, dass die Zahl der Interneuronen umso höher wird, je größer und komplexer die Tiere sind. Der Fadenwurm *Caenorhabditis elegans* besitzt nur 302 Neuronen, und die sind etwa gleich verteilt auf Senso-, Motor- und Interneuronen.[21] Doch je komplexer sich die Nervensysteme im Zuge der Evolution entwickeln, desto größer wird der Anteil der Interneuronen und desto stärker konzentrieren diese sich in den speziellen Rechenorganen, die wir Gehirne nennen. Das Gehirn hat in erster Linie die Aufgabe, wahrscheinliche Zukünfte zu bedenken und zu modellieren und dabei genau die richtige Balance zwischen Genauigkeit und Allgemeinheit zu bewahren. Dazu schreibt die Philosophin Patricia Churchland: »Vorhersage (…) ist die eigentliche und vorherrschende Gehirnfunktion.«[22]

Die frühesten Belege für einfache Nervensysteme finden sich vor rund 600 Millionen Jahren während des Ediacariums, als die ersten Tiere auf dem Planeten lebten. Zwar haben sich die Neuronen seither nicht verändert, aber die Leistung der Nervensysteme hat sich um viele Größenordnungen gesteigert, als immer mehr Neuronen in zunehmend komplexe Netze integriert wurden.

Die einfachsten Tiere, etwa die Schwämme, haben keine Neuronen oder Nervensysteme. Sie brauchen sie nicht, weil sie wie Pflanzen einen Großteil ihres Lebens sesshaft leben. Hohltiere – Quallen zum Beispiel – besitzen Neuronen, aber diese sind gewöhnlich in Netzen ohne Schaltzentrale organisiert.[23] Doch bei einigen Tieren, etwa den Süßwasserpolypen, sammeln sich die Neuronen zu Ringen in der Nähe bestimmter Körperregionen wie dem Mund oder den Fangarmen, wo besondere Aktivität herrscht.

In bilateralen Tieren, die eine Vorder- und Rückseite, ein oberes und unteres Ende sowie eine linke und rechte Seite haben, bildeten sich komplexere Nervensysteme. Und Gehirne. Heute stellen die Bilateria die größte Gruppe aller Tierarten, einschließlich der Würmer und Fische, Hummer und Insekten, Krokodile und Menschen.[24] Sogar in

Plattwürmern finden wir Neuronen, die sich zu Knoten oder *Ganglien* in der vorderen Region des Tiers zusammenballen, jenem Körperteil, der in der Regel zuerst mit neuen Trends in Berührung kommt. Viele wirbellose Arten haben mehrere Ganglien, die für verschiedene Körperregionen zuständig sind. Bei den Kraken, den Wirbellosen mit den vermutlich leistungsfähigsten Nervensystemen, befinden sich die meisten Neuronen in den Fangarmen. Gliederfüßer, eine riesige Tiergruppe, zu der unter anderem Insekten und Krebstiere gehören, haben mehrteilige Gehirne, die aus der Vereinigung zweier und manchmal dreier Frontalganglien entstanden sind.[25] Großenteils sind sie mit der Kontrolle von Augen, Fühlern und Mundwerkzeugen befasst.

Eine stürmische Entwicklung erlebten Nervensysteme und Gehirne bei den Wirbeltieren. Am einfachsten lässt sich die Veränderung an der Zahl der Neuronen in den heute lebenden Arten ablesen. Wie gesehen, besitzt das Nervensystem von *Caenorhabditis elegans* nur 302 Neuronen, eine so geringe Zahl, dass man alle Verbindungen zwischen ihnen hat kartieren können. Über rund 20 000 Neuronen verfügt die Meeresschnecke *Aplysia* (Seehase). Das Gehirn der Taufliege *Drosophila* ist aus 200 000 Neuronen zusammengesetzt, während es die Honigbienen, deren Gehirne zu den höchstentwickelten der Insekten gehören, auf rund eine Million bringen. Bei Kraken sind es 550 Millionen Neuronen.[26] Besonders große Gehirne haben die Säugetiere. So umfasst das menschliche Gehirn etwa 100 Milliarden Neuronen, zwischen denen es bis zu eine Billiarde Verbindungen gibt. Jedes Neuron kann bis zu 50 Signale pro Sekunde senden, woraus sich ergibt, dass das menschliche Gehirn rund 10^{15} logische Operationen pro Sekunde ausführen kann.[27]

Große Gehirne sind sehr gut darin, gegenwärtige Verhältnisse und mögliche Zukünfte detailliert zu modellieren. Der feuchte Neuronenklumpen zwischen den Ohren einer durstigen jungen Antilope kann Millionen von Signalen, die auf ihrem Weg zum Wasserloch erzeugt werden, in ein bewegtes, dreidimensionales Vorstellungsbild verwandeln – mit wogendem, süß duftendem Gras, summenden Insekten, vielen anderen Antilopen und, leider, dem Geruch und dem Anblick eines Löwenrudels, das das Wasserloch überwacht. Mist! Natürlich laufen nicht alle diese Rechenvorgänge im Gehirn ab. Viele finden in Neuronennetzen statt, die ins Rückenmark hineinreichen und sich im Körper entfalten, weshalb die Beine der Antilope bereits Vorbereitungen zur Flucht treffen.

Das Gehirn der Wirbeltiere gliedert sich in drei Teile: Vorderhirn, Mittelhirn und das direkt mit dem Rückenmark verbundene Rautenhirn. Mittelhirn und Rautenhirn sind für Prozesse zuständig, über die wir keine bewusste Kontrolle haben, wie etwa Gehen und normale Atmung. Das heißt, ihnen obliegt der größte Teil des Zukunftsdenkens. Das Vorderhirn kann komplexere Informationen verarbeiten und versteht sich besonders gut darauf, mögliche Zukünfte zu modellieren, daher ist es für die Exekutivfunktionen zuständig und beurteilt die Empfehlungen von anderen Teilen des Nervensystems.[28] Besonders stark hat sich das Vorderhirn der Säugetiere bei den Primaten entwickelt. In der Evolution unserer eigenen Art expandierte während der letzten 200 Millionen Jahre jener Teil des Vorderhirns, der als Neokortex bezeichnet wird. In dieser Zeit hat er seine Größe fast verdreifacht, wobei der frontale Kortex am raschesten wuchs. Er gilt als wichtigste Hirnregion für »Arbeitsgedächtnis, Handlungsplanung und Intelligenz«. Der Hirnforscher Gerhard Roth schätzt, dass der Mensch rund 15 Milliarden Kortexneuronen hat, während es Wale und Elefanten, unsere schärfsten Konkurrenten in dieser Hinsicht, nur auf rund elf Milliarden bringen. Die Schimpansen, unsere engsten Verwandten, besitzen sechs Milliarden Kortexneuronen.[29]

Wie arbeiten Nervensysteme?

Nervensysteme verbinden Neuronen zu riesigen Netzen, genauso wie Computer elektronische Transistoren miteinander verknüpfen. Und wie Computer kommunizieren Nervensysteme auch (überwiegend) durch elektrische Impulse miteinander. Neuronen können, ähnlich wie Transistoren, viele elektrische Signale empfangen und verarbeiten, um dann zu entscheiden, welche sie weiterleiten. Wenn sie in großen, gut zusammenwirkenden Netzen zusammengefasst werden, können sie außerordentlich komplexe Rechenleistungen vollbringen und detail-

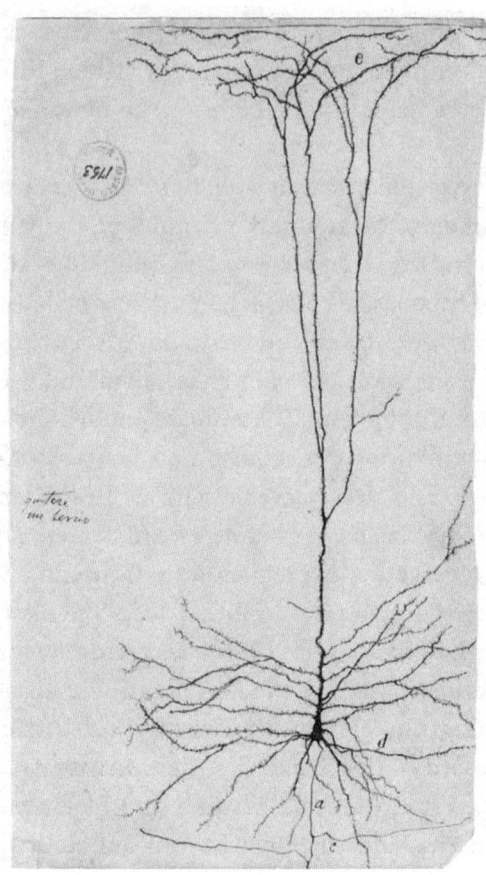

Abbildung 4.1:
Zeichnung einer Riesenpyramidenzelle in der menschlichen Großhirnrinde, 1899 (Tinte und Bleistift auf Papier)
Die dunkle Masse in der Mitte ist der Zellkörper. Die langen Dendriten im oberen Teil reichen bis auf einen knappen Millimeter an die Oberfläche des Gehirns heran (e). Vom Zellkörper gehen weitere Dendriten (d) aus. Bei genauerem Hinschauen erkennt man an den Dendriten viele Synapsen, die fast wie Fell aussehen. Das Axon (a) teilt sich in Zweige (c) auf.

lierte Modelle der Welt entwerfen. Außerdem lassen sich in Neuronennetzen, die Stunden, Tage oder Jahre Bestand haben, Erinnerungen abspeichern.

Um zu sehen, wie Neuronen zu Werke gehen, müssen wir uns noch einmal auf die Größe von Proteinen schrumpfen lassen und in den Schlamm und Schleim des Zytoplasmas begeben. Erneut werden wir zu Spielbällen von Kraftfeldern, so dass wir ständig mit Proteinen und anderen molekularen Bewohnern zusammenstoßen, die hin und her eilen, um ihre diversen Aufgaben zu erfüllen. Aber hier haben wir es mit anderen Größenverhältnissen zu tun als in der E.-coli-Zelle. Wir befinden uns in einer eukaryotischen Großstadt und nicht mehr in einem prokaryotischen Dorf; die Bevölkerung ist vielfältiger und legt größere Distanzen zurück.

Erst im 20. Jahrhundert entdeckte der spanische Neurobiologe Santiago Cajal (1852–1934) unter dem Mikroskop die Grundstruktur der Neuronen, die er in wunderbaren wissenschaftlichen Zeichnungen festhielt.[30]

Wie Cajal zeigte, bestehen alle Neuronen aus drei verschiedenen Komponenten. Erstens aus einem Zellkörper, der den Zellkern, die grundlegende Maschinerie und Organellen enthält. Zu den Organellen gehören beispielsweise die Mitochondrien, die für die Energieversorgung zuständig sind. Doch die Besonderheit der Neuronen sind die zweite und die dritte Komponente: die *Dendriten* und die *Axone*. In beiden Fällen handelt es sich um fadenartige Strukturen, die vom Zellkörper des Neurons ausgehen und den Kontakt zu anderen Nervenzellen herstellen. Die Informationen gelangen mithilfe der Synapsen auf den zahlreichen Dendriten in das Neuron hinein, wandern zum Zellkörper und verlassen die Zelle durch ein einziges Axon. Manchmal teilen sich Axone draußen in einige Zweige auf, wobei sie nach zellulärem Maßstab sehr lang werden können. Beispielsweise reichen menschliche Axone vom Ischiasnerv an der Basis des Rückgrats bis zum großen Zeh.

In den 1920er-Jahren wies der Biologe Edgar Adrian nach, dass Neuronen Nachrichten mittels elektrischer Impulse, sogenannter *Aktionspotenziale*, austauschen. Sie dauern nur einige Tausendstelsekunden und sind in den Axonen zu bestimmten, manchmal weit entfernten Adressen unterwegs. Alle Aktionspotenziale haben ungefähr die gleiche Stärke und Dauer, das heißt, sie unterscheiden sich nur durch die Anzahl und die Geschwindigkeit ihrer Wiederholungen. Adrian schreibt: »Alle Impulse sind sich weitgehend ähnlich, ob die Nachricht nun dazu bestimmt ist, die Wahrnehmung von Licht, von Berührung oder von Schmerz wachzurufen. Werden sie zusammengedrängt, ist die Sinneswahrnehmung heftig, sind sie durch Intervalle getrennt, ist die Sinneswahrnehmung entsprechend schwach.«[31]

Die Erzeugung von Aktionspotenzialen verbraucht viel Energie, die durch den uralten biochemischen Trick der Anfang der 1960er-Jahre von Peter Mitchell entdeckten Chemiosmose gewonnen wird. Wir sind ihr schon begegnet. Es handelt sich um einen Prozess, den es gibt, seit das Leben zum ersten Mal auf der Erde erschien, und der noch immer in jeder Zelle unseres Körpers stattfindet. Alle Zellen können einen kleinen Spannungsunterschied zwischen den beiden Seiten ihrer Membran erzeugen, indem sie positiv geladene Ionen, etwa Kalzium und Kalium hinauspumpen, um eine negative innere Ladung herzustellen.[32] Das verwandelt sie in winzige Batterien. Wenn diese positiven Ionen plötzlich wieder hereinfließen können, kommt es zu einem Spannungsstoß, dem Aktionspotenzial. Doch die ständigen Pumpvorgänge, die erforderlich sind, um den Spannungsunterschied zwischen den beiden Seiten der Membran aufrechtzuerhalten, bedeuten harte Arbeit; auf sie entfallen 80 Prozent der vom menschlichen Gehirn verbrauchten Energie. Jeder Gedanke, der Ihnen durch den Kopf schießt, jeder brillante Einfall, jede schmerzliche Erinnerung, jede Vorstellung von Ihrer nächsten Verabredung oder einem künftigen Vorstellungsgespräch bezieht die Energie von der Chemiosmose und wird dadurch ermöglicht, dass geladene Moleküle durch die Membranen von Millionen Neuronen gepumpt werden.[33]

Wenn wir zur Spitze eines Axons wandern, gelangen wir zu einer Synapse, an der das Axon auf den Dendriten eines anderen Neurons trifft und seine Information an diesen weitergibt. An einer Synapse kann Information auf zweierlei Art weitergegeben werden. Es kann schnell durch einen elektrischen Impuls geschehen, was angebracht ist, wenn Geschwindigkeit wichtiger als Überlegung ist, wie zum Beispiel bei Ihrer Berührung eines rot glühenden Schürhakens. Signale können aber auch langsamer und überlegter ausgetauscht werden. Dies geschieht durch die Bewegung einzelner Moleküle, sogenannter Neurotransmitter, die sich langsam in einen winzigen Spalt der Synapse ausbreiten, wie bei einem Geiselaustausch in einem Spionagethriller. Sobald die Neurotransmitter den Spalt durchquert haben, erzeugen sie einen kleinen Impuls.[34] Ist der neue Impuls negativ, erhöht er die negative Ladung im Inneren der Empfängerzelle, was die Aussicht auf eine Entladung des Neurons verringert. Ist die Ladung positiv, wird es wahrscheinlicher, dass es zu einer Entladung kommt – dass das Neuron »feuert«. Allerdings feuert es nur – sprich, es überträgt nur dann ein Signal an ein anderes Neuron –, wenn sich *inhibitorische* oder *exzitatorische* Impulse aus Dutzenden oder Hunderten anderer Neuronen angesammelt haben und wenn sie zusammen einen bestimmten Schwellenwert erreichen.[35] Ein wenig ähnelt dieser Vorgang dem Entscheidungsprozess einer Venusfliegenfalle, die überlegt, ob sie ihre Kiefer schließen soll. Wie die Venusfliegenfalle bewertet das Neuron die Informationen aus verschiedenen Quellen, bevor es sich entschließt, zu feuern oder nicht zu feuern.

Aktionspotenziale können Informationen mit fast 30 Stundenkilometern übertragen. Damit sind sie viel langsamer als Signale in einem modernen Computer. Sie werden allerdings nicht schwächer, weil sie zu Schaltneuronen geschickt werden, die die Signalstärke über große Entfernungen aufrechterhalten, wie Telefongespräche, die von Erdkabeln übertragen werden. Aus diesem Grund wird der Schmerz, den wir empfinden, wenn wir uns den großen Zeh stoßen, auf dem Weg vom Fuß zum Gehirn nicht geringer.[36] Außerdem arbeiten Nervensysteme parallel. Ständig werden ungeheure Mengen von Aktionspotenzialen gefeuert, die kollektiv Millionen von gleichzeitigen Verrechnungen leisten. Parallelverarbeitung erklärt, warum Gehirne in gewisser Hinsicht nach wie vor leistungsfähiger sind als die besten Computer.

Wie helfen Nervensysteme Tieren beim Zukunftsdenken?

Wie hilft die Aktivierung von Aktionspotenzialen Tieren dabei, kreativ und produktiv über wahrscheinliche Zukünfte nachzudenken? Zu großen Netzwerken angeordnet, können Neuronen Informationen von unserem Wahrnehmungsapparat empfangen, analysieren, im Gedächtnis speichern, mit anderen Erinnerungen vergleichen und fehlende Informationen interpolieren, um die weitere Entwicklung der Welt zu modellieren. Stellen Sie sich vor, wie Sie einen Ball fangen. Sie können sich erinnern, wann und wie schnell er geworfen wurde; Ihr Verstand erstellt nun ein Modell der wahrscheinlichen Flugbahn, nachdem er die Informationen über Gewicht, Schwung und Windeinfluss eingearbeitet hat, und berechnet dann, wo sich Ihre Hand befinden muss, um den Ball fangen zu können.

Erinnerungen an frühere Trends sind wichtige Bausteine für alle Modelle möglicher Zukünfte. Nervensysteme speichern Erinnerungen in mehr oder weniger stabilen Netzen von Neuronenverbindungen. Der Neurowissenschaftler Eric Kandel untersuchte, wie Erinnerungen gebildet werden, indem er das Zusammenspiel von Neuronen in der Meeresschnecke *Aplysia* beobachtete. Seit seinen Experimenten sind neue bildgebende Techniken wie Positronen-Emissions-Tomografie (PET) und Magnetresonanztomografie (MRT oder funktionelle MRT, fMRT) entwickelt worden, die den Forschern erlauben, die Entstehung und Auflösung von Verbindungen zwischen Neuronen in Echtzeit zu verfolgen, indem sie zeigen, welche Regionen des Gehirns aufleuchten, wenn sein Besitzer unterschiedliche mentale Aufgaben ausführt.

Lernen und Erinnern finden in Neuronennetzen statt, die sich zusammenfügen, wenn synaptische Verbindungen verstärkt werden. Kurzzeiterinnerungen bilden sich schnell, ohne Aufwand und lassen sich so leicht und mühelos wieder auflösen wie One-Night-Stands, wohingegen Neuronen, die sich oft begegnen, dauerhaftere Beziehungen knüpfen können. Langfristige Erinnerungen verlangen wie Ehen größere Investitionen von Zeit und Energie, sind aber gewöhnlich von längerer Dauer.

Diese Unterscheidung haben wir schon bei den Pflanzen beobachtet. Wenn eine Erinnerung nur für wenige Sekunden gebraucht wird, verschwendet man keine Energie für sie. Daher beruhen Kurzzeiterinnerungen auf energiearmen und reversiblen Prozessen. Ähnliches sahen wir bei den Formveränderungen der Proteine von *E. coli* oder beim Rückgang der elektrischen Spannung, als die Venusfliegenfalle vor der Frage stand, ob sie ihren Kiefer schließen sollte. Das Speichern von Langzeiterinnerungen setzt länger andauernde Veränderungen der Neuronen voraus, die Schaffung und Verstärkung neuer Synapsen, während beim Vergessen Synapsen verkümmern.[37] Um die Anatomie einer Zelle derart zu verändern, sind neue Arbeitsproteine vonnöten. Transkriptionsfaktoren müssen in die DNA der Zelle eindringen, um Gene zu aktivieren, die die nötigen Proteine bilden, damit neue und stabilere synaptische Verbindungen für Langzeiterinnerungen angelegt werden können.[38]

Lernen – eine Fähigkeit, die Tiere in hohem Maße besitzen – heißt, dass neue Langzeiterinnerungen angelegt oder vorhandene Erinnerungen an neue Informationen über mögliche Zukünfte angepasst werden. Eric Kandel hat gezeigt, dass die Herstellung und Unterbrechung von Verbindungen zwischen Neuronennetzen drei Grundformen des Lernens erklären können. Jede lässt sich als eine induktive Vorhersage verstehen, weil sie anhand eines bestimmten, im Gedächtnis gespeicherten Trends eine Wette abschließt. *Gewöhnung* ist eine Art negativen Lernens. Sie hilft uns, etwas zu verlernen, denn sie sagt uns, dass Signal A in der Zukunft nicht immer mit Ereignis B korrelieren wird. Wenn Sie in ein Haus unweit eines Flugplatzes einziehen, beunruhigt Sie anfangs vielleicht ein Algorithmus, der Ihnen sagt: »Plötzliches lautes Geräusch! Ah! Gefahr!« Aber Sie werden rasch lernen, dass das Röhren der Triebwerke nicht bedeutet, dass Sie gleich angegriffen werden. *Sensitivierung* ist das Gegenteil. Sie sagt Ihnen, dass die Korrelation zwischen Signal A (Berührung eines rot glühenden Schürhakens) und Ereignis B (viel Schmerz und Leid) real ist. Das ist ein echter Trend, der sich wahrscheinlich in die Zukunft erstrecken wird. Schließlich die klassische oder Pawlow'sche *Konditionierung:* Ein Organismus lernt durch Wiederholung, ein beliebiges Signal mit einem wahrscheinlichen zukünftigen Ergebnis zu verknüpfen – eine neue Korrelation und einen neuen Trend. Der russische Physiologe Iwan Pawlow (1849–1936) ließ eine Klingel so lange ertönen, bevor er seine Hunde fütterte, dass die Tiere schließlich in Erwartung des Futters schon allein beim Ertönen der Klingel Speichel absonderten. (Als Student habe ich ein Jahr in Leningrad/Sankt Petersburg gelebt. Während ich am Institut für Biologie vorbeikam, hörte ich des Öfteren Hunde bellen. Auf meine Frage erklärte man mir, in den Labors, die einst von Pawlow benutzt worden seien, lebten Hunde, an denen seine Experimente wiederholt würden.) Diese drei Möglichkeiten, um zu lernen, was wahrscheinlich geschehen wird, stehen allen Organismen, einschließlich einzelliger Bakterien, zur Verfügung.[39]

Während Gewöhnung synaptische Verbindungen auflöst, bewirken Sensitivierung und Pawlow'sches Lernen deren Vervielfältigung und Stärkung. Das erklärt, warum die Region des frontalen Kortex, die für die linke Hand von Geigern verantwortlich ist (also die Fingerstellung kontrolliert), fünf Mal so groß werden kann wie die entsprechende Region bei Nichtgeigern. Ähnliche Veränderungen sind in jenen Hirnarealen Londoner Taxifahrer beobachtet worden, die für räumliche Kartierung zuständig sind.[40] Geiger und Taxifahrer legen in speziellen Regionen ihrer Gehirne neue Synapsen an, sobald ihre Nervensysteme entscheiden, dass diese Muster bei der Zukunftsbewältigung helfen werden. Ihre Gehirne investieren in die notwendigen biochemischen Veränderungen, lernen die neuen Informationen und speichern sie im Langzeitgedächtnis ab.

Die ständig aktualisierten Erinnerungen dienen dazu, komplexe, plausible und veränderbare Modelle der Welt anzufertigen. Dabei tun sich jedoch häufig, wie bei einem Puzzle mit fehlenden Teilen, Lücken auf, und hier kommt die Interpolation oder Ergänzung ins Spiel. Am Beispiel des Necker-Würfels haben wir gesehen, wie sehr der Verstand bemüht ist, auch aus begrenzten Informationen Modelle zu bauen. In unserem visuellen System zeigt sich, wie das Gehirn neue Informationen mithilfe von Erinnerungen und einer kräftigen Dosis Interpolation und Vermutungen zu komplexen Modellen der Welt verarbeitet. Jedes Auge hat ungefähr 100 Millionen Fotorezeptorzellen. Die Informationen dieser Zellen werden an das Gehirn weitergegeben, das sie zu verschiedenen Wahrnehmungsarten verarbeitet: Farben, Formen, Linien, Winkeln. Das Gehirn setzt diese Informationen dann zusammen, korrigiert sie mithilfe des Gedächtnisses, bringt sie in eine vernünftige Form und ergänzt die fehlenden Informationen durch Erinnerungen an ähnliche Szenen. So füllt es beispielsweise den blinden Fleck in der Mitte unseres Auges. Das Ergebnis ist ein detailliertes und lebhaftes Modell dessen, was vermutlich in der Außenwelt geschieht, ein Modell, mit dessen Trends sich wahrscheinliche Zukünfte antizipieren lassen.

Einige dieser Modelle werden in unserem Langzeitgedächtnis gespeichert und können immer wieder abgerufen werden. Jedoch sind Erinnerungen im Gegensatz zu Fotografien und schriftlichen Dokumenten keine simplen Duplikate. Jedes Mal, wenn wir sie abrufen, erschaffen wir sie neu, und dabei werden sie durch spätere Ereignisse verändert und aufgefrischt. Ebendeshalb lassen sich erinnerte Ereignisse in der Rückschau leicht als Vorhersagen uminterpretieren. Vor 2000 Jahren berichtete Plutarch über viele Ereignisse, die angeblich Cäsars Tod vorhersagten. Ein Seher hatte Cäsar vor einer »großen Gefahr« an den Iden des Märzes gewarnt. Auf dem Weg zum Senat sprach Cäsar »den Seher mit den spöttischen Worten an: ›Nun, die Iden des Märzes sind da.‹ Der andere aber antwortete gelassen: ›Ja, sie sind da, aber sie sind noch nicht vorüber.‹« Strabon berichtet von anderen seltsamen Vorzeichen: So habe Cäsar selbst ein Tier geopfert, das kein Herz besessen habe, und seine Frau Calpurnia habe im Traum Cäsars Leichnam in den Armen gehalten.[41] Es ist nicht überraschend, dass wir uns oft erinnern, die Zukunft vorausgesagt zu haben, weil wir ständig mögliche Zukünfte modellieren, und so ist die Wahrscheinlichkeit groß, dass einige dieser Zukunftsmodelle den tatsächlich eintretenden Zukünften gleichen. Sie erscheinen dann wie Vorhersagen – ein Phänomen, das man in der Psychologie als »Rückschaufehler« *(Hindsight Bias)* bezeichnet.[42] Oft nach einer kleinen nachträglichen Bearbeitung unserer Erinnerungen! Kein Wunder, das retrospektive Vorhersagen (»Nachsagen«) bei vielen modernen Ereignissen »erinnert« wurden, unter anderem bei den Anschlägen vom 11. September oder der Weltfinanzkrise von 2008.

Für uns sind die Erinnerungen und Modelle unseres Verstands die *ganze* Welt. Sie haben die Farbe, die Dramatik und den unverkennbaren Charakter der Wirklichkeit. Tatsächlich verkörpern sie unsere größtmögliche Annäherung an die Wirklichkeit. Dazu meint der Sozialpsychologe Daniel Gilbert: Unser Gehirn sei

> ein kluger Computer, der Informationen sammelt, scharfsinnige Urteile fällt und noch scharfsinnigere Vermutungen anstellt und uns so die beste Interpretation der Welt liefert. Da diese Interpretationen normalerweise so gut sind und eine so starke Ähnlichkeit damit aufweisen, wie die Welt tatsächlich beschaffen ist, erkennen wir nicht, dass wir nur eine Interpretation sehen, stattdessen haben wir das Gefühl, als säßen wir bequem im Inneren unserer Köpfe, schauten durch die klaren Glasfenster unserer Augen und sähen die Welt so, wie

sie wirklich ist. Wir vergessen dabei in der Regel, dass unser Gehirn ein talentierter Fälscher ist, der einen Teppich der Erinnerung und der Wahrnehmung webt, dessen Einzelheiten so zwingend sind, dass einem kaum auffällt, dass alles nur ein nicht authentisches Produkt ist.[43]

In Wahrheit produzieren die Modelle unseres Geistes laut dem Bewusstseinsforscher Anil Seth »kontrollierte Halluzinationen«.[44] Sie sind die besten Vorhersagen, die der menschliche Geist auf der Grundlage der empfangenen Signale über die Vorkommnisse in der Außenwelt abgeben kann. Sie kommen dem, was tatsächlich geschieht, so nahe, wie es in unseren Möglichkeiten liegt, weil sie direkt oder indirekt auf einer Vielzahl von Informationen beruhen, die wir über die Außenwelt gesammelt haben. Diese Modelle sind unsere Fenster zur Welt und zur Zukunft, und sie bestimmen jeden Aspekt unseres Zukunftsdenkens.

Natürlich beruht unsere Fähigkeit der Zukunftsantizipation nicht nur auf neuronalen Computern aus Fleisch und Blut. Bei Organismen mit Gehirnen, wie etwa den Säugetieren, werden Algorithmen oder Faustregeln, die in der Vergangenheit gut funktioniert haben, durch Emotionen verstärkt. Unserer jungen Antilope teilen Gehirn und Körper nicht nur mit, dass es klug wäre, vor dem Löwenrudel fortzulaufen, sondern sie schütten auch Hormone aus, die ihre Energien mobilisieren. Furcht und Schrecken sollen ihr Beine machen. Das befördert die Antilope in die rote Zone des Zukunftskegels 3. Gleiches gilt für Menschen. Unsere emotionalen Systeme gehören zu einem umfangreichen Repertoire an halbautomatischen Reaktionen auf vertraute Situationen, in denen gründliches Nachdenken wahrscheinlich weniger nützlich ist als rasche Reaktionen. Denken Sie nur an die Panik, die Sie packt, wenn Sie keine Luft bekommen. Die Verbindung zwischen Nervensystemen und Emotionen erklärt, warum die Unterscheidung zwischen guten und schlechten Zukünften nicht nur gedacht, sondern auch gefühlt wird – und zwar sehr stark. Viele der Dinge, die wir und andere tun, lösen heftige Gefühle in uns aus, und zumindest beim Menschen legen diese Gefühle die Basis für einen Großteil unseres moralischen und ethischen Denkens.

Emotionen sind eng mit schnellen Algorithmen verknüpft, die sich bei den Ratschlägen, die sie uns zur Zukunftsbewältigung geben, an vertrauten Trends orientieren statt an einer sorgfältigen Analyse des aktuellen Geschehens. Nach Meinung des Psychologen Daniel Kahneman gehören diese praktischen Algorithmen zu der Fähigkeit, die er »schnelles Denken« nennt.[45] Schnelles Denken ist intuitiv, findet in der Regel unterhalb der Bewusstseinsschwelle statt und verlangt wenig willentliche Anstrengungen, und doch trifft es die meisten unserer Entscheidungen über die Zukunft. Unentbehrlich ist das schnelle Denken, wenn nicht genügend Zeit, Information oder Energie zur Verfügung steht, um ein Problem gründlich zu durchdenken; in unkomplizierten Situationen ist es unaufwendig und einfach; und für gewöhnlich bringt uns schnelles Denken auf den richtigen Weg. Aber eben nicht immer. Manchmal ist schnelles Denken zu schnell, wie die Forschungsarbeiten von Kahneman und seinem Kollegen Amos Tversky zeigen. Beispielsweise setzt schnelles Denken auf leicht verfügbare Informationen, was oft zu voreiligen Schlüssen verführt, die auf das, wie Kahneman und Tversky scherzhaft schreiben, »Gesetz der kleinen Zahl« gegründet sind.[46] Unsere junge Antilope könnte zur Mutter sagen: »Ich bin vier Mal am Wasserloch gewesen, und immer waren Löwen da, aber sie haben nie versucht, mich umzubringen. Warum willst du mich nicht dorthin lassen?« Wir alle verallgemeinern Erfahrungen, die wir erst vor Kurzem gemacht haben, und oft stützen wir uns dabei auf lächerlich kleine Stichproben, wie der Verein, der seinen Trainer nach zwei erfolglosen Spielzeiten feuert. Schnelles Denken erklärt, warum unser Zukunftsdenken so oft kurzsichtig ist, obwohl es von komplexen Nervensystemen gespeist ist.

Andererseits können Arten mit großen Gehirnen, wenn sie schnelles Denken in Schwierigkeiten gebracht hat, bei genügend Zeit und geistiger Energie ein zweites System mobilisieren, das Kahneman »langsames Denken« nennt. An dieses Denken hält sich Mutter Antilope, wenn sie antwortet: »Deine Stichprobe ist viel zu klein, um Verallgemeinerungen aus ihr abzuleiten. Ich bin älter als du und erinnere mich noch an den Tag, als dein Vater starb. HALT DICH VON DEM WASSERLOCH FERN!« Langsames Denken verlangt eine bestimmte Bewusstseinsebene, erst dann können wir wirklich von *Zukunftsdenken* sprechen. Langsames Denken verlangt mehr Anstrengung und Konzentration als schnelles Denken, geht dabei aber Problemen konsequenter auf den Grund, verwendet mehr Informationen und unterzieht seine Schlussfolgerungen einer strengeren Prüfung. In großen, mit leistungsfähigen Gehirnen ausgestatteten Organismen, wie wir es sind, werden viele der großen, folgenreichen Entscheidungen über die Zukunft mit dem langsamen, bewussten Denken getroffen. Die Arbeitsteilung zwischen schnellem und langsamem Denken funktioniert meistens. Bei Kahneman heißt es: »Sie minimiert den Aufwand und optimiert die Leistung.«[47]

Am Ende bleibt vieles an der Biologie des Zukunftsdenkens rätselhaft. Der Informatiker Stuart Russell schreibt (nur leicht übertreibend), wie Neuronen »lernen, wissen, erinnern, denken, entscheiden und so fort, können wir alle großenteils nur vermuten«.[48] Niemand hat eine genaue Vorstellung davon, wie Billionen zusammenhängende Neuronen das lebendige *Wirklichkeitsgefühl* erzeugen können, das uns erfüllt, wenn wir uns auf die Zukunft vorbereiten. Wir wissen nicht, wie das Bewusstsein entsteht (das Alison Gopnik als das definiert, »dessen sich die Anästhetika zu entledigen trachten«).[49] Genauso wenig, wie wir wissen, an welchem Punkt der Evolution das Licht des Bewusstseins zu schimmern begann. Malt sich die durstige junge Antilope ihr zukünftiges Schicksal bewusst aus? Viele Philosophen sprechen von dem »schwierigen« Problem des Bewusstseins, ein Beiwort, das der Philosoph David Chalmers 1995 zum ersten Mal verwendete. Bewusstsein ist für viele Philosophen genauso problematisch wie dunkle Materie und dunkle Energie für Kosmologen. Egal, was es mit dem Bewusstsein auf sich hat, es vergegenwärtigt uns das Zukunftsdenken, das einen so großen Teil unseres wachen Lebens einnimmt.

Teil III
Vorbereitung auf Zukünfte

Wie die Menschen es anstellen

Kapitel 5
Was ist neu am menschlichen Zukunftsdenken?

Doch, Mäuschen, Du zeigst nicht allein,
Dass Vorsicht kann vergeblich sein,
Der beste Plan von Maus und Mann
Gelingt oft nicht,
Und Leid und Kummer bringt uns dann,
Was Lust verspricht.

Nur bist Du glücklicher als ich.
Das heut allein bekümmert Dich,
Ich, wend' ich rückwärts mein Gesicht,
Find, ach, nur Schmerz,
Und seh ich auch die Zukunft nicht,
Bangt doch mein Herz!

– Robert Burns, »An eine Maus«[1]

Beim Menschen – und wahrscheinlich auch bei vielen anderen intelligenten Tieren, einschließlich Burns' »schüchtern, kleinem, schlankem Tier« – findet exekutives, also handlungsorientiertes Zukunftsdenken weitgehend auf der Bewusstseinsebene statt. Allerdings haben zwei miteinander zusammenhängende Veränderungen dem menschlichen Zukunftsdenken eine im Vergleich zu anderen intelligenten Arten beispiellose Kraft und Bedeutung verliehen. Im Laufe der mehrere Millionen Jahre währenden Evolution unserer Art haben bestimmte neurologische und biologische Veränderungen es deren Individuen erlaubt, mögliche Zukünfte mit unvergleichlicher Genauigkeit zu imaginieren, zu planen und zu modellieren. Doch die Wirkung dieser Fähigkeiten wurde durch eine zweite Veränderung noch um ein Vielfaches verstärkt: die Entwicklung der menschlichen Sprache, mit der die Menschen Ideen austauschen und Informationen kollektiv zusammentragen konnten. Dank dem Informationsaustausch zwischen vielen Individuen konnten neben der menschlichen Technologie und Kultur im Allgemeinen auch menschliches Zukunftsdenken und Zukunftsmanagement im Laufe mehrerer Hunderttausend Jahre immer besser und effektiver werden. Zusammen haben diese Veränderungen die Beziehung unserer Art zur Zukunft und zu unserem Heimatplaneten von Grund auf verändert. Wir wurden, um die hübsche Metapher von Didier Sornette zu bemühen, »Drachenkönige«, scheinbar vertraute Geschöpfe, die auf einmal völlig neue Verhaltensweisen an den Tag legten.[2]

Die biologischen Unterschiede

Wir gehören zu einer Gruppe von außergewöhnlich intelligenten zweibeinigen Primaten, den sogenannten Homininen, deren Evolution vor einigen Millionen Jahren begann. In den letzten zwei Millionen Jahren entwickelten sich die Homininengehirne explosionsartig. Die Größe moderner Schimpansengehirne schwankt zwischen 300 und fast 480 Kubikzentimetern. Vor zwei Millionen Jahren hatten die Vertreter von *Homo erectus/ergaster* Gehirnvolumina von rund 900 bis 1000 Kubikzentimetern.[3] Die Gehirne heutiger Menschen bringen es auf 1300 bis 1400 Kubikzentimeter; die unserer Neandertal-Vettern waren mit bis zu 1500 Kubikzentimetern sogar noch größer.

Gehirngröße ist natürlich nicht alles. Das größte bekannte Gehirn hat der Pottwal mit rund 8000 Kubikzentimetern. Wichtiger ist das Verhältnis zwischen Gehirngröße und Körpergröße, weil Großorganismen umfangreichere Nervensysteme kontrollieren müssen. Aus diesem Grund wurden während der Evolution die Gehirne in der Regel größer, wenn die Körper größer wurden. Doch Homininengehirne expandierten rascher, als nach dieser Regel zu erwarten war. Im Vergleich zum Körper sind menschliche Gehirne unverhältnismäßig groß.[4] Wie im vorigen Kapitel gezeigt, haben Menschen auch ungewöhnlich viele

Neuronen in ihrem frontalen Kortex, der Region, die sich auf Berechnung und Planung spezialisiert.

Was bewirkte diese Veränderungen? Evolutionsbiologen müssen diese Frage stellen, denn schließlich verschlingen Milliarden ständig feuernder Neuronen riesige Mengen an Energie, die sich auch anderweitig verwenden ließen. Große Gehirne sind folglich aufwendig, weshalb sie, evolutionär betrachtet, selten vorkommen. Es muss also gewichtige Gründe für die Evolution großer Gehirne geben. Die (nach evolutionärem Zeitmaß) hohe Entwicklungsgeschwindigkeit lässt darauf schließen, dass positive Rückkopplungsschleifen im Spiel waren. Eine könnte Gehirngröße und Soziabilität betreffen. Säugetiere sind warmblütig. Um ihre Körpertemperatur aufrechtzuerhalten, benötigen sie bis zu zehnmal so viel Futter pro Gramm Körpergewicht wie Reptilien. Eine Beschaffungsmöglichkeit wäre, listiger zu sein; eine andere, zu kooperieren.[5] Insofern ist es vielleicht keine Überraschung, dass Säugetiere meist große Gehirne haben und dass viele in Herden oder Rudeln leben, in denen sie ihre Fähigkeiten und Muskelkraft vereinigen können. Doch das Leben in Gruppen ist geistig anspruchsvoll, weil es nicht genügt, sich nur um die eigene Zukunft zu kümmern.[6] Man muss auch an die Zukunft anderer denken. Man geht Verbindlichkeiten und Verpflichtungen ein, die im Auge zu behalten sind. Man muss wissen, was das Alpha-Weibchen denkt oder was ein Feind im Schilde führt.[7] Wahrscheinlich fördert also Soziabilität die Entwicklung größerer Gehirne, während größere Gehirne Soziabilität ermöglichen – eine höchst wirksame Rückkopplungsschleife.

Wie auch immer wir die rasche Expansion der Homininengehirne erklären, sie hat das menschliche Zukunftsdenken von Grund auf verändert. Üblicherweise verortet man den Sitz des Arbeitsgedächtnisses im frontalen Kortex, und die Hirnregionen, die sich am stärksten vergrößert haben, kontrollieren unser Empfinden für zeitliche Veränderung, unsere Emotionen sowie unser zweck- und planungsorientiertes Denken. Dieselben Areale tragen zur Integration visueller und anderer Sinnesinformationen bei, so dass wir in der Lage sind, Modelle unserer Umgebung zu konstruieren und Ereignisse auf einer vorgestellten Zeitachse anzuordnen: genau die Fähigkeiten, die man braucht, um alternative Zukünfte zu modellieren. Patricia Churchland meint, ein umfangreicherer frontaler Kortex bedeute »größere Vorhersagefähigkeit im sozialen wie im physischen Bereich«.[8]

Tatsächlich verstehen sich Menschen sehr gut darauf, Sequenzen wahrscheinlicher zukünftiger Ereignisse zu modellieren – Sequenzen, wie man sie braucht, um komplexe Steinwerkzeuge herzustellen oder Feuer zu handhaben. Auch Zukünfte auf großen Zeitskalen können sich Menschen sehr gut vorstellen – eine Eigenschaft, die wir in den letzten Kapiteln dieses Buchs besonders eindrucksvoll unter Beweis stellen wollen. Mehr Platz zum Denken heißt auch mehr Platz für *sorgfältiges* Denken, für die Fähigkeit, Probleme mit Bedacht und Konzentration zu analysieren, vom »schnellen« zum »langsamen« Denken überzugehen.[9] Wenn das Gehirn nicht unter Druck ist, kann es sich auf Teile der anbrandenden Informationsflut konzentrieren, wobei Menschen offenbar besonders gut darin sind, sich ungeachtet aller Ablenkung zu konzentrieren, eine Fähigkeit, von der Meditierende ausgiebig Gebrauch machen. Konzentriertes, bewusstes Denken stärkt unsere Fähigkeit, komplexe Argumentationsketten zu entwickeln oder mögliche Zukünfte miteinander zu vergleichen.

Kurzum, menschliche Gehirne scheinen sich bezahlt zu machen: Sie verbessern die Fähigkeit unserer Art, viele möglichen Zukünfte zu imaginieren, zu analysieren und zu vergleichen.

Soziale und kulturelle Unterschiede: Sprache und kollektives Lernen

Neben diesen stark verbesserten Fähigkeiten erhielt unsere Linie noch einen unerwarteten evolutionären Bonus. Größere Gehirne ermöglichten eine zweite, noch tiefer reichende Veränderung: kollektives Lernen (oder kulturelle Evolution). Viele Tierarten haben eine Kultur, weil sie über Sprache verfügen und weil sie Informationen und Ideen austauschen können. Doch Menschen nehmen eine Sonderstellung ein, da sie Informationen so außerordentlich genau und in solchen Größenordnungen austauschen können, dass im Laufe der Generationen kollektive Wissensspeicher wuchsen, sich entfalteten und unsere Stellung in der Welt verändert haben. Das meine ich, wenn ich von »kollektivem Lernen« spreche.[10] Dieses Lernen erklärt, warum unsere Art eine Geschichte hat: Mit der Akkumulation des kollektiven Wissens haben sich unsere Technologien, Lebens- und Denkweisen nachhaltig verändert, zunächst sehr langsam, dann aber immer rascher, als die wachsenden Wissensbestände uns zunehmende Macht über die uns umgebenden Landschaften und Organismen verschafften.

Das kollektive Lernen beschleunigte die Veränderung. Die großen Triebkräfte der planetaren Geschichte – Plattentektonik, Rotation von Sonne und Mond, Evolution durch natürliche Selektion – brauchen für ihr Werk meist Jahrtausende oder Jahrmillionen. Kollektives Lernen dagegen zeigt fast unmittelbar Wirkung: Eine Idee, die sich von Mund zu Mund verbreitet, genügt. Gewiss spielt nach wie vor auch die natürliche Selektion eine Rolle in der menschlichen Geschichte. Sie erklärt, warum Nachkommen von Hirten gewöhnlich noch als Erwachsene Milch verdauen können. Aber die Tatsache, dass wir uns von allen anderen Arten auf der Erde derart unterscheiden, hat das kollektive Lernen bewirkt, und das in einem wesentlich schnelleren Tempo als dem der natürlichen Selektion. Alex Mesoudi, der sich eingehend mit der kulturellen Evolution beschäftigt hat, bezeichnet die Wissensakkumulation im Laufe vieler Generationen als »das definierende Merkmal der menschlichen Kultur«.[11]

Kollektives Lernen und kulturelle Evolution wurden durch eine Evolution der menschlichen Sprache bewirkt, die uns Menschen laut dem Sprachwissenschaftler Steven Pinker zu einem »Netzwerk, das über dieselben Informationen verfügt und damit eine beachtliche kollektive Macht entfaltet«, zusammenschloss.[12] Wir wissen nicht genau, wie sich die Sprache entwickelte, obwohl es zahlreiche vielversprechende Hypothesen gibt. Die gleichen Synergien, die Gehirnwachstum und Soziabilität miteinander verknüpften, könnten auch der Evolution der menschlichen Sprache zugrunde gelegen haben, indem zunehmende Soziabilität die Kommunikation zwischen den Mitgliedern der Gruppe förderte. Man wollte erfahren, was andere dachten und planten.[13] Kein Wunder, dass alle sozialen Arten – etwa Vögel, Wale und

Primaten – irgendeine Form von Sprache haben. Paviane können einander vor Gefahren mit einfachen Botschaften warnen, wie etwa »Passt auf! Adler kommt!« Doch die menschliche Sprache ist weitaus leistungsfähiger. Da Menschen mehr Platz in ihrem frontalen Kortex zur Verfügung hatten, blieb ihnen genügend Raum für die Speicherung riesiger Bestände an Namen, Wörtern und Begriffen, einschließlich des grammatikalischen Werkzeugs, das man brauchte, um die sprachlichen Elemente zu Geschichten über wirkliche und hypothetische Welten zusammenzufügen.[14]

Was auch immer ihre Ursprünge sein mögen, die menschliche Sprache führte uns als Individuen und Art über eine entscheidende Schwelle hinaus. Der Psychologe Lew Wygotski vertrat die Ansicht, Wörter böten jedem von uns neue Möglichkeiten, unsere Umgebungen zu modellieren, weil sich in ihnen enorm viel Information zusammendränge.[15] Überlegen Sie nur, was für eine Gedankenexplosion in Ihrem Kopf stattfindet, wenn jemand sagt: »Rosa Elefant!« Fünf Silben schicken wild hin- und herschießende Signale durch Ihre Neuronennetze, um ein plastisches, komplexes Vorstellungsbild in Ihrem Kopf hervorzurufen. Obendrein haben Sie das Bild noch nie zuvor gesehen, zumindest nicht in der Wirklichkeit. Die Grammatik kann die Vorstellungspäckchen der Wörter und Sätze zu komplexen Geschichten anordnen, die wir dann so formen, dass sie alternative Zukünfte modellieren. All das können wir in den sicheren hypothetischen Werkräumen unseres Bewusstseins verrichten, statt unser Glück in der Wirklichkeit zu versuchen. Sprechenlernen ist eine enorme Starthilfe für das Zukunftsdenken von Kleinkindern, da es sie in die Lage versetzt, mögliche Zukünfte im Spiel zu modellieren.[16]

Am stärksten aber hat die Sprache nicht auf unsere individuellen Gedankenprozesse eingewirkt, sondern auf unser kollektives Lernen und Denken. Die Sprache ermöglichte es jedem von uns, sich aus dem riesigen, in allen menschlichen Gesellschaften von Generation zu Generation weiterwachsenden Wissenspool zu bedienen und selbst zu ihm beizutragen. Gemeinsame, sorgfältig überprüfte Wissensbestände verliehen Menschen außergewöhnliche Macht über ihre Umgebungen und über Tiere und Pflanzen. Aus diesem Grund wurde traditionelles Wissen in allen menschlichen Gemeinschaften geschätzt und gehütet. Die meiste Zeit der Menschheitsgeschichte über wurde das Wissen in umfangreichen mündlichen Archiven, Liedern und Geschichten, Denkmälern und Landschaften aufbewahrt. Traditionelles Wissen wurde sorgfältig gelehrt und weitergegeben, was häufig durch Rituale geschah und manchmal – bis es richtig beherrscht wurde – Jahrzehnte dauerte. Im kollektiven Lernen wurden auch Ideen überprüft, so wie in der natürlichen Selektion mögliche Arten überprüft werden, denn erfolglosen oder überholten Ideen drohte früher oder später die Widerlegung oder »Falsifizierung«, wie der Wissenschaftsphilosoph Karl Popper es nannte.[17] Bereits im 18. Jahrhundert verstand Adam Ferguson, ein Freund von Adam Smith und David Hume, wie tiefgreifend diese Veränderungen waren: »Bei andern Klassen von Tieren geht jedes einzelne Tier von der Kindheit bis zum Alter oder zur Reife fort, und es erreicht, in dem Umfange eines einzelnen Lebens, alle die Vollkommenheit, die seine Natur nur erreichen kann: allein bei den Menschen hat sowohl die ganze Gattung wie das einzelne Mitglied ihren Fortgang; sie bauen in jedem nachfolgenden Alter auf einen Grund, den sie in dem vorhergehenden gelegt haben.«[18]

Kollektives Lernen löste starke Trends aus, die das Schicksal der Menschheit in neue Richtungen lenkten. Meist wirkten diese Trends in unserer Geschichte so langsam, dass sie gar nicht zu sehen waren. Deutlich erkennbar waren nur zyklische Muster – der Aufstieg und Niedergang einzelner Familien, Gemeinschaften oder Reiche. Doch wenn wir heute, da wir viel mehr über die Vergangenheit wissen, zurückblicken, erkennen wir eher, dass kollektives Lernen auch Trends in Gang setzte, die die menschliche Geschichte insgesamt prägten. Dabei spielen drei Trends eine besondere Rolle. Erstens verlieh ein unaufhörlicher Zustrom an neuen Ideen und Technologien der Menschheit zunehmende Macht über ihre Umwelten und die Fähigkeit, ihre Zukünfte zu gestalten. Zweitens führte kollektives Lernen dazu, dass wir unsere Gedanken immer stärker miteinander teilten, indem die menschlichen Netze größer wurden und schließlich ganze Kontinente umfassten, so dass wir heute Ideen, Waren und Personen in einem einzigen, den ganzen Planeten umspannenden Netzwerk von ungeheurem Einfluss teilen. Die Ausweitung menschlicher Netzwerke ermöglichte es den Beteiligten, sich in expandierende »Betroffenheitsbereiche« einzugliedern, da ihr Gemeinschaftsgefühl immer größere und größere Gruppen einschloss, etwa Stamm oder Nation. Drittens beschleunigte kollektives Lernen das Veränderungstempo, weil es eine große Zahl von Rückkopplungsschleifen erzeugte – Innovationen, die weitere Innovationen hervorbrachten. In der Menschheitsgeschichte vollzogen sich Veränderungen, wie gesagt, meist so langsam, dass sie kaum zu erkennen waren. Erst in den letzten Jahrtausenden, vor allem in den letzten Jahrhunderten hat sich der Wandel derart beschleunigt, dass er unaufhaltsam erscheint. Der Philosoph Alfred North Whitehead schrieb, »dass früher die Zeitspanne, die eine schwerwiegende Veränderung in Anspruch nahm, wesentlich länger gedauert hat als ein Menschenleben. Das hat die Menschheit dazu gebracht, sich auf unveränderliche Lebensbedingungen einzurichten.«[19] Aus diesem Grund spiegelt das moderne Zeitgefühl die Turbulenz der A-Reihe und nicht die Gelassenheit der B-Reihe wider.

Diese drei Trends – wachsende technologische Leistungsfähigkeit, expandierende Austauschnetze und beschleunigter Wandel – erklären neben anderen Faktoren, warum sich unsere Vorstellungen von Zeit und Zukunft im Laufe unserer Geschichte so gründlich verändert haben.

Archäologie und Anthropologie der Zeit: Warum sich Zeiterfahrungen unterscheiden

Nachzuzeichnen, wie das Zukunftsdenken unserer Art sich im Lauf der menschlichen Geschichte gewandelt hat, ist außerordentlich schwierig, weil in den ersten Hunderttausenden von Jahren, die die Menschen auf der Erde verbrachten, Ideen keine Spuren hinterlassen haben. Es wäre wundervoll, wenn man ein Team von Anthropologen mit Tonaufnahmegeräten, Kameras und Universalübersetzern (vielleicht einem Babelfisch im Ohr, wie ihn Douglas Adams in *Per Anhalter durch die Galaxis* beschreibt) in der Zeit zurückschicken könnte, um unsere Vorfahren zu interviewen. Doch damit ist nicht zu rechnen. Auch schriftliche

Zeugnisse wären hervorragend, vielleicht ein Tagebuch oder eine philosophische Abhandlung, vor 50 000 Jahren verfasst. Leider aber sind die frühesten schriftlichen Aufzeichnungen nicht älter als 5000 Jahre.

Der Mangel an Belegen zwingt uns, Nasreddin-Hodschas Forschungsmethode zu übernehmen, das heißt, dort zu suchen, wo es hell ist. In unserem Fall heißt das, heutige Jäger- und Sammlergesellschaften zu studieren oder die Schriften von Anthropologen zu lesen, die versucht haben, deren Welten zu beschreiben, in der Hoffnung, dort hätten sich noch Reste urgeschichtlicher Vorstellungen von Zeit und Zukunft erhalten. Doch wie wahrscheinlich ist es, dass heute lebende Kalahari-Völker, indigene Australier oder arktische Völker in ihren Vorstellungen noch Elemente der ältesten Formen des Zukunftsdenkens bewahrt haben? Die Wahrheit ist, dass wir das eigentlich nicht wissen und dass viele Anthropologen in dieser Hinsicht auch skeptisch sind.[20] Trotzdem berichtet die moderne anthropologische Forschung über eine Reihe von Einstellungen zur Zeit, die uns ermutigen, einige vorsichtige Spekulationen über das Verhältnis früher Menschen zur Zukunft anzustellen.

Die Anthropologie der Zeit

In den 1940er-Jahren vertrat der amerikanische Linguist Benjamin Whorf die Auffassung, dass einige Gesellschaften kein Zeitgefühl hätten. In der Hopi-Sprache fand er »keine Wörter, keine grammatischen Formen, Konstruktionen oder Ausdrücke, die sich direkt auf das bezogen, was wir ›Zeit‹ nennen«.[21] Gestützt auf eine Mischung aus archäologischen und anthropologischen Forschungsergebnissen, meinte der rumänische Religionsphilosoph Mircea Eliade etwa zur gleichen Zeit, die Menschen in den Kleingesellschaften von einst hätten ganz anders über die Zeit gedacht.[22] Sie hätten sie nicht dynamisch und linear gesehen, wie wir die Uhrzeit in der heutigen Welt. Vielmehr hätten sie die Zeit auf zwei miteinander verbundene Arten erlebt: als »profane Zeit« und als »heilige Zeit«. Die profane Zeit war die Oberflächenerfahrung der Veränderung, ein wenig wie die A-Reihe, nur dass die meisten Veränderungen als repetitiv und zyklisch empfunden wurden, wie etwa Sonnenaufgänge, Winteranfänge, Lebenszyklen, Geburt und Tod. Die heilige Zeit ähnelte der Zeit der B-Reihe und war eine Zeit der Dauer und Stabilität, die durch Rituale, Träume, heiliges Wissen oder Trancezustände erschlossen werden konnte. Nach Eliades Ansicht überzeugten solche Erfahrungen mit der heiligen Zeit die Menschen davon, dass Veränderung eine Illusion sei. Im Großen und Ganzen gab es wenig Wandel.

Im 20. Jahrhundert erkannten die Anthropologen, dass unsere heutige Wahrnehmung einer einzigen, dynamischen, unaufhaltsam fortschreitenden Zeit erst vor Kurzem entstanden ist. Vielleicht gaben deshalb einige Philosophen, wie zum Beispiel Whorf, den Gedanken auf, die Zeit sei eine grundlegende Kategorie des menschlichen Denkens. Heute sind allerdings die meisten Anthropologen zu dem Ergebnis gekommen, dass es unter den verschiedenen Einstellungen zur Zeit *sehr wohl* bedeutsame Gemeinsamkeiten gebe. Whorfs Behauptungen über die Zeitlosigkeit der Hopi-Sprachen gelten als überholt, weil spätere Forschungsergebnisse zeigten, dass selbst Sprachen ohne grammatikalische Zeitformen Möglichkeiten haben, Vergangenheit und Zukunft auszudrücken.[23] So schrieb der Anthropologe E. E. Evans-Pritchard, bei den Tiv-Völkern im Norden Nigerias scheine es keine erkennbare Kategorie zu geben, die dem modernen Zeitbegriff entspreche, und doch sei »die Zeit implizit im Denken und Sprechen der Tiv zugegen«.[24]

In ähnlicher Weise würden viele Anthropologen heute wohl die Ansicht vertreten, Mircea Eliade messe der Besonderheit der urzeitlichen Unterteilung in profane und heilige Zeit zu viel Bedeutung bei. Wie in Kapitel 1 gesehen, gibt es selbst in modernen Zeittheorien das Nebeneinander von Dynamik und Permanenz. Zyklische und repetitive Veränderungsmuster sind durchaus vertraute Erscheinungen im modernen Leben, und einen Eindruck von tieferer Dauer unter den oberflächlichen Veränderungen vermittelt auch die moderne Physik und Philosophie.

1992 schreibt Alfred Gell ist seinem Überblick über die anthropologische Literatur der Zeit:

> Es gibt kein Märchenland, in dem die Menschen die Zeit ganz anders als wir [heute] erleben, in dem es weder Vergangenheit noch Gegenwart oder Zukunft gibt, in dem die

Zeit stillsteht, dem eigenen Schwanz hinterherjagt oder wie ein Pendel hin- und herschwingt (…). Es gibt nur andere Uhren, andere Zeitpläne, mit denen es Schritt zu halten gilt, andere ärgerliche Verzögerungen, glückliche Erwartungen, überraschende Wendungen der Ereignisse und lange Perioden nervtötender Langeweile.[25]

Der Anthropologe Jack Goody meint, alle Menschen erlebten zeitliche Sequenz (einige Ereignisse folgen auf andere Ereignisse) und zeitliche Dauer (einige Ereignisse brauchen lange; andere geschehen schnell).[26]

Warum sind Anthropologen dann aber zu dem Ergebnis gekommen, dass verschiedene Gesellschaften Zeit, Vergangenheit und Zukunft so unterschiedlich empfunden und beschrieben haben?

Natürliche, psychologische und soziale Zeit

Eine Möglichkeit zur Erklärung dieser Vielfalt ist die Auffassung, im menschlichen Zeiterleben vermischten sich drei verschiede Rhythmen: die Rhythmen der *natürlichen Zeit,* der *psychologischen Zeit* und der *sozialen Zeit.* Um zu überleben, müssen wir unsere Tätigkeiten diesen Rhythmen angleichen. Aber in dem Maße, wie sich menschliche Gesellschaften und Technologien gewandelt haben, veränderten sich auch die relativen Bedeutungen dieser Rhythmen und mit ihnen die Art und Weise, wie verschiedene Gesellschaften Zeit und Zukunft erlebten und verstanden.

Die natürliche Zeit gibt die Rhythmen von Tag und Nacht vor, von Regen- und Trockenzeit, der Bewegung von Sonne, Sternen und Planeten. Diese Rhythmen, insbesondere die zirkadianen Rhythmen von Tag und Nacht, bestimmen das Leben aller Organismen. Im Alltag stehen die repetitiven Aspekte der natürlichen Zeit im Vordergrund, der Wechsel von Tag und Nacht, Sommer und Winter, Flut und Ebbe. Erst in den letzten Jahrhunderten haben wir gelernt, die längeren, linearen Rhythmen der natürlichen Zeit zu erkennen, die sich über Jahrtausende oder Jahrmillionen erstrecken, etwa den langfristigen Klimawandel oder die tektonischen Bewegungen von Kontinenten und Ozeanen.

Während des größten Teils der Menschheitsgeschichte schien die natürliche Zeit aus den endlosen, repetitiven Zyklen zu bestehen, die Eliade seiner profanen Zeit zurechnet.

Die psychologische Zeit ist launisch. Sie folgt den Rhythmen unserer Körper, der Ebbe und Flut von Hormonen, Atmung, Herzfrequenz, Hunger und Sättigung, Wachen und Schlafen, Erregung und Langeweile, Entsetzen und Zufriedenheit. Diese Rhythmen werden von der unmittelbaren Erfahrung beherrscht. Sie können die Präzision von Metronomen haben, etwa bei der Herzfrequenz, sich aber auch blitzartig ändern, wenn uns beispielsweise Panik überkommt. Sie können sich beschleunigen und verlangsamen. Wenn wir uns langweilen, kriecht die Zeit. (Das können Sie selbst ausprobieren: Starren Sie fünf Minuten lang auf den Sekundenzeiger Ihrer Armbanduhr.) Wenn wir altern, beschleunigt sich die Zeit, so dass Geburtstage und Steuererklärungen jedes Jahr schneller aufeinander folgen. Vielleicht kommt es daher, dass unsere Lebenszeit zum Maßstab wird, an dem wir die innere Erfahrung der Gesamtzeit messen. Für ein einjähriges Baby ist ein Jahr alles, was es an Zeit erlebt hat; für einen Hundertjährigen ist es ein Hundertstel der Zeit. Über die psychologische Zeit haben wir eine gewisse Kontrolle. Rauschzustände, längeres Tanzen, Trance, Erregung und Stille können sie beeinflussen. Meditierende berichten manchmal von einer inneren Ruhe, die so tief ist, dass das Empfinden vom Fließen der Zeit verschwindet. Die moderne Literatur fängt die sprunghaften Rhythmen der psychologischen Zeit in inneren Monologen ein, wie sie etwa von James Joyce, Virginia Woolf oder Marcel Proust entwickelt wurden.[27]

Die soziale Zeit schließlich besteht aus den Rhythmen, die von anderen Menschen vorgegeben werden und unser Verhalten bestimmen. Alle Lebewesen folgen ihnen. Doch bei Menschen hat die soziale Zeit im Laufe der Geschichte zunehmend an Einfluss gewonnen, als sich einst unabhängige Gemeinschaften nach und nach zu immer größeren sozialen Netzen verflochten. Heute setzt sich die soziale Zeit regelmäßig gegenüber unserem natürlichen oder psychologischen Zeitgefühl durch. Fliegen Sie von Sydney nach London und kommen Sie dort um 8 Uhr morgens an. (Ich habe es etliche Male getan.) Ihr Körper gibt

Ihnen zu verstehen, es sei Zeit, schlafen zu gehen, aber Ihre soziale Zeit – Ihr Terminkalender – sagt Ihnen, der Tag fange gerade erst an. Wahrscheinlich zwingen Sie sich, den Forderungen der sozialen Zeit zu gehorchen. In den eng verknüpften Gesellschaften der heutigen Welt müssen wir unsere Aktivitäten auf das Verhalten Millionen anderer Menschen abstimmen. Der Aufruf zum Gebet, die Frist für die Steuererklärung, Schulglocken und Kalender tragen alle dazu bei, ein Gefühl für die soziale Zeit zu vermitteln. Dieses Gefühl festigt sich durch Gespräche und Zeitpläne, Rituale und Verabredungen sowie unsere zahlreichen sozialen und legalen Verpflichtungen.

In einer bahnbrechenden Schrift über veränderliches Zeiterleben vertritt der Soziologe Norbert Elias die Auffassung, das unaufhaltsame Wachstum der sozialen Netze sei der Faktor, der unser modernes Zeitgefühl entscheidend beeinflusse, weil er die Macht der sozialen Zeit verstärke. Große Netze binden uns in rhythmische Raster ein, die von Millionen anderer Menschen bestimmt werden. Werden diese Raster noch größer, prägen sie auch unsere Wahrnehmung von Vergangenheit und Zukunft.

> Ebenso wie die Interdependenzketten im Falle vorstaatlicher Gesellschaften vergleichsweise kurz sind, so ist auch die Wahrnehmung von Vergangenheit und Zukunft als von der Gegenwart getrennt bei ihren Mitgliedern weniger entwickelt. Im Erleben dieser Menschen tritt die unmittelbare Gegenwart, das Hier und Jetzt schärfer hervor als einerseits die Vergangenheit, und andererseits die Zukunft … In späteren Gesellschaften dagegen werden Vergangenheit, Gegenwart und Zukunft strikter unterschieden. Das Bedürfnis und die Fähigkeit zur Vorausschau und damit zur Berücksichtigung einer relativ entfernten Zukunft gewinnen einen immer größeren Einfluss auf alle Tätigkeiten hier und jetzt.[28]

Als Erster hat der Soziologe Émile Durkheim viele Vertreter seiner Disziplin davon überzeugt, dass unser Zeiterleben wesentlich von der Gesellschaft bestimmt wird.[29] Wie Kant verstand er unsere Zeitwahrnehmung nicht als Eigenschaft des Universums, sondern als eine Art Projektion auf die Welt. Doch für Durkheim handelt es sich um eine kollektive und keine individuelle Projektion, nicht um ein psychologisches, sondern ein soziales Phänomen. Wir verinnerlichen sie durch die charakteristischen Rhythmen der Gemeinschaften, in denen wir aufwachsen. Heute verdrängen sie häufig die Rhythmen der Natur oder unserer Psyche.[30]

Ein spekulatives Modell des Zukunftsdenkens in der Gründerzeit

Mithilfe dieser einfachen Ideen über die verantwortlichen Faktoren unseres veränderten Zeiterlebens können wir versuchen, ein spekulatives Modell des Zukunftsdenkens in den frühesten menschlichen Gesellschaften zu entwickeln.

Die frühesten Perioden der menschlichen Geschichte – von der Evolution des *Homo sapiens* vor mehreren Hunderttausend Jahren bis zum Ende der letzten Eiszeit vor ungefähr 10 000 Jahren – bezeichnet man häufig als »Steinzeit« oder Paläolithikum. Allerdings werde ich sie hier *Gründerzeit* nennen, denn in dieser Epoche wurden die sozialen, kulturellen, technologischen und moralischen Grundlagen für den Rest der Menschheitsgeschichte gelegt. Die archäologische und anthropologische Forschung lässt darauf schließen, dass die meisten Gesellschaften der Gründerzeit aus Kleingruppen bestanden, die weitgehend Großfamilien oder Sippen entsprachen. Meist zogen die Menschen durch Heimatterritorien, die sie genau kannten, jagten und sammelten, was sie zum Leben brauchten, und entwickelten ständig neue Technologien, die von einer Generation an die nächste weitergegeben wurden und genau auf ihre Umgebungen abgestimmt waren. Technologische Neuerungen und der Druck veränderter Klimaverhältnisse veranlassten solche Kleingruppen, sich neue Lebensräume zu suchen, von tropischen Wäldern bis zur arktischen Tundra. So breitete sich die Menschheit im Zuge etlicher Hunderttausend Jahre über alle Kontinente aus, Antarktika ausgenommen.

Vor 10 000 Jahren, am Ende der Gründerzeit, lebten vermutlich weniger als sechs Millionen Menschen auf der Erde, aber man fand sie überall, von Südafrika bis Sibirien und auf dem gesamten amerikanischen Kontinent.[31] Im Gegensatz zur heutigen verstädterten Welt von acht Milliarden Menschen, die sich auf fast 200 Staaten verteilen, bestand die Gründerwelt aus Zehntausenden winzigen Gemeinschaften, alle mit eigenen Territorien, Traditionen und Technologien und jede von ihnen mit Kontakten zu nur wenigen Nachbargemeinschaften. Wie die Jäger und Sammler heutiger Zeit kamen die steinzeitlichen Gemeinschaften wahrscheinlich ein oder zwei Mal im Jahr zusammen, um Geschenke, Ideen, rituelle Praktiken, Geschichten, Wissen, Menschen und Gene auszutauschen. Dank dieser urzeitlichen Entsprechungen der Olympischen Spiele traf jedes Individuum während seiner Lebenszeit mehrere Hundert Menschen und kam mit einer Vielfalt kultureller, ritueller, technologischer und sprachlicher Traditionen in Berührung. Allerdings waren große Zusammenkünfte nur in Zeiten des Überflusses möglich, wenn sich viele Menschen von einer kleinen Fläche ernähren konnten, etwa während der Lachszüge im amerikanischen Nordwesten oder der Hirschwanderungen am Ende der letzten Eiszeit in Südfrankreich.

Obwohl Informationen zwischen benachbarten Gruppen ausgetauscht wurden, spielte das lokale Wissen eine entscheidende Rolle, und so waren die Gesellschaften in der Gründerzeit außerordentlich unterschiedlich. Über viele Generationen gesammelt und überprüft, wiederholt in Geschichten, Liedern und Ritualen und gelegentlich mit Nachbarn ausgetauscht, war das lokale Wissen praktisch, empirisch, detailliert, exakt und in vielerlei Hinsicht auch wissenschaftlich. Wie die Anthropologin Deborah Bird schreibt, war im vorkolonialen Australien »das Grundelement der Subsistenzwirtschaft nicht die Technologie oder die Arbeit, sondern das Wissen«. Dieses Wissen umfasste »ressourcenreiche Orte, Wasserquellen, ökologische Prozesse, Bodenarten, saisonale Schwankungen, Tierverhalten, Wachstumszyklen und die Pflanzen- und Tierarten, die sich als technische Hilfsmittel, Nahrung, Arzneimittel oder ›Tabak‹ eigneten. Ein Großteil des Wissens war in Liedern und Geschichten codiert.«[32]

Während der Gründerzeit war Wissen wahrscheinlich die wichtigste Quelle sozialer Macht. Im Hinblick auf Reichtum und Macht durch

Bestrafung gab es vermutlich wenig Unterschiede, aber jede Kleingesellschaft hatte einen Bestand an Geheimwissen, das nur bestimmten Individuen zugänglich war und so Autoritäts- und Machtunterschiede verstärken konnte.[33] Möglicherweise war auch Spezialwissen über die Zukunft in dieser Weise auf eine bestimmte Gruppe beschränkt.

Vorstellungen über Zeit und Zukunft in der Gründerzeit

Bei unserer spekulativen Rekonstruktion der Zeit- und Zukunftsvorstellungen während der Gründerzeit beschränken wir uns auf vier Hauptmerkmale. (1) Die Gemeinschaften waren klein und die Beziehungen persönlich, daher war auch die Zukunft persönlich. (2) Unsere Vorfahren stellten sich die Welt, die sie bewohnten, als einen Ort vor, zu dem sie untrennbar gehörten und dessen Gesetze sie beachten mussten. Keine moderne Jäger- und Sammlergesellschaft lässt die heutige anmaßende Einstellung erkennen, wonach die Zukunft ein Bereich sei, den es zu manipulieren gelte, um menschliche Bedürfnisse zu befriedigen. (3) Wahrscheinlich haben die meisten Menschen die Welt trotz oberflächlicher Veränderungen im Grund für stabil gehalten. Sicherlich gab es Veränderungen, auch solche katastrophalen Ausmaßes, aber die meisten Veränderungen waren persönlicher und zyklischer Art, und unter ihnen lag eine parmenideische Welt tiefer Beständigkeit, in der die Erwartung herrschte, die Zukunft gleiche weitgehend der Vergangenheit. (4) Die meisten Menschen erlebten eine Welt voller Geister, Wesen und Kräfte, die sowohl Gegenwart als auch Zukunft prägen konnten. Wie mit allen zweckorientierten Geschöpfen ließ sich mit ihnen verhandeln oder kämpfen, und diese Beziehungen bestimmten viele Aspekte des Zukunftsdenkens und -planens.

Erstens, in kleinen Gemeinschaften zählten die Zukünfte der Menschen, Tiere und Pflanzen des Heimatterritoriums. Wichtig waren die lokalen Wetterverhältnisse, der Erfolg der Seehundjagd, das Sammeln von Jamswurzeln oder Knollen, die Beziehungen zu Nachbarn, Gesundheit und Krankheit, das Gedeihen von Beutetieren und essbaren Pflanzen, die Lebenszyklen der Geschöpfe in der näheren Umgebung.

Die Zukunft war persönlich, ganz anders als die globalen Zukünfte, von denen in Kapitel 8 die Rede sein wird.

Zweitens, die Beschränkungen der Gründerzeit-Technologien sorgten dafür, dass die Menschen das Gefühl hatten, *in* und *mit* der Welt zu leben, statt sie zu beherrschen oder sie zu verwandeln. Alle modernen Jäger- und Sammlergesellschaften scheinen das starke Empfinden geteilt zu haben, es gebe universelle ökologische und moralische Gesetze, die von den Menschen verlangten, das Land zu schützen und zu pflegen. Die Menschen hatten die Möglichkeit – und nutzten sie –, die lokale Flora und Fauna zu beeinträchtigen, indem sie brandrodeten oder einige Arten durch Überjagung zum Aussterben brachten. Tatsächlich sind die meisten Landschaften der Gründerzeit erheblich durch menschliche Aktivität verändert worden. Dennoch waren die Grenzen menschlichen Handelns allen Beteiligten klar. Viele Geschichten erzählen von Strafen für Nichtachtung oder Übertretung des »Gesetzes«. Es war töricht, die Rituale zu vernachlässigen, die für den reibungslosen Gang des Lebens sorgten. Es war töricht, die Jungen einer wichtigen Beuteart zu töten oder das Land ohne Sinn und Verstand niederzubrennen. Anfang der 1950er-Jahre lebte die Anthropologin Elizabeth Marshall bei den Ju/Wasi, einem Volk der Kalahari, das sich vom Jagen und Sammeln ernährte. Im Gegensatz zu den meisten Agrarvölkern zeigten die Ju/Wasi wenig Interesse daran, ihre Welt zu manipulieren oder zu kontrollieren: »Die Menschen übten keinen Zwang auf die natürliche Welt aus. Beispielsweise versuchten sie nicht, Regen zu beschwören, die Fruchtbarkeit von Tieren zu steigern oder Pflanzen zum Wachsen zu bringen. Abgesehen davon, dass sie hin und wieder trockenes Gras verbrannten, um das Wachstum von grünem Gras zu fördern, versuchten sie nicht, die Digen zu beeinflussen.«[34] In den Mythen der Jäger und Sammler gibt es keine Entsprechung zu der weitverbreiteten modernen Einstellung, dass der Mensch von der natürlichen Welt geschieden und dazu bestimmt sei, sie zu beherrschen.[35] Die Jäger und Sammler verstanden sich, wie gesagt, vielmehr als *Teil* der Welt, und deshalb richteten sie sich in ihren Aktivitäten nach den Rhythmen der natürlichen und psychologischen Zeit, statt ihrer Umgebung die eigenen Rhythmen aufzuzwingen.

Natürlich spielte auch die soziale Zeit eine Rolle und drängte manchmal die Rhythmen der natürlichen oder psychologischen Zeit in den Hintergrund. Wahrscheinlich erstellten alle Gemeinschaften mithilfe von Himmelsbeobachtungen oder anhand von Veränderungen in ihrer Umgebung Kalender für soziale Aktivitäten und Rituale. So hat der amerikanische Archäologe Alexander Marshack die Ansicht vertreten, es gebe 30 000 Jahre alte Objekte, die frühe Formen von Kalendern sein könnten.[36] Gleichwohl beherrschten soziale Rhythmen das Zeiterleben nicht so, wie es heute der Fall ist. Hören wir, wie der Anthropologe Richard Lee die Rhythmen des täglichen Lebens in den Gesellschaften beschreibt, die er während der 1960er-Jahre in der Kalahari beobachtete:

> Eine Frau sammelt an einem Tag genug, um ihre Familie davon drei Tage lang zu ernähren, und verbringt den Rest der Zeit damit, sich im Lager auszuruhen, zu sticken, andere Lager zu besuchen oder Besucher aus anderen Lagern zu bewirten. An jedem Tag, den sie zu Hause verbringt, braucht sie für Hausarbeiten wie Kochen, Nüsseknacken, Feuerholzsammeln und Wasserholen ein bis drei Stunden. (…) Die Jäger arbeiten in der Regel häufiger als die Frauen, aber ihre Arbeitszeiten sind unregelmäßiger. Nicht selten jagt ein Mann eine Woche lang mit großer Verbissenheit und verzichtet dann zwei oder drei Wochen gänzlich auf die Jagd. Da die Jagd ein unvorhersehbares Unterfangen ist und magischen Einflüssen unterliegt, enthalten sich Jäger, die eine Pechsträhne haben, der Jagd manchmal einen Monat oder länger. In diesen Zeiten besteht die Hauptbeschäftigung der Männer darin, Besuche abzustatten, Besucher zu empfangen und vor allem viel zu tanzen.[37]

In steinzeitlichen Jäger- und Sammlergesellschaften scheinen die Menschen gut mit den verschiedenen Rhythmen der sie umgebenden Welt zurechtgekommen zu sein, den Rhythmen der Träume und des Körpers, des Sammelns oder Jagens, der Sonne, des Mondes und der Gezeiten, der Tierwanderungen und der Gemeinschaftsrituale. Das ist ein großer Unterschied zur heutigen Welt, in der eine Einheitsuhr das Raster für die meisten uns umgebenden Rhythmen vorgibt.

Drittens, es gibt viele Hinweise darauf, dass die paläolithischen Menschen, obwohl sie wie wir alle im Fluss der A-Serie lebten, im Grunde *dachten*, die Zeit sei stabil und beständig – eher wie die B-Reihe. Jenseits der Veränderungen des täglichen Lebens und der persönlichen Erfahrung vermuteten sie eine stabile, im Wesentlichen unveränderliche parmenideische Welt. Das könnte erklären, warum viele Kleingesellschaften sich kaum für detaillierte historische Zeitachsen interessieren. Lynne Kelly, die sich der Erforschung oraler Kulturen widmet, schreibt über den Zeitbegriff der Yolngu im australischen Arnhemland: »Zeit ist nicht chronologisch. Von mythologischen Ereignissen glaubt man, sie seien in ferner Vorzeit geschehen und gleichzeitig Teil einer kontinuierlichen Gegenwart.«[38]

Anthropologische Forschungsergebnisse lassen darauf schließen, dass man sich die Vergangenheit nicht als eine einzelne Zeitachse vorstellte, die sich immer weiter von der Gegenwart entfernte. Stattdessen verschwamm sie ziemlich rasch in einer nebulösen Ära der Anfänge, der »Traumzeit«, um die Metapher zu gebrauchen, mit der häufig die Vorstellungen der indigenen Australier von der Zeit ihrer Vorfahren beschrieben wird. Das Wort *Traumzeit* ist die Übersetzung eines Wortes des Arrernte-Volks, das in der Nähe von Alice Springs lebt. Doch die Übersetzung ist irreführend. Die Anthropologin Roslyn Haynes schreibt dazu, das ursprüngliche Wort bezeichne »eine stets gegenwärtige Wirklichkeit, eine Dimension, die realer und fundamentaler ist als die physische Welt, die nur vergänglich und zufällig ist«.[39] Der australische Anthropologe W. E. H. Stanner bezeichnet den Bereich als *everywhen* (jetzt und immerdar). Das Arrernte-Wort, das mit »Traumzeit« übersetzt wird, kann auch »das Gesetz« bedeuten, die Art und Weise, wie die Dinge sind und sein müssen und immer sein werden. Das erinnert an den zentralen hinduistischen Begriff des *Dharma*. Dazu die Historikerin Ann McGrath: »In vielen Aborigines-Sprachen gibt es einen Ausdruck, der ›vor langer, langer Zeit‹ bedeutet – eine Zone, die sich mit der ›Traumzeit‹, der ›Schöpfungszeit‹ berührt. Bei der handelt es sich nicht um eine bestimmte Zeit, sondern um einen immer noch andauernden Prozess.«[40] Die Vergangenheit wird weniger als Kontinuum verstanden denn als Vorrat an Wissen und Wahrheit für die Gegenwart. In einem parmenideischen Universum verlieren Vergangenheit und Zukunft ihre Besonderheit und Bedeutung. Entscheidend ist die Gegenwart. Für das traditionelle australische Denken war nicht das *Wann*, sondern das *Wo* wichtig.[41] Dinge, Loyalitäten, Geschichten und Wissen waren an Orte gebunden, nicht an Zeiten. In einer solchen Welt sind Karten wichtiger als Zeitachsen. Jack Goody schreibt:

> In schriftlosen Kulturen spiegeln Ideen und Einstellungen, die die Vergangenheit betreffen, gewöhnlich gegenwärtige Anliegen wider. Bis zu einem gewissen Grad geschieht das in allen Gesellschaften, besonders in Situationen, in denen man auf das Gedächtnis angewiesen ist. Doch dort, wo die Weitergabe der Kultur vollständig auf oraler Kommunikation beruht (…), wird die Vergangenheit unvermeidlich von der Gegenwart verschlungen. (…) Vor (und teilweise auch nach) der allgemeinen Verbreitung der Schrift ist die Vergangenheit eine Rückprojektion der Gegenwart, die bis zurück ins mythische Zeitalter reicht, in dem die Menschheit und ihre heutige Lebensweise in Erscheinung traten.[42]

Manchmal überlebt dieser parmenideische Zeitsinn in schriftkundigen Kulturen, so in den schönen Versen aus dem Buch der Prediger:

> Ein Geschlecht vergeht, das andere kommt, die Erde aber bleibt immer bestehen. Was geschehen ist, wird hernach sein (…). Was man getan hat, ebendas tut man hernach wieder, und es geschieht nichts Neues unter der Sonne. Geschieht etwas, von dem man sagen könnte: »Sieh, das ist neu!« – Es ist längst zuvor auch geschehen in den Zeiten, die vor uns gewesen sind. Man gedenkt derer nicht, die früher gewesen sind, und derer, die hernach kommen; man wird auch ihrer nicht gedenken bei denen, die noch später sein werden.[43]

In einem parmenideischen Universum braucht man die Zukunft nicht als geheimnisvoll oder bedrohlich zu begreifen, weil unter der Oberfläche wenig Veränderung stattfindet. Das könnte ein Rätsel erklären, das Anthropologen Ende des 20. Jahrhunderts zu schaffen machte: Heutige Jäger und Sammler scheinen sich wenig Gedanken um die Zukunft zu machen. Die Forschungsarbeiten einer ganzen Generation von Anthropologen zeigten, dass das Verhalten, das von Beobachtern lange als Faulheit oder Verantwortungslosigkeit gedeutet worden war, aus der Erfahrung erwuchs, dass die Welt bekannt und vertraut sei. Sie würde in der Zukunft für sie sorgen, wie sie es in der Vergangenheit getan hatte.[44] Die Khoisan in der Kalahariwüste fragten den Anthropologen Richard Lee: »Warum sollen wir pflanzen, wenn es so viele Mongomongonüsse in der Welt gibt?«[45]

Ungeachtet dessen waren kurzfristige Zukünfte in der Größenordnung von Wochen, Monaten oder einigen Jahren immer von Bedeutung. Zu den fundamentalen Voraussetzungen des Überlebens gehörte die Fähigkeit, die Geburt eines Babys, die Wanderung von Hirschen oder Kängurus und die Erntezeit von Mongomongonüssen vorherzusagen. Auf dieser Ebene waren Vorhersagen so pragmatisch, empirisch und trendbasiert wie in allen bekannten Gesellschaften. Überall war die Beobachtung der Gestirne ein verlässlicher Indikator für Jahreszyklen und eine maßgebliche Orientierungshilfe, und darum legten alle bekannten Gesellschaften großen Wert auf astronomische Kenntnisse. Ein europäischer Besucher Australiens berichtete im 19. Jahrhundert, die astronomischen Kenntnisse der indigenen Bevölkerung »übertreffen bei Weitem die der meisten Weißen. Die Himmelskunde besitzt für die Aborigines auf ihren nächtlichen Wanderungen und bei der Bestimmung der Jahreszeiten eine solche Bedeutung, dass sie zu den wichtigen Wissensbereichen gehören, die den Kindern vermittelt werden.«[46] Sicherlich war die Astronomie für alle Gesellschaften der Gründerzeit von großer Bedeutung, aber die Lehre, die man aus ihr zog, lautete, dass sich unter der Oberfläche wenig veränderte.

Viertens war das Zukunftsdenken der Gründerzeit vermutlich von der Annahme geprägt, dass die Welt voller Geister und okkulter Kräfte sei, die der Wahrnehmung fast entzogen seien. Die meisten religiösen

Traditionen setzen die Existenz von Geistern und Göttern voraus. Vor 2000 Jahren schrieb Cicero: So haben »die meisten [Denker] – was auch das Wahrscheinlichste ist, und worauf uns die Natur hinführt – das Dasein der Götter behauptet«.[47] Diese Überzeugungen erklären eine bestimmte Art des Zukunftsdenkens, das in den meisten menschlichen Gesellschaften anzutreffen ist und auf der Überzeugung beruht, man könne Wesen aus der Geisterwelt genauso nach der Zukunft befragen und mit ihnen über sie verhandeln, wie man es bei anderen Menschen könnte.

Womöglich gibt es neurologische Gründe dafür, dass sich solche Überzeugungen überall finden lassen. Alle Menschen und wahrscheinlich viele andere intelligente Tierarten unterscheiden zwischen lebenden und nicht lebenden Dingen, zwischen Akteuren und Nichtakteuren. Sie tun es, weil der Unterschied wichtig ist. Es ist von großer Bedeutung, ob ein Objekt, das wir in der Abenddämmerung im Schilf sehen, ein Holzstamm oder ein Krokodil ist. Kleinkinder lernen zwischen toten und lebenden Objekten zu unterscheiden, indem sie darauf achten, wie sich die Dinge bewegen, welche Geräusche sie machen (Hunde bewegen sich anders als Autos und machen andere Geräusche) und wie sie mit anderen Objekten interagieren.[48] Doch die neurologische Maschinerie, die diese Unterscheidung vornimmt, ist alles andere als vollkommen, und so ist die Unterscheidung zwischen dem, wie wir heute sagen, natürlichen und übernatürlichen Bereich nicht immer leicht.[49] Das Gehirn ist stets auf der Suche nach Akteuren, da ist ein Irrtum schnell passiert, wenn man in der Nacht ein Wispern hinter sich hört. Warum kriechen Eisenfeilspäne auf Magneten zu? Warum wirken Flüsse bei Hochwasser so wütend? Träume und Halluzinationen bringen uns dazu, an die Existenz vieler Arten absichtsvoller Wesen zu glauben. Auch die Sprache leistet ihren Beitrag, weil die grammatischen Formen uns zu verstehen geben, dass Handlungen Handelnde brauchen. So zwingt uns die Sprache zu sagen, dass der Wind weht, die Sonne scheint, die Welt rotiert, die Pandemie wütet. Unser Geist neigt dazu, eher Handlungsfähigkeit als Handlungsunfähigkeit anzunehmen, weil dieser Fehler weniger gefährlich ist als die Alternative.[50] Einen Holzstamm für ein Krokodil zu halten, könnte peinlich sein, aber ein Krokodil mit einem Holzstamm zu verwechseln, wäre in vielen Fällen tödlich.

Kurzum, der fast universelle Glaube an ein Reich absichtsvoller Wesen und Kräfte – eine Vorstellung, die die Anthropologen des 19. Jahrhunderts als *Animismus* bezeichneten – mag seinen Ursprung in der Beschaffenheit unseres Geistes haben. Vielleicht hielten die meisten menschlichen Gemeinschaften die Existenz von Geistern deshalb für selbstverständlich. Sogar für den skeptischen Verstand Ciceros war die Geisterwelt ein empirisches Faktum, weshalb laut seiner Biografin Elizabeth Rawson Weissagung als »eine Disziplin der ›Physik‹ oder ein Studium der natürlichen Welt« gelten konnte.[51]

Der Bericht, den Elizabeth Marshall in den 1950er-Jahren über die Glaubenswelt der Ju/Wasi lieferte, vermittelt einen Eindruck von spirituellen Vorstellungen, die viele Aspekte des Zukunftsdenkens und -managements in der Gründerzeit geprägt haben könnten. Die Ju/Wasi hatten viele Gottheiten, sogar Schöpfungsgottheiten, aber sie stellten sie sich als Jäger- und Sammlergötter vor. Obwohl auch diese mächtig waren, fehlten ihnen Größe und Stolz der imperialen Götter jüngerer Weltreligionen. Sie sahen »wie menschliche Wesen von normaler, menschlicher Größe aus. Wie die Menschen jagten sie. Sie hatten Frauen und Kinder und lebten in Lagern mit Feuern und Grashütten, genau wie das Volk der Ju/Wasi.«[52] Die Götter waren weder Mentoren noch Lehrer der Menschen, konnten aber von unberechenbarer Gefährlichkeit sein, um sich dann wieder völlig närrisch aufzuführen.

Wie für viele Kleingesellschaften war für die Ju/Wasi die Kontaktaufnahme mit der Geisterwelt durch Rituale eine wichtige Methode zur Bewältigung ungewisser Zukünfte, besonders in Gesundheitsfragen. Elizabeth Marshall erlebte Trance-Tänze, die in der Abenddämmerung begannen, wenn die Sonne unterging und der Vollmond im Westen aufstieg.[53] Frauen entzündeten ein Feuer in der Nähe der Haupthütte. Dann hockten sie sich neben dem Feuer auf ihre Hacken. Wenn die Sterne aufgingen, begannen einige zu singen und in die Hände zu klatschen, andere fielen ein, so dass komplizierte kontrapunktische Rhythmen und Gesänge von »atemberaubender Schönheit« entstanden. Die Männer, einige mit Rasseln an den Beinen, bildeten einen Kreis um die

Frauen und begannen zu tanzen. Schließlich fielen einige Männer in Trance und fingen an, sich in den Flammen des Feuers »zu waschen«. Dann näherten sie sich einer der Frauen, legten ihr je eine Hand auf Brust und Rücken, richteten sich plötzlich mit einem Schrei auf und schienen etwas aus der Frau zu ziehen, eine Krankheit, die sie anschließend zu den Geistern der Toten warfen.

Gewöhnlich dauerte der Tanz bis zum Morgengrauen, erreichte schließlich einen Höhepunkt und endete unvermittelt, als die Sonne aufging. »Steif erhoben sich die Frauen, nachdem sie fast zwölf Stunden auf den Hacken gehockt hatten. Sie sprachen, lachten, streckten sich und suchten nach übrig gebliebenem Feuerholz.« Alte Felszeichnungen in der Kalahari, einige wohl mehrere Tausend Jahre alt, lassen vermuten, dass ähnliche Traditionen und Anschauungen tiefe Wurzeln in der Gründerzeit haben.[54]

Kapitel 6
Zukunftsdenken im Agrarzeitalter

Dann gab ich viele Weisen in der Seherkunst,
Als erster lehrt' ich, was von den Träumen als Gesicht
Zu nehmen sei, erschloß der Rufe dunklen Sinn
Und was Begegnis aller Art dem Wandrer sagt,
Bestimmte deutlich jedes krummgeklaueten
Raubvogels Aufflug, welcher traurig, welcher froh ...
Wie des Eingeweides Ebenheit den Ewigen,
Wie der Milz und Leber adernbunte Zierlichkeit
Und welche Farbe recht und wohlgefällig sei,
Dazu ein Rippstück fettumwickelt, ward ich selbst
Der schweren Kunst Lehrmeister, nahm vom Seherblick
Der Flamme fort die Blindheit, die sie zuvor verbarg.

– Aischylos, *Der gefesselte Prometheus*[1]

Das Agrarzeitalter der menschlichen Geschichte

Das Agrarzeitalter begann vor etwa 10 000 Jahren. Und es endete vor rund 200 Jahren, als die neuen Technologien und Denkweisen des fossilen Zeitalters die Grundlage zur heutigen Welt legten.

Nach einigen Hunderttausend Jahren eines extrem langsamen Wandels der menschlichen Gesellschaften brachte das Agrarzeitalter spektakuläre Veränderungen mit sich.[2] Diese Ära umfasst weniger als ein Zwanzigstel der Zeit seit Beginn der menschlichen Evolution. In ihrem Verlauf haben jedoch Landwirtschaft und andere neue Technologien, angetrieben von dem erhöhten Tempo und Ausmaß des kollektiven

Lernens, die menschlichen Gesellschaften und Denkweisen revolutioniert. Die ungewöhnliche klimatische Beständigkeit der gesamten Ära seit Ende der letzten Eiszeit (jener Epoche, die die Geologen Holozän nennen und die vor ungefähr 11 500 Jahren begann) ermöglichte der Landwirtschaft, sich über den ganzen Planeten zu verbreiten und die technologischen und demografischen Voraussetzungen für die noch tiefer reichenden Veränderungen der Neuzeit zu schaffen.[3]

Auf einer gegebenen Fläche brachte die Landwirtschaft viel mehr Nahrung hervor als das Jagen und Sammeln. Dank dem Überschuss wuchs die menschliche Bevölkerung von etwa sechs Millionen am Ende der letzten Eiszeit auf rund 900 Millionen bis 1800 n. Chr. zu, eine durchschnittliche Wachstumsrate von fast 0,05 Prozent pro Jahr. Um 1800 lebten die meisten Menschen nicht mehr in mobilen Lagern, sondern in den sesshaften Gemeinschaften, die wir Dörfer nennen, wobei ungefähr 7 Prozent in Städten wohnten. Die größten Ansiedlungen sind von weniger als hundert Einwohnern in der Gründerzeit auf mehr als eine Million angewachsen. Im gleichen Zeitraum stieg der gesamte Energieverbrauch der Menschheit von 15 Millionen Gigajoule pro Jahr auf mehr als 20 Milliarden Gigajoule pro Jahr, wobei der Energieverbrauch pro Kopf um mehr als das Siebenfache zunahm, von etwa drei Gigajoule pro Jahr auf rund 23 Gigajoule.

In dieser Zeit nahmen drei wichtige, vom kollektiven Lernen getriebene Trends an Tempo auf. Durch neue Technologien erlangte der Mensch größere Kontrolle über seine Umwelt; expandierende soziale Netze bündelten die Wirkung des kollektiven Lernens und erhöhten die relative Bedeutung der sozialen Zeit; und das wachsende Tempo der Veränderung ließ die Zeit dynamischer und die Zukunft weniger vorhersagbarer erscheinen.

Die bahnbrechenden technologischen Entwicklungen in der Landwirtschaft verstärkten die menschlichen Eingriffe in die Umwelt und sorgten für eine manipulativere Beziehung des Menschen zur Welt und zur Zukunft. Wie die Landwirte feststellten, konnten sie zukünftige Erträge drastisch erhöhen, indem sie die Landschaften umgestalteten und die in ihnen lebenden Tiere und Pflanzen durch Domestizierung veränderten. Einige Religionen lehrten sogar, es sei göttlicher Wille, dass der Mensch über alle anderen Arten herrsche. Nachdem der Gott der Juden den größten Teil des Lebens auf Erden durch eine große Flut vernichtet hatte, verkündete er den überlebenden Menschen, Noah und seiner Familie: »Furcht und Schrecken vor euch sei über allen Tieren auf Erden und über allen Vögeln unter dem Himmel, über allem, was auf dem Erdboden wimmelt, und über allen Fischen im Meer; in eure Hände seien sie gegeben.«[4] Ackerbau und Viehzucht wurden obligatorisch – wenn die eigene Gemeinschaft nicht das Land bebaute, konnte sie sicher sein, dass die Landwirtschaft betreibenden Nachbarn sie irgendwann verdrängen würden, weil sie zahlreicher waren und mehr Ressourcen hatten. Die Konkurrenz zwischen landwirtschaftlichen Gemeinschaften schuf Anreize zur Entwicklung neuer Technologien, von der Töpferei und Metallurgie bis zu neuen Formen des Bauens, des Transports und der Kommunikation.

Neue Transporttechnologien wie Segelschifffahrt, die Verwendung von Pferden als Reittiere sowie die Nutzung von Ochsen und Kamelen erweiterten die sozialen Netze der Menschheit, während die Entwicklung von Kommunikationstechnologien wie der Schrift die Verbindungen zwischen Gemeinschaften und Generationen vertiefte. Die zusätzlichen Informationen, die in expandierenden sozialen Netzen gesammelt wurden, förderten Innovationen. Die Zeit selbst veränderte ihre Form, da die Menschen sich in den neu entstehenden Netzwerken von Handel, Ritual, Kriegsführung und politischer Struktur den sozialen Rhythmen von Millionen anderen Menschen anpassen mussten. Selbst in den entlegensten Bauerndörfern sahen sich die Haushalte durch die Vermarktung ihrer Produkte und die Bezahlung von Steuern gezwungen, ihre Tätigkeit mit denen ferner Städte und Herrscher abzustimmen.

Die Geschwindigkeit der Veränderung beschleunigte sich und ließ den Glauben an ein stabiles Universum schwinden. Vor etwa 5000 Jahren gab es einen großen Umbruch in den sozialen Beziehungen, als sich die ersten Großstädte und Staaten entwickelten. Riesige, hierarchisch gegliederte Gesellschaften entstanden, die von kleinen, machtvollen und reichen Eliten beherrscht wurden. Die Staatenbildung war eine politische Neuerung von enormer Bedeutung, weil Staaten ihrem Wesen nach bestrebt waren, Zukunftsmanagement in großem Stil zu betreiben. Die Schrift und der Bau von überdauernden öffentlichen Bauwerken wie den Pyramiden und Palästen verschärfte das Bewusstsein für Veränderung, weil sie Zeugen von Ereignissen in der fernen Vergangenheit waren. Die Schrift entwickelte sich, weil sie den Eliten dabei half, den Überblick über ihren Besitz zu behalten – ihre Schiffe, ihre Sklaven, ihre Goldschätze. Doch schon bald gewann die Schrift auch entscheidende Bedeutung für die Zukunftsplanung im Allgemeinen, denn schriftliche Aufzeichnungen konnten mehr Wissen in stabiler Form festhalten als das menschliche Gedächtnis, womit es leichter wurde, Trends aus der fernen Vergangenheit zu verfolgen. In einer der ältesten schriftlich festgehaltenen Geschichten, dem *Gilgamesch-Epos*, ist zu lesen, der Held bringe »noch Kunde (aus der Zeit) vor der Flut«.[5]

Zukunftsdenken in Eliten und im Volk

Im Agrarzeitalter beruhte Zukunftsdenken, wie wohl in den meisten Epochen der Menschheitsgeschichte, häufig oder vielleicht sogar meistens auf gesundem Menschenverstand, Trends, Intuition, Erfahrung und praktischem Sachverstand. »Da frage ich denn«, schrieb ein skeptischer Cicero vor 2000 Jahren, »wird ein Seher besser schließen als ein Steuermann, was für eine Witterung bevorsteht? Oder wird er die Natur einer Krankheit scharfsinniger erkennen als ein Arzt, die Führung eines Krieges besser durch Vermutungsschlüsse verstehen als ein Feldherr?« Obwohl jeder auf Weissagen baue – Versuche, mit Wesen aus der Geisterwelt Kontakt aufzunehmen und zu verhandeln –, traf Cicero ein klares Urteil: »Auf keinen also von denjenigen Gegenständen, die sich durch die Sinne wahrnehmen lassen, lässt sich die Weissagung anwenden.«[6]

Selbst im Agrarzeitalter stützte sich Zukunftsdenken weitgehend, vielleicht sogar zum größten Teil auf Wissen, das sich »durch die Sinne wahrnehmen« lässt. In diesem Kapitel wollen wir uns jedoch mit den Aspekten des agrarzeitlichen Zukunftswissens beschäftigen, die uns heute weniger vertraut sind. Überwiegend ergeben sie sich aus der vom Helden Arjuna und den meisten Menschen dieser vormodernen Zeit als selbstverständlich vorausgesetzten Annahme, dass Wesen und Kräfte aus der Geisterwelt unsere Zukunft kennen und auf sie einwirken können. »Steig herauf«, sagte eine Stimme »wie eine Trompete« zu Johannes von Patmos, »ich will dir zeigen, was nach diesem geschehen soll.«[7] Weissagung konnte auf viele verschiedene Arten vorkommen. (Thomas Hobbes, der alle Formen von Weissagung verabscheute bis auf die, die auf dem protestantischen Christentum beruhten, liefert im *Leviathan* eine wundervolle Liste.)[8] Und fast jeder respektierte Weissagungen, daher wurde Ciceros sorgfältige Unterscheidung zwischen empirischen und divinatorischen Erkenntnissen nur von wenigen ernst genommen. Die meisten hatten genauso viel Achtung vor dem Sachverstand von Propheten und Hellsehern wie vor dem von Ärzten, Steuermännern und Feldherren.

Jeder vertraute auf Weissagungen. Doch in Gesellschaften, in denen Klasse, Macht, Kultur und Reichtum immer tiefere Unterschiede schufen, begann das Zukunftsdenken der gebildeten Eliten signifikant von dem der übrigen Bevölkerung abzuweichen. In entlegenen Dörfern und den Arbeitervierteln der Städte sorgten sich die Menschen um ihre persönliche Zukunft, zogen örtliche Trends zurate, befragten lokale Gottheiten, Geister und Hexen und verließen sich auf die lokalen Weissagungspraktiken. Diejenigen in mit Macht verbundenen Stellungen mussten dagegen an die Zukunft Hunderter, Tausender oder Millionen von Menschen denken. Sie waren daher gezwungen, über die lokalen Traditionen hinaus nach stärkeren und tieferen Trends und nach gewichtigeren spirituellen Stimmen zu suchen. Nicht nur: »Sind die Heuschrecken über unser Gerstenfeld hergefallen, weil unsere Nachbarn uns verhext haben?«, sondern: »Werden die Heuschrecken im ganzen Reich eine Hungersnot verursachen, und kann ich das verhindern?« Nicht nur: »Werde ich krank werden, weil mein Vetter mich mit einem Fluch belegt hat?«, sondern: »Wird die Pest die meisten meiner Untertanen auslöschen, und was kann ich dagegen tun?« Zukunftsdenken in großem Maßstab verlangte neues Zukunftswissen, gestützt auf mächtige Trends, die sich auf das Leben von Millionen auswirken konnten. Das führte dazu, dass traditionelle Formen des Zukunftsdenkens in jener Weise hinterfragt wurden, die wir aus Ciceros Schrift über das Weissagen kennen. In dieser Zeit wurde das elitäre

Zukunftsdenken auch ehrgeiziger, weil Kaiser und Könige die Zukunft von Millionen Untertanen nachhaltig beeinflussen konnten, indem sie Heere in ferne Länder schickten, neue Städte bauten, Flüsse umleiteten oder Wälder rodeten. Außerdem verliehen die komplizierten Rituale und Glaubenssysteme, die das elitäre Zukunftsdenken begleiteten, diesem eine weit höhere Bedeutung und Beachtung, als sie das volkstümliche Zukunftsdenken in der Regel genoss.

Einige charakteristische Eigenschaften des elitären Zukunftsdenkens werden in der historischen Literatur über die Epoche beschrieben, die Karl Jaspers als »Achsenzeit« bezeichnete, eine Epoche bedeutender politischer und kultureller Veränderung im 1. Jahrtausend v. Chr.[9] Als die Tauschnetze expandierten, bildeten sich die ersten transeurasischen Handelsnetze und die ersten Reiche, die groß genug waren, um bis zu den Rändern der bekannten Welt zu reichen, so dass ihre Lenker sich und ihre Götter für Weltenherrscher halten konnten. Dazu gehörten das Mitte des 6. Jahrhunderts v. Chr. gegründete persische Achämeniderreich und das erste vereinigte chinesische Reich, das Ende des 3. Jahrhunderts v. Chr. entstand. Die Herrscher dieser riesigen und vielfältigen Reiche versuchten die lokalen Gottheiten und Religionen der vielen von ihnen beherrschten Völker zu überwinden, indem sie nach tieferen und allgemeingültigeren Trends und Grundsätzen suchten, mochten sie von einem universalen Schöpfungsgott stammen oder ein naturgegebenes Element der Wirklichkeit sein. Auf diese Weise seien, so meinte Jaspers, die ersten religiösen und philosophischen Lehren entstanden, die wie die moderne Philosophie und Wissenschaft nach universellen und nicht nur lokalen Wahrheiten strebten. Für den Historiker Arnaldo Momigliano ging es in der Achsenzeit vor allem um »eine umfassendere Erklärung der Gegebenheiten«.[10] Außerdem erweiterte sich in dieser Zeit der »Betroffenheitsbereich«, da die innerhalb der eurasischen Macht- und Tauschnetze entstandenen Universalreligionen religiöse und politische Identitäten und Loyalitäten schufen, die sich über »imaginierte Gemeinschaften« von Millionen von Menschen erstreckten.[11]

Die meisten Propheten und Gelehrten, die die universalistischen Weltanschauungen der Achsenzeit schufen, waren belesen, viel gereist oder gut vernetzt und wurden von Eliten unterstützt. Als einer der Ersten hat der persische Prophet Zoroaster von einem Gott gekündet, dessen Gesetze das ganze Universum umfassten, woraufhin das Achämeniderreich den Zoroastrismus als Staatsreligion übernahm. Behauptet wurde die Existenz einer universellen Ordnung auch in den monotheistischen Traditionen des Judentums, in den indischen Upanishaden, im Buddhismus, in den bedeutenden chinesischen philosophischen Lehren von Konfuzius, Laozi und anderen sowie in den religiösen und philosophischen Systemen der alten Griechen.

Der Universalismus des Denkens der Achsenzeit beschränkte sich auf die Gebildeten und Mächtigen. Diese Eliten waren sich über die Unterschiede zwischen ihrem Denken und dem der meisten Menschen durchaus im Klaren. Die Priester, Aristokraten und Philosophen verachteten die Beschränktheit und den, wie sie fanden, bizarren Aberglauben der volkstümlichen Vorstellungen, aber nur wenige waren bereit, das Reich der Geister und Götter ganz aufzugeben, und selbst die skeptischsten unter ihnen ließen, wie Cicero, einige Formen der Weissagung gelten. Wenn wir denn die Existenz von Göttern einräumen, so meinte er, wie können wir dann die Möglichkeit leugnen, dass sie mit uns durch Weissagungen kommunizieren? Trotzdem wussten Denker wie Cicero, dass sie anders dachten als die meisten Menschen. »Denn wir Auguren sind keine Leute, die aus der Beobachtung der Vögel und übrigen Vorzeichen die Zukunft prophezeien«, schrieb er, auch wenn »wir teils um die Vorurteile des Volkes zu schonen, teils weil es wirklich dem Staate sehr vorteilhaft ist, die Sitte, die religiöse Achtung, die Schule und das Recht der Auguren, nebst dem Ansehen ihres Collegiums« beibehalten.[12]

Konflikte zwischen elitärem und volkstümlichem Zukunftsdenken

Die Unterschiede zwischen volkstümlichem und elitärem Zukunftsdenken wurden am deutlichsten, wenn die beiden Welten aufeinanderprallten. In der Regel geschah das, wenn Herrscher versuchten, Formen volkstümlichen Zukunftsdenkens zu unterdrücken, die ihrer eigenen Autorität als Zukunftsgestalter widersprachen oder diese gefährdeten.

In den nomadischen Hirtenvölkern der eurasischen Steppen vollzogen sich Aufstieg und Fall von Reichen so rasch, dass diese Konflikte manchmal hochdramatische Formen annahmen. Anfang des 13. Jahrhunderts erlebten die mongolischen Untertanen von Dschingis Khan in nur einer Generation den Übergang von kleinen Hirtensippen mit traditionellen religiösen Praktiken und Glaubensinhalten zu einem Weltreich, das einen großen Teil Eurasiens umfasste und von den Universalreligionen der Achsenzeit beeinflusst wurde. In der traditionellen mongolischen Welt hatten die Schamanen, die das volkstümliche Zukunftsdenken beherrschten, großen Einfluss. Viele von ihnen waren Häuptlinge.[13] Sie heilten Kranke, verfielen in Trance, betrieben Himmelskunde und sagten Sonnen- und Mondfinsternisse voraus. Anhand von Rissen in verbrannten Schafsknochen prophezeiten sie die Zukunft, erkannten Hexen und nannten die Tage, die günstig zum Kriegführen oder zum Abbruch der Zelte waren. Einige beeinflussten mithilfe von Steinen das Wetter oder riefen Schneestürme herbei. Dschingis Khan selbst behauptete, über schamanische Kräfte zu verfügen. Laut dem persischen Chronisten Dschuzdschani war er »in der Kunst der Zauberei und Täuschung bewandert und mit einigen Teufeln befreundet. Hin und wieder verfiel er in Trance, und in diesem Zustand der Betäubung kamen ihm alle möglichen Äußerungen über die Lippen.«[14]

Als Dschingis Khan (Temüdschin) zu höchster Macht aufstieg, war der wichtigste Schamane in seinem Gefolge Teb Tengri, von dem man sich erzählte, er reite auf einem grauen Pferd in den Himmel, gehe im tiefsten Winter nackt auf Wanderschaft und verwandle Wasser in Dampf. Die beiden waren seit ihrer Jugend befreundet. Teb Tengri erklärte, der Himmel habe Temüdschin zum künftigen König der Welt auserkoren und ihm den Titel Dschingis Khan oder »Weltenherrscher« verliehen.[15] Aber Dschingis Khans Macht nahm unaufhaltsam zu, und so herrschte er schließlich über Menschen vieler Kulturen und Religionen, darunter Buddhisten, Taoisten und Muslime. Das erweiterte seinen philosophischen und religiösen Horizont, so dass er etwas von der universalistischen Geisteshaltung der Achsenzeit annahm. Der muslimische Geschichtsschreiber Dschuwaini, der für Dschingis Khans

Nachfolger arbeitete, schrieb: »Dschingis Khan vermied religiösen Eifer und hütete sich, eine Religion vorzuziehen und sie über andere zu stellen. Er ehrte und achtete die Gelehrten und frommen Anhänger aller Glaubensrichtungen, weil er wusste, dass ihr Verhalten der Weg zu Gottes Hofstaat war.«[16]

Dschingis Khans Offenheit für andere Perspektiven könnte den wachsenden Konflikt zwischen den beiden Schamanen erklären. Um 1210 begannen Teb Tengri und seine Familie Dschingis Khans Autorität zu untergraben. Sie bedrohten seinen Bruder Otschigin und andere Angehörige, machten ihm einige Anhänger abspenstig, und Teb Tengri prophezeite, Dschingis Khan werde die Gnade des Himmels verlieren.[17] Laut dem Epos *Die geheime Geschichte der Mongolen* erfuhr Dschingis Khan, dass Teb Tengri und dessen Brüder planten, ihn zu besuchen, woraufhin er zu seinem Bruder Otschigin, der eigene Gründe hatte, dem Schamanen zu misstrauen, sagte: »Teb Tengri wird jetzt kommen. Was immer du ihm antun willst, musst du entscheiden.« Otschigin erwartete den Besucher mit drei »starken Männern«, und als Teb Tengri eintraf, forderte Otschigin ihn zum Ringkampf heraus. »Otschigin packte Teb Tengri am Kragen und sagte: ›Gestern hast du mich gezwungen, Wiedergutmachung zu leisten. Lass uns jetzt unsere Kräfte messen!‹« Otschigin zog Teb Tengri aus Dschingis Khans Zelt hinaus, wo die drei starken Männer warteten. Sie brachen dem Schamanen das Rückgrat und warfen seine Leiche zu Boden – eine Form der Hinrichtung, die bei Personen von Stand angewandt wurde, um kein Blut zu vergießen. In der dritten Nacht nach seinem Tod verschwand Teb Tengris Körper aus dem Zelt, in das man ihn abgelegt hatte, was beweise, so behauptete Dschingis Khan, dass selbst der Himmel ihn verschmäht habe. Dazu schreibt der Historiker Christopher Atwood: »Damit wurde Teb Tengri von Dschingis Khan als die Stimme abgelöst, die im Reich den Willen des Himmels verkündete.«[18]

Diesem Streit lagen viele politische und religiöse Konflikte zugrunde. Aber zum Teil handelte es sich dabei um eine Auseinandersetzung über die Frage, wer über die Zukunft entscheiden solle, ein Schamane, dessen Anschauungen lokal und persönlich waren, oder ein aufsteigender Herrscher mit einer Weltsicht, die umfassender und universalistischer war. Diese Weltsicht überlebte Dschingis Khans Tod. Im Jahr 1254 war der christliche Gesandte Wilhelm von Rubruck anwesend, als Dschingis Khans Enkel Möngke Khan aufmerksam den Vertretern verschiedener Religionen lauschte, bevor er verkündete: »Wir Mongolen glauben, dass es nur einen Gott gibt, aber wie Gott der Hand verschiedene Finger gab, so hat er den Menschen verschiedene Wege gegeben, selig zu werden.«[19]

Wenngleich nicht immer so gewalttätig, waren Konflikte zwischen verschiedenen Ansichten über die Welt und die Zukunft im Agrarzeitalter allgegenwärtig.[20]

Elitäres Zukunftsdenken im Agrarzeitalter

Die Gebildeten und Mächtigen haben uns viele schriftliche Zeugnisse ihres Zukunftsdenkens hinterlassen. Besonders ergiebig sind die griechischen, römischen, mesopotamischen und chinesischen Quellen, weshalb sich die folgenden Abschnitte vor allem auf Belege aus diesen Regionen stützen.

Zukunftsdenken in der griechischen und römischen Antike

Vor 2000 Jahren umfasste die Mittelmeerwelt viele unterschiedliche Gemeinschaften und Staatswesen, von entlegenen Dörfern über koloniale Stadtstaaten bis hin zu Riesenreichen, und so finden sich dort Belege für viele verschiedene, einander überschneidende Ebenen des Zukunftsdenkens.

Weissagung gab es überall. Sie war selbstverständlich, alltäglich und eine Angelegenheit des gesunden Menschenverstands. In einer kürzlich erschienenen Studie über Divination in Griechenland schreibt die klassische Altertumswissenschaftlerin Sarah Johnston:

> Wahrscheinlich haben in der Antike die meisten Menschen alle paar Tage irgendeine Form der Weissagung praktiziert oder miterlebt: Zur Weissagung gehörten immer Opfer an

die Götter, wobei es gewöhnlich darum ging, über einen Feldzug zu entscheiden, Klarheit in Sachen eines verwirrenden Traums zu gewinnen, sich Rat für die Diagnose oder Behandlung einer Krankheit oder für die Wahl einer Braut zu holen, und manchmal auch darum, zu erfahren, warum der eigene Körper zuckte oder das Kind nieste. Bei dem Spaziergang über den antiken Marktplatz traf man nicht selten auf einen »Bauchredner«, der einen prophetischen Geist in seinem Körper herumtrug, einen orphischen Priester, der einem sagen konnte, was es bedeutete, wenn einem ein Wiesel über den Weg gelaufen war, oder auf eine staatliche Abordnung, die aufbrach, um das delphische Orakel in einer Angelegenheit des Allgemeinwohls zu befragen.[21]

In der *Anabasis,* die von Xenophons langem Marsch durch Persien erzählt, ist auch zu lesen, wie viel Einfluss die Weissagung auf Taktik und Moral einer Schlacht haben konnte: »Die Seher opferten nun und ließen das Blut in den Strom fließen; die Feinde aber schossen und schleuderten, wiewohl noch ohne Wirkung. Da das Opfer einen glücklichen Erfolg versprach, so stimmten alle Soldaten den Schlachtgesang an und jauchzten sich den Kriegsruf zu.«[22] Wie konnte man Weissagungen nicht ernst nehmen, wenn die bedeutendsten antiken Denker Griechenlands und Roms nicht nur an die Götter und Geister der offiziellen Religion, sondern auch an die Weissagung glaubten? Augustinus war überzeugt, dass *Dämonen* Nachrichten zwischen der Menschen- und der Geisterwelt überbrachten. Wie wir gesehen haben, verteidigte selbst der skeptische Cicero einige Formen der Weissagung. Die Historikerin Mary Beard vertrat sogar die Ansicht, er habe Weissagungen extrem ernst genommen, obwohl er darin eher eine Möglichkeit sah, sich göttliche Billigung zu verschaffen, als eine Methode, in die Zukunft zu schauen.[23]

Viele Weissagungsmethoden haben die Griechen aus der babylonischen und assyrischen Tradition übernommen.[24] Wie ihre mesopotamischen Berufskollegen beobachteten die griechischen Weissager den Flug der Vögel, die zu den Göttern aufstiegen, untersuchten die Organe der Opfertiere, hörten sich Träume an, achteten auf seltsame Ereignisse, warfen Lose und deuteten Vorzeichen.

Besonders feierlich waren die Prophezeiungen von Orakeln an speziellen Stätten oder in Tempeln wie etwa Delphi, die von lokalen Priestern und Adligen betreut wurden. Die Befragung des Orakels von Delphi war eine ernsthafte Angelegenheit, theatralisch, Ehrfurcht gebietend, kosten- und zeitaufwendig. Beim Aufstieg nach Delphi wusste der Ratsuchende, dass er sich dem Sitz der Götter näherte. Überall spürte er die Macht. Delphi selbst, auf dem Parnass gelegen und mit einem majestätischen Blick über den Golf von Korinth, war atemberaubend. Es war entlegen, der Besucher brauchte Zeit, um es zu erreichen, und wenn er dort eintraf, fand er eine ganze Gemeinschaft vor, die ihm und dem Orakel zu Diensten war. Es gab Gasthäuser, Herbergen, Händler und Geschäfte, in denen er Opfertiere kaufen konnte.[25] Er bezahlte für die Befragung der weissagenden Priesterin, der »Pythia«, die zu bestimmten, nur an wenigen Tagen im Jahr stattfindenden Feiertagen Apollons Botschaften übermittelte.

Zu den divinatorischen Ritualen in Delphi gehörten auch schamanische Elemente. Die Pythia sprach in Trance, die angeblich durch »Dämpfe« in der Höhle hervorgerufen wurde. Moderne geologische Untersuchungen haben dort Ethen, Ethan und Methan nachgewiesen. Tatsächlich entspricht der süßliche Geruch von Ethen den Beschreibungen zeitgenössischer Quellen, unter anderem der Schriften Plutarchs.[26] Die dunklen Andeutungen der Pythia wurden von Priestern übersetzt, so dass der Ratsuchende trotz aller Ausgaben und Mühen immer zwei Schritte von dem erhabenen Gott Apollon getrennt blieb. Thomas Hobbes, der über die meisten Arten der Weissagung spottete, meinte dazu: »Diese Antworten wurden absichtlich doppeldeutig formuliert, um beide Möglichkeiten für den Ausgang offenzulassen, oder widersinnig durch die giftigen Dämpfe des Ortes, die sich sehr häufig in schwefelhaltigen Höhlen befinden.« Die Zukunftsforscherin Oona Strathern vertritt die Ansicht, die eigentliche divinatorische Arbeit sei von den Priestern geleistet worden, die »mithilfe ihrer Intelligenz und einem weitgespannten Netz von Kontakten, Klatsch und Boten Informationen einholten, die sich für geschickte oder ›passende‹ Antworten eigneten und damit für die Zufriedenheit des Kunden sorgten«.[27]

Wir haben sehr viele Belege für die Fragen, die Orakeln gestellt wurden, weil viele Weissagungsstätten über die Fragen und Antworten genau Buch führten. Wie nicht anders zu erwarten, liegen die meisten Fragen in der Roten Zone des Zukunftskegels 3, der Angstzone. Meist ging es um Einzelpersonen oder Familien und deren Mikrozukünfte. Werden wir gesund bleiben? Werden wir glücklich sein? Warum bin ich krank? Wer hat mich krank gemacht? Werde ich Kinder bekommen, und wird es ihnen gut gehen? Soll ich diese Stellung annehmen? Betrügt mich jemand? Vom 6. bis zum 3. Jahrhundert v. Chr. hielt man am Orakel von Dodona in Griechenland Fragen und Antworten auf Bleitäfelchen fest. Hier einige Beispiele:

- Geris fragt Zeus wegen einer Frau, ob es besser ist, eine zu nehmen.
- Herakleidas fragt Zeus und Dione (…), ob seine Frau Aigle Kinder haben wird.
- Lysanias fragt Zeus Naios und Deona, ob das Kind, mit dem Annyla schwanger ist, nicht von ihm ist.
- Kleotas fragt Zeus und Dione, ob es besser und einträglicher für ihn ist, Schafe zu halten.[28]

Offizieller und allgemeinerer Natur waren die Fragen, die den griechischen Orakeln von Stadtstaaten und deren Gesandten gestellt wurden. 426 v. Chr. fragt eine Delegation aus Sparta das Orakel von Delphi, ob sie eine Kolonie in Herakleia Trachinia gründen sollten. Sie erhielten den Rat, es zu tun. 432 oder 431 v. Chr. wollte eine spartanische Delegation wissen, ob sie Athen angreifen sollten. Laut Thukydides antwortete das Orakel: »Wenn ihr mit all eurer Macht in den Krieg zieht, wird der Sieg euer sein, und ich, Apollon, werde euch helfen, ob ihr mich darum bittet oder nicht.«[29] Diese letzte Antwort erinnert daran, dass selbst das berühmte Orakel von Delphi Auskünfte lieferte, die so unbestimmt, offen und wenig hilfreich waren wie die Aussagen in heutigen Glückskeksen. Aber sie zeigt uns auch, dass selbst die verschwommensten Vorhersagen die Zukunft beeinflussen können, denn die Spartaner griffen tatsächlich an und lösten damit den Peloponnesischen Krieg aus, der fast dreißig Jahre dauern sollte. Ob sie wohl auch angegriffen hätten, wenn das Orakel ihnen eine andere Antwort gegeben hätte?

Zukunftsdenken in den bürokratischen Reichen von Mesopotamien und China

Auf den obersten Ebenen großer bürokratischer Reiche wie jener, die im 2. und 1. Jahrtausend v. Chr. in Mesopotamien und China entstanden, finden wir Methoden des Zukunftsdenkens, die allgemeiner und unpersönlicher sind, weil sie nicht das Schicksal von Einzelpersonen oder Familien betreffen, sondern das ganzer Gesellschaften. In einer Vergleichsstudie griechischer und chinesischer divinatorischer Techniken merkt die Historikerin Lisa Raphals an, dass sich in den relativ kleinen Gesellschaften des klassischen Griechenlands die meisten Fragen an bestimmte Götter richteten, während die divinatorischen Praktiken im kaiserlichen China »ein anderes, mechanischeres und wohl auch naturalistischeres Bild ergaben«.[30] In den Händen mächtiger Herrscher und ihrer hohen Beamten wurde das Zukunftsdenken wegen seiner politischen Bedeutung darüber hinaus stärker kontrolliert. Häufig nahm es propagandistische Züge an.

Mesopotamische Traditionen

Womöglich ist unser ältester direkter Beleg für offizielle Weissagungen eine Sammlung von Briefen, die im 18. Jahrhundert v. Chr. in der mesopotamischen Stadt Mari geschrieben wurden. Sie enthalten indirekte Berichte über Prophezeiungen, die hinterher möglicherweise beschönigt wurden, um bestimmte Deutungen der beschriebenen Ereignisse nahezulegen. In den meisten Briefen geht es um Botschaften der Götter an die Herrscher. Beispielsweise wird in einem Brief von Nachrichten des Gottes Sama berichtet, die ein Prophet dem König von Mari, Zimri-Lim (ca. 1774–1760 v. Chr.), überbringt. Dort heißt es in einem Abschnitt:

> Samas sagt also: »Hammurabi, König von Kurda, [sprach b]etrügerisch mit dir, und er heckt einen Plan aus. Deine Hand

wird [ihn fangen], und in [seinem] Land wirst du einen Restaurationserlass ver[künden]. Jetzt ist das Land in [seiner Gänze] dir in die Hand gegeben. Wenn du die Herr[schaft] über die Stadt antrittst und den Restaurationserlass verkündigst, [zei]gt das, dass deine Königsherrschaft ewig[lich] ist.«[31]

Das sieht nach einer offiziellen Weissagung einfachster Form aus: Ein mächtiger Sterblicher sucht Rat bei den Göttern. Aber es könnte auch eine Form der Propaganda sein, eine Möglichkeit, den Untertanen und Feinden klarzumachen, dass Zimri-Lim mächtige göttliche Verbündete hat.

Tausend Jahre später, im 7. Jahrhundert v. Chr., bewahrten offizielle assyrische Weissager ausführliche Aufzeichnungen in der Bibliothek von König Aschschur-bani-apli in Ninive auf, die mehr als 300 Tontafeln umfasste, was Tausenden von Seiten eines heutigen gedruckten Textes entspricht.[32] In diesen Aufzeichnungen sind die Stimmen der Götter gedämpfter und mechanischer. In divinatorischen Berichten aus Ninive ist der Kontakt zu den Göttern nicht mehr so eng und beschränkt sich mehr auf die Deutung von Zeichen, was auf eine eher empirische und unpersönliche Form des Zukunftsdenkens schließen lässt. So liefern sie technische und mechanische Anleitungen zur Deutung der Eingeweide von Opfertieren. Beim Studium der Leber eines geopferten Schafs: »Wenn die Basis der Präsenz lang ist und zum *rechten* Sitz des Pfads abfällt: Der Feind wird dem Fürsten das Land nehmen, im Kampf wird der Feind mich besiegen und in meinem Lager stehen.« Dagegen: »Wenn die Basis der Präsenz lang ist und nach *links* abfällt: Der Fürst wird seinem Feind das Land nehmen, im Kampf werde ich den Feind besiegen und in seinem Lager stehen.« Möglicherweise wurden diese Tafeln verwendet, um offizielle Weissager auszubilden, genau wie die vielen Ton- oder Bronzemodelle von Tierlebern, die man im Nahen Osten gefunden hat.[33]

Es ist nicht ersichtlich, ob die Zeichen, die in den tierischen Eingeweiden entdeckt wurden, von den Weissagern des 7. vorchristlichen Jahrhunderts als direkte Botschaften der Götter oder als unpersönliche Hinweise auf kosmologische Trends und Regelmäßigkeiten gedeutet wurden. Damals studierte man solche Regelmäßigkeiten mit besonderer Sorgfalt am Himmel, denn Astronomie und Astrologie erlebten im Mesopotamien des ersten vorchristlichen Jahrtausends eine Blütezeit. Ursprünglich als eine Methode betrachtet, günstige und ungünstige Zeiten für Vorhaben wie den Beginn eines Krieges zu bestimmen, verschmolz die Himmelskunde schließlich mit der Anschauung des Achsenzeitalters, wonach die kosmologischen Gesetze universelle Regelmäßigkeiten und Trends erkennen ließen, die den Willen mächtiger Götter oder vielleicht auch einfach die unpersönliche Vernunft des Universums widerspiegelten.[34]

Chinesische Traditionen

Die frühesten chinesischen Belege für Weissagungen stammen aus der Regierungszeit des Shang-Königs Wu Ding (ca. 1200–1181 v. Chr.). Wie in Mesopotamien schließen frühe Beispiele für Weissagung die direkte Kommunikation mit Göttern ein, besonders mit Ahnengöttern. Doch selbst den frühesten chinesischen Aufzeichnungen fehlt der ekstatische oder tranceartige Charakter, den das delphische Orakel aufwies. In China ist der Ton nüchtern und unpersönlich. Die Shang-Weissager riefen die Geister der Ahnen an, als wären sie Regierungsbeamte, alle mit eigenen Rängen, Ämtern und Fachgebieten. Unbedeutendere Fragen wurden an unbedeutendere Ahnen gestellt. Die großen Fragen hingegen, in denen es um Krieg und Frieden oder die Ernte ging, richteten sich an den bedeutendsten Ahnen oder den höchsten Gott Di, der in der Götterwelt dem Kaiser entsprach und als einziger Gott über Wind und Regen herrschte.[35]

Seit Ende des 19. Jahrhunderts haben chinesische Archäologen riesige Sammlungen von Orakelknochen gefunden, meist Schulterblätter von Rindern oder Bauchpanzer von Schildkröten. Auf die ersten stieß man 1898 in Dörfern bei Anyang im Norden der Provinz Henan, wo sie als »Drachenknochen« verkauft wurden. Den Fachleuten war rasch klar, dass es sich bei den Markierungen, die sie trugen, um frühe Beispiele der chinesischen Schrift handelte. Seither hat man in China rund 200 000 Inschriften auf Orakelknochen gefunden, von denen ewa 50 000 veröffentlicht worden sind.[36]

Weissagung anhand von Brandmarkierungen auf Knochen bezeichnet man als Skapulimantie. Die Praxis war weit verbreitet, gewann aber in der offiziellen chinesischen Weissagung ab dem Ende des 2. vorchristlichen Jahrtausends besondere Bedeutung und eine festgelegte Form. Shang-Könige oder deren Wahrsager kerbten ihre Fragen in den Bauchpanzer von Schildkröten oder in die Schulterblätter von Rindern, und die Antworten offenbarten sich in der Form der Risse, die sich bildeten, wenn die Knochen erhitzt wurden. Die meisten Fragen betrafen die hohe Politik, daher war Weissagung eine ernste Angelegenheit. Die Shang-Könige investierten viel Geld, Personal und Zeit in sorgfältige Weissagungen.[37] Im Laufe der Zeit wurde die divinatorische Bürokratie immer komplexer. Die Zhou-Könige des 3. Jahrhunderts v. Chr. hatten drei divinatorische Beamte, jeder mit einem eigenen Stab: einen Leiter für Weissagung, einen Leiter für Beschwörung und einen Leiter für Astronomie. Der Erste weissagte (mithilfe von Schildkrötenpanzern, Träumen und indem er Schafgarbenstängel warf), der Zweite beschwor die Geister und der Dritte hielt die Ergebnisse fest. Der Astronom oder *Taishi* (eine Funktion, die später der berühmte Geschichtsschreiber Sima Qian innehatte) führte auch kalendarische Berechnungen durch und setzte günstige Tage für Ereignisse und Entscheidungen fest.[38]

Die Shang-Könige sammelten riesige Mengen von Rinderknochen und Schildkrötenpanzern, häufig in Form von Tributen. Sie wurden gereinigt, vorbereitet und rituell geweiht, bevor Fragen und dann auch Antworten zusammen mit den Namen der Weissager eingekerbt wurden. Nach Gebrauch wurden die Knochen in besonderen Archiven aufbewahrt.[39] Der folgende Bericht von David Keightley, einem Experten für chinesische Weissagung, zeigt, wie sorgfältig kaiserliche Weissagungsrituale geplant und durchgeführt wurden.

> In die Rückseiten von Schulterblättern und Bauchpanzern wurden mit großer Sorgfalt und Mühe Vertiefungen gemeißelt oder gebohrt, so dass die Risse, die auf der Vorderseite auftraten, wenn der Weissager die Vertiefungen erhitzte, ihrerseits eine Reihe vorgegebener Muster beschrieben. Im

Unterschied zu den freien Formen der Pyromantie anderer Kulturen, bei denen der Knochen einfach ins Feuer geworfen oder irgendeine Stelle der unbehandelten Knochenoberfläche erhitzt wurde, überließ man bei den pyromantischen Rissen der späten Shang-Dynastie nichts dem Zufall. Kein Riss konnte an einer Stelle erscheinen, den die Shang-Weissager nicht vorgegeben hatten. Die Mächte durften sich nicht auf unerwartete Weise offenbaren. Streng wurden die übernatürlichen Antworten kanalisiert.[40]

Die Bandbreite möglicher Antworten war begrenzt, und zwar nicht nur durch die Vorbehandlung der Knochen, sondern auch durch die Fragen, die knapp und in Form einfacher Alternativen gestellt wurden, beispielsweise:

»Es wird eine / keine gute Ernte geben.«
»Es wird / wird nicht regnen.«
»Der König sollte sich mit diesem Stamm verbünden (oder nicht verbünden).«
»Der König sollte diesen angreifen (oder nicht angreifen).«
»Fu Haos Schwangerschaft wird gut / nicht gut verlaufen.«

Offizielle Weissager hatten erheblichen Einfluss auf die Prophezeiungen. Das legt den Schluss nahe, dass es bei vielen Fragen nicht um *Informationen* über die Zukunft ging, sondern um den Versuch, die Zukunft zu *managen* oder zu *zeigen, dass man Macht über sie hatte*. David Keightley meint, einige divinatorische Rituale seien in Wirklichkeit »Zaubersprüche, mit denen die Zukunft beschworen werden sollte«. Wenn man also in einen Knochen kerbte, dass die Ernte gut sein werde, war das letztlich Zukunftsmanagement durch analoge Magie.[41] Die Ernte zu beeinflussen, war natürlich von entscheidender Bedeutung, weil gute Ernten mehr Wohlstand für die Bauern und den göttlichen Segen für ihre Herrscher versprachen. Besonders deutlich zeigen die »plakativen Inschriften«, wie Keightley sie nennt, den theatralischen und propagandistischen Aspekt der offiziellen Weis-

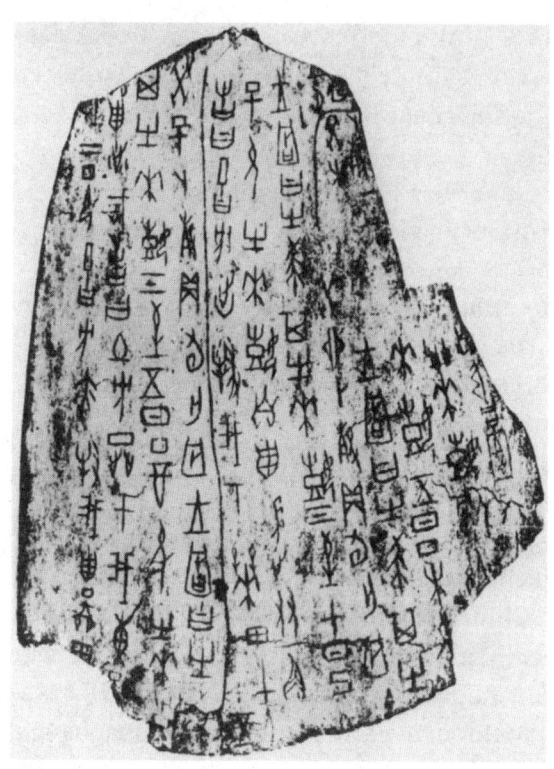

Abbildung 6.1: Orakelknochen (Schulterblatt) mit Inschriften mehrerer Weissagungen aus der Regierungszeit des Shang-Königs Wu Ding. (aus Keightley, »The Shang«, S. 243).

sagung. Diese Inschriften sind königliche Vorhersagen mit anschließenden Belegen für ihre Genauigkeit. Offenkundig wollen die Herrscher hier demonstrieren, wie viel Macht sie über die Zukunft haben. Es geht also nicht nur um Weissagung, sondern auch um Legitimation.[42]

In den Fragen, die chinesische Könige und Kaiser stellten, ging es um Wetter und Ernte, den Erfolg von Projekten und Plänen, die Besetzung wichtiger Stellungen, die Bedeutung seltsamer Ereignisse oder Träume. Es gab auch persönliche Fragen über die königliche Familie, Heiraten, Geburten, Thronnachfolgen und die Gesundheit des Herrschers. Doch im kaiserlichen Kontext waren diese Fragen nie *nur* persönlich, weil die Antworten große politische Bedeutung hatten.[43] Viele Fragen folgten einem allgemeinen Schema: Werden meine Handlungen Erfolg haben? Ist es der richtige Zeitpunkt zum Handeln? Zur Zeit der Han-Ära, ab Ende des 3. Jahrhunderts v. Chr., kamen Tageskalender auf, die günstige und ungünstige Zeiten für verschiedene Vorhaben aufführten. Viele boten Vorschläge für Reisen an:

> Rückkehr nach Hause: In allen Fällen kannst du im dritten Frühlingsmonat an einem ji- oder chou-Tag nicht nach Osten reisen. Im dritten Sommermonat kannst du an einem wu- oder chen-Tag nicht nach Süden reisen. Im dritten Herbstmonat kannst du an einem ji- oder wei-Tag nicht nach Westen reisen. Im dritten Wintermonat kannst du an einem wu- oder xu-Tag nicht nach Norden reisen. [Reisen] unter einhundert [li] sind sehr ungünstig. Reisen über zweihundert li sind verhängnisvoll.[44]

Während des 1. vorchristlichen Jahrhunderts, in Jaspers »Achsenzeit«, ging es in den offiziellen chinesischen Weissagungen nicht mehr so sehr um den Rat der Ahnen, sondern vielmehr um tiefe kosmologische Trends und Regelmäßigkeiten. Dazu meint die Historikerin Lisa Raphals: »Die chinesischen Methoden wurden zunehmend unabhängig von direkten Interaktionen zwischen Menschen und Göttern. Der systematische Ansatz, der für die meisten divinatorischen Methoden zur Zeit der Streitenden Reiche [5. bis 3. Jahrhundert v. Chr.] charakteristisch war, ließ sich mit der Beobachtung natürlicher Abläufe durchaus vereinbaren.«[45] David Keightley sieht in diesem Wandel ein Zeichen für die wachsende Überzeugung, dass Himmel und Erde universellen kosmischen Gesetzen unterworfen sind. Die offizielle chinesische Religion und Weissagung erlangten eine »Diesseitigkeit«, die für die chinesische Philosophie im Allgemeinen charakteristisch wurde.[46]

In den philosophischen Systemen des Konfuzianismus und Daoismus, die Mitte des 1. Jahrtausends v. Chr. Gestalt annehmen, geht es in erster Linie um die universellen Prinzipien der Ethik und Existenz. Symptomatisch für diese Verlagerung hin zu einer unpersönlicheren Kosmologie ist die wachsende Bedeutung der Astronomie. Die Astronomie bildete einen ontologischen Grenzbereich, in dem Götterwille und eher unpersönliche Gesetze und Kräfte miteinander um die Macht über die Zukunft stritten. Waren unerwartete astronomische Phänomene wie Kometen oder neue Sterne (Supernovae?) als Zeichen der Götter oder als Beweise für die Wirkung einer unpersönlichen kosmologischen Maschinerie zu verstehen? In der antiken Astronomie, in China und in vielen anderen Agrarkulturen, spielte immer auch der Gedanke eine Rolle, dass der Himmel unser Leben ganz unabhängig von den Göttern beeinflussen könne.[47] Diese Überzeugung war gleichermaßen Anlass zu Fatalismus wie zu Weissagungen. So sieht es auch der Schurke Edmund in Shakespeares *König Lear*: »Das ist die tollste Narrheit dieser Welt: Geht es einmal schlecht mit unserm Glück – oft, weil wir's zu weit getrieben haben in unsrer Lebensführung, schieben wir die Schuld an unsern Desastern auf Sonne, Mond und Sterne, als wenn wir Schurken wären durch Notwendigkeit, Narren durch himmlische Einwirkung, Schelme, Diebe und Verräter durch die Übermacht der Sphären, Trunkenbolde, Lügner und Ehebrecher durch zwingende Abhängigkeit von planetarischem Einfluß.«[48]

Chinesische Astronomen-Weissager verwendeten zweiteilige Astrolabien: eine kreisförmige »Himmels«-Platte, auf der Tag und Stunde eingestellt werden konnten, und eine unbewegliche »Erd«-Platte, die nach den vier Himmelsrichtungen ausgerichtet war.[49] In den *Riten von Zhou*, einem Text aus dem 3. Jahrhundert v. Chr., wurde erklärt, wie der königliche Astronom die Bewegungen der Himmelskörper und Sternenhaufen verfolgte, »um [ihnen entsprechende] Trends in der irdischen Welt zu erkennen und auf diese Weise Glück und Unglück unterscheiden (vorhersagen) zu können. Die verschiedenen Regionen des Reichs waren von je anderen Himmelskörpern abhängig, deren Bewegungen ihr »Wohl und Wehe« vorhersagten. Anders als die westliche Astronomie, konzentrierte sich China auf den Nordhimmel und verwendete Ursa Major (den Großen Bären) als eine Art Himmelszeiger.[50]

Das folgende Beispiel – es stammt von Sima Qian – lässt ahnen, wie astronomische Beobachtungen in der offiziellen Weissagung verwendet werden konnten. König Yuan von Song hatte einen verstörenden Traum und ließ seinen Weissager Wei Ping kommen, damit er ihm den Traum erkläre.

> Wei Ping stand auf, stellte das mantische Astrolabium von Hand ein [vermutlich, um Datum und Stunde einzugeben]. Als er zum Himmel emporblickte, suchte er das Licht des Mondes, dann schaute er, wohin der Große Bär zeigte, und bestimmte die Position der Sonne. Als Hilfsmittel dienten ihm Kompass, Winkelmaß, ein Gewicht und eine Waage. Nachdem die vier Knotenpunkte festgelegt waren und die acht Trigramme einander genau gegenüberlagen, suchte er nach Anzeichen für Glück oder Unglück.[51]

Die Geschichte des *Yijing* zeigt anschaulich, wie sich Götter und Geister allmählich aus der Weissagungspraxis der Eliten zurückzogen und wie das Zukunftsdenken immer stärker von unpersönlichen und philosophischen Einflüssen geprägt wurde.[52] Die älteste Form des *Yijing* war das *Zhouyi*, eine Sammlung von Weissagungsformeln, die wahrscheinlich bis in die Anfänge der Zhou-Ära (1050–771 v. Chr.) zurückreichen. Seine Formeln waren mit 64 verschiedenen »Hexagrammen« verknüpft, die sich jeweils aus zwei »Trigrammen« zusammensetzten. Jedes Trigramm bestand aus drei Linien, die entweder durchgehend oder zweigeteilt waren. Im Laufe der Zeit setzten sich an den ursprünglichen Formeln und Hexagrammen Kommentare und Deutungen wie Moos ab, so dass ein extrem vielfältiges, komplexes und häufig abstruses Weissagungssystem entstand. In der Han-Ära waren diese Kommentare in den »Zehn Flügeln« formalisiert worden, die Standarddeutungen für die Hexagramme lieferten. Die vielfältige Interpretationsliteratur, die sich an den Hexagrammen anlagerte, schlug tiefe Wurzeln in der chinesischen Gedankenwelt und Philosophie und trug zur Formalisierung und Bereicherung des alten kosmologischen Doppelsystems Yin (durchbrochene Linien) und Yang (durchgezogene Linien) bei.

Man kann sich die Hexagramme und ihre gesammelte Deutungsliteratur vielleicht als eine Art Enzyklopädie von Lebenssituationen und möglichen Zukünften vorstellen, geschrieben in der dunklen Sprache, die typisch für prophetische Verkündigungen ist. Um mithilfe des *Yijing* weiszusagen, musste man ein Hexagramm zufällig auswählen. Häufig geschah dies, indem Schafgarbenstängel geworfen wurden. Da-

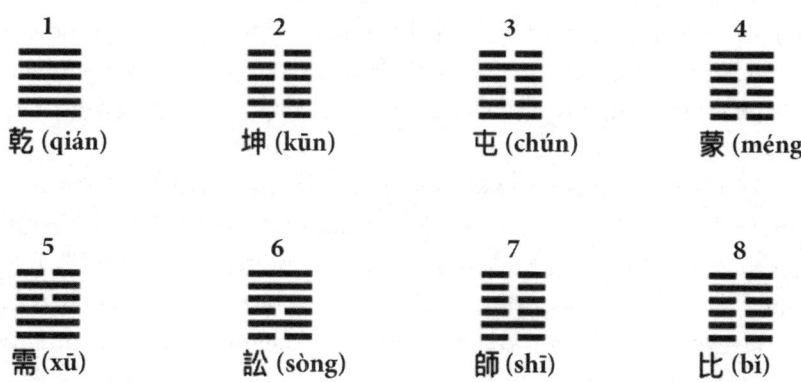

Abbildung 6.2: Die ersten acht der 64 Hexagramme des Yijing (aus dem Wikipedia-Eintrag „I Ging", https://de.wikipedia.org/wiki/I_Ging)

durch erhielt man die Zahlen, aus denen sich das Hexagramm von der untersten bis zur höchsten Linie aufbauen ließ. Das war der leichte Teil.

Die Interpretation der verklausulierten »Urteile«, die mit jedem Hexagramm verknüpft sind, war eine so komplizierte Aufgabe, dass der vom *Yijing* faszinierte C. G. Jung einmal sagte: »Je weniger man über die Theorie des *Yijing* nachdenkt, desto ruhiger kann man schlafen.«[53]

Das erste Hexagramm, »Qian« oder »der Himmel«, hat sechs durchgezogene Linien und stellt »das Schöpferische« dar, während das zweite, »Kun« oder »die Erde« aus sechs durchbrochenen Linien besteht und für »das Empfangende« steht. Das »Urteil« zum ersten Hexagramm enthält eine Reihe von Aussagen. Nach einer Aufforderung zu einer Opfergabe, um das Göttliche günstig zu stimmen, heißt es: »Verdeckter Drache, handle nicht. (…) Erscheinender Drache auf dem Feld. Fördernd ist es, den großen Mann zu sehen. (…) Der Edle ist den ganzen Tag schöpferisch tätig. Des Abends noch ist er voll innerer Sorge. Gefahr. Kein Makel«, und so fort.[54] Selbst den Zeitgenossen blieb der Sinn dieser Formeln unklar. Aber wie bei vielen Formen der Weissagung war die mangelnde Klarheit ein notwendiges Element des Geschäfts. Einerseits sorgte sie dafür, dass eine Vorhersage schwerer zu widerlegen war. Andererseits zwang sie die Klientel dazu, sorgfältig über möglicherweise verborgene Bedeutungen nachzudenken, die eigene Intuition zu nutzen und die vielen verfügbaren Kommentare zurate zu ziehen, weil es bei der Weissagung tatsächlich nicht nur um Vorhersagen ging. Sie half den Menschen auch, ihr Denken für neue Möglichkeiten zu öffnen.

Die oben beschriebene Wandlung der offiziellen chinesischen Weissagung von inspirativen zu eher unpersönlichen Formen des Zukunftsdenkens ging langsam und unmerklich vonstatten, und ihre Wirkung sollte nicht übertrieben werden. Opferrituale blieben selbst bei den Eliten allgegenwärtig und von grundlegender Bedeutung, und sie implizieren immer eine Beziehung zu *Wesen* und nicht nur zu *Kräften*.[55] Aber es ist mit Sicherheit davon auszugehen, dass die Weissagung in den unteren Schichten der chinesischen Gesellschaft weniger streng und persönlicher war. Wahrsager oder Zauberpriester, die *Fangshi* hießen und jedem ihre Dienste gegen gute Bezahlung oder Beziehungen anboten, nutzten magische Kräfte, um Kranke aus der Ferne zu heilen oder Tote wieder zum Leben zu erwecken. Sie konnten Sonnen- und Mondfinsternisse und sogar den Zeitpunkt ihres eigenen Todes vorhersagen. Noch beeindruckender in ihren Techniken waren die sogenannten *Wu*, die wie sibirische Schamanen Zauberrituale und Exorzismus praktizierten, das Wetter ihrem Willen unterwarfen und mit Geistern sprachen. Aber sogar sie wurden manchmal in offizielle Rituale eingebunden. »Während Trockenzeiten tanzten sie, um Regen zu beschwören; schritten bei Kondolenzbesuchen der Königin voraus (...) und sangen, wehklagten und beteten, wenn dem Staat großes Unglück widerfuhr.«[56] Der Umstand, dass solche ekstatischen divinatorischen Aktivitäten selbst in den höchsten Schichten der chinesischen Gesellschaft üblich waren, lässt mit Sicherheit darauf schließen, dass sich in den chinesischen Dörfern und Kleinstädten noch traditionellere Formen großer Beliebtheit erfreuten.

Kurze Einblicke in das volkstümliche Zukunftsdenken

Für das Zukunftsdenken der meisten Menschen des Agrarzeitalters haben wir weit weniger Belege. Sie teilten sicherlich viele der bislang beschriebenen Ideen, Methoden und Rituale, da die kulturellen

Grenzen zwischen den Klassen für Ideen und Einstellungen durchlässig waren, besonders auf den Dörfern und großen Landgütern, wo Herren, Arbeiter, Diener und Sklaven täglich in Kontakt waren. Trotzdem wussten selbst die abergläubischsten Mitglieder der Eliten, dass sie in einer anderen geistigen Welt lebten als die meisten Menschen.

Um einen Eindruck von den volkstümlichen Formen des Zukunftsdenkens zu erhalten, müssen wir uns noch einmal an die Nasreddin-Hodscha-Methode halten. Deshalb stützen wir uns hier auf moderne Berichte über volkstümliches Zukunftsdenken in Gemeinschaften, die sich, obwohl an die moderne Welt angepasst, augenscheinlich traditionelle Denkweisen bewahrt haben. In einer jüngeren Studie über heutige Schamanen und Hexen in Südchile meint die Anthropologin Ana Mariella Bacigalupo: »Die Wurzeln dieser Rituale reichen weit zurück, aber heute erleben *Machi* [schamanische Heiler] eine Blütezeit, denn sie befassen sich mit zeitgenössischen Sorgen und binden in ihre spirituellen Praktiken viele andere moderne Elemente ein – katholische Lehren und Symbole und die medizinischen und politischen Systeme der Nation –, wobei sie sie verändern und mit neuen Bedeutungen versehen.«[57] In solchen Forschungsarbeiten zeigt sich ein Bereich volkstümlichen Zukunftsdenkens, der von Geistwesen und -kräften verschiedenster Art geprägt ist, mit denen man Kontakt aufnehmen, verhandeln und sogar kämpfen muss, um die Zukunft zu bewältigen. Von der Suche nach unpersönlichen, universellen Prinzipien, die im Zukunftsdenken der Eliten während des Agrarzeitalters immer deutlicher auszumachen ist, war in den volkstümlichen Praktiken wenig zu bemerken.

Obwohl sich durchaus gemeinsame Züge finden lassen, sind die Einzelheiten des volkstümlichen Zukunftsdenkens doch außerordentlich vielfältig, weil sie durch die lokalen Traditionen geprägt waren. Anfang des 20. Jahrhunderts waren die atheistischen Sowjetfunktionäre ziemlich befremdet, als sie in russischen Dörfern auf Formen des Zukunftsdenkens stießen, die sich offenbar seit Jahrhunderten kaum verändert hatten. Der Historiker Moshe Lewin schreibt dazu:

> All die vielen Aufgaben und Probleme eines ländlichen Haushalts wurden unter Mitwirkung von magischen Riten, Formeln, Zaubertränken und Kräutern erledigt – um Diebe zu erwischen und gestohlene Sachen wiederzubeschaffen, um eine Geburt zu einem glücklichen Ende zu bringen (auch die eines Stalltiers), um die Neuvermählten (und alle anderen) vor dem »bösen Blick« zu schützen, um die Familie vor den unheilvollen Einflüssen zu bewahren, die eine im Haus aufgebahrte Leiche heraufbeschwören konnte. Alle Stadien der Natur- und Lebenszyklen benötigen Schutz.[58]

Für russische Bauern war die Vorbereitung auf die Zukunft ein nervenaufreibendes, nie endendes Spiel mit unvorhersehbaren, gefährlichen und meist unsichtbaren Geistern und Kräften. Jeder Haushalt blieb in Kontakt mit den toten Ahnen, die in der Nähe weilten und sich um ihre Nachkommen kümmerten. *Domowiki*, Hausgeister, lebten im Haus. Andere Geister kümmerten sich um den Hof oder beschützten das Badehaus des Dorfes, ein Ort voller magischer Vorgänge, besonders nach Mitternacht.[59] Viele Geister waren gefährlich und mussten gemieden werden. Besonders unheimliche Geister lebten in Seen und Flüssen. Zu ihnen gehörten die *Rusalki* oder Wassernymphen, lebende Tote (man konnte sie erkennen, weil sich ihre Augen nicht bewegten), die unvorsichtige Menschen in einen schrecklichen Tod lockten. Es gab halb tote und untote Geister, unter anderem ungetaufte Säuglinge und Selbstmörder. Winzige Teufel versammelten sich an Kreuzungen oder an dunklen Orten. Einige hatten Schwänze. Es gab auch welche, die eigene Familien, Haushalte und Gefolge hatten. Sie waren genauso gefährlich wie ihr Herr und Meister, der Teufel. Manchmal stahlen sie Babys oder schickten jemandem eine tödliche Krankheit. Aber wer schlau war, konnte sie bestechen oder hinters Licht führen. Um Waldelfen zu verwirren, konnte man seine Kleidung verkehrt herum tragen.[60]

In russischen Dörfern gab es viele lokale Formen der Weissagung. Die Menschen fragten die Dorfwahrsager, wie lange sie leben würden, wie gut die Ernte des Dorfes würde und wie sie Diebe erwischen könnten. Besonders gefragt waren Verfahren, die einem ermöglichten, den zukünftigen Ehepartner zu sehen, weil die Ehe das wichtigste Ereignis im Leben der meisten Bauern war. Andrei Gromyko, der langjährige Außenminister der Sowjetunion beschrieb in seinen Erinnerungen, wie Leute in seinem Heimatdorf versuchten, ihren künftigen Ehepartner zu erblicken, indem sie mit einem Spiegel und einer Fackel ins Badehaus gingen und dort bis Mitternacht warteten, weil sie hofften, es werde ein Bild im Spiegel erscheinen. In einigen Dörfern setzten unverheiratete Frauen ein Huhn, einen Spiegel und eine Schüssel mit Wasser auf den Boden und streuten ein paar Gerstenkörner dazu. Wenn das Huhn in den Spiegel blickte, würde der künftige Ehemann ein Stutzer sein; wenn es von dem Wasser trank, würde er ein Trunkenbold sein; wenn es die Körner aufpickte, würde er reich sein.[61]

Ähnliche Praktiken haben Anthropologen in vielen Teilen der Welt beobachtet. Der englische Anthropologe Edward Evans-Pritchard, der in den 1920er-Jahren unter dem Azande-Volk am Obernil lebte, beschrieb den verbreiteten Brauch der »Giftorakel«. Nachdem man seine Frage gestellt hatte, verabreichte man einem Huhn eine bestimmte Dosis eines speziellen Giftes, und das Huhn lieferte die Antwort, indem es entweder starb oder überlebte. Wie so viele andere divinatorische Techniken gaben solche Methoden dem Weissager beträchtliche Macht über die Ergebnisse. Betrachten wir das Beispiel einer Sitzung, die Evans-Pritchard besuchte: »Mutter von X liegt schwerkrank darnieder. Ist Basa an ihrer Krankheit schuld? Wenn ja, Giftorakel, töte das Huhn. Wenn Basa dafür nicht verantwortlich ist, Giftorakel, schone das Huhn. Das Huhn ÜBERLEBT, gibt die Antwort ›Nein‹ (…) Wenn die bösartige Einwirkung, die Kamangas Frau bedroht, auf seinen Haushalt zurückzuführen ist, Giftorakel, töte das Huhn. Wenn die bösartige Einwirkung von den Frauen des Großvaters seiner Frau ausgeht, Giftorakel, schone das Huhn. Das Huhn ÜBERLEBT, es bestätigt damit, dass die bösartige Einwirkung vom Gehöft des Großvaters der Frau kommt.«[62] Durch weitere Fragen versuchte man, den Ursprung des Unglücks näher einzugrenzen und herauszufinden, was sich tun ließ. Häufig wurden die Fragen wiederholt, um ganz sicherzugehen.

Wenn traditionelle Methoden versagten oder unangemessen erschienen, konnte man sich an Spezialisten wenden, Menschen, die sich in Künsten wie Heilkunde, Teufelsaustreibung, Wahrsagen oder Verhandlungen mit der Geisterwelt auskannten. In den meisten Dörfern gab es Heiler oder Menschen, die in dem Ruf standen, die Zukunft vorhersagen und beeinflussen zu können. Im Jahr 1925 erschien in der russischen Provinz Twer ein Bericht über die örtliche Heilerin (*Snacharka*, »die das Wissen besitzt«) Anisia Iwanowna, von der es auch hieß, sie könne hexen und den Teufel austreiben:

> Wenn ein Mann mit seiner Frau stritt, wenn eine Kuh nicht trächtig wurde, wenn ein Mensch oder ein Tier krank wurde oder wenn ein junger Mann mit seiner Freundin Schluss machte, baten die Menschen »Mutter Anisiuschka« um Hilfe. Bevor sie noch das Haus betreten hatten, rief sie ihnen schon entgegen: »Ihr seid vom Teufel besessen. Rasch, sprecht ein Gebet!« Sie zog sich das Hemd über den Kopf, kletterte auf den Ofen oder kroch unter den Tisch und kam erst wieder hervor, wenn der Besucher eine Litanei von Gebeten aufgesagt hatte. Erst dann fragte sie nach den Gründen für den Besuch. Sie flößte dem Besucher ein trübes Gebräu ein, das den Teufel austreiben sollte, oder gab ihm einen Trank, den er in seinen Tee mischen oder einer unfruchtbaren Kuh ins Futter mischen sollte. Hartnäckig behaupteten die Dorfbewohner, Anisia habe etwas »Heiliges« an sich, und sie waren bereit, eine Wegstrecke von fünfzehn oder zwanzig Kilometer zurückzulegen, um bei ihr Hilfe zu suchen.[63]

Man ist versucht, sich vorzustellen, dass die kosmologische Welt der Anisia Iwanowna vielen der dokumentarischen Belege für volkstümliche Religionen im Agrarzeitalter zugrunde liegt und dass sich ähnliche Gestalten am Rande all unserer Evidenz über frühes Zukunftsdenken herumtreiben.

Waren die Probleme ernst genug, konnte man sich an professionelle Vertreter der Zunft wenden, die sich durch Verhandlungen mit der Geisterwelt ihren Lebensunterhalt verdienten. In seiner Autobiografie beschrieb der russische Priester Awwakum, der in den 1660er-Jahren als Dissident nach Sibirien verbannt wurde, wie einer der Wachoffiziere, die den Transport bewachten, einen tungusischen Zauberer zwang zu *schamaniten* (die Zukunft vorherzusagen):

> Am Abend holte der Zauberer (…) ein lebendes Schaf und unterzog es magischen Praktiken: Lange Zeit rollte er es hin und her, dann verdrehte er ihm den Kopf und schubste es weg. Jetzt begann er zu springen und zu tanzen, rief Teufel an und stieß eine Zeit lang schrille Schreie aus, er warf sich auf die Erde und hatte Schaum vor dem Mund; die Teufel setzten ihm zu, und er fragte sie: »Wird die Expedition gelingen?« Und die Teufel sagten: »Sie wird mit reicher Beute zurückkehren, nachdem sie einen großen Sieg errungen hat.«[64]

Awwakum hielt den Shamanen für einen Handlanger des Teufels. Er betete für die Vernichtung des Gefangenentransports, zu dem er selbst gehörte, und zeigte sich in der Tat hocherfreut, als die meisten Mitglieder der Strafexpedition getötet wurden.

Seit Awwakums Zeiten hat das Wort *Schamanismus* Eingang in die wissenschaftliche Literatur gefunden und beschreibt eine bestimmte Form der Weissagung, die oft als *Trance-Divination* bezeichnet wird. In der Trance nimmt der Akteur Kontakt mit der Geisterwelt auf.[65] Beschreibungen der Trance-Divination lassen sich in vielen verschiedenen Teilen der Welt finden. Die meisten Trance-Schamanen waren gut ausgebildet. Während einige ihre Fähigkeiten erbten, wurden andere in diese Rolle berufen, oft gegen ihren Willen oder durch große persönliche Krisen. Ana Bacigalupo berichtet, wie ein moderner *Machi* oder Schamane in Südchile durch Geister initiiert wurde:

> Eeeeeeeh! Ich werde ein Machi [Schamane] werden (…), der mit Kräutern heilt, sagten sie. Sie trugen viele verschiedene Heilpflanzen zusammen. Sie schäumten und blühten. Plötzlich gaben sie mir die Instrumente, die mich begleiten sollten. »Du wirst alle Orte der Erde bereisen. Du wirst auf einem Pferd reiten. Du wirst überall hingelangen«, sagten sie.[66]

Einige gebildete Kommentatoren des Agrarzeitalters glaubten, das schamanische oder divinatorische Talent sei eine weiterentwickelte Form von Fähigkeiten, die in den meisten Menschen zwar schlummerten, aber in Träumen aktiviert werden könnten. In Ciceros Dialog *Von der Weissagung* behauptet der Bruder Quintus, die Götter hätten jedem das Talent der Weissagung gegeben. Flammt »dieses ungewöhnlich heftig auf: so nennen wir es Raserei, wenn die Seele ganz vom Körper abgezogen, von göttlicher [übermenschlicher] Aufregung ergriffen wird«. Den meisten Menschen würden diese Kräfte fehlen, es sei denn, es handle sich um Weissagungen von »Begeisterten und [um solche], die aus Träumen, die (…) aus frei bewegtem Geiste hervorgehen«. Sogar Sokrates vertraute eher denen, die in Trance – im »weissagenden Wahnsinn« – die Zukunft offenbarten, weil sie vermutlich in direktem Kontakt zu den Göttern stünden.[67]

Schamanen gelangten durch Trance in die Geisterwelt, wobei ihnen Methoden wie Tanzen, Trommeln und das Einnehmen von Drogen halfen. Sie trugen besondere Kostüme, damit ihre Helfer aus der Geisterwelt sie erkannten, und sobald sie dort angekommen waren, bedienten sie sich der wechselseitigen Höflichkeiten und Verhandlungsmethoden, die wir aus allen auf direkter Kommunikation beruhenden Gemeinschaften kennen. Einige schlugen magische Schlachten zum Wohle ihrer menschlichen Klientel. Piers Vitebsky beschreibt einen Rachefeldzug zwischen tungusischen Clans, der begann, als der Schamane des einen Clans einen Wurm schickte, der das Mitglied eines anderen Clans töten sollte.[68] Der Wurm schlich sich an den Wache haltenden Rentiergeistern des Nachbarclans vorbei und bohrte sich in die Eingeweide seines Opfers. Ein Schamane dieses Stamms sandte die Geister einer Gans und einer Schnepfe aus, um den Wurm aus seinem Unterschlupf herauszuziehen und ihn dann vom Geist einer Eule sicher in der Unterwelt entsorgen zu lassen. Außerdem feilschten Schamanen um Fruchtbarkeit, Kriegsglück und Gesundheit ihrer Klienten. Dafür boten sie den Bewohnern der Geisterwelt Geschenke und Opfer an; sie bedrohten sie aber auch, schüchterten sie ein oder flehten sie an.

Evans-Pritchard beschreibt eine Trance-Divination beim Azande-Volk. In einer Séance, der er beiwohnte, fragte ein Bauer, ob die

Ernte der Eleusine (Fingerhirse) dieses Jahr gut ausfalle werde. Die Antwort enthielt eine Warnung, allerdings nicht vor gefährlichen Geistern, sondern vor Familienmitgliedern, die der Ernte des Bauern mit magischen Mitteln Schaden zufügen könnten. Der Wahrsager passte die Frage entsprechend an.

> Er tanzt, weil die Medizinen der Medizinmänner beim Tanzen wirksam werden und sie verborgene Dinge sehen lassen. Die Medizinen in ihnen werden dadurch aufgerüttelt und aktiv. Wird ihnen eine Frage gestellt, werden sie, um eine Antwort zu finden, sie daher eher tanzen als über sie nachsinnen. Er beendet seinen Tanz, bringt die Trommeln zum Schweigen und geht dorthin, wo sein Gesprächspartner sitzt: »Du fragst mich nach deiner Eleusine, ob sie dieses Jahr gelingt. wo hast du sie gepflanzt?« »Sir«, antwortet er, »ich habe sie jenseits des kleinen Baches Bagomoro gepflanzt.« Der Medizinmann spricht zu sich selbst. »Du hast sie jenseits des kleinen Baches Bagomoro gepflanzt, hm, hm. Wie viele Frauen hast du?« »Drei.« »Ich sehe Hexerei voraus, Hexerei voraus, Hexerei voraus: Sei vorsichtig, denn deine Frauen werden deine Eleusineernte behexen. Die Hauptfrau, sie ist es nicht, eh! Nein es ist nicht die Hauptfrau. (…) nicht die Hauptfrau, nicht die Hauptfrau. Hörst du das? Nicht die Hauptfrau.« Der Medizinmann verfällt jetzt in einen tranceähnlichen Zustand und hat Mühe zu sprechen, ausgenommen einzelne Worte und verkürzte Sätze »(…) Bosheit. Bosheit. die anderen zwei Frauen sind eifersüchtig auf sie (…) Hörst du? Eifersucht ist schlecht. Eifersucht ist schlecht. Sie ist Hunger. Deine Eleusineernte wird mißlingen. Du wirst vom Hunger geplagt werden. Du hörst was ich sage: Hunger?«[69]

Dieser dramatische Bericht verdeutlicht, dass der Weissagung häufig durch die Kunst der Darstellung zusätzlich Nachdruck verliehen wurde – durch aufwendige Kostüme, Geräuscheffekte und absichtlich verschleierte Auskünfte. Zu den Kostümen der Azande-Medizinmänner gehörten Strohhüte mit Vogelfedern, Holzpfeifen, Rasseln und Knöchelglocken, so dass jeder, wenn er tanzte, laut Evans-Pritchard, »ein vollständiges Orchester« wurde.[70] Wie Evans-Pritchard herausfand, bereiteten sich Medizinmänner, die ihr Metier als Beruf ausübten, auf ihre Sitzungen vor, indem sie sich mit dem örtlichen Klatsch vertraut machten. Wer hatte Streit mit wem? Wer hatte wen in wessen Schlafraum schlüpfen sehen? Zu wissen, wer möglicherweise einen Groll gegen den Veranstalter einer Séance hegte, erleichterte es, Feinde zu erkennen, die den Veranstalter womöglich mit einem bösen Zauber belegt hatten.

Einmal entlarvte Evans-Pritchard zwei Medizinmänner, die während einer »Operation« die Entfernung von Objekten aus einem Körper vortäuschten. Zwar gaben sie den Schwindel zu, behaupteten aber, ihre Medizinen würden wirken, und das sei die Hauptsache.[71] Die meisten Medizinmänner betrachteten solche Tricks wahrscheinlich als legitimen Bestandteil ihrer Kunst. Aber es gab sicherlich auch viele ausgemachte Betrüger. Im zweiten vorchristlichen Jahrhundert sprach der römische Dichter Ennius von Dorfscharlatanen, »Opferschauern auf den Straßen / Circus-Astrologen auch / (…) Und der Träumedeuter Zunft«. Sie seien Wahrsager »nicht durch Wissenschaft / durch Kunst nicht«. Vielmehr, so meint er: »Schwärmer sind sie, abergläubisch, oder deuten unverschämt.«[72] Den betrügerischen Wahrsagern half in der antiken Welt – und hilft heute noch – unter anderem ein Prinzip, das schon Augustinus erkannte: Wer genügend Vorhersagen trifft, wird von Zeit zu Zeit recht behalten.[73]

Gebildet oder nicht, die meisten Menschen wussten, dass man nicht allen Wahrsagern trauen konnte. Doch das tat dem allgemeinen Glauben an die Weissagungen keinen Abbruch. Häufig war es auch verständlich, dass die Menschen sich auf Vorhersagen verließen, denn selbst die schlechtesten Wahrsager waren bemüht, plausible Prophezeiungen abzugeben. Außerdem glaubte fast jeder im Agrarzeitalter an die Wirksamkeit von Magie und an die Allgegenwart von Geisterwesen und -kräften. Abgesehen davon wurden die Menschen, die zu Weissagern oder Weissagungen Zuflucht nahmen, von tiefen Ängsten getrieben, die sie veranlassten, sich an jede glaubhaft wirkende Antwort zu klammern.

Trotzdem konnte der Glaube an Weissagungen eine gewisse Skepsis nicht ganz beseitigen. Viele Azande begriffen, dass Weissager unfähig und betrügerisch sein konnten, aber selbst wenn Täuschungen aufgedeckt wurden, glaubten die Menschen unverändert an die Wirkung von Zauberkräften. Wie Evans-Pritchard anmerkt, begegneten die Azande ihren Medizinmännern mit dem gleichen vorbehaltlichen Vertrauen, das wir heute unseren Ärzten entgegenbringen – nicht, weil diese immer ehrlich oder erfolgreich waren, sondern weil sie besser ausgebildet waren und weil ihre Behandlungen ziemlich oft ziemlich gut wirkten. »Kann ein Medizinmann einen Azande nicht heilen, geht dieser zu einem andern, genauso wie wir einen anderen Arzt aufsuchen, wenn wir mit der Behandlung durch den ersten, den wir konsultierten, nicht zufrieden sind.«[74]

Viele Aspekte des volkstümlichen Zukunftsdenkens im Agrarzeitalter mag heutigen Beobachtern bizarr und naiv erscheinen. Aber wir dürfen die Gründe nicht vergessen, die die Menschen zu Wahrsagern trieben: die tiefen Ängste, die sie bewegten; die extrem ungewissen und unsicheren Verhältnisse, in denen die meisten lebten; das Fehlen von vielen technischen, medizinischen und legalen Schutzmechanismen, die wir heute haben; den universellen Glauben an eine Welt voller Geister; und schließlich die schlichte Tatsache, dass viele Bedrohungen und Gefahren, denen die Menschen sich alltäglich in einer Welt ohne alle Erkenntnisse der modernen Wissenschaft gegenübersahen, unerklärlich waren. Zu seiner Zeit und an seinem Ort bot das volkstümliche Zukunftsdenken Menschen in prekären Verhältnissen wirksame und glaubhafte Formen des Trostes und ein wenig Hoffnung auf Besserung ihrer Situation. Für viele, die sich in der Roten Zone, im Angstbereich, befinden, gilt das auch noch heute.

Wahrsagen in der Praxis:
Die Orakel von Astrampsychos

Dieses Kapitel wollen wir mit einem Blick auf einen divinatorischen Vorgang beenden, den man heute als »Orakel von Astrampsychos« bezeichnet. Mary Beard spricht von einer »Gebrauchsanweisung zum

Wahrsagen«.[75] Die früheste Version erschien auf Griechisch wahrscheinlich im 2. Jahrhundert n. Chr. Heute kennen wir sie durch zwei Papyrusversionen, die mehrere Jahrhunderte später entstanden. Sie enthält detaillierte Anweisungen, die ihre Verwendung noch heute erleichtern. Tatsächlich könnte sich jeder mit ein bisschen schauspielerischem Talent und etwas Chuzpe dank dieser Schrift als Hellseher ausgeben. Diese beiden Gaben vorausgesetzt, könnte der Möchtegern-Hellseher im Brustton der Überzeugung die Behauptung kolportieren, das Orakel sei von Pythagoras entwickelt worden, von dem Weisen Astrampsychos (einem vermutlich aus Persien stammenden mythischen Zauberer) König Ptolemäus zum Geschenk gemacht und von Alexander dem Großen mit phänomenalem Erfolg eingesetzt worden. Eindrucksvolle Referenzen! Wir sollten sie gleichwohl (wenn auch mit kleinen Einschränkungen) ernst nehmen, denn die Langlebigkeit des Orakels spricht dafür, dass es die Bedürfnisse der Ratsuchenden immerhin so weit befriedigte, dass viele bereit waren, für seine Nutzung zu bezahlen. Aber es zeigt auch, wie Formen des Zukunftsdenkens, die eigentlich nur auf pragmatischen Erfahrungen und Intuitionen beruhten, durch ein wenig Inszenierung den Eindruck seriöser Weissagung erwecken konnten.

Das Kernstück der »Gebrauchsanweisung« sind 92 allgemeine Fragen. Angesichts der großen Verbreitung des Orakels können wir davon ausgehen, dass die Fragen im Laufe der Zeit einem Ausleseprozess unterworfen waren, der dafür sorgte, dass nur die häufigsten Fragen übrig blieben, jene Fragen, die anständige Einnahmen versprachen. Die Fragen selbst lassen vermuten, dass die Hauptklientel des Orakels nicht offizielle Angehörige der höheren Schichten waren. Es handelte sich um städtische, männliche Kunden, wahrscheinlich gebildet und finanziell gut gestellt, obwohl auch einige (wohlhabende?) Sklaven darunter gewesen sein müssen, weil auch Fragen zur Wahrscheinlichkeit einer Freilassung gestellt wurden.[76]

Für jede Frage gab es zehn mögliche Antworten, die, wie die Fragen, im Laufe vieler Jahre durch einen Ausleseprozess verfeinert wurden – das divinatorische Gegenstück der natürlichen Selektion. Tatsächlich entsprachen sie in grober Form einer Sozialstatistik, denn sie ließen erkennen, welche Lebenssituationen am häufigsten angesprochen wurden.⁷⁷ Die Klienten fanden die Antwort, die für sie galt, indem sie zufällig eine Zahl zwischen 1 und 10 wählten und diese Zahl zu der Zahl ihrer Frage addierten. Mithilfe der Summe und der Verwendung eines speziellen Schlüssels gelangten sie zu einer von zehn möglichen Antworten auf diese Frage. Dank der Randomisierung konnten die Götter in das Geschehen eingreifen, weil dem Klienten, wie das Orakel uns mitteilt, die Zahl, die er ausgewählt habe, »von den Göttern in dem Augenblick eingegeben wird, da er den Mund öffnet«. Derartige Praktiken – »Prophezeiung durch Los« – waren in der antiken Weissagung weit verbreitet. Im Allgemeinen stellte man eine Frage, warf eine Anzahl von Würfeln oder Würfelknochen und erhielt eine Antwort, die von der gewürfelten Gesamtsumme abhing.⁷⁸ Zufallsverfahren waren ein zentrales Werkzeug der Weissagung, nicht nur, weil sie einen wichtigen Kanal für göttliche Eingriffe öffneten, sondern auch, weil sie den Vorstellungen eine neue Richtung geben konnten.

Betrachten wir an einem Beispiel, wie das Orakel zu Werke ging. Während ich dies schreibe, habe ich die Zahl 44 ausgewählt: »Werde ich ein langes Leben haben?« Dann entscheide ich mich zufällig für die Zahl 5. (Sie kam mir in den Sinn.) Die Addition der beiden Zahlen ergibt 49. Als ich 49 im Schlüssel nachsehe, schickt er mich zur 55. Gruppe von zehn Antworten. Dort schaue ich nach, welche Antwort meiner Zufallszahl 5 entspricht, und lese: »Du wirst kein langes Leben haben. Bring deine Angelegenheiten in Ordnung.« Hmm!

Die 92 Fragen verraten uns viel über die Ängste, die die Menschen zu Wahrsagern trieben. Die meisten befinden sich in der Roten Zone des Zukunftskegels aus dem 2. Kapitel, der Angstzone. Dort finden wir Probleme, die uns große Sorgen bereiten (daher sind wir bereit, viel Mühe, Zeit und Geld zu opfern, um sie zu lösen) und von denen wir glauben, ihr weiterer Verlauf lasse sich vorhersagen (weshalb es lohnt, sich Rat zu holen). Es ist sinnlos, Orakel für die Beantwortung von Fragen zu bezahlen, die uns keine Sorgen machen oder die leicht oder gar nicht zu beantworten sind. Die Rote Zone erzeugt die juckende Stelle, die das Orakel kratzt.

Die Fragen gliedern sich in mehrere Gruppen auf. Eine betrifft das Reisen: Werde ich sicher reisen? Werde ich diesen Ort jemals verlassen? Manche verraten größere Sorge: Wird der Reisende zurückkehren? Lebt der Reisende noch? In einer zweiten Gruppe von Fragen geht es um den Beruf: Werde ich vielleicht im Heer dienen? Werde ich Feldherr, Geistlicher, Bischof, Beamter oder vielleicht Senator? Etliche Fragen betreffen das Geschäftsleben: Wird sich das Projekt als einträglich erweisen? Werde ich meine Einlagen zurückbekommen? Werde ich meine Ladung verkaufen? Eine weitere Gruppe behandelt Gerichtsverfahren: Bin ich sicher vor Strafverfolgung? Werde ich aus der Haft entlassen? Werde ich vor Gericht siegen? Werde ich als Ehebrecher verhaftet? Wieder andere Fragen betreffen Familie, Privatleben und Gesundheit. Erbschaften nehmen großen Raum ein, da sie in der Antike eine bedeutende Quelle neuen Reichtums waren. Werde ich von Vater/Mutter/Freund/Frau erben, und werde ich die Mitgift bekommen? In dieser Gruppe findet sich auch die verzweifelte Frage: Werde ich von irgendjemandem eine Erbschaft bekommen? Einige Fragen betreffen Ehe und Familie: Werde ich heiraten, und wird es zu meinem Vorteil sein? Wird meine Frau ein Kind bekommen? Wird sie bei mir bleiben? Eine Frage – Werde ich das Kind großziehen? – betrifft wahrscheinlich Menschen, die überlegen, ob sie ein Baby aussetzen wollen, eine übliche Weise, um einen Skandal zu vermeiden oder sich die Kosten für das Aufziehen ungewollter Kinder zu ersparen. Manchmal geht es um die Gesundheit: Bin ich vergiftet worden?

Die meisten Antworten des Orakels bewegen sich in der goldenen Mitte zwischen Detailliertheit und Allgemeinheit, die in Kapitel 2 beschrieben wurde. Sie liefern genügend Details, um interessant und überzeugend zu sein, sind andererseits aber nicht so allgemein, als dass sie nichtssagend wären. Hier sind die möglichen Antworten auf meine eigene Frage, wie lange ich leben werde: »Du wirst kein langes Leben haben. Bring deine Angelegenheiten in Ordnung« (vier Mal mit kleinen Abänderungen wiederholt); »Du wirst eine durchschnittliche Lebensspanne haben. Sei nicht unglücklich. Bete lieber«; »Du wirst ein langes Leben und Schmerzen in den Füßen haben«; »Nach einiger Zeit wirst du Erfolg haben und alt werden«; »Du wirst ein langes Leben haben und reich sein. Dich wird nach mehr verlangen«; »Du wirst ein langes Leben haben – und es wird gut sein.« Insgesamt decken diese Antworten die meisten denkbaren Zukünfte ab. Sie enthalten aber auch genügend Einzelheiten, um Interesse zu wecken und um vielleicht sogar widerlegbar zu sein. Werde ich wirklich Fußschmerzen haben? Unter wunden Füßen leiden viele alte Menschen, aber beileibe nicht alle.

Der Altertumsforscher Jerry Toner meint, die Antworten des Orakels seien wahrscheinlich so gut überprüft und bestätigt, dass sie eine Sozialstatistik in einfacher Form seien. Danach lässt ungefähr ein Drittel der Antworten auf die Frage »Werde ich das Kind großziehen?« darauf schließen, dass das Baby sterben oder »nicht großgezogen« wird (vermutlich ein Euphemismus für Aussetzung). Heutige wissenschaftliche Schätzungen gehen davon aus, dass rund ein Drittel der Kinder im Römischen Reich während des ersten Lebensjahrs starb, daher dürfte die Annahme stimmen. Wenn Toner recht hat, eröffnet sich die faszinierende Möglichkeit, dass lange betriebene Orakel verlässliche sozialstatistische Daten über die antike Welt liefern könnten. Fasst man die zehn Antworten auf die Frage 12 – »Werde ich sicher segeln?« – zusammen, so ergibt sich eine 50-prozentige Chance, dass sich die Ankunft verzögern wird, und eine 20-prozentige Chance einer großen Gefährdung, einschließlich Schiffbruchs. Diese Wahrscheinlichkeit einer ernsten Gefahr ergibt sich auch in anderen Orakeln, so dass sie für diese Zeit vermutlich eine grobe, aber durchaus realistische Einschätzung darstellt.[79] Solche Schätzungen lagen den antiken Versicherungsberechnungen zugrunde. Sie führen uns vor Augen, dass sich Zukunftsdenken, das divinatorisch aussieht, durchaus an pragmatischen Realitäten orientierte, stützte es sich doch auf die Kenntnis realer Trends und gängiger Vorstellungen über die Zukunft.

Alles in allem gibt es viel Bedenkenswertes im Orakel von Astrampsychos. Seine divinatorischen Mechanismen erscheinen häufig einleuchtend und vernünftig. Die Fragen sind seriös, die Antworten realistisch und balancieren gekonnt zwischen Genauigkeit und Allgemeinheit. Vielleicht besitzen die Antworten sogar ein gewisses Maß an statistischer Glaubwürdigkeit. Außerdem haben wir gesehen, dass Randomisierung ein sehr vernünftiges Vorhersagewerkzeug sein kann. Trotz ihrer Fragwürdigkeit aus moderner, wissenschaftlicher Sicht konnte Weissagung damals Trost spenden und eine wirksame und sogar sinnvolle Form der Orientierung bieten.

Kapitel 7
Modernes Zukunftsdenken

Wenn der Mensch, mit fast gänzlicher Zuverlässigkeit, die Phänomene vorhersagen kann, deren Gesetze er kennt, wenn er selbst, im Fall, daß sie ihm unbekannt sind, nach der Erfahrung des Vergangenen mit hoher Wahrscheinlichkeit die Ereignisse der Zukunft vorhersehen kann: warum sollte man das Unternehmen, mit einiger Wahrscheinlichkeit das Gemälde der künftigen Bestimmungen der Menschheit nach den Resultaten ihrer Geschichte zu zeichnen, wie eine nichtige Träumerei betrachten?

– Marquis de Condorcet, *Entwurf eines historischen Gemäldes der Fortschritte des menschlichen Geistes*[1]

Die Neuzeit der menschlichen Geschichte

In den wenigen Jahrhunderten der Neuzeit – rund ein Tausendstel der Zeit, die vergangen ist, seit der Mensch auf der evolutionären Bühne erschien – ist es zu Veränderungen gekommen, die noch eindrucksvoller sind als jene des Agrarzeitalters. Viele davon lassen sich auf die Entwicklung globaler Tauschnetze seit 1500 zurückführen. Die spektakulärsten Umwälzungen geschahen jedoch erst ab 1800. Die technologische und wissenschaftliche Innovation erreichte ungeahnte Höhen, als die billige Energie der fossilen Brennstoffe eine Flut von Experimenten auslöste. Durch die globalen Tauschnetze kamen immer mehr Menschen auf dem Globus mit den neuen Technologien und Weltanschauungen in Berührung, und der Wandel vollzog sich rasanter denn je. In diesem kurzen Zeitraum hat sich das menschliche Zukunftsdenken tiefgreifender verändert als in allen früheren Menschheitsepochen.

Die Veränderungen haben uns in eine neue Epoche der Erdgeschichte geführt, die von vielen Wissenschaftlern als Anthropozän bezeichnet wird: die geologische Epoche, in der die Menschheit, ohne es zu wollen, die Zukunft des ganzen Planeten zu prägen begann.[2] Das ist der Grund, warum das moderne Zukunftsdenken sich zunehmend mit der Zukunft aller Menschen und aller die Biosphäre mit ihm teilenden Geschöpfe beschäftigt.

Die folgenden Statistiken lassen das erstaunliche Ausmaß dieser Veränderungen erkennen. In dem relativ kurzen Zeitraum der 220 Jahre zwischen 1800 und 2020 ist die Zahl der Menschen auf der Erde fast um das Neunfache gestiegen, von rund 900 Millionen auf nahezu 8000 Millionen.[3] Das entspricht einer jährlichen Zuwachsrate von knapp 1 Prozent, eine Rate, die um mehr als der 20-Fache über der des Agrarzeitalters liegt. Bemerkenswerterweise ist der größte Teil der Weltbevölkerung gut genährt, was darauf zurückzuführen ist, dass sich die landwirtschaftliche Fläche, die bewässert und bebaut wird, vergrößert hat und dass Technologien wie Gentechnik und Kunstdünger die Nahrungsproduktion so erhöht haben, dass sie mit dem Bevölkerungswachstum Schritt halten konnte. Gesteigerte Produktivität in anderen Bereichen schuf (im Prinzip) die Möglichkeit, jeden Erdenbewohner besser als jemals zuvor mit Unterkunft, Kleidung und allen anderen lebensnotwendigen Dingen zu versorgen. Der Anteil der Stadtbewohner stieg von 7 auf fast 55 Prozent an, mit anderen Worten, Städte sind zum normalen Lebensraum unserer Spezies geworden. Die Einwohnerzahlen der größten Städte erhöhten sich von etwa einer Million auf nahezu 30 Millionen. Der Gesamtenergieverbrauch der Menschheit stieg ungefähr um das 25-Fache – von etwas über 20 000 Millionen Gigajoule pro Jahr auf etwa 500 000 Millionen Gigajoule. Der Energieverbrauch pro Kopf verdreifachte sich, das heißt, er erhöhte sich von fast 25 Gigajoule pro Jahr auf ungefähr 75. Der größte Teil dieser Energie kam aus einer neuen Quelle: dem Einsatz fossiler Brennstoffe, der wiederum erklärt, warum die Kohlendioxidemissionen in diesen 220 Jahren um mehr als das Tausendfache stiegen, von lediglich 30 Millionen Tonnen pro Jahr auf mehr als 36 000 Millionen Tonnen pro Jahr. Es gibt noch eine weitere bemerkenswerte Statistik: Die Menschen leben länger. Während der Menschheitsgeschichte lag die durchschnittliche Lebenserwartung meistens unter dreißig Jahren. Um 1800 war sie dank besserer Ernährung und Gesundheitsfürsorge auf rund 35 Jahre gestiegen. Zwischen 1800 und 2020 verdoppelte sich die Lebenserwartung eines jeden Neugeborenen auf siebzig Jahre.

Neue Technologie, expandierende Netze und beschleunigte Veränderung

Moderne Technologien haben unserer Art eine nie dagewesene Macht verliehen, unsere Zukünfte zum Besseren oder Schlechteren zu gestalten und zu verändern. Sie ermöglichen uns, ohne Zeitverlust über Tausende von Kilometern zu kommunizieren, Objekte zu untersuchen, die kleiner als ein Staubkorn oder Milliarden Lichtjahre entfernt sind, und Maschinen zu bauen, die uns in weniger als einem Tag von einer Seite des Planeten zur anderen befördern. Aber sie haben auch neue Gefahren geschaffen. Gegenwärtig verbrennen wir fossile Brennstoffe in solchen Mengen, dass Atmosphäre und Ozeane sich tiefgreifend verändern, während unsere Kriegswaffen die Biosphäre in wenigen Stunden vernichten könnten, falls wir töricht genug wären, sie zu verwenden. Diese Veränderungen in unserer Fähigkeit, auf die Zukunft *Einfluss zu nehmen,* sind von vielen Technikhistorikern beschrieben worden.[4] Wie schon in den Kapiteln 5 und 6 werden wir uns deshalb im vorliegenden Kapitel auf Veränderungen im Zukunfts*denken* konzentrieren.

Das ungewöhnliche Ausmaß der Innovation hat eine neue kollektive Hybris im Zukunftsdenken hervorgebracht. Der moderne Fortschrittsgedanke vermittelt uns die Vorstellung, wir könnten die Erde nach unseren eigenen Wünschen und Zwecken gestalten, und der durch die modernen Technologien geschaffene ungeheure Reichtum lässt uns diese Vorstellung realistisch erscheinen, denn zum ersten Mal in ihrer Geschichte müssen die Menschen heute mehrheitlich nicht mehr mit Zähnen und Klauen um ihr Überleben kämpfen. Andererseits ist uns auch bewusst geworden, dass unsere neuen Kräfte gefährliche und unvorhersehbare Nebeneffekte haben, die in unseren Untergang führen können. Wir sind so mächtig geworden, dass unser Zukunftsdenken zunehmend um die Frage kreist, wie es der Menschheit gelingen kann, einen ganzen Planeten und seine vielen Bewohner vor einem schlimmen Schicksal zu bewahren.

Auch die Globalisierung und die Schaffung weltweiter Tauschnetze haben dazu geführt, dass sich das Zukunftsdenken in globalen Zusammenhängen bewegt.[5] Vor dem 16. Jahrhundert waren die afro-eurasischen Netze die größten ihrer Art. Seither haben Händler und Seefahrer unter Einsatz von gutartigen und bösartigen Methoden alle menschlichen Gemeinschaften in ein einziges weltweites Netz von fast acht Milliarden Teilnehmern eingespannt. Wir kennen keine andere Art, die es auf ein Netzwerk dieser Größenordnung gebracht hätte. Allerdings gibt es auffällige Analogien zu den evolutionären Vorgängen, die einzelne Zellen immer fester in die ersten mehrzelligen »Makroben« eingebunden haben.

Globalisierung wirkt so zerstörerisch wie schöpferisch. Von Sibirien bis Mittelamerika, vom Pazifik bis Afrika hat die Globalisierung europäische Soldaten und europäische Krankheiten verbreitet, die Menschenleben, Gesellschaften und Volkswirtschaften vernichteten sowie uralte kulturelle Gewissheiten untergruben. Auch in Europa erschütterte die Globalisierung alte Überzeugungen, aber hier wurde der Prozess von den Eliten im Allgemeinen freudig begrüßt, weil er ihnen auch neue Formen des Reichtums, der Macht und des Wissens schenkte. Eine Zeit lang verwandelte die Globalisierung Landstriche, die lange ein Mauerblümchendasein geführt hatten, in die dynamischsten, reichsten und mächtigsten Regionen der Erde. Europäische Regierungen, Händler und Gelehrte profitierten von der Entwicklung der ersten globalen Netze, weil sich Europa selbst einige Jahrhunderte lang im Mittelpunkt der Macht-, Geld- und Informationsflüsse befand. Das erklärt, warum viele der Veränderungen, die wir mit der Neuzeit verbinden – etwa neue Technologien, neue Wirtschaftsformen und neue Formen des Zukunftsdenkens –, zunächst in Europa und in dem Teil der Welt entstanden, der später als »Westen« bezeichnet wurde, bevor sie mehr oder weniger überall auf der Welt übernommen und angepasst wurden.

Die Globalisierung veränderte die Vorstellungen von Zeit und Zukunft, da die Menschen überall auf der Welt feststellten, dass ihr Leben zunehmend von globalen Zeitplänen bestimmt wurde, die traditionelle Rhythmen verdrängten. Plötzlich mussten sibirische Rentierhirten und pazifische Inselbewohner die Rhythmen von Krieg, Handel und Besteuerung in fernen imperialen Staaten beachten, während die moderne Industrie den Menschen neue Rhythmen für Arbeit und Muße, Freizeit und Lernen aufzwang. Die Uhren wurden genauer, und einige Leute begannen sogar, eigene Uhren zu tragen. Im 18. Jahrhundert bekamen viele Uhren Minutenzeiger, im 19. Jahrhundert einige Sekundenzeiger.[6]

So entstand eine einzige, globale Uhrzeit. Im 19. Jahrhundert fingen Regierungen und Wirtschaftsunternehmen an, ihre Uhren und Kalender zu synchronisieren. In den 1840er-Jahren veröffentlichte die britische Eisenbahn Fahrpläne, die die Greenwich Mean Time zugrunde legten. Anfang des 20. Jahrhunderts hatten die meisten Länder ihre Zeitzonen auf die Greenwich Mean Time abgestimmt. Auch die Kalender wurden vereinheitlicht, als immer mehr Länder den gregorianischen Kalender übernahmen. Selbst heute noch richten sich Milliarden Menschen nach traditionellen Kalendern, wie dem muslimischen Mondkalender oder dem traditionellen chinesischen Kalender, aber das neue Jahr wird in den meisten Großstädten der Welt am ersten Tag des gregorianischen Kalenders mit Feuerwerken begrüßt. Im Jahr 2020 hing fast jeder Mensch im Netz einer einzigen, weltweit gültigen sozialen Zeit.

Am Ende hat sich das Veränderungstempo dermaßen beschleunigt, dass fast jeder in einer heraklitischen Welt nie endender Veränderung lebt. Nichts scheint stabil zu sein. Jeder sieht sich der Turbulenz der A-Reihe ausgesetzt. In den 1920er-Jahren vertrat der Philosoph A. N. Whitehead die Ansicht, dieser Wandel habe enorme Bedeutung: »Wir leben in der ersten Periode der Menschheitsgeschichte, wo [die] Annahme [einer grundlegenden Stabilität] schlechthin falsch ist.«[7]

Veränderung ist uns so vertraut geworden, dass wir leicht vergessen können, wie merkwürdig die moderne Technik eigentlich ist. Im Jahr 1829 wurde die englische Schauspielerin Fanny Kemble als 21-Jährige mit der neuen, revolutionären Technologie der Eisenbahn bekannt gemacht, und zwar durch George Stephenson, einen ihrer Begründer.[8]

Da sie in einer Welt der Pferdekutschen lebte, sah Kemble in der Lokomotive instinktiv ein mechanisches Pferd, wenngleich sie von der Geschwindigkeit verblüfft war.

> Dieses schnaubende kleine Tier, das ich am liebsten gestreichelt hätte, wurde (…) vor unseren Wagen gespannt. Mr Stephenson nahm mich mit auf die Bank der Maschine, und wir begannen mit rund zehn Meilen in der Stunde (…). Nachdem die Maschine [später] mit Wasser versorgt war (…), erreichte sie ihre Höchstgeschwindigkeit, FÜNFUNDDREISSIG MEILEN IN DER STUNDE, SCHNELLER, ALS EIN VOGEL FLIEGT (sie hatten für das Experiment nämlich eine Schnepfe genommen).

Ich bin in der Zeit vor Weltraumraketen, Computern, Internet und Smartphones aufgewachsen, aber heute sind mir alle diese Neuerungen zur Selbstverständlichkeit geworden. Das Tempo des technologischen Wandels hat uns für alles Neue abgestumpft.

Wir haben außerdem gelernt, dass Veränderungen tiefer in die Vergangenheit zurückreichen, als die meisten unserer Vorfahren sich haben vorstellen können, und dass sie sich auch weiter in die Zukunft erstrecken werden. Vor Beginn der Neuzeit gingen die meisten Gelehrten davon aus, dass menschliche Gesellschaften sich zwar zu verändern und zu entwickeln schienen, dass sich aber das Universum, die Erde und die vielen Arten, die auf ihr lebten, seit der Schöpfung kaum gewandelt hätten. Doch ab dem 17. Jahrhundert begannen Biologen und Geologen, fasziniert von der Entdeckung der Fossilien und der merkwürdig verdrehten oder quer verlaufenden geologischen Formationen, zu begreifen, dass sich die Erde und die Arten, die sie bewohnen (einschließlich der Menschen), im Laufe von Hunderten Millionen Jahren tiefgreifend verändert haben.[9] Bis zur Mitte des 20. Jahrhunderts schien zumindest der Himmel ewig und unwandelbar zu sein, doch dann entdeckten Astronomen Belege dafür, dass auch das Universum eine Geschichte hatte. Es wurde im Feuerball des Urknalls geboren und expandiert und entwickelt sich seit mehr als 13 Milliarden Jahren. Mitte des

20. Jahrhunderts wurden neue chronometrische Techniken entwickelt, mit deren Hilfe sich exakte Zeitpfeile konstruieren lassen, die bis zum Urknall zurückreichen.[10] Das stabile Universum früherer Gesellschaften ist durch ein turbulentes, in ständiger Entwicklung befindliches Universum ersetzt worden, in dem wir mit Sicherheit davon ausgehen können, dass die Zukunft sich von der Vergangenheit unterscheiden wird.

Neue Sichtweisen der Wirklichkeit: Wissenschaft und Entzauberung

Das neuzeitliche Zukunftsdenken ist auch von der Entwicklung der modernen Naturwissenschaften tief geprägt.

Wir sollten allerdings die Veränderungen, die die sogenannte wissenschaftliche Revolution des 17. Jahrhunderts mit sich brachte, nicht überschätzen. Viele Formen der Weissagung sind auch heute noch äußerst lebendig, nicht zuletzt auf den Horoskopseiten vieler Zeitungen und Websites. Meine Frau ist in einem alten Balkanglauben aufgewachsen, nach dem eine von zwei Personen, die gleichzeitig auf verschiedenen Seiten an einem Laternenpfahl oder einem Pfosten vorbeigehen, augenblicklich »Brot und Butter« sagen muss, um Unglück zu vermeiden. Wenn beide »Brot und Butter« sagen, umso besser. Ich muss gestehen, dass ich häufig auf Holz klopfe, um das Schicksal nicht herauszufordern, oft scherzhaft, aber insgeheim hoffend, dass es doch was nütze. Dennoch sind die Methoden des Zukunftsdenkens, die sich auf die moderne Wissenschaft gründen, in der Tat ganz anders und haben das Zukunftsdenken in vielen Bereichen des modernen Lebens verwandelt.

Die moderne Wissenschaft weist verschiedene charakteristische Eigenschaften auf. Nach Ansicht des Historikers Steven Shapin bestand der entscheidende Wandel jedoch darin, dass man begann, die Welt mechanistischer zu verstehen und dem Einfluss unvorhersagbarer Geister und Kräfte auf die Zukunft keine – oder so gut wie keine – Bedeutung mehr beimaß. Seiner Meinung nach

> stand die mechanistische Erklärung der Natur in einem direkten Gegensatz zum Anthropomorphismus und Animis-

mus eines Großteils der traditionellen Naturphilosophie. Wer mechanistische Philosophie betrieb, galt daher als jemand, der etwas radikal anderes tat, als den natürlichen Entitäten Zwecke, Absichten oder Empfindungen zu unterstellen.[11]

Von Newtons Bewegungsgesetzen ausgehend, stellten sich die Begründer der modernen Naturwissenschaft vor, die Welt werde von universellen, mechanischen und unpersönlichen »wissenschaftlichen Gesetzen« regiert, die von der höchsten göttlichen Macht niedergelegt worden seien. Aus ihrem Universum vertrieben sie die meisten Geister, Dämonen, Götter und magischen Kräfte der Vergangenheit, deren Willkür alle Vorhersagen so erschwert hatten. In diesem besser geordneten, von Gesetzen geregelten Universum hoffte man, neue Erkenntnisse würden neue wirksame Methoden liefern, die Zukunft vorherzusagen und zu kontrollieren.

Der deutsche Soziologe Max Weber nannte diese geistige Zeitenwende die »Entzauberung der Welt«, eine Formulierung, die auf Schillers »Entgötterung der Welt« Bezug nahm.[12] Entscheidend für das moderne Denken sei die Idee einer rationalen Welt, in der es »prinzipiell keine geheimnisvollen unberechenbaren Mächte gebe, die da hineinspielen, daß man vielmehr alle Dinge (...) durch Berechnen beherrschen könne. Nicht mehr (...) muß man zu magischen Mitteln greifen.«[13] Die Ursprünge einer eher mechanistischen Weltsicht reichen weit zurück bis zu der wachsenden Unpersönlichkeit der divinatorischen Techniken und der Suche nach universellen und objektiven Veränderungsgesetzen, denen wir im religiösen und philosophischen Denken des Achsenzeitalters begegnet sind.

Entzauberung führte nicht direkt zum Atheismus, auch wenn das von vielen befürchtet wurde. Fast alle Pioniere der modernen Wissenschaft waren überzeugt, ein guter Schöpfer habe das Universum mit seinen grundlegenden Gesetzen ausgestattet. Viele, so auch der Philosoph und Wissenschaftler Robert Boyle, glaubten sogar an die Existenz einer »unvorstellbaren Zahl spiritueller Wesen unterschiedlichster Art«. Allerdings lehnten diese Denker die Idee ab, solche Wesen könnten sich willkürlich in die Fundamentalgesetze des Universums einmischen. Beispielsweise ließ der Astronom Johannes Kepler den Gedanken fallen, die Planeten hätten Seelen und Zwecke, und bekannte stattdessen: »Dabei möchte ich zeigen, daß die Maschine des Universums nicht einem göttlich beseelten Wesen gleicht, sondern einer Uhr.«[14] Im Gegensatz zu vielen antiken Göttern handelten Uhren nicht willkürlich und bekamen keine Wutanfälle. Ihr Verhalten war vorhersagbar, daher wusste man, was sie in Zukunft tun würden.

Die frühen Erfolge der mechanischen »Naturphilosophie« verliehen ihr Prestige und ein ausgeprägtes Selbstbewusstsein. Hinzu kam die Erfindung der Druckerpresse, die zur raschen Ausbreitung dieser neuen Denkweisen in den europäischen Eliten beitrug. Wie der Historiker David Wooton schreibt, nahmen zu Shakespeares Zeiten auch die gebildeten Europäer Magie und Hexerei durchaus ernst. Sie glaubten an Werwölfe und Einhörner und waren der Überzeugung, der Himmel drehe sich um die Erde, Kometen seien schlimme Vorzeichen und die *Odyssee* und die *Aeneis* wahre Geschichten. Anderthalb Jahrhunderte später waren Voltaires gebildete Zeitgenossen von der Naturphilosophie fasziniert. Viele benutzten Teleskope und Mikroskope; für sie war Newton der bedeutendste Wissenschaftler aller Zeiten, und sie wussten, dass die Erde um die Sonne kreist. Zwar waren noch viele abergläubisch, aber sie nahmen Zauberei und böse Geister nicht mehr allzu ernst, und sie wussten, dass es keine Einhörner und Wunder gab. Einige zweifelten sogar an der Existenz Gottes, und viele glaubten, die weitere Entwicklung der wissenschaftlichen Erkenntnis werde zu Fortschritt und einer besseren Zukunft der Menschheit führen.[15]

Obwohl noch heute viele an eine Welt voller Geister und Götter glauben, prägt die entzauberte Weltsicht der modernen Wissenschaft, die sich dank Breitenbildung und vieler eindrücklicher Forschungserfolge verbreitet hat, nicht nur die meisten Formen des technologischen Wandels, sie beherrscht auch das Zukunftsdenken.

Zukunftsdenken in einem mechanischen Universum

Modernes Zukunftsdenken unterscheidet sich in vier wichtigen Punkten vom Zukunftsdenken früherer Zeiten:

Kasusalität: *Durch ein besseres Verständnis der Kausalität sind verlässlichere und genauere Vorhersagen in vielen Bereichen wie Physik, Chemie und Medizin möglich.*

Wahrscheinlichkeit: *Dank der Wahrscheinlichkeitstheorie verstehen wir alle Prozesse besser, bei denen wir zwar keine spezifischen Ereignisse genau prognostizieren können, aber durchaus in der Lage sind, die Ergebnisse vieler Ereignisse ungefähr vorherzusagen.*

Datensammlung und Statistik: *Eine ungeheure Zunahme der verfügbaren statistischen Daten in Verbindung mit neuen Methoden der Wahrscheinlichkeitsrechnung haben unsere Möglichkeiten verbessert, Wahrscheinlichkeitstrends – die Hinweise auf zu erwartende Zukünfte liefern – entdecken, analysieren, verstehen und messen zu können.*

Informationstechnologie und Datenverarbeitung: *Dank moderner Computertechniken können wir statistische Daten in bisher kaum vorstellbaren Größenordnungen und mit nie dagewesener Geschwindigkeit und Genauigkeit speichern und analysieren.*

In vielen Bereichen wie Medizin, Demografie und Klimawandel haben wir dank dieser Veränderungen unsere Vorhersagefähigkeit verbessert. In anderen hingegen, unter anderem auf Gebieten wie der Politik, die von eindeutig nicht mechanischen menschlichen Handlungen geprägt sind, ist unser Zukunftsdenken kaum besser als früher.

Kausalität

Wie wir schon in Kapitel 2 gesehen haben, erhöht die Erkenntnis, *warum* etwas geschieht, unsere Fähigkeit, Trends zu entdecken und für das Zukunftsdenken zu nutzen. Trends zu bestimmen, ist nützlich, wie Pawlows Hunde herausfanden, als sie lernten, dass Futter unterwegs war, wenn die Glöckchen klingelten. Doch die *Ursachen* von Trends zu erkennen, ist noch viel besser! Wenn wir wissen, *warum* B auf A folgt, können wir die wahrscheinlichen Konsequenzen noch genauer vorhersagen. Ein Großteil der modernen Medizin beruht auf der *Keimtheorie*, die im 19. Jahrhundert von Forschern wie John Snow und Louis Pasteur entdeckt wurde und auf der Erkenntnis beruht, dass viele Krankheiten von Mikroorganismen verursacht werden. Daraus ergab sich, dass sich zahlreiche Krankheiten verhindern oder behandeln ließen, indem man für sterile Umgebungen sorgte, Impfungen durchführte oder Medikamente wie Antibiotika verabreichte, die Mikroorganismen attackierten. Der Historiker Roy Porter schreibt: »In dem Jahrhundert von Pasteur bis zum Penicillin wurde ein uralter Traum der Medizin Wirklichkeit. Endlich wusste man zuverlässig um die Ursachen wichtiger Krankheiten. Aus diesem Wissen heraus wurden vorbeugende Maßnahmen und Behandlungen entwickelt.«[16]

Die Ursachenerkennung ist noch effektiver, wenn wir messen können, *in welchem Maße* A auf B einwirkt. Das ist der Grund, warum genaue Messungen in der modernen Wissenschaft eine große Rolle spielen. Schon seit alten Zeiten kaute man Weidenblätter, wenn man Kopfschmerzen hatte. Die Blätter *bewirken*, dass die Kopfschmerzen nachlassen. Chemiker des 19. Jahrhunderts fanden heraus, woran das liegt: Der Wirkstoff in Weidenblättern ist Salizylsäure. Dank dieser Erkenntnis war es möglich, mithilfe von Salizylsäure Tabletten herzustellen, die preiswert und leicht anzuwenden waren. Hinzu kam, dass man die Stärke jeder Tablette messen konnte, indem man beispielsweise ermittelte, wie groß der Unterschied zwischen der Einnahme von einer und von hundert Tabletten war. Wer zwei nahm, wurde wahrscheinlich seinen Kopfschmerz los. Wer hundert nahm, konnte sterben. »Aspirin« hießen die Tabletten damals – wie heute.

Viele wissenschaftliche Fortschritte beruhten auf einem eingehenderen Verständnis der Kausalität. Im Jahr 1644 lieferte der italienische Mathematiker Evangelista Torricelli eine mechanische Erklärung für den merkwürdigen Umstand, dass ein senkrechtes Röhrchen, das mit Quecksilber gefüllt und oben verschlossen ist, nicht vollkommen leer läuft, wenn man sein unteres Ende in eine Schale mit Quecksilber taucht. Ein Teil des Quecksilbers wird immer im Röhrchen verbleiben, während sich im oberen Abschnitt ein Vakuum bildet. Traditionell (aristotelisch) erklärte man dieses seltsame Phänomen damit, dass die Natur das Vakuum »verabscheue« und deshalb versuche, es so klein wie möglich zu halten. Das war eine zweckbestimmte, teleologische Erklärung. Torricelli schlug eine mechanische Erklärung vor. Er meinte, das Quecksilber werde vom »Luftdruck« das Röhrchen hinaufgeschoben, mit anderen Worten, die kilometerhohe Luftsäule drücke nach unten auf das Quecksilber in der offenen Schale. 1648 überprüfte der Mathematiker und Philosoph Blaise Pascal Torricellis Idee, indem er seinen Schwager veranlasste, eine ähnliche Apparatur auf den zentralfranzösischen Berg Puy de Dôme zu tragen. In dieser Höhe, so schloss Pascal, müsse das Gewicht der Luft geringer sein, was, wenn Torricelli recht hatte, bedeutete, dass das Quecksilber im Röhrchen auf dem Berggipfel nicht ganz so hoch steigen würde. Und genau das stellten sie fest. Tatsächlich war Torricellis Apparat ein Barometer: ein Instrument zur Messung des Luftdrucks. Das Experiment bewog Pascal, Torricellis mechanische Erklärung des Luftdrucks zu akzeptieren.[17] Eine messbare Erklärung der Ursache des Luftdrucks ermöglichte später den Bau von Dampfmaschinen, die Grundvoraussetzung für die revolutionäre Nutzung der fossilen Brennstoffe.

Wissenschaftliche Ursachenerklärungen hingen von der Annahme ab, dass viele, vielleicht die meisten Prozesse regelmäßig, mechanisch und messbar seien. Newtons Bewegungsgesetze versetzten Wissenschaftler in die Lage, die Bewegungen von Kanonenkugeln, Planeten und fallenden Äpfeln mit beispielloser Genauigkeit vorherzusagen. Mit diesem Modell vor Augen begann die moderne Wissenschaft neue Kausalgesetze auszuarbeiten, die genaue und messbare Vorhersagen in Medizin, Chemie, Elektrizität und schließlich sogar in der Kernphysik ermöglichten. Immer genauere Einsichten in kausale Zusammenhänge liegen den meisten modernen Technologien zugrunde, von Smartphones bis zu Turbinen, von Düsenflugzeugen bis zu Herz-Lungen-Maschinen. Der amerikanische Statistiker Nate Silver schreibt dazu: »Prognosen sind (...) viel tragfähiger, wenn das Verständnis der Ursachen des betreffenden Phänomens sehr umfassend ist.«[18] Judea Pearl, der sich als einer der Ersten mit den perspektivischen Aspekten des Ursachendenkens befasst hat, meint, ein gutes kausales Modell müsse nicht nur zeigen, »wie sich die Dinge gestern verhielten, sondern auch, wie sich die Dinge unter neuen hypothetischen Umständen verhalten werden«.[19]

Wenn die wissenschaftliche Methode verlässliche Vorhersagen in so vielen neuen Bereichen ermöglichte, warum dann nicht gleich in allen? Sozialtheoretiker von Adam Smith über Auguste Comte bis zu Karl Marx suchten in der Entwicklung der menschlichen Gesellschaften nach Kausalgesetzen, die Newtons Bewegungsgesetzen glichen. Aber irgendwann wurde klar, dass nicht alle Bereiche des Lebens so exakt von Kausalgesetzen geprägt sind. Das ist eine Erkenntnis, die uns der Zukunftskegel aus Kapitel 2 mit seinen Bereichen der Vorhersagbarkeit brachte. In vielen Bereichen, so auch in menschlichen Gesellschaften, sind die Kausalgesetze nicht so klar erkennbar. Die Frage, was den Ersten Weltkrieg verursacht habe, unterscheidet sich grundlegend von der Frage, was die Planeten veranlasst, sich in elliptischen Bahnen zu bewegen.

Wahrscheinlichkeit

Die moderne Wahrscheinlichkeitstheorie erwuchs aus Versuchen, die Vorhersagen in Bereichen zu verbessern, in denen die Kausalverbindungen weniger zwingend und mechanisch waren als diejenigen, die Newton in der Astronomie und Physik angetroffen hatte. Descartes erklärte, »dass man, wo man das Rechte nicht mit voller Gewissheit erkennt, dem Wahrscheinlichsten zu folgen habe«.[20]

Vermutungen über Wahrscheinlichkeiten, etwa die Wahrscheinlichkeit, im Kindbett zu sterben oder von einer Seereise zurückzukehren, sind uralt und universell. Die moderne Wahrscheinlichkeitstheorie verwendet mathematische Modelle, die diese Vermutungen auf eine etwas festere Grundlage stellen. Wie alle Pokerspieler und Versicherungsunternehmen wissen, kann eine genauere Kenntnis der Chancen unser Verständnis wahrscheinlicher Zukünfte nicht nur verbessern – es lässt sich damit auch eine Menge Geld verdienen. Wahrscheinlichkeitsmodelle sind so effektiv, weil sie wahrscheinliche Zukünfte überraschend genau vorhersagen.

Die moderne Wahrscheinlichkeitstheorie entwickelte sich, als man anfing, Glücksspiele zu untersuchen. Knöchelchen, die wahrscheinlich schon in der Bronzezeit als Würfel benutzt wurden, hat man in Ausgrabungsstätten des östlichen Mittelmehrraums gefunden.[21] Aber erst in den letzten Jahrhunderten wurden die Wahrscheinlichkeitsgesetze von Glücksspielen im mechanistischen und mathematischen Geist der modernen Naturwissenschaften untersucht.

Im Jahr 1564 schrieb der italienische Mathematiker, Arzt und Glücksspieler Gerolamo Cardano eine der ersten gründlichen Studien über Glücksspiele, die allerdings erst 1663 veröffentlicht wurden. Sein Buch sei, so Ian Stewart, »die erste systematische Behandlung der Wahrscheinlichkeit«. Gegen alle Wahrscheinlichkeit war schon der Umstand, dass Cardanos Buch überhaupt geschrieben wurde.[22] Die Mutter versuchte, ihn abzutreiben. Obwohl kränklich, überlebte er und überstand auch die Beulenpest, an der die Amme und seine Brüder starben. In gewisser Weise war sein Zukunftsdenken keineswegs modern. Er gab zu, dass er, wenn er in Schwierigkeiten steckte, »Wahrsager und Zauberer aufsuchte, um irgendeine Lösung für meine zahllosen Probleme zu finden«. Beim Glücksspiel erklärte er Pechsträhnen häufig mit einem »unwilligen Schicksal«.[23] Aber er war ein erfolgreicher Glücksspieler. Trotz seiner abergläubischen Vorstellungen analysierte er die Logik des Zufalls streng und genau, als gäbe es keine Elfen und Kobolde oder Zauberer, die ihm bei seinen Betrachtungen über wahrscheinliche Zukünfte in die Quere kommen könnten.

Dank mathematischer Genauigkeit konnte Cardano beispielsweise das folgende alte Problem lösen. Erfahrene Glücksspieler wissen, dass beim Werfen von drei Würfeln die Gesamtpunktzahl etwas häufiger 10 ergibt als 9. Das ist ein Unterschied, aus dem Glücksspieler Gewinn schlagen – ein scheinbar widersinniger Gedanke, daher können sie diesen Umstand gegen Anfänger oft zu ihrem Vorteil nutzen. Allerdings handelt es sich hier nicht um ein strenges Kausalgesetz, sondern um ein Wahrscheinlichkeitsgesetz. Bei jedem einzelnen Wurf besteht eine gute Chance, dass Sie eine 9 anstelle einer 10 bekommen, aber wenn Sie lange genug spielen und durchgehend auf die 10 wetten, dürften Sie besser abschneiden als jemand, der ständig auf die 9 setzt.[24]

Wie kommt das? Cardano lieferte eine Erklärung, die sich am besten mit dem modernen Begriff des Ergebnisraums erklären lässt.[25] Der Ergebnisraum ist die Menge aller möglichen Ergebnisse eines Prozesses, wie zum Beispiel des Werfens einer Münze. Doch Ergebnisräume können entweder in einer Modellwelt existieren, die Sie durch Milliarden feuernder Neuronen in Ihrem Kopf erschaffen haben, oder sich in der realen Welt befinden. Dieser Unterschied ist für alles Wahrscheinlichkeitsdenken entscheidend. In der Welt von Modellen kann man Ergebnisräume vollständig erkennen und ihr Verhalten mit mathematischer Exaktheit beschreiben. Die in der Wirklichkeit sind nicht ganz so gefügig. Wenn sie in der Modellwelt Ihrer Vorstellung eine Münze werfen, ist der Ergebnisraum einfach: Er besteht aus einem Kopf und einer Zahl, wobei jedes Ergebnis eine 50-prozentige Wahrscheinlichkeit aufweist. In der wirklichen Welt könnte Ihre Münze alt und abgegriffen sein, so dass sich eine etwas größere Wahrscheinlichkeit für Kopf ergibt.[26] Reale Ergebnisräume sind unübersichtlicher, und wir wissen nie genau, was sie enthalten. Wenn sich aber die realen Ergebnisräume ziemlich genau mit unseren Modellen decken, gehen wir das Risiko ein, in der Hoffnung, dass die Modelle uns eine ziemlich gute Anleitung für die Wirklichkeit vermitteln. Überraschend oft zahlt sich diese Wette aus.

Um das Problem der Zehnen und Neunen zu lösen, entwickelte Cardano das Modell eines Ergebnisraums für alle möglichen Summen, die sich bei einem Wurf von drei Würfeln ergeben können. In der wirklichen Welt können Sie nur einmal werfen, aber in der Welt der Modelle können Sie das Spiel beliebig oft wiederholen und sich alle Ergebnisse ansehen, die möglich sind. Bei drei Würfeln gibt es $6 \times 6 \times 6$ oder 216 verschiedene mögliche Ergebnisse, und wenn die Würfel nicht gezinkt sind (bislang sind wir noch in der Modellwelt, nicht in der realen Welt), ist die Wahrscheinlichkeit, oben zu liegen, für jede Würfelseite gleich hoch. Unter den 216 verschiedenen Würfen befinden sich sechs unterschiedliche Möglichkeiten, auf eine Punktzahl von 9 zu kommen, und sechs unterschiedliche Möglichkeiten, eine 10 zu erhalten. Beispielsweise können Sie eine 9 bekommen, indem Sie 6-2-1, 5-3-1, 5-2-2, 4-4-1, 4-3-2 oder 3-3-3 werfen. Folgt daraus nicht, dass beide Gesamtpunktzahlen absolut gleich wahrscheinlich sind? Nein. Schauen Sie sich die Liste etwas genauer an, und Sie werden feststellen, dass nicht alle sechs Möglichkeiten, eine 9 zu würfeln, gleich wahrscheinlich sind. Es gibt nur eine Möglichkeit, durch den Wurf von drei Dreiern zu einer 9 zu gelangen, aber sechs verschiedene Möglichkeiten, durch den Wurf von 6, 2 und 1 die 9 zu erhalten, wobei sich allerdings jeweils die Reihenfolge ändert (6-2-1 oder 6-1-2 …).[27] Zählen Sie die Möglichkeiten, wie Cardano es tat, und Sie werden feststellen, dass es insgesamt 27 Möglichkeiten gibt, 10 Punkte zu würfeln (was eine Wahrscheinlichkeit von 27/216 oder 12,5 Prozent ergibt), aber nur 25 Möglichkeiten für die 9 (eine Wahrscheinlichkeit von 25/216 oder 11,6 Prozent). Das ist der entscheidende Unterschied! Und mit dieser Erklärung im Hinterkopf können Sie sich ein bisschen Geld verdienen. Vorausgesetzt natürlich, die realen Würfel sind nicht gezinkt und die reale Welt gleicht weitgehend der Modellwelt.

Außerhalb der Welt des Glücksspiels fanden Cardanos Überlegungen zunächst kaum Beachtung. Mitte des 17. Jahrhunderts vertraten dann jedoch Blaise Pascal und andere den neuen Gedanken, dass sich Cardanos Wahrscheinlichkeitsberechnungen nicht nur beim Glücksspiel, sondern auch in vielen anderen Bereichen des Zukunftsdenkens als nützlich erweisen könnten. Ließ sich vielleicht anhand früherer Erfahrung das Modell eines Ergebnisraums konstruieren, der Handelsunternehmen helfen konnte, die Wahrscheinlichkeit eines Schiffbruchs zu berechnen? Ließen sich damit sogar metaphysische Probleme wie die Frage nach der Existenz oder Nichtexistenz Gottes lösen? Diese aufregenden Ideen wurden schon bald von den führenden europäischen Gelehrten aufgegriffen.

Im Jahr 1654 entwickelte der aristokratische Glücksspieler Chevalier de Méré ein Problem, welches er Pascal und seinem mathematischen Kollegen Pierre de Fermat vorlegte. Es ging um die Frage, wie man die Einsätze in einem Glücksspiel aufteilen müsse, wenn das Spiel zu einem Zeitpunkt unterbrochen werde, wo jeder Spieler bereits eine bestimmte Anzahl von »Punkten« erreicht hatte. Das ist das »Problem der Punkte«. Auch Cardano hatte sich daran versucht, aber die Lösungen von Pascal und Fermat erreichten ganz neue Höhen der Wahrscheinlichkeitsrechnung.

Pascals Lösung beruhte auf »einer vollzähligen Auflistung aller möglichen Resultate« in einem vorgestellten Ergebnisraum.[28] Die Mathematik ist schön und elegant, aber ihr fehlt die Unübersichtlichkeit der Wirklichkeit, insofern zeigt Pascals Berechnung, welchen Gefahren probabilistisches Denken ausgesetzt ist. Beispielsweise musste Pascal von der Annahme ausgehen, jeder Spieler werde mit genau derselben Geschicklichkeit weiterspielen, die er in den bisherigen Spielen an den Tag gelegt hatte. Dabei ließ er die Wirkung von Alkohol, Müdigkeit oder Anspannung außer Acht. Durch Ausblendung aller realen Bedingungen erhielt Pascal ein perfektes mechanisches Modell, aus dem alle willkürlichen Elemente entfernt waren. Hinzu kommt, dass in einer Modellwelt alle Ereignisse – Kartenspiele, Pferderennen, Kriege oder Klimawandel – beliebig oft wiederholt werden können, um das häufigste und damit wahrscheinlichste Ergebnis herauszufinden. Die Wirklichkeit ist freilich selten so überschaubar, und echte Kartenspiele werden nur einmal gespielt. Dazu meint Warren Weaver: »Was man in der Wahrscheinlichkeitstheorie tut, ist nichts anderes, als ein mathematisches Modell zu erfinden, das mit sauberen und klaren Methoden berechnet werden kann, und dann zu hoffen, dass dieses Modell auf einige wirkliche Erscheinungen in brauchbarer Weise anwendbar ist.«[29] Leider kann die Wahrscheinlichkeitstheorie nicht den uneleganten induktiven Glaubenssprung vermeiden, der immer zum Zukunftsdenken gehört (wie wir in Kapitel 2 erörtert haben). Sie kann aber die Logik, die diesem Sprung innewohnt, transparent – und sogar messbar – machen. Das wiederum kann zur Genauigkeit des Zukunftsdenkens beitragen, wann immer wir uns weitgehend sicher sind, dass unsere Modelle tatsächlich wichtige Aspekte der Wirklichkeit berücksichtigen.

Noch deutlicher führt uns Pascals berühmte »Wette auf die Existenz Gottes« die Gefahren unrealistischer Modelle vor Augen. Im Jahr 1654 erlebte Pascal eine tiefe religiöse Krise, und in seinen Notizen (die später unter dem Titel *Pensées* – »Gedanken« – veröffentlicht wurden) wandte er die Wahrscheinlichkeitsrechnung auf theologische und metaphysische Probleme an. So auch bei seiner Wette auf die Existenz Gottes. Pascal entwickelte einen Ergebnisraum, der nur zwei Möglichkeiten zuließ: Entweder es gibt keinen Gott, oder es gibt einen christlichen Gott, der den Guten ewige Erlösung verspricht und den Schlechten ewige Verdammnis.[30] Dann entschloss sich Pascal zu einer weiteren fragwürdigen Annahme: Jede Möglichkeit habe eine Wahrscheinlichkeit von 50 Prozent, richtig zu sein. »Man spielt ein Spiel (...), wo entweder Kopf oder Zahl auftaucht.« Da die Wahrscheinlichkeiten gleich sind, gilt es zu schauen, welche Gewinne die beiden Resultate versprechen, bevor man seine Wette platziert. Handelt man so, als ob es Gott *nicht* gäbe, genießt man vielleicht sein kurzes Leben in vollen Zügen, riskiert aber eine Ewigkeit voller Qual, falls man verliert. Handelt man so, als ob es Gott *gäbe,* und es wird einem schlimmstenfalls der Spaß eines kurzen Lebens in Saus und Braus entgehen, dagegen aber steht der mögliche Gewinn ewiger Seligkeit im Jenseits. »Schätzen wir die folgenden zwei Fälle ein: Wenn Ihr gewinnt, dann gewinnt Ihr alles; wenn Ihr verliert, dann verliert Ihr nichts. Setzt also ohne Zögern darauf, dass er ist!« Die Logik ist fehlerlos und einleuchtend, aber wie plausibel ist Pascals vorgestellter Ergebnisraum? Nicht sehr!

Im Jahr 1662 lieferten Kollegen von Pascal eine realistischere Verteidigung der Wahrscheinlichkeitstheorie in den Schlusskapiteln der Schrift *Logic, or the Art of Thinking,* eines Textes, der bis ins 19. Jahrhundert die *Logik* des Aristoteles an den europäischen Universitäten weitgehend verdrängte. Sie vertraten die Ansicht, dass probabilistische Logik uns erlaube, klarer über die Wahrscheinlichkeit möglicher Ergebnisse von Vorgängen in der Wirklichkeit nachzudenken.

> *Viele Menschen [schrieben sie] (...) fürchten sich über die Maßen, wenn sie Donner hören (...). Aber wenn es nur die Gefahr ist, vom Blitz erschlagen zu werden, die in ihnen diese*

> *ungewöhnliche Furcht weckt, so lässt sich leicht zeigen, dass das Gefühl unvernünftig ist. Denn unter zwei Millionen Menschen gibt es höchstens einen, der auf diese Weise ums Leben kommt (...). Folglich muss unsere Furcht vor einem Unheil nicht nur dem Umfang des Unheils entsprechen, sondern auch der Wahrscheinlichkeit des Ereignisses. Wie es kaum eine Todesart gibt, die seltener ist, als vom Blitzschlag getroffen zu werden, so gibt es auch keine, die uns weniger Furcht eingeben sollte, zumal sie uns nicht hilft, das Unheil zu vermeiden.*[31]

Da ich bei einer Großtante aufgewachsen bin, die sich auf der Toilette einschloss, sobald sie Donner hörte, verstehe ich diese Ängste. Aber ich weiß auch die Klarheit zu schätzen, die probabilistisches Denken in solche Gefühlszustände bringt. Der in diesem Abschnitt vorgeschlagene Ergebnisraum für Todesursachen beruht auf früheren Erfahrungen, und die Annahme, dass auch in Zukunft nur eine Person unter zwei Millionen vom Blitz erschlagen werden wird, ist so einleuchtend wie erhellend. Mit anderen Worten, die früheren Trends zeigen, dass der Tod durch Blitzschlag viel zu selten ist, um in die Rote Zone des Zukunftskegels der Angstbereiche zu fallen. Die Wahrscheinlichkeitstheorie ist, wie Laplace es zwei Jahrhunderte später formulierte, das »Berechnen« der Wahrscheinlichkeiten, aber wir sollten nicht vergessen, dass wir einen Glaubenssprung machen, wenn wir diese Berechnung auf die Wirklichkeit anwenden.

Während der nächsten drei Jahrhunderte wurde die der Wahrscheinlichkeitstheorie zugrunde liegende Mathematik ständig verbessert. In der Schrift *Wahrscheinlichkeitsrechnung. Ars conjectandi*, die 1713 erschien, acht Jahre nach dem Tod des Verfassers, zeigte Jacob Bernoulli, dass sich die Logik des Wahrscheinlichkeitsdenkens umkehren lässt. Statt zu fragen, welche Wahrscheinlichkeit ein bestimmtes Ergebnis hat, können wir uns mehrere Ergebnisse ansehen und fragen: Was verraten mir diese Resultate über den Ergebnisraum, aus dem sie stammen? Diese »inverse Wahrscheinlichkeit« ist ein effektives Instrument, um aus einer begrenzten Informationsmenge einen hohen Erkenntnisgewinn zu erzielen, auch über wahrscheinliche Zukünfte. Mit der inversen Wahrscheinlichkeit lassen sich auf der Basis von Stichproben Rückschlüsse auf Grundgesamtheiten oder Populationen ziehen. Demoskopen verwenden sie ständig, um aus wenigen Wählerbefragungen Wahlergebnisse vorherzusagen.

Bernoulli stellte sich eine Modellwelt vor, in der eine Urne mit Hunderten schwarzen und weißen Spielmarken steht. Wenn wir zufällig zehn herausnehmen und sechs davon sind weiß, was verrät uns das über die jeweilige Anzahl der weißen und der schwarzen Spielmarken? Mit anderen Worten, welches Verhältnis werde ich bekommen, wenn ich weitere Marken aus der Urne nehme? Kann ich annehmen, dass ungefähr 60 Prozent der Marken weiß sein werden? Bernoulli hat mathematisch nachgewiesen, dass die Annäherung an die zugrunde liegende Verteilung umso besser ist, je größer man die Stichprobe wählt. Das ist das »Gesetz der großen Zahl«, das auch unmittelbar einleuchtet, denn am Ende könnte meine Stichprobe jede Spielmarke aus der Urne umfassen und folglich mit der zugrunde liegenden Verteilung identisch sein. Nicht so unmittelbar einleuchtend ist der Befund, dass man schon lange bevor man jeden Spielstein in der Urne gezählt hat, gute Annäherungen an das tatsächliche Verhältnis von weißen und schwarzen Spielsteinen erhalten kann. Tatsächlich hängt die Ähnlichkeit der Stichprobe mit der zugrunde liegenden Population nicht von deren Größe ab (dann brauchte man riesige Stichproben für sehr große Populationen), sondern von der Größe der Stichprobe selbst. Das ist ein bemerkenswertes Ergebnis und die Rechtfertigung für die meisten Formen der Statistik, die aus begrenzten Stichproben Rückschlüsse auf große Populationen ziehen.[32]

Inverse Wahrscheinlichkeit enthüllt die mathematische Logik, auf der das alte Zufallsverfahren des *Random Dipping* beruht. Zufallsstichproben vermitteln uns ein begrenztes Wissen über die Welt, doch Demoskopen wissen, dass sich mit Stichproben von einigen Hundert oder einigen Tausend Befragten Vorhersagen treffen lassen, die für praktische Zwecke genau genug sind. Natürlich müssen die Stichproben so zufällig wie möglich zusammengestellt werden, damit sie sich wie die mathematischen Modelle verhalten. (Wählen Sie die Teilnehmer einer politischen Umfrage nicht in einer Gruppe aus, deren Mitglieder alle

Anstecknadeln derselben politischen Partei tragen!) Heute wird der Ansatz der inversen Wahrscheinlichkeit am häufigsten in der baye'schen Statistik verwendet. Wie wir in Kapitel 3 gesehen haben, beginnt dieses Verfahren häufig mit einer ersten ausgesprochen subjektiven Schätzung der Beschaffenheit eines möglichen Ergebnisraums, die aktualisiert wird, wenn neue Informationen eintreffen.[33]

Im 18. Jahrhundert wiesen andere Mathematiker, darunter auch Laplace, nach, dass man sogar mathematisch abschätzen kann, wie nah die Antworten einer Stichprobe der tatsächlichen Verteilung kommen. Es lassen sich mathematische Modelle konstruieren, die Auskunft darüber geben, wie stark die Schwankungen von Zufallsstichproben sind. Daraus kann man wiederum schließen, wie nah eine Stichprobe wahrscheinlich der zugrunde liegenden Verteilung kommt. Beispielsweise scheinen die Schwankungen vieler echter Stichproben einem Muster zu folgen, das im Allgemeinen als Normalverteilung bezeichnet wird. Manchmal nennt man sie ihrer besonderen Gestalt wegen auch »Glockenkurve«. Normalverteilungen ergeben zum Beispiel die Schwankungen in der Zahl der Kopf- oder Zahlwürfe vieler verschiedener Spiele, der Körpergröße von Rekruten oder der Anzahl extrem kalter oder warmer Tage. In der Normalverteilung häufen sich die meisten Ergebnisse im Bereich des Mittelwerts oder Durchschnitts. Je größer die Entfernung vom Mittelwert wird, desto stärker geht die Zahl der Ergebnisse zurück, und das in einer Weise, die sich mathematisch modellieren lässt. In Normalverteilungen wird die durchschnittliche Streuung der Stichprobenmittelwerte gegenüber dem Populationsmittelwert durch die Standardabweichung gemessen. In der Welt der Modelle werden 68,2 Prozent aller Stichprobenmittelwerte einer Normalverteilung innerhalb einer Standardabweichung vom Populationsmittelwert und 95,4 Prozent innerhalb zweier Standardabweichungen liegen. Die Erkenntnis, die sich daraus ergibt, besagt, dass der Mittelwert Ihrer Stichprobe mit einer Wahrscheinlichkeit von 68,7 Prozent innerhalb einer Standardabweichung vom Mittelwert der ganzen Population liegt.

Inwieweit entspricht die Wirklichkeit diesen Modellverteilungen? Antwort: so gut, dass diese Modelle sehr hilfreich sind. Das unten stehende Diagramm gibt die Körpergrößen für 36 658 achtzehnjährige

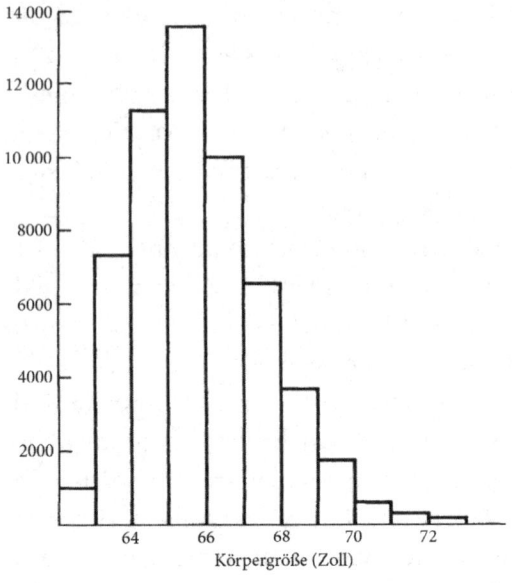

Abbildung 7.1: Verteilung der Körpergrößen von Rekruten im britischen Heer, 1880–1884 (aus Rosenbaum, »100 Years of Heights and Weights«, S. 281).

Rekruten des britischen Heers für die Jahre 1880–1884 an.[34] Die Verteilung ist allerdings verzerrt, weil Rekruten, die kleiner als 65 Zoll (1,65 Meter) waren, normalerweise für untauglich erklärt wurden, obwohl einige offensichtlich durchs Netz gerutscht sind. Ohne diese Verzerrung hätte die Verteilung noch größere Ähnlichkeit mit einer Glockenkurve. Die mittlere Größe in dieser Gruppe betrug 64,7 Zoll (1,64 Meter), während die Standardabweichung bei 2,34 Zoll (5,9 Zentimeter) lag. Daraus folgt, dass etwas mehr als 68 Prozent der Rekruten wahrscheinlich nicht weiter als 2,34 Zoll vom Mittelwert entfernt waren und etwas mehr als 95 Prozent nicht weiter als 4,68 Zoll (11,8 Zentimeter). Das Diagramm zeigt, wie gespenstisch die realen Verteilungen die Welt der Modelle nachzuahmen scheinen. Das erklärt auch, warum es so verführerisch ist, Normalverteilungen in die Zukunft zu projizieren, beispielsweise, um die Größenverteilung von Rekruten vorherzusagen, die in einigen Jahren zu erwarten ist.

Im 19. und im 20. Jahrhundert wurde die Mathematik der Wahrscheinlichkeit immer raffinierter. Am tiefgreifendsten veränderte sich aber die Art und Weise, wie die Wahrscheinlichkeitstheorie interpretiert wurde. Die »klassischen« Wahrscheinlichkeitstheoretiker des 17., 18. und 19. Jahrhunderts glaubten, die Welt sei deterministisch eingerichtet und folge wissenschaftlichen Gesetzen, die es überwiegend noch zu entdecken gelte. Daher betrachteten sie die Wahrscheinlichkeitstheorie als ein Instrument, mit dem man die Unwissenheit bewältigen könne. Vor dem 19. Jahrhundert nahmen nur wenige Wissenschaftler den Gedanken ernst, dass es Ereignisse gebe, die wirklich zufällig seien. So vertrat Hume die Ansicht: »Es pflegt ja von den Philosophen zugegeben zu werden, dass das, was die Menge Zufall nennt, nichts anderes ist als eine unbekannte und verborgene Ursache.«[35]

Wie wir jedoch in Kapitel 1 gesehen haben, hat die moderne Naturwissenschaft den Laplace'schen Determinismus aufgegeben. Heute akzeptieren ihre Vertreter, dass viele Ereignisse, beispielsweise der Zerfall eines radioaktiven Atoms, tatsächlich zufällig sind. Sie haben keine »verborgenen Ursachen« und sind daher auch prinzipiell unvorhersehbar. Mit anderen Worten, die Wahrscheinlichkeitstheorie ist nicht nur ein Hilfsmittel, um Unwissenheit zu bewältigen; sie ist die genaueste uns bekannte Methode, um viele Aspekte der Wirklichkeit zu beschreiben. Allgemeine Gesetze können das Universum großräumig beschreiben, aber die Entstehung des Universums, im Einzelnen und von Nahem betrachtet, ist – wie unsere Zukunft – probabilistisch. Einstein war einer der letzten prominenten Verteidiger eines deterministischen Universums. Nach einer berühmten Anekdote soll er einmal zu Niels Bohr gesagt haben, Gott würfle nicht mit dem Universum. Darauf hat Bohr angeblich geantwortet: »Einstein, hören Sie auf, Gott zu sagen, was er tun soll!«[36]

Datensammlung und Statistik

In vielen Situationen kann uns die Wahrscheinlichkeitstheorie ermöglichen, potenzielle Zukünfte mit größerer Genauigkeit vorherzusagen. Aber nur, wenn wir eine Menge Informationen aus der Wirklichkeit haben, etwa Tabellen mit den Körpergrößen vieler Tausender Rekruten. Je mehr Informationen, desto besser. Bernoullis Gesetz der großen Zahl erklärt, warum es sich lohnt, große Informationsmengen zu sammeln. Mehr Informationen zu haben, heißt, eingehendere und genauere Kenntnisse über die Entwicklung und den Verlauf langfristiger Trends zu gewinnen, die das Herzstück des produktiven Zukunftsdenkens sind. Außerdem ermöglichen sie die Verwendung raffinierterer Wahrscheinlichkeitsmodelle. Daher ist das dritte unterscheidende Merkmal des modernen Zukunftsdenkens die Sammlung riesiger Informationsmengen im Rahmen der modernen Statistik. Heute ist statistisches Denken allgegenwärtig und bestimmt wichtige Entscheidungen von Regierungen, Wirtschaftsunternehmen und Wissenschaftlern über Investitionen in neue Infrastrukturvorhaben, Start-ups oder Forschungsprojekte.

Die Wurzeln der modernen Statistik reichen zurück ins 17. Jahrhundert. In einem 1662 in London veröffentlichten Buch hat der wegweisende Demograf John Graunt die ersten Lebenstafeln entwickelt, wobei er sich auf die wöchentlichen Aufstellungen über Taufen und Beerdigungen der zurückliegenden sechs Jahre gestützt hatte. Aus dieser umfangreichen Datensammlung gewannen Graunt und sein Kollege, der Wirtschaftswissenschaftler William Petty, einige vielversprechende und wichtige probabilistische Schlussfolgerungen. Sie lieferten verschiedene Schätzwerte in Bezug auf die tatsächliche Bevölkerungszahl Londons, die Geschlechterverteilung, die Anzahl der Menschen, die in verschiedenen Altersklassen starben, die Anzahl möglicher Rekruten für das Militär, die Wanderbewegungen nach und aus London und die Auswirkungen verschiedener Krankheiten.[37] Solche Schätzungen waren neu und von großem Interesse für die Regierung, die, wie alle Regierungen, sehr daran interessiert war, die Zukunft in großem Maßstab vorherzusehen und vielleicht auch zu kontrollieren.

Im 18. Jahrhundert gab es dann einen regelrechten Statistik-Hype, der unter anderem auf die Entdeckung unerwarteter Regelmäßigkeiten in menschlichen Gesellschaften zurückging. Nach Meinung des Philosophen Ian Hacking war das erste Gesetz der modernen Sozialstatistik eine Entdeckung John Arbuthnots aus dem Jahr 1710, die besagte, dass bei Neugeburten jeweils 13 Jungen auf 12 Mädchen kämen.[38] Das war eine unerwartete neue Erkenntnis, die sich aus statistischen Daten ergab. Wenn man ein Kind erwartete, waren die

Chancen, einen Jungen oder ein Mädchen zu bekommen, also *nicht* gleich. Verbargen sich möglicherweise hinter dem scheinbaren Chaos unseres sozialen und biologischen Verhaltens viele solcher Muster, mit deren Hilfe man unter Umständen vorhersagen konnte, was einst unvorhersagbar erschien? Ließen sich vielleicht viele Aspekte menschlichen Verhaltens aus den möglichen in die vorstellbaren oder sogar wahrscheinlichen Vorhersagebereiche verschieben? Vielleicht, aber zuvor bedurfte es einer entsprechend umfangreichen Datensammlung. Im Jahr 1796 schrieb Madame de Staël:

> Im Kanton Bern hat man festgestellt, dass die Zahl der Scheidungen von einem Jahrzehnt zum nächsten weitgehend gleichbleibt. In Italien gibt es Städte, in denen man von Jahr zu Jahr zuvor ausrechnen kann, mit wie vielen Morden zu rechnen sein wird. Folglich weisen Ereignisse, die von einer Fülle unterschiedlich zusammenwirkender Faktoren abhängen, eine periodische Wiederkehr, ein festes Verhältnis auf, wenn die Beobachtungen sich aus einer großen Zahl von Fällen ergeben.[39]

Die Aussicht, dass die probabilistische Mathematik, auf große soziale Informationsmengen angewandt, die Vorhersagen über die Zukunft menschlicher Gesellschaften verbessern könne, war ungeheuer verlockend für Regierungen, Unternehmer, Nationalökonomen und Sozialtheoretiker.

Anfang des 19. Jahrhunderts begann sich jenes Phänomen zu zeigen, das Ian Hacking eine »Zahlenlawine« nennt.[40] Regierungen, Beamte und Gelehrte fingen an, riesige Datenmengen zu sammeln, und suchten nach Mustern im Bevölkerungswachstum, in der Kriminalität, bei der Ausbreitung von Infektionskrankheiten, beim Wetter, im wirtschaftlichen Wandel und generell bei der Entwicklung großer, komplexer Systeme. Natürlich hatten auch die antiken Reiche Erntedaten gesammelt und Volkszählungen durchgeführt. Neu waren die schiere Menge der Daten, die gesammelt und veröffentlicht wurden, der Umfang und die Bandbreite der Fragen, die man stellte, und die komplexen mathematischen Methoden, mit denen die Daten analysiert wurden. Immer neue »Gesetze« wurden entdeckt. Über diese Regelmäßigkeiten staunte Adolphe Quetelet, einer der Pioniere der Statistiktheorie. »Wir wissen im Voraus«, schrieb er, »wie viele Individuen das Blut anderer vergießen, wie viele Geld fälschen, wie viele ins Gefängnis gehen werden, und das fast mit der gleichen Sicherheit, mit der wir im Voraus die Zahl der Geburten und Todesfälle angeben können, die stattfinden müssen.«[41] War es denkbar, dass die menschliche Gesellschaft ebenso regelmäßigen Gesetzen unterlag wie die Astronomie?

Im 20. Jahrhundert wurde deutlich, wie begrenzt die großen Sozialtheorien waren, wenn wir etwa an Comte oder Marx denken. Doch in bescheidenerem Maßstab können uns Sozialstatistiken wertvolle Hinweise für Fragen von großer Bedeutung liefern, etwa welches Muster die Verteilung bestimmter Straftaten aufweist, wie häufig verschiedene Krankheiten sind oder wie der wahrscheinliche Bedarf an bestimmten Infrastrukturmaßnahmen aussieht. Daher hat das Sammeln gesellschaftlicher, wirtschaftlicher, medizinischer, kriminologischer und anderer sozialstatistischer Daten bis heute weiter an Tempo zugenommen. Auf statistische Informationen verlässt man sich weltweit bei Investitionen, der Bekämpfung von Pandemien, der Wirtschaftspolitik und der Analyse komplexer Systeme wie des globalen Klimas.

Die IT-Revolution Ende des 20. Jahrhunderts und der Aufstieg des Internets brachten eine weitere Flut von Daten, die gesammelt, gespeichert und analysiert werden konnten. Wichtige Trends ließen sich nun nicht nur aus Stichproben, sondern auch aus vollständigen Datensätzen herausfiltern. Im 21. Jahrhundert, der Ära von »Big Data«, werden mit Informationen über den Geschmack einzelner Konsumenten, ihr Kaufverhalten und ihre Aktivität in den sozialen Medien (jedes »Like« wird vermerkt und aufgezeichnet) große Gewinne erzielt, denn sie sagen das Konsumverhalten mit erstaunlicher Genauigkeit vorher.

Obwohl man Big Data oft mit Marketing assoziiert, wurde der Begriff ursprünglich in Naturwissenschaften wie der Astronomie und Genetik geprägt, weil dort zuerst deutlich wurde, dass riesige Datensammlungen den Bereich des Erkennbaren und Vorhersagbaren gründlich veränderten. Der Sloan Digital Sky Survey, der ein Drittel des Himmels durchmusterte, begann im Jahr 2000 und sammelte innerhalb weniger Wochen mehr astronomische Daten, als in der ganzen Geschichte der Astronomie zuvor zusammengetragen worden waren.[42] Das Leistungsvermögen von Big Data erwächst aus dem Zusammenwirken von riesigen Datengebirgen und neuen Analysetechniken, die mithilfe dieser Daten verborgene Trends und Muster sichtbar machen können: »Es geht darum, durch Anwendung mathematischer Methoden auf riesige Datenmengen Wahrscheinlichkeiten zu erschließen: die Wahrscheinlichkeit, dass es sich bei einer E-Mail um Spam handelt; dass mit der eingetippten Buchstabenfolge ›dei‹ wahrscheinlich ›die‹ gemeint ist.«[43] Wie die göttlichen Einflüsterungen, die die antiken Weissager erhielten, können nun Hinweise, die tief verborgen unter Gebirgen von Daten ruhen, in einleuchtende Vorhersagen – sowie Reichtum und Macht – verwandelt werden.

Informationstechnologie und Computing

Die Fähigkeit, enorme Datenmengen zu speichern, abzurufen und zu verarbeiten, wurde durch die Informationsrevolution Ende des 20. Jahrhunderts ermöglicht.

Die Arbeit mit modernen Elektronikrechnern begann im Grunde erst während des Zweiten Weltkriegs. Doch eine Zeit lang sahen Computer noch wie teure, einsame Maschinen aus, die nur für Regierungen, Militär und Großunternehmen von Wert waren. Eine der größten Fehlprognosen der modernen Zeit leistete sich der Präsident von IBM 1943: »Ich denke, es gibt einen Weltmarkt für vielleicht fünf Computer.«[44]

Billige und überall verfügbare Informationsspeicherung und -verarbeitung wurde durch technologische Veränderungen ermöglicht, die Computer billiger machten und miteinander kommunizieren ließen. Im Jahr 1965 erklärte Gordon Moore, der Mitbegründer des Chipherstellers Intel, dass sich die Zahl der Komponenten auf einem Chip jedes Jahr zu verdoppeln schien und dass dadurch die Kosten für Computer und für Informationsverarbeitung gesenkt würden. Obwohl er seine Vorhersage 1975 von einem auf zwei Jahre abschwächte, hat sich der Trend seither gehalten und wird heute als Moore'sches Gesetz bezeichnet. Im Jahr 2020 hatte ein durchschnittliches Smartphone tausend Mal so viel Rechenleistung und 80-mal so viel Speicherkapazität wie der beste Computer des Jahres 1970, war aber tausend Mal billiger.[45]

Je billiger, leistungsfähiger und vernetzter Computer wurden, desto größere Informationsmengen konnten sie speichern und analysieren, was sie in die Lage versetzte, mögliche Zukünfte mit nie dagewesener Genauigkeit zu modellieren. Eine Pionierarbeit über wahrscheinliche globale Zukünfte war *Grenzen des Wachstums,* eine Schrift, die 1972 von den Umweltwissenschaftlern Donella Meadows und ihren Kollegen am Massachusetts Institute of Technology (MIT) veröffentlicht wurde. Dabei verwendeten die Autoren eines der ersten Computermodelle des planetaren Ökosystems und zeigten, welchen außerordentlichen Beitrag solche Technologien zum globalen Zukunftsdenken leisten konnten. Noch in keiner Studie zuvor, schreibt der Zukunftsforscher Wendell Bell, hätten Forscher »gleichzeitig mit so vielen Schlüsselvariablen gearbeitet, die für das Überleben der Menschheit in ferner Zukunft relevant sind, ihren Wechselbeziehungen, ihren Konsequenzen, und das auf ganzheitliche, umfassende und doch einfache und vollkommen überzeugende Weise«.[46]

Das in *Grenzen des Wachstums* verwendete Computermodell World3 hatte Jay Forrester vom MIT entwickelt. Es modellierte die Beziehungen zwischen Land, Ozeanen, Atmosphäre, natürlicher Umwelt und menschlicher Umwelt und beschrieb sie als wechselseitig abhängige Teile eines komplexen globalen Systems. Dabei konzentrierte es sich auf fünf Trends: Bevölkerungswachstum, industrieller Output pro Kopf, Nahrungsproduktion pro Kopf, Reserven an nicht erneuerbaren Ressourcen und Folgen von Umweltverschmutzung einschließlich der Treibhausgase. Diese Trends und ihre vielen Untertrends wurden durch mehrfache Kausalverknüpfungen und Rückkopplungsschleifen miteinander verbunden. Im Prinzip konnte jeder dieser Trends anhand der vorliegenden Daten quantifiziert oder plausibel geschätzt werden. Das ursprüngliche Modell umfasste mehr als 100 Kausalzusammenhänge. Die Autoren haben ihre Modelle etliche Male getestet, wobei sie kleine Veränderungen an Schlüsselparametern wie Bevölkerungswachstum oder Verfügbarkeit nicht erneuerbarer Ressourcen vornahmen. Die Wirklichkeitsnähe des Modells überprüften sie, indem sie ihre Durchläufe im Jahr 1900 begannen und beobachteten, wie genau ihr Modell die Veränderungen bis zum Veröffentlichungsjahr (1972) abbildete, ehe sie dann verfolgten, was es bis zum Jahr 2100 vorhersagte. In der ursprünglichen Arbeit führten fast alle Durchläufe, besonders die Weiter-wie-gehabt-Szenarien, am Ende zu einer Verlangsamung und schließlich zu einem Kollaps des Wachstums im 21. Jahrhundert, obwohl der zeitliche Ablauf, das Ausmaß und die unmittelbaren Ursachen variierten. Zwanzig Jahre später, in dem Buch *Die neuen Grenzen des Wachstums*, fanden die Autoren Versionen, die den Zusammenbruch vermieden, aber nur indem sie umfassende, entschlossene und systematische Entscheidungen der menschlichen Gesellschaften zur Begrenzung von Produktion, Bevölkerungswachstum und Umweltverschmutzung in das Modell einbezogen.[47] Die in diesen beiden Büchern beschriebenen Szenarien haben, obwohl sie nach heutigem Maßstab eher einfach sind, die Zeit unbeschadet überdauert, und die meisten lassen auf ein Abflachen oder sogar Abfallen vieler Formen des Wachstums bis zum Jahr 2100 schließen.[48]

Mit der Entwicklung und Ausbreitung der Computertechnologie wurden solche Modellbildungen üblicher und leistungsfähiger. Heute verwendet man Modelle mit weit größeren Datenmengen und sehr viel höherer Computerleistung, um mögliche Zukünfte in vielen verschiedenen Bereichen zu erkunden, vom Klimawandel bis zur Entwicklung von Wirtschaftstrends und Pandemien.

Die Leistungsfähigkeit und die Grenzen des modernen Zukunftsdenkens: Wetter und Wirtschaft

Dank moderner Methoden des Zukunftsdenkens hat unsere Vorhersagefähigkeit in vielen Bereichen der Wirklichkeit zugenommen, besonders in denen, die von mehr oder weniger geregelten mechanischen oder probabilistischen Prozessen bestimmt werden. Wenn wir noch einmal den in Kapitel 2 beschriebenen Zukunftskegel 2 zu Bereichen der Vorhersagbarkeit zugrunde legen, so haben sich auf einigen Gebieten, etwa bei der Vorhersage von Asteroideneinschlägen, die Probleme von »möglich« hin zu »vorstellbar« und manchmal sogar zu »wahrscheinlich« verschoben. Im Jahr 1994 erteilte der US-Kongress der NASA den Auftrag, die wahrscheinlichen Bahnen aller erdnahen Objekte mit einem Durchmesser von mehr als einem Kilometer zu untersuchen.[49] Bis 2020 hatte man ungefähr 95 Prozent aller Asteroiden erfasst, die so groß oder größer waren, und bei keinem erschien es wahrscheinlich, dass er die Erde in den nächsten hundert Jahren treffen könnte. Das ist ein echter Zuwachs an Vorhersagefähigkeit. Es gibt ähnliche Fortschritte auf vielen Feldern, unter anderem einflussreiche Vorhersagen über die Gesundheitsfolgen bestimmter Verhaltensweisen, etwa sich impfen zu lassen, zu rauchen oder sich im Auto anzuschnallen. Doch in Bereichen, die von weniger vorhersagbaren Prozessen geprägt werden, bleibt die Zukunft so dunkel wie eh und je. Die Fähigkeit, die Handlungen von Politikern vorherzusagen, ist heute nicht besser, als sie es zu Cäsars Zeiten war.

Moderne Wettervorhersagen und Wirtschaftsprognosen lassen einige Stärken und Schwächen des modernen Zukunftsdenkens erkennen.

In Wettervorhersagen werden alle Fortschritte verwendet, die wir erwähnt haben. Sie basieren auf einem besseren Verständnis der Kausalzusammenhänge – wie Veränderungen von Luftdruck, Luftfeuchtigkeit und Temperatur zu Wetterveränderungen führen. Mittels strenger Wahrscheinlichkeitsberechnungen beurteilen sie die Wahrscheinlichkeit unterschiedlicher Wettermuster. Dazu ziehen sie riesige Mengen an Daten aus aller Welt heran. Und sie nutzen die immensen Speicher- und Verarbeitungskapazitäten von Supercomputern, um wahrscheinliche Wetterveränderungen zu modellieren.

Alle Gesellschaften haben versucht, das Wetter vorherzusagen, und kurzfristige Prognosen sind auch nicht schwer. Wenn der Himmel wolkenlos ist, kann ich mit großer Gewissheit vorhersagen, dass es in den nächsten fünf Minuten nicht regnen wird. Sehr viel schwieriger ist es, wenn es um das Wetter von morgen oder dem nächsten Monat geht. Die seriöse moderne Wettervorhersage begann im 19. Jahrhundert. Mitte des Jahrhunderts sammelte Robert FitzRoy, damals Kapitän der

Beagle, auf der Darwin um die Welt reiste, Wetterdaten von vielen verschiedenen Stationen. Im Jahr 1854 gründete er das English Meteorological Office. 1875 veröffentlichte die Londoner *Times* die erste Wetterkarte für alle britischen Inseln, die auf den Informationen vieler lokaler Wetterstationen basierte.[50] Der amerikanische Gelehrte Cleveland Abbe kam auf die Idee, bei der Modellierung von Wettersystemen die Strömungsdynamik zugrunde zu legen, und der Norweger Vilhelm Bjerknes äußerte die These, dass lokale Luftdruckunterschiede diese atmosphärischen Strömungen antreiben könnten. Demnach sollte es möglich sein, Wettermuster vorherzusagen, indem man viele lokale Messungen von Luftdruck, Temperatur, Windgeschwindigkeit und Luftfeuchtigkeit sammelte und analysierte.[51] Heutige Meteorologen sammeln ihre Daten auch mithilfe von Flugzeugen und Satelliten. Im Jahr 1950 entwickelte der Mathematiker John von Neumann die ersten computerbasierten Wettervorhersagen. Bald darauf begann Edward Lorenz Programme zu entwickeln, die globale Wettermuster simulierten.

Heute werden meteorologische Daten von mehr als 4000 Wetterstationen ermittelt, die zum Global Observing System zusammengeschlossen sind; dazu kommen die Informationen von Satelliten in Erdumlaufbahnen. In Instituten wie dem European Centre for Medium-Range Weather Forecasts (ECMWF) in Reading, England, werden diese Daten gesammelt und verarbeitet. Mithilfe von komplizierten Modellen und der immensen Rechenleistung von Supercomputern verrechnet man diese Informationen zu Wettervorhersagen. In der idealisierten Welt der Modelle kann man das Wetter Tausende von Malen mit winzigen Abänderungen durchlaufen lassen, eine Methode, die es Meteorologen beispielsweise ermöglicht, für morgen eine Regenwahrscheinlichkeit von 50 Prozent anzugeben. Solche Prognosen lassen sich überprüfen, indem man sie ständig mit den tatsächlichen Wetterverläufen vergleicht. Daher sind Wettervorhersagen einer nie endenden Folge von Zuverlässigkeitstests unterworfen. Im Jahr 1979, als das Zentrum in Reading gegründet wurde, waren dessen Zwei-Tage-Vorhersagen ernst zu nehmen. Im Jahr 2015 war es dann in der Lage, genauso zuverlässige Sechs-Tage-Vorhersagen abzugeben. Nun hofft man dort, die Zuverlässigkeitsspanne bis 2025 auf zwei Wochen erhöhen zu können.[52] So bescheiden sie in ihren Behauptungen und so probabilistisch sie in ihrer Form sind, können solche Vorhersagen doch von immenser Bedeutung sein, nicht nur für die Planung von Familienpicknicks, sondern auch für die Warnung vor Wetterkatastrophen wie Hurrikans oder Überschwemmungen. Durch die globale Erwärmung gewinnen diese Warnungen noch an Bedeutung.

Auch auf wirtschaftliche Veränderungen hat man moderne Vorhersagemethoden angewendet. Wie Wettervorhersagen sind Wirtschaftsprognosen außerordentlich kompliziert, weil sie eine Vielzahl chaotischer Prozesse berücksichtigen müssen. Außerdem spielt hier die extreme Unvorhersagbarkeit menschlichen Handelns eine große Rolle. Oft ist in der Wirtschaftstheorie behauptet worden, das Verhalten wirtschaftlicher Akteure sei in seiner Gesamtheit vorhersagbar. Doch es besteht kein Zweifel daran, dass ein Großteil wirtschaftlichen Handelns *nicht* prognostizierbar ist, so wie das Verhalten von Regierungen, das viele fundamentale wirtschaftliche Parameter vorgibt. Hinzu kommt, dass Wirtschaftsprognostiker im Gegensatz zu Meteorologen ein Teil des Systems sind, dessen Verhalten sie vorherzusagen versuchen, erst recht, wenn sie von Regierungen und Unternehmen bezahlt werden, die bemüht sind, die wirtschaftliche Zukunft direkt zu beeinflussen. Wie die antiken Wahrsager wissen die Wirtschaftsprognostiker häufig, welche Vorhersagen ihre Klienten sich wünschen.

Die Kriege des frühen 20. Jahrhunderts zwangen alle Regierungen zu Wirtschaftsplanungen. Dadurch wurden Staaten und Unternehmen zunehmend abhängig von Wirtschaftsprognosen. Das sowjetische Scheitern mit dem Versuch einer totalen Planwirtschaft ließ zwar einige Grenzen von Wirtschaftsprognosen erkennen, und dennoch versuchen alle modernen Staaten ihre Volkswirtschaften zu steuern. Wie nicht anders zu erwarten, werden wirtschaftliche Vorhersagen und die Wirtschaftstheorie im Allgemeinen von politischen Zwängen und ideologisch verzerrten Modellen des Wirtschaftswandels beeinflusst. Von Wirtschaftsprognosen hängt so viel ab, dass sie oft Vorteile aus übertrieben zuversichtlichen Prognosen ziehen und daher die goldene

Mitte zwischen Allgemeinheit und Genauigkeit verfehlen. »Wir sagen ein Wachstum von 0,5 Prozent für die nächsten drei Monate voraus« ist etwas ganz anderes als eine »40-prozentige Regenwahrscheinlichkeit in den nächsten zwölf Stunden«. Politische Präferenzen, chaotische Prozesse und die Unvorhersagbarkeit menschlichen Verhaltens erklären zusammengenommen zumindest teilweise, warum so wenige Fachleute wirtschaftliche Erdbeben wie die globale Finanzkrise von 2008 vorhergesehen haben.

In einem vernichtenden Überblick über missglückte Wirtschaftsprognosen in den Vereinigten Staaten wählt Nate Silver als Beispiel die Wachstumsprognosen des US-amerikanischen Bruttoinlandprodukts (BIP) für das kommende Jahr durch den Survey of Professional Forecasters für die Jahre 1968 bis 2010. Dort wird ein Prognoseintervall von 90 Prozent angegeben, das heißt, die tatsächlichen Ergebnisse müssen in 90 Prozent der Fälle im vorhergesagten Intervall liegen. Doch bei der anschließenden Überprüfung befanden sich die Vorhersagen fast zur Hälfte außerhalb des Prognoseintervalls, und das, obwohl das 90-Prozent-Intervall bereits so breit war, dass es kaum noch Aussagewert hatte. »Wenn Sie also beim 90-Prozent-Intervall ein Wachstum von 2,5 Prozent für das nächste Jahr prognostizieren, sagen Sie im Grunde, dass die Steigerung spektakuläre 5,7 Prozent betragen, oder auch, dass es um 0,7 Prozent fallen wird.«[53] Nicht sehr hilfreich.

Zukunftsdenken in der modernen Welt

Worin unterscheidet sich das moderne Zukunftsdenken von dem früherer Zeiten? Vor 2000 Jahren lieferte Cicero in seinem platonischen Dialog *Von der Weissagung* einen der aufschlussreichsten Berichte über das Zukunftsdenken des Agrarzeitalters. Könnten wir ihn wieder zum Leben erwecken (unwahrscheinlich, wurde ihm doch im Zuge der Proskriptionen nach Cäsars Ermordung der Kopf abgeschlagen), was würde Cicero wohl vom heutigen Zukunftsdenken halten?

Vieles käme ihm exotisch und neu vor. Etliche Aspekte des modernen Zukunftsdenkens wären ihm aber überraschend vertraut. Trotz seiner

Skepsis gegenüber der volkstümlichen Religion wäre er wohl über die Vertreibung der Götter aus dem offiziellen Zukunftsdenken schockiert. Zugleich nähme er sicherlich mit Zufriedenheit zur Kenntnis, dass die meisten modernen Regierungen die Religionsausübung und die Anbetung verschiedener Gottheiten immer noch unterstützen und achten. Weniger billigen würde er vermutlich, dass Weissagung und Astrologie im volkstümlichen Zukunftsdenken nach wie vor weit verbreitet sind. Angesichts seiner rationalen und empirischen Geisteshaltung wäre er von den in diesem Kapitel beschriebenen empirischen und mechanischen Methoden des Zukunftsdenkens beeindruckt, wenngleich er wohl Mühe hätte, sie und ihre mathematisch-technischen Grundlagen zu verstehen. Ihm bliebe die immense Bedeutung nicht verborgen, die bestimmte Techniken des Zukunftsdenkens für Politik, Wirtschaft, Wissenschaft und viele andere Bereiche des modernen Lebens haben. Und er wäre sehr angetan von den bemerkenswerten Erfolgen des Zukunftsdenkens in Bereichen wie Medizin und Wissenschaft. Aber er würde auch (vielleicht mit einer gewissen Schadenfreude) bemerken, dass in der Politik die Erfolgsquote des Zukunftsdenkens kläglich ist, kaum besser als jene der römischen Weissager und Auguren.

Am Ende wäre Cicero wohl überrascht festzustellen, dass zwar bestimmte Fähigkeiten des Zukunftsdenkens weithin anerkannt sind, beispielsweise die der Statistiker, Computermodellierer, Naturwissenschaftler und Wirtschaftsplaner, die die Wahrsager und Seher unserer Tage sind, dass aber Zukunftsdenken als allgemeine Wissensdomäne noch immer genauso bruchstückhaft, willkürlich und verrufen ist wie zu seiner Zeit. Wo sind die Nobelpreise für Zukunftsdenken? Oder die Berufsorganisationen, die Zukunftsdenkern die formelle Zulassung erteilen würden? Wo sind die Lehrpläne, nach denen Schüler im Zukunftsdenken unterrichtet würden? Mag sein, dass bestimmte Fertigkeiten des Zukunftsdenkens unterrichtet und bewundert werden, aber das Zukunftsdenken im Allgemeinen führt noch immer das gleiche Schattendasein wie zu Ciceros Zeiten.

Diese merkwürdige Mischung aus Achtung und Missachtung zeigt auch die Geschichte der modernen wissenschaftlichen Disziplin der Zukunftsforschung.[54] Eine große Rolle spielte das Zukunftswissen in den Denkfabriken und universitären Einrichtungen des Kalten Krieges. Zu beiden Seiten des Eisernen Vorhangs setzten Regierungen, Planer und Wissenschaftler große Hoffnungen auf die Zukunftsforschung, weil sie sich dem »Fortschritt« verpflichtet fühlten und glaubten, die Wissenschaft werde sie in immer mehr Wirklichkeitsbereichen zu exakten Vorhersagen befähigen. In der englischsprachigen Welt war H. G. Wells nicht nur ein Pionier der modernen Science-Fiction, sondern auch einer der ersten Fürsprecher der Zukunftsforschung.[55] Im Jahr 1902 verkündete er im Brustton der Überzeugung: »Die Ereignisse des Jahres 4000 n. Chr. sind genauso festgelegt, entschieden und unveränderlich wie die des Jahres 1600.« Durch bedeutende Fortschritte in der modernen Wissenschaft ermöglichtes »praktisches Wissen über Ereignisse in der Zukunft ist eine denkbare und praktische Errungenschaft«, und dank ihr wird bald »eine systematische Erforschung der Zukunft möglich sein«.[56] Die sowjetische Regierung war von einem ähnlichen Optimismus beseelt, als sie versuchte, rationale Pläne für die Zukunft einer ganzen Gesellschaft aufzustellen. Und auch kapitalistische Länder begannen, systematisch für bessere Zukünfte zu planen.

Die Kriege in der ersten Hälfte des 20. Jahrhunderts sorgten dafür, dass das offizielle Zukunftsdenken großenteils militärisch geprägt war, da sich die Staaten auf künftige Kriege vorbereiteten. Kernwaffen und die Raketen, die sie trugen, waren dann Produkte dieses militarisierten Zukunftsdenkens. Mitte der 1960er-Jahre löste die Entwicklung der Computer eine neue Welle des Optimismus aus, was die Möglichkeiten einer exakten, wissenschaftlichen Zukunftsmodellierung betraf. Im Jahr 1964 vertraten Mitarbeiter der amerikanischen RAND Corporation (RAND ist eine Abkürzung aus *Research and Development,* »Forschung und Entwicklung«) die Ansicht, es sollte schon bald möglich sein, sozioökonomische und politische Probleme »ebenso zuverlässig zu bewältigen wie die Probleme in der Physik und Chemie«.[57]

Einen Höhepunkt erreichte der Optimismus im Hinblick auf Zukunft und Zukunftsforschung in den 1970er- und 1980er-Jahren. Mitte der 1970er-Jahre wurden in Nordamerika Hunderte von Kursen in Zukunftsforschung gegeben, und in den 1980er-Jahren erschienen jährlich Hunderte von Büchern zu dem Thema.[58] Der Unternehmensberater Peter Drucker war der Erste, der systematische Unternehmensplanung für die Zukunft anbot, während Großunternehmen eigene »Prognostiker« einstellten, die ihnen Vorhersagen liefern sollten.[59] Einige Wissenschaftler plädierten für eine neue »allgemeine Theorie der Zukunft«, und in den 1940er-Jahren prägte der deutsch-amerikanische Politikwissenschaftler Ossip K. Flechtheim den Begriff *Futurologie*.[60]

In den 1980er-Jahren begannen diese Hoffnungen abzuebben. Wie wir in Kapitel 1 gesehen haben, nahm das Vertrauen in die Vorhersagekraft der Naturwissenschaft ab, als die Naturwissenschaften im 20. Jahrhundert probabilistischer und weniger deterministisch wurden, während der Zusammenbruch der Sowjetunion die Grenzen der wirtschaftlichen und technologischen Planung für ganze Gesellschaften offenbarte. Der neu entstehenden Disziplin der Zukunftsforschung haftete zudem der Makel einer zu engen Verbindung mit militärischen und politischen Zielsetzungen an. Neue Formen der Zukunftsforschung entstanden in Abgrenzung zu staatlichen und staatlich finanzierten Denkfabriken. Dabei legten sie weniger Nachdruck auf Vorhersagen als auf den Versuch, gesellschaftliche Hoffnungen oder Ängste aufzugreifen, die sich auf die Zukunft richteten. In seinem Buch *The Image of the Future* meinte Fred Polaks 1953, die Zukunftsforschung solle sich lieber auf gegenwärtige *Vorstellungen* von möglichen Zukünften konzentrieren. Im Jahr 1960 gründeten Bertrand und Hélène de Jouvenel die Organization Futuribles und verlangten, die Zukunftsforschung solle keine Vorhersagen machen, sondern stattdessen klären, welche Entscheidungen wir zwischen alternativ möglichen Zukünften treffen.[61] Im Jahr 1968 gründeten der türkisch-amerikanische Systemwissenschaftler Hasan Özbekhan und der italienische Industrielle Aurelio Peccei den Club of Rome, der einen Rahmen für eine verantwortliche Auseinandersetzung mit der Zukunft der Menschheit als Ganzes bieten wollte. *Die Grenzen des Wachstums* waren ihr erster Bericht.[62] Im Jahr 1973 schließlich wurde mit Unterstützung der UNESCO die World Futures Studies Federation (WFSF) ins Leben gerufen, um eine Grundlage für Zukunftsstudien zu schaffen, die die Zukunftsziele aller Menschen berücksichtigten. Das hieß, alternative Zukünfte zu betrachten, weshalb viele Zukunftsforscher in englischsprachigen Ländern heute nicht mehr von *Future Studies,* sondern von *Futures Studies* sprechen.[63]

In der Praxis kann eine Disziplin, die sich Zukunftsforschung nennt, natürlich nicht ohne Vorhersagen auskommen. Wendell Bell hat darauf hingewiesen, dass selbst die Wissenschaftler, die das Wort *Vorhersage* vermeiden, weiterhin »verschiedene Euphemismen für die Beschreibung ihrer Arbeit verwenden, etwa ›Voraussicht‹, ›Prognose‹ oder ›Projektion‹«.[64] Diese sprachlichen Verrenkungen zeigen, wie auch die moderne Disziplin der Zukunftsforschung bei der Beschreibung möglicher Zukünfte nach jener goldenen Mitte zwischen zu viel Genauigkeit und zu viel Allgemeinheit sucht, um die sich schon immer alle Zukunftsdenker bemüht haben.

Zukunftsforschung gehört nicht zum Kanon moderner Schulen und Universitäten. Obwohl bestimmte Arten des Zukunftsdenkens allgegenwärtig sind, sieht sich die wissenschaftliche Disziplin der Zukunftsforschung mit derselben intellektuellen Skepsis konfrontiert, mit der Cicero zu seiner Zeit den Weissagern begegnete. Woran liegt das? Viele wissenschaftliche Arbeiten auf dem Gebiet, etwa Wendell Bells klassische zweibändige Studie, sind schließlich hervorragend, kreativ und exakt. Und es gibt eine Heerschar von Zukunftsdenkern und Prognostikern, die vor allem in Unternehmen, Körperschaften und Regierungsinstitutionen arbeiten und denen dabei eine reichhaltige Auswahl an bewährten Prognosewerkzeugen zur Verfügung steht, wie etwa Szenarienplanung, Backcasting und die Delphi-Methode, bei der ein Konsens zwischen unterschiedlichen Positionen von Fachleuten hergestellt wird.[65] Möglicherweise kommt in der Skepsis die merkwürdige Halbexistenz des Gegenstands dieser Disziplin zum Ausdruck – der Zukunft, eines Phänomens, für das es keine eindeutigen Beweise gibt und dessen Existenz bezweifelt werden kann. Ohne Dokumente und Urkunden aus der Zukunft lässt sich schwer sagen, was man unter einer *strengen, evidenzbasierten* Erforschung der Zukunft zu verstehen hat. In einer gegebenen Situation wissen wir nie genau, welche alternativen Zukünfte möglich sind, und so können wir auch niemals mit Sicherheit sagen, ob eine erfolgreiche Vorhersage der Genauigkeit oder dem Glück zu verdanken ist. Kein Wunder also, dass immer noch ein Hauch von Metaphysik, Mysterium und sogar Schwindel das Zukunftsdenken umgibt und dafür sorgt, dass die Skepsis gegenüber dieser Disziplin nie ganz verstummt. Der Mangel an eindeutigen Beweisen erklärt auch, warum die Grenzen zwischen Zukunftsdenken und Fiktion so durchlässig sind. Es ist schon auffällig, dass man einige der interessantesten Ideen des modernen Zukunftsdenkens nicht in der Zukunftsforschung findet, sondern in der Science-Fiction.[66] Da die Hinweise, die wir auf wahrscheinliche Zukünfte haben, so rar und unzuverlässig sind, spielen Kreativität und Fantasie eine sehr viel größere Rolle im Zukunftsdenken als in der historischen Forschung, deren Spielraum durch detaillierte Belege eng eingegrenzt ist. Auch das lässt Zweifel über das Zukunftsdenken als wissenschaftliche Disziplin aufkommen.

Und doch – so schwierig es auch ist, streng methodisch über mögliche Zukünfte nachzudenken, wir müssen es einfach versuchen. Wir haben keine andere Wahl. Und unsere Bemühungen sind wirklich wichtig. Nichts führt uns deutlicher vor Augen, wie wichtig sorgfältiges und kreatives Zukunftsdenken ist, als die gegenwärtigen Debatten über die Zukunft der Menschheit. Mit ihnen wollen wir uns im nächsten Kapitel beschäftigen.

Teil IV
Zukünfte imaginieren

Menschliche, astronomische und kosmologische

Kapitel 8
Nahe Zukünfte

Die nächsten hundert Jahre

Unsere Erde ist 45 000 000 Jahrhunderte alt. Doch dieses Jahrhundert ist das erste, in dem eine Spezies – unsere – das Schicksal der Biosphäre in der Hand hat.

– Martin Rees, Präsident der Royal Society und Astronomer Royal, 2018[1]

Was würden wir manchmal für Krishnas göttlichen Blick in die Zukunft geben, der den atemberaubenden vierdimensionalen Zeitkarten der B-Reihe entspricht. Doch heute, in einer entzauberten Welt, haben wir das Weissagen weitgehend aufgegeben. Stattdessen verlassen wir uns auf die viel unschärferen Wahrscheinlichkeitsrechnungen der in Kapitel 7 beschriebenen Suche nach Trends. Deren Grundlage ist ein besseres Verständnis von Kausalität und Wahrscheinlichkeit sowie die Sammlung und Verarbeitung riesiger statistischer Datenmengen, um vergangene Trends der Vergangenheit zu erkennen und daraus wahrscheinliche Trends der Zukunft abzuleiten. Unsere Karten möglicher Zukünfte lassen die Gelassenheit, Genauigkeit und Gewissheit von Krishnas Visionen vermissen. Sie sind provisorisch, verschwommen, spekulativ, oberflächlich und manchmal genauso fantastisch wie mittelalterliche Karten unbekannter Länder. Gleichwohl sind es die einzigen Karten der Zukunft, die wir haben, und das allein verleiht ihnen Bedeutung und eine gewisse Größe. Alle suchen sie nach der goldenen Mitte zwischen übermäßiger Genauigkeit (dann liegen sie fast immer falsch) und zu großer Allgemeinheit (dann sind sie mehr oder minder nutzlos).

In Kapitel 8 versuchen wir, uns »nahe Zukünfte« während der nächsten hundert Jahre vorzustellen. In Kapitel 9 werfen wir einen Blick in »mittlere Zukünfte« und konzentrieren uns auf das Schicksal unserer eigenen Art im Laufe von Jahrtausenden und sogar Jahrmillionen. In Kapitel 10 geht es schließlich um plausible Zukünfte der Erde, des Sonnensystems, unserer Galaxis und … des Universums als Ganzes.

Charakteristische Merkmale der Hundert-Jahr-Skala

Jede dieser sich in die Zukunft erstreckenden Zeitskalen weist charakteristische Merkmale auf. Für die nächsten hundert Jahre gibt es Trends, die wir mit ziemlicher Gewissheit vorhersagen können, weil uns von der nahen Zukunft nur eine geringe Distanz trennt und wir einige der regelmäßigen Trends schon erkennen können, die sie prägen werden. Trotzdem liegt selbst die nahe Zukunft noch weitgehend im Dunkel. Da gibt es zu viele Unbekannte und zu viele wichtige Entscheidungen, die von den Angehörigen der unberechenbarsten Spezies des Planeten – den Menschen – getroffen werden. Die Hundert-Jahr-Zukunft berührt uns persönlich, weil sie von Menschen bewohnt werden wird, die wir kennen und die uns am Herzen liegen, weshalb sie unter die Regel fällt, die Elinor Ostrom das »Sieben-Generationen-Prinzip« nennt. Dabei geht es um eine vielen indigenen Völkern vertraute Überlegung: »Wenn wir wirklich wichtige Entscheidungen treffen, sollten wir nicht nur fragen, was werden sie heute für mich bewirken, sondern auch, was werden sie in Zukunft für meine Kinder, meine Kindeskinder und deren Kindeskinder bedeuten.«[2] Wir Menschen haben so viel Macht erlangt, dass unser Handeln, ob wir es verstehen oder nicht, unsere nahe Zukunft bestimmen wird. Wie wir uns heute unsere Zukunft vorstellen, wird die Entscheidungen prägen, die wir morgen treffen werden. Und die werden womöglich auf Millionen Jahre hinaus das Schicksal der Erde bestimmen. Egal, ob wir die richtigen oder falschen Entscheidungen treffen, unsere Vorstellungen über wahrscheinliche Zukünfte sind von enormer Bedeutung, und folglich ist das Nachdenken über die nahe Zukunft eine ernst zu nehmende Aufgabe.

Eine wichtige Vorhersage können wir mit ziemlicher Sicherheit treffen: In den kommenden hundert Jahren werden wir und der Planet Erde – sofern es nicht zu einer existenziellen Katastrophe kommt – eine ganz entscheidende Schwelle überschreiten: Zum ersten Mal in seiner Geschichte wird es ein bewusstes Zukunftsmanagement des Planeten geben. Im Grunde managen wir schon jetzt die Zukunft der Erde, aber bislang verfahren wir dabei unsystematisch und chaotisch. Die Herausforderung besteht darin, den Planeten gut zu managen. Hat es solche Übergänge in anderen Sternensystemen gegeben? Wir wissen es nicht. Fest steht aber, dass unsere Vorstellungen über die Zukunft des Planeten Erde nun von enormer, vielleicht sogar galaktischer Bedeutung sind, weil sie das Schicksal eines neuen, komplexen Gebildes bestimmen – eines gemanagten oder bewussten Planeten –, der gerade jetzt in unserer Region der Milchstraße geboren wird.

Aus allen diesen Gründen ist es wichtig, *wie* wir uns die nahe Zukunft vorstellen. Wie im vorhergehenden Kapitel gesehen, vertreten einige Zukunftsforscher deshalb die Ansicht, dass man sich in erster Linie mit der Frage beschäftigen müsse, wie sich Menschen mögliche Zukünfte *vorstellen*. In diesem Sinne meint der Zukunftsforscher Jim Dator: »Zukunftsforschung beschäftigt sich nicht mit ›der Zukunft‹, sondern mit ›Vorstellungen von der Zukunft‹.« Aber das ist sicherlich übertrieben. Wenn wir uns mit vorgestellten Zukünften auseinandersetzen, versuchen wir im Grunde wie Prinz Arjuna, das, was tatsächlich geschehen könnte, in den Blick zu bekommen. Willis Harman, ein anderer Pionier der Zukunftsforschung, schreibt daher: »Welche Zukünfte sind machbar und welche nicht? Das ist die zentrale Frage der Zukunftsforschung.«[3]

Da die Hundert-Jahr-Zukunft von solcher Bedeutung ist, hat sie auch eine politische Dimension. Zum ersten Mal in der menschlichen Geschichte sehen wir uns globalen Problemen gegenüber – Klimawandel, nuklearer Bedrohung und neuen Pandemien –, die sich nicht von einzelnen Nationen oder Personen lösen lassen. Um sie zu bewältigen, bedarf es einer weltweiten Zusammenarbeit. Schließlich ist das Fahrzeug, das wir zu steuern hoffen, nicht das winzige Floß unserer individuellen Zukünfte, sondern ein planetengroßes Raumschiff, beladen mit

Milliarden Menschen, die in 200 verschiedene Nationen unterteilt sind, sowie mit Millionen anderer Arten von Pflanzen, Tieren und Bakterien.

Können wir mit Fug und Recht erwarten, dass Menschen jenes Maß an Übereinstimmung erzielen, das Zellen in Makroorganismen ganz selbstverständlich herstellen? Wie wir gesehen haben, streben Zellen in solchen Zusammenschlüssen nach Kooperation, weil sie sich genetisch ähneln und weil sie infolge der Spezialisierung außerordentlich abhängig voneinander sind. Heute befinden wir Menschen uns in einer ähnlichen Situation. Wir sind genetisch homogen (in weit höherem Maße als beispielsweise die Lebensgemeinschaften von Schimpansen) und leben in wachsender Abhängigkeit voneinander. Auf der Ebene von Familien, Gemeinden und sogar Nationen beobachten wir schon eine Bereitschaft und den Willen zur Zusammenarbeit. Lässt sich diese Kooperation so auf die globale Ebene übertragen, dass wir wie makrobielle Zellen zusammenarbeiten, um eine gute Zukunft für alle künftigen Bewohner einer bewussten Erde zu schaffen?

Bei dem Versuch, uns die nahe Zukunft vorzustellen, werden wir die drei für jedwedes Zukunftsmanagement grundlegenden Fragen stellen: Welche Zukünfte wollen wir? Welche Zukünfte sind am wahrscheinlichsten? Und wie stellen wir die Weichen für unsere favorisierten Zukünfte? Wir werden uns auf die ersten beiden Schritte beschränken, weil detaillierte Veränderungsprogramme unseren Rahmen sprengen würden. Doch Klarheit im Hinblick auf Ziele und wahrscheinliche Zukünfte sollte uns in die gewünschte Richtung lenken. Anfang der 2020er-Jahre ist klar, dass wir nicht auf dem richtigen Weg sind. Ihn zu finden, wird enorme Kurskorrekturen erfordern, wobei die große Unbekannte ist, ob acht Milliarden Menschen sich ausreichend, eindeutig und rechtzeitig einigen können. Es wird eine große Herausforderung, aber es besteht viel Grund zur Hoffnung.

Schritt eins: Welche Zukünfte wünschen wir?

Angesichts der Vielfalt unserer Welt mag es naiv erscheinen, Einigkeit in der Frage einer guten Zukunft für die Menschheit zu erzielen. Der Vorstandsvorsitzende eines Großkonzerns, ein Obdachloser in einer

Großstadt, eine Mutter in einem entlegenen Dorf und ein Militärplaner werden sicherlich kein gemeinsames Bild von Utopia haben. Trotzdem gibt es gute Gründe für die Annahme, dass das Bewusstsein unserer gegenseitigen Abhängigkeit wächst und dass wir in der Frage, wie eine gute Zukunft für das Raumschiff Erde aussehen sollte, zu einem breiten Konsens fähig sind. Alle gehören wir derselben Spezies an, daher haben wir gemeinsame Bedürfnisse, Hoffnungen und Ziele, und wir beginnen zu verstehen, wie eng unsere Schicksale miteinander verknüpft sind. Außerdem können sich dank der weltumspannenden Tauschnetze Milliarden Menschen an dem globalen Meinungsaustausch beteiligen und entwickeln vielleicht ein gewisses Gefühl der Verpflichtung für die ganze Menschheit.

Überlappende Vorstellungen von einer guten Zukunft

Eine Einigung über Grundbedürfnisse erscheint nicht unmöglich. Die Möglichkeit, genug zu essen zu haben, zu spielen, sich als Teil einer Gemeinschaft zu fühlen, frei von übermäßigem Stress zu sein – das sind Bedürfnisse, die von allen Menschen geteilt werden. Tatsächlich teilen wir sie auch mit anderen Säugetieren. Wer kann Delfine oder Kätzchen spielen sehen, ohne einen Anflug von Mitgeschöpflichkeit zu empfinden?

Eine der einflussreichsten jüngeren Diskussionen über ein gutes Leben wurde 1943 von Abraham Maslow mit seinem Artikel »A Theory of Human Motivation« angestoßen.[4] Maslow entwarf eine Hierarchie menschlicher Bedürfnisse, in der physiologische Bedürfnisse wie Nahrung, ein Dach über dem Kopf und Gesundheit die Basis bilden, soziale Bedürfnisse wie Zugehörigkeitsgefühl die Mitte und seelische Bedürfnisse wie Erfüllung, Sinnhaftigkeit oder »Selbstverwirklichung« die Spitze. Er meinte, die physiologischen Grundbedürfnisse dominierten unsere Gedanken, solange sie unbefriedigt seien. Sobald sie aber erfüllt seien, könnten wir versuchen, uns anderen, »höheren« Bedürfnisse zu widmen. Maslow ist zu Recht vorgeworfen worden, er konzentriere sich auf Bedürfnisse, die in westlichen Kulturen eine besondere Rolle spielten. Trotzdem hat der Grundgedanke, mit ein paar

Korrekturen, sicherlich Bestand: Es sollte uns möglich sein, uns im Großen und Ganzen auf das zu einigen, was wir unter *einem guten Leben* verstehen.

Können wir uns auch darauf einigen, welche Gesellschaft uns diese Elemente eines »guten Lebens« liefern könnte? Lokale, nationale, kulturelle und religiöse Zugehörigkeitsgefühle rufen tiefe Differenzen hervor. Können wir realistischerweise einen globalen Konsens erwarten, der die Unterschiede überwindet? In der Achsenzeit sorgten expandierende Netzwerke für religiöse Zugehörigkeitsgefühle im kontinentalen Maßstab. Kann die Globalisierung ähnliche Zugehörigkeitsempfindungen in planetarem Maßstab bewirken?[5]

Ein Grund für Hoffnung ist der Umstand, dass verschiedene religiöse und ethische Traditionen vieles gemeinsam haben. Im Jahr 1893 wurde im Rahmen der Weltausstellung in Chicago ein Parlament der Weltreligionen organisiert, das eine weltweite Diskussion über gemeinsame ethische Ideen ermöglichen sollte. Ein Jahrhundert später, 1993, formulierte ein zweites Parlament der Weltreligionen eine »Erklärung zum Weltethos« auf der Grundlage eines Entwurfs des Schweizer Theologen Hans Küng. Unterzeichnet wurde sie von mehr als 200 Führern verschiedener religiöser Traditionen.[6] In der Erklärung wird bekräftigt, »dass sich in den Lehren der Religionen ein gemeinsamer Bestand von Kernwerten findet und dass diese die Grundlage für ein Weltethos bilden«. Die Erklärung verweist auf die Einheit der Menschheit und die Abhängigkeit des Menschen von anderen Menschen, von anderen Arten und von der Umwelt: »Jeder von uns hängt vom Wohlergehen des Ganzen ab. Deshalb haben wir Achtung vor der Gemeinschaft der Lebewesen, der Menschen, Tiere und Pflanzen und tragen Sorge für die Erhaltung der Erde, der Luft, des Wassers und des Bodens.« Sie erinnerte an die Goldene Regel: »Wir müssen andere behandeln, wie wir von anderen behandelt werden wollen.« Dann machte sie die Familie zu einer allumfassenden Metapher: »Wir betrachten die Menschheit als unsere Familie.« Die Grundsätze dieses »Weltethos«, so die Unterzeichner abschließend, »können von allen Menschen mit moralischen Grundhaltungen, ob religiös oder nicht, bejaht werden«. In einem ähnlichen Geist erklärt Papst Franziskus 2015 in seiner Enzyklika *Laudato Si'*, er wolle »in Bezug auf unser gemeinsames Haus in besonderer Weise mit allen ins Gespräch kommen«.[7]

Die gleichen ethischen Überschneidungen findet man in den fiktionalen Utopien. Volkstümliche utopische Entwürfe, häufig im Zusammenhang mit revolutionären Bewegungen entstanden, kreisen um persönliche Ziele wie materiellen Überfluss, Befreiung von schwerer Arbeit und willkürlicher Unterdrückung. Im mittelalterlichen Land Cockaigne, »da gibt es Flüsse, breit und fein, voller Öl, Milch, Honig und Wein«.[8] »Big Rock Candy Mountain«, ein Song, den der Gewerkschaftler und ehemalige Landstreicher Harry McClintock 1920 schrieb, schildert eine Welt, in der die Almosen auf Büschen wachsen, man nie arbeiten muss, die Bäume der Farmer voller Früchte sind und … »kleine Bächlein Alkohol von den Felsen rieseln«. Anfang des 19. Jahrhunderts schilderte ein katholischer Missionar ein Utopia burmesischer Buddhisten, in dem ein Baum namens Padesa wächst,

> der statt der Früchte kostbare Kleidungsstücke von aller Art trägt. Auch brauchen die Einwohner (…) den Boden nicht zu bearbeiten, da derselbe Padesa-Baum eine Art köstlichen Reis ohne Hülsen trägt. Hungern die Einwohner, so legen sie den Reis nur auf einen dort häufigen Stein mit Namen Zotrassa, aus dem sogleich Wärme hervorgeht und den Reis gar kocht. Sowie das geschehen ist, geht das Feuer wieder von selbst aus.[9]

Die Utopien der gebildeten Schichten waren, wie die meisten elitären Zukunftsvisionen, kollektiverer Natur. Deistische Religionen wie das Christentum verlegten ihre Utopien gern in eine andere Dimension der Realität, einen Himmel oder ein Paradies. Säkulare Utopien beschworen umgestaltete irdische Gesellschaften, oft mit satirischer oder kritischer Absicht. Wie in Kapitel 3 erwähnt, ist *Utopia* dem Titel eines Werks von Thomas Morus entlehnt, der sich dabei auf Platons *Staat* stützte. Das Wort *Utopia* ist griechisch und lässt sich entweder als »kein Ort« oder als »guter Ort« übersetzen. Im Europa der Aufklärung bewog ein neuer, auf den wissenschaftlichen Fortschritt gegründeter Optimismus viele Denker, ihre Utopien auf der Erde und in einer nicht allzu fernen Zukunft zu verorten, deren Kommen durch menschliches Handeln beschleunigt werden konnte.

Condorcet

Eine der interessantesten modernen Utopien, die vor den tiefgreifenden Veränderungen der letzten beiden Jahrhunderte geschrieben wurde, stammt aus der Feder des Mathematikers und Philosophen Marquis de Condorcet. Seine Utopie ist säkular, stützt sich auf moderne, wissenschaftliche Erkenntnisse, und sie entwirft eine bessere Welt, die hier auf der Erde verwirklicht werden kann. Viele seiner höchst optimistischen Voraussagen haben sich überraschenderweise als zutreffend erwiesen. Im Gegensatz zu den meisten Denkern seiner Zeit erahnte Condorcet etwas von den erstaunlichen technologischen, sozialen und wirtschaftlichen Umbrüchen der nächsten beiden Jahrhunderte.

Condorcet spielte eine aktive Rolle in der Französischen Revolution, bis er 1793 von den Jakobinern denunziert wurde. In seinem Versteck schrieb er eine Universalgeschichte der Menschheit, die mit einem utopischen Entwurf der Zukunft endet. Condorcets *Entwurf einer historischen Darstellung der Fortschritte des menschlichen Geistes* war als Vorarbeit zu einem größeren Werk gedacht, doch diese Pläne blieben unvollendet, als er im März 1794 verhaftet wurde und im Gefängnis starb. Ein Jahr später, nach dem Sturz der Jakobiner, veröffentlichte der französische Konvent seine Arbeit in einer umfangreichen Ausgabe. Dadurch übte er einen immensen Einfluss vor allem auf das europäische Denken aus, trotz der entsetzlichen Bedingungen, unter denen das Werk entstanden war, und der unvermeidlichen Oberflächlichkeit einiger seiner Ideen. Condorcets utopischer Entwurf wurzelte tief in der Vergangenheit, weil er das Grundprinzip des Zukunftsdenkens verstand: Die Entwürfe möglicher Zukünfte müssen sich auf die Kenntnis wichtiger Trends in der Vergangenheit stützen: »Soll es eine Wissenschaft geben, die die Geschichte des Fortschritts der Menschheit vorhersagt, die sie lenkt und beschleunigt, so muss die Geschichte des bereits erzielten Fortschritts ihre Grundlage sein.«[10]

In seiner Utopie fragt Condorcet: »Muss nicht endlich das Menschengeschlecht besser werden?«, und schlägt dazu drei Wege vor: Wissenschaftlicher Fortschritt werde den Lebensstandard heben, moralischer Fortschritt in den »Grundsätzen des Verhaltens und der praktischen Moral« werde Gleichheit und Achtung der Menschenrechte fördern, und der medizinische Fortschritt werde die Gesundheit und Lebenserwartung, die physischen und geistigen Kräfte der Menschen verbessern. Angesichts der vielen Übereinstimmungen zwischen verschiedenen religiösen und philosophischen Traditionen gewann Condorcet die Überzeugung, ein Konsens über solche Zielsetzungen werde nicht schwer zu erreichen sein, denn allen Menschen teilten »moralische Verhältnisse«, die aus einer universellen Wahrnehmung von »Lust und Schmerz« und gemeinsamen »menschlichen Empfindungen« erwüchsen.[11]

Condorcet war optimistisch, weil er überzeugt war, dass weit zurückreichende historische Entwicklungstendenzen wachsende Freiheit des Denkens und raschen wissenschaftlichen und technologischen Fortschritt verhießen. Diese Entwicklungen verbänden sich zu einer – wie wir heute sagen würden – positiven Rückkopplungsschleife. Ein hohes Maß an Kreativität ließe sich mobilisieren, wenn es gelänge, die Hindernisse des freien Denkens und geistigen Fortschritts zu beseitigen und die vielen Ungleichheiten von Klasse, Rasse und Geschlecht aufzuheben, die die geistige und moralische Entwicklung so vieler Menschen nicht zur Entfaltung kommen ließen. Schließlich werde der medizinische Fortschritt den menschlichen Körper vervollkommnen und das Leben verlängern: »Und würde es nach alledem widersinnig sein vorauszusetzen (...), dass eine Zeit kommen muss, da der Tod nunmehr die Wirkung außergewöhnlicher Umstände oder des immer langsameren Abbaus der Lebenskräfte sein wird; vorauszusetzen schließlich, dass die mittlere Dauer der Zeit von der Geburt bis hin zu diesem Abbau keiner bestimmbaren Grenze unterliegen wird?«[12]

Moderne globale Utopien: Gleichgewicht von Wachstum und Grenzen

Der unglaubliche wissenschaftliche und technologische Fortschritt, der seit Condorcets Tagen stattgefunden hat, lässt viele seiner kühnsten Hoffnungen heute selbstverständlich erscheinen. Aber schon zu seinen Lebzeiten wurden utopische Hoffnungen auch in einige Gründungsdokumente des modernen politischen und ethischen Denkens aufgenommen, etwa in die amerikanische Unabhängigkeitserklärung und die französische Erklärung der Menschen- und Bürgerrechte. Die Hoffnungen auf eine Welt ohne materielle und politische Unterdrückung finden sich in den grundlegenden Schriften des modernen Sozialismus, unter anderem im *Kommunistischen Manifest*.

Im 20. Jahrhundert entstanden zum ersten Mal globale Organisationen, die glaubhaft für sich in Anspruch nehmen konnten, für einen Großteil der Weltbevölkerung zu sprechen. Trotz ihrer politischen Schwäche und der undemokratischen Verfassung vieler Regierungen verliehen Organisationen wie die Vereinten Nationen den Ansprüchen aller Menschen zum ersten Mal in der Geschichte eine Stimme. Im Jahr 1948 verabschiedete die UN-Generalversammlung eine *Allgemeine Erklärung der Menschenrechte,* der erste Entwurf einer globalen Utopie, der weltweit offizielle Zustimmung fand. Die Erklärung griff letztlich einen Gedanken von H. G. Wells auf, den er Anfang des Zweiten Weltkriegs geäußert hatte: Wenn man wolle, dass die Menschen kämpfen, müsse man ihnen auch helfen, sich die Zukunft vorzustellen, für die sie kämpften.[13] Wie Condorcets *Entwurf* ging die Erklärung von 1948 davon aus, Wissenschaft und technische Innovation würden die materielle Grundlage für mehr Gerechtigkeit und Wohlstand in der Welt liefern. Nennen wir es den »Wachstumsweg« zu einer besseren Zukunft. Ihm lag die Annahme zugrunde, dass ungeachtet der kurzfristigen Kosten die langfristigen Trends des wissenschaftlichen Fortschritts, neuer Technologien und anhaltenden Wachstums am Ende allen Menschen zugutekommen würden.

Seit Mitte des 20. Jahrhunderts sind diese Hoffnungen auf einen direkten Weg in eine bessere Zukunft durch ein neues Bewusstsein für die planetaren Grenzen vieler Wachstumstendenzen geschmälert worden. Dadurch sahen wir uns gezwungen, neben den Wachstumswegen nach Utopia auch »Stabilisierungswege« einzuplanen.

Vor 200 Jahren rechneten nur wenige Denker mit jenem Wachstum, das für uns heute eine Selbstverständlichkeit geworden ist. Die meisten nahmen an, das Wachstum werde bald an seine Grenzen stoßen. Condorcet war optimistischer. Zwar befürchtete er, wachsende Bevölkerungen könnten den Fortschritt gefährden, er hoffte aber, der wissenschaftliche und moralische Fortschritt werde das Problem lösen, sobald die Menschen begriffen, dass die Verpflichtung der Menschheit gegenüber den Ungeborenen nicht darin bestehe, »ihnen das Leben, sondern das Glück zu gewähren«, statt die Welt »töricht mit nutzlosen Elendsgestalten zu bevölkern«.[14] Die meisten Denker stimmte der Blick auf die Vergangenheit und ihren langsamen technologischen Wandel eher pessimistisch. Nationalökonomen wie Adam Smith gingen davon aus, dass das Wachstum zum Stillstand kommen werde, sobald alles landwirtschaftlich nutzbare Land bebaut sei, während Thomas Malthus, einer der prominentesten historischen Schwarzseher, die Ansicht vertrat, die Hoffnungen auf endlosen Fortschritt müssten stets unweigerlich an den begrenzten Ressourcen scheitern. Malthus' Essay über das Bevölkerungsgesetz, erstmals 1798 erschienen, war eine Erwiderung auf Condorcet und andere Verfasser von Utopien.[15] »Mit großem Vergnügen«, schrieb er, »habe ich einige der Spekulationen über die Fähigkeit von Mensch und Gesellschaft zur Vervollkommung gelesen. Das bezaubernde Bild, das sie entwarfen, fand ich entzückend und allerliebst. Ich wünsche mir nichts sehnlicher als solche wundersamen Verbesserungen. Aber ich sehe große und, wie mir scheint, unüberwindliche Schwierigkeiten auf dem Weg zu ihrer Verwirklichung.« Die Hauptschwierigkeit liege in der Ernährung wachsender Bevölkerungen, meinte Malthus und schrieb: »Wird sie nicht kontrolliert, nimmt die Bevölkerung in einem geometrischen Verhältnis zu. Dagegen wachsen die Lebensgrundlagen nur in einem arithmetischen Verhältnis an.«[16] Am Ende werden die menschlichen Bevölkerungen so rasch wachsen, dass die Bauern sie nicht mehr ernähren können.

Wenn man damals betrachtete, wie langsam sich der technologische Wandel während vieler Jahrhunderte und Jahrtausende vollzogen hatte, erschienen diese Behauptungen durchaus begründet. Malthus' pessimistische Zeitgenossen hatten freilich nicht mit dem verblüffenden 200-jährigen Boom gerechnet, der noch zu Malthus' Lebzeiten einsetzte und eine Zeit lang alle vorstellbaren Grenzen des Wachstums zu überschreiten schien. Scheinbar unaufhaltsam trieben dann bereits 1850 Wirtschaftswachstum und technologische Innovation die Entwicklung einiger Länder in einem von Malthus nicht vorhersehbaren Maße voran, so dass eine bessere Zukunft das unausweichliche Ergebnis dieser völlig unerwarteten Explosion technologischer, wissenschaftlicher, wirtschaftlicher und sogar »moralischer« Fortschritte zu sein schien. Mochte es auch Konflikte um die Verteilung des wachsenden Wohlstands geben, so war doch, zumindest in den sich industrialisierenden Ländern, eine bessere Welt allem Anschein nach unvermeidlich.

Im 20. Jahrhundert wurde dann aber offensichtlich, dass die atemberaubenden Veränderungen der Moderne nicht alle Grenzen des Wachstums beseitigt hatten. Möglicherweise sind sie sogar enger geworden, denn die Menschen haben begonnen, Energie und Ressourcen so unersättlich aufzubrauchen, dass die Stabilität der ganzen Biosphäre bedroht ist. Die ersten Bilder aus dem All vermittelten uns ein neues Bild von der Isolation und Gefährdung unseres Planeten. Im Jahr 1965 sagte Adlai Stevenson: »Wir sind alle Reisende auf einem kleinen Raumschiff, abhängig von seinen gefährdeten Reserven an Luft und Boden; alle zu unserer eigenen Sicherheit, seinem Schutz und Frieden verpflichtet; bewahrt vor der Vernichtung nur durch die Fürsorge, Arbeit und, wie ich hinzufügen möchte, die Liebe, die wir dem zerbrechlichen Fahrzeug geben.«[17]

Mitte des 20. Jahrhunderts begannen sich die ökologischen Warnungen zu häufen. Einer der kontroversesten und einflussreichsten Aufrufe war ein Buch, mit dem wir uns bereits beschäftigt haben – *Die Grenzen des Wachstums* –, das 1972 erschienen ist.[18] Wie eine wachsende Zahl von Umweltwissenschaftlern kamen die Autoren auch hier zu dem Schluss, dass das Bemühen um eine bessere Zukunft nur gelingen könne, wenn ein Gleichgewicht zwischen Wachstum und ökologischer

Einschränkung hergestellt werde. Dazu wären ein entscheidender politischer Wandel und »eine geistige Umwälzung kopernikanischen Ausmaßes« erforderlich.[19] Viele Wachstumstrends, vor allem der Verbrauch nicht erneuerbarer Ressourcen oder umweltschädliche Aktivitäten wie die Nutzung fossiler Brennstoffe, müssten im 21. Jahrhundert abgebremst oder eingestellt werden, um einen Zusammenbruch zu vermeiden. Ein Abbremsen dieser Trends hieße, sich von der Hoffnung auf endloses Wachstum zu verabschieden. Stattdessen, so die Autoren, müsse die Welt versuchen, die Errungenschaften der Moderne innerhalb eines Gleichgewichtszustands zu erhalten, so dass »die materiellen Lebensgrundlagen für jeden Menschen auf der Erde sichergestellt« seien und jeder Mensch seine individuellen Möglichkeiten entfalten könne.[20] Eine gefestigtere Zukunft würde nicht ein Ende des Wandels, des kollektiven Lernens oder der Entfaltung menschlicher Kreativität bedeuten. Im Gegenteil, wenn Wirtschaftswachstum nicht mehr im Mittelpunkt der Aufmerksamkeit stünde, könnte die Menschheit sich neuen Formen des Wohlergehens stärker zuwenden. Zur Unterstützung ihrer These zitieren die Autoren den Philosophen John Stuart Mill, der eine Welt beschreibt, in der es nicht mehr nur um endloses Wachstum geht. Es sei wahrscheinlich, schreibt Mill,

> dass ein stationärer Zustand des Kapitals und der Bevölkerung keineswegs einen stationären Zustand der menschlichen Verbesserung bedingt. Der Spielraum für alle Arten geistiger Entwicklung sowie des moralischen und sozialen Fortschrittes würde dabei nicht verkürzt werden, und es bliebe ebenso viel Gelegenheit, um die Kunst des wahren Lebensgenusses auszubilden, auch ist es sehr wahrscheinlich, dass diese Ausbildung besser gelänge.[21]

Wachsendes Bewusstsein für die planetaren Grenzen des Wachstums hatte zur Folge, dass man Utopien innerhalb dieser Grenzen entwarf. Die UN-Weltkommission für Umwelt und Entwicklung (Brundtland-Bericht) prägte den Begriff »nachhaltige Entwicklung«. Eine solche entspreche »den Bedürfnissen der heutigen Generation (...), ohne die

Möglichkeiten künftiger Generationen zu gefährden, ihre eigenen Bedürfnisse zu befriedigen«. Seitdem haben alle UN-Erklärungen Utopien entworfen, in denen ein Gleichgewicht zwischen Wachstum und Nachhaltigkeit herrscht.

Ende des 20. Jahrhunderts begann die globale Erwärmung alle Diskussionen über Grenzen des Wachstums zu beherrschen. Die erste internationale Versammlung, die diese Bedrohung zum ersten Mal offiziell anerkannte, war die Konferenz der Vereinten Nationen über Umwelt und Entwicklung (auch Erdgipfel oder Rio-Konferenz genannt), die 1992 in Rio de Janeiro stattfand. Die Klimarahmenkonvention der Vereinten Nationen (United Nations Framework Convention on Climate Change, UNFCCC), die auf der Rio-Konferenz beschlossen wurde, verpflichtete die UN-Mitgliedstaaten darauf, »die Stabilisierung der Treibhausgaskonzentrationen in der Atmosphäre auf einem Niveau zu erreichen, auf dem eine gefährliche anthropogene Störung des Klimasystems verhindert wird«.[22] Auf jährlichen Konferenzen (Conference of Partners, COP) sollen die Vertragspartner die Entwicklung des Klimawandels beurteilen und entsprechende Entscheidungen treffen. In dem Pariser Abkommen, das beim 21. COP-Treffen verabschiedet wurde, einigten sich die Vertragspartner darauf, die globale Erwärmung auf 2 Grad Celsius oder, wenn möglich, auf 1,5 Grad Celsius gegenüber dem vorindustriellen Niveau zu begrenzen.

Im Jahr des Erdgipfels warnten 1575 Wissenschaftler aus aller Welt, darunter mehr als die Hälfte aller lebenden Nobelpreisträger, in düsteren Worten vor den Auswirkungen menschlichen Handelns auf die Umwelt:

> Die Menschen und die natürliche Welt befinden sich auf Kollisionskurs (...). Setzt sich diese Entwicklung ungehemmt fort, werden viele unserer gegenwärtigen Verhaltensweisen die Zukunft, die wir uns für die menschliche Gesellschaft und das Pflanzen- und Tierreich wünschen, ernsthaft gefährden und die lebendige Welt möglicherweise so verändern, dass sie das Leben nicht mehr in der Form erhalten kann, in der wir es kennen.[23]

Das Dokument schloss mit den Worten: »Eine große Veränderung unseres Umganges mit der Erde und ihren Lebewesen ist erforderlich, wenn drohendes Elend vermieden werden soll und unsere globale Heimat auf diesem Planeten nicht unwiederbringlich verstümmelt werden soll.«

Seither haben sich die schädlichen Trends fortwährend verstärkt, und mit ihnen wuchs die Zahl der internationalen Vereinbarungen, die tiefgreifende Veränderungen versprachen. Im Jahr 2000 formulierten die Vereinten Nationen acht Millenniums-Entwicklungsziele, und 2012 verpflichtete sich eine zweite Rio-Konferenz in einem Dokument mit dem Titel »Die Zukunft, die wir wollen« auf neue Ziele für eine nachhaltige Entwicklung.[24] Die Resolution der Generalversammlung aus dem Jahr 2015 über die »Ziele für eine nachhaltige Entwicklung« ist eine der klarsten Beschreibungen einer modernen utopischen Vision für den ganzen Planeten, die versucht, ein Gleichgewicht zwischen Wachstum und Nachhaltigkeit herzustellen.

> Wir sind entschlossen, Armut und Hunger in allen ihren Formen und Dimensionen ein Ende zu setzen. (…) Wir sind entschlossen, den Planeten vor Schädigung zu schützen. (…) Wir sind entschlossen, dafür zu sorgen, dass alle Menschen ein von Wohlstand geprägtes und erfülltes Leben genießen können und dass sich der wirtschaftliche, soziale und technische Fortschritt in Harmonie mit der Natur vollzieht (…). Wir verpflichten uns, auf dieser großen gemeinsamen Reise, die wir heute antreten, niemanden zurückzulassen.[25]

In dem Dokument werden 17 Ziele genannt, 169 Vorgaben, 232 Monitoring-Maßnahmen. Die 17 Ziele für nachhaltige Entwicklung waren ein »globaler Plan zur Förderung nachhaltigen Friedens und Wohlstands und zum Schutz unseres Planeten« und mit der Hoffnung verbunden, die meisten Vorgaben bis 2030 zu erreichen.[26] Die 17 Hauptziele umfassten unter anderem Beendigung des Hungers, Steigerung des Lebens- und Bildungsstandards für alle, Verringerung der Ungleichheit, Unterstützung stabiler und rechtsstaatlicher Verhältnisse in den Ländern, Bekämpfung des Klimawandels und Sicherstellung von nachhaltigen Konsum- und Produktionsmustern. Diese Ziele wurden im September 2015 von allen 193 Mitgliedern der UN-Generalversammlung angenommen.

Solche Erklärungen deuten nur flüchtig die vielen Kompromisse an, die noch zwischen Nachhaltigkeit und Wachstum und zwischen Interessen und Zielen verschiedener Regionen, Länder und Interessengruppen ausgehandelt werden müssen, aber sie zeigen, dass sich trotz der ständigen Störgeräusche durch politische und ideologische Konflikte ein breiter Konsens herausbildet. Man ist sich einig, dass es eine Zukunft zu schaffen gilt, die ohne ökologische Überregulierung die Errungenschaften der Moderne bewahrt. Vor fünfzig Jahren wäre ein solcher Konsens noch undenkbar gewesen.

Ziele zu setzen, ist ein wichtiger erster Schritt. Aber wie groß sind die Chancen, sie zu erreichen?

Schritt zwei:
Welche Zukünfte sehen am wahrscheinlichsten aus?

Der zweite Schritt zur Lenkung unseres planetaren Schiffs besteht darin, einen Kurs durch die kreuz und quer verlaufenden Strömungen und Trends zu finden, die es in die Zukunft tragen. In dem Hurrikan der Veränderung, der heute tobt, ist es, als wollte man ein Schiff bei Sturm in den Hafen steuern, während auf der Kommandobrücke wütender Streit herrscht.

Trends, die auf wahrscheinliche Zukünfte schließen lassen

Trends ausfindig zu machen, ist eine unentbehrliche Fähigkeit des modernen Zukunftsdenkens. Aber es ist zugleich eine schwierige Kunst, die viel Feingefühl erfordert, geht es doch darum, das richtige Gleichgewicht zwischen Allgemeinheit und Detailliertheit zu finden. Wir müssen die Trends erkennen, die unsere Zukünfte am ehesten bestimmen, dabei aber übergenaue Vorhersagen vermeiden, die sich wahrscheinlich nicht als zutreffend erweisen werden und die die Zahl unserer Optionen einschränken könnten, während wir versuchen, das Schiff in bessere Zukünfte zu steuern.

Welche Trends bieten Hinweise auf die Zukunft der Menschheit? Wir müssen nach starken Trends suchen, die über genügend Regelmäßigkeit und Beharrungsvermögen verfügen, um über Jahrzehnte oder sogar Jahrhunderte auf wahrscheinliche globale Zukünfte verweisen zu können. Die hilfreichsten Trends werden in den Bereichen »wahrscheinlich« und »vorstellbar« des Zukunftskegels 2 aus Kapitel 2 zu finden sein. Jørgen Randers, einer der Autoren des Berichts *Die Grenzen des Wachstums*, beschreibt, wie er im Jahr 2012 eine ähnliche Strategie verwendete, um Vorhersagen für das Jahr 2052 abzugeben: »Grundlage meiner Prognose ist eine Auswahl materieller und ideologischer Gegebenheiten, die sich gewöhnlich schwerfällig und mit großer Trägheit verändert haben (…). Diese trägen Randbedingungen nenne ich das ›deterministische Grundgerüst‹ meiner Prognose.«[27]

Gute Trendsuche erfordert auch ein Gespür für die vielen Haken und Wendungen, mit denen sich Trends, wie gejagte Füchse, zu entziehen scheinen. Steigende oder »wachsende« Trends können linear klettern oder sich beschleunigen und zu exponentiellen Kurven werden. Andere Trends fluktuieren wie Wellen oder verlangsamen sich, flachen ab und verwandeln sich in S-Kurven, wie man sie aus der demografischen Geschichte kennt.

Gute Trendsucher müssen auch auf die Unbekannten, die unerwarteten Aufschwünge und Wendungen achten, die aus bekannten Trends unsinnige Entwicklungen machen können. Im Februar 2002 wurde der amerikanische Verteidigungsminister Donald Rumsfeld gefragt, wie sicher sich die Regierung der Vereinigten Staaten sei, dass Hussein Massenvernichtungswaffen gehortet habe. Seine Antwort wurde berühmt: »Es gibt bekannte Bekannte, es gibt Dinge, von denen wir wissen, dass wir sie wissen. Wir wissen auch, dass es bekannte Unbekannte gibt, das heißt, wir wissen, es gibt einige Dinge, die wir nicht wissen. Aber es gibt auch unbekannte Unbekannte – es gibt Dinge, von denen wir nicht wissen, dass wir sie nicht wissen.«[28] »Bekannte Unbekannte« sind Trends, die wir sehen können, obwohl wir nicht wissen, wie oder wann sie möglicherweise in eine neue Richtung davonschießen. Wo Menschen beteiligt sind, gibt es eine Menge bekannter Unbekannter. Sir Isaac Newton, der das Geld verloren hatte, das er während des sogenannten Südsee-Schwindels 1720 investiert hatte, meinte reuevoll: »Ich kann die Bewegung der Sterne berechnen, aber nicht die Verrücktheit der Menschen.«[29] »Unbekannte Unbekannte« sind die Trends, die wir nicht sehen können, weil wir sie uns noch nicht einmal vorstellen können. Sie sind das, was Nassim Taleb mit der Metapher »schwarze Schwäne« beschrieben hat, die darauf anspielt, dass Europäer schwarze Schwäne bis zu ihrer Entdeckung durch einen holländischen Seefahrer in Westaustralien für unmögliche, mythische Geschöpfe hielten.[30] Unbekannte Unbekannte sind die Schwarzen Löcher der Vorhersagen.

Welche der Strömungen, die heute ihre wirbelnden Kreise um uns ziehen, sind am stärksten und vorhersagbarsten? Welche zeigen in Richtung von Utopien? Welche gilt es zu vermeiden? Und welche Unbekannten könnten uns in unerwartete, neue Richtungen taumeln lassen?

Die Big-History-Perspektive ermutigt uns, sehr große Trends im Auge zu behalten. Ein ausgeprägter Trend ist besonders interessant, weil er in allen Größenordnungen und vielen verschiedenen Bereichen auftritt. Die Rede ist von dem Muster, das die Evolutionsbiologen Niles Eldredge und Stephen Jay Gould »durchbrochenes Gleichgewicht« nannten – auch als Punktualismus bezeichnet.[31] Nach ihrer Ansicht ist in der Evolutionsbiologie die Art allmählicher Veränderung, die Darwin für die evolutionäre Norm hielt, tatsächlich die Ausnahme. Die meisten neuen Arten treten unerwartet auf, dann nehmen ihre Populationen an den evolutionären »Durchbrüchen« rasch zu, bis sie eine Art demografisches Plateau erreichen und sich in einer neuen Nische einrichten. Von da an schwanken die Populationen über Tausende, vielleicht sogar Millionen von Jahren, bevor sie schließlich stark zurückgehen und die Art ausstirbt. Tatsächlich sind ähnliche »Plateau-Muster« auch weit über die Biologie hinaus zu finden, weil sie die Geschichte aller komplexen Gebilde beschreiben, von Molekülen bis zu Graumullen, von Sternen bis zu Ihnen und mir. Alle komplexen Strukturen treten – häufig schnell – nach Überwindung von »Schwellensituationen« auf, bevor sie sich auf ein relativ stabiles Gleichgewicht einpendeln und schließlich zugrunde gehen.[32] Dieses Muster ist so verbreitet, weil es sich aus einer Spannung zwischen zwei anderen universellen Trends entwickelt: die steigenden Trends, die die Entstehung komplexer Gebilde zulassen (ein Trend, für den wir merkwürdigerweise keine übergreifende wissenschaftliche Bezeichnung haben), und die fallenden Trends, die dem zweiten Hauptsatz der Thermodynamik unterliegen, nach dem sich am Ende alle Formen von Komplexität auflösen.

Wie wir sehen werden, kann das Muster des durchbrochenen Gleichgewichts wichtige Hinweise auf die Zukunft der Menschheit und des Planeten Erde geben. Doch wenn wir unsere Aufmerksamkeit auf die zeitliche Größenordnung der menschlichen Geschichte einengen (lediglich 200 000 bis 300 000 Jahre!), werden wir überwiegend lange steigende, vom kollektiven Lernen angetriebene Trends sehen. Einige haben sich über weite Strecken der menschlichen Geschichte gehalten, während unsere Art sich vermehrt, unsere Lebensräume kolonisiert und sie mit wachsender Erfindungsgabe ausgebeutet hat. In den letzten zwei Jahrhunderten haben sich diese Trends spektakulär beschleunigt und die moderne Welt geschaffen, in der Wachstum als Normalzustand erschien. Inzwischen wissen wir jedoch, dass einige steigende Trends, wie Bevölkerungswachstum und der Verbrauch von Energie und Ressourcen, an planetare Grenzen stoßen und allmählich abflachen. Und genau das erwarten wir in der Geschichte aller komplexen Gebilde – dass sich die Emergenz- oder »Wachstums«-Phase des durchbrochenen Gleichgewichts zu einer stabileren plateauartigen Phase neigt. Rechnet man alles zusammen – die lange steigenden Trends der menschlichen Geschichte, die neueren sich stabilisierenden Trends, die sich zeigen, während wir an planetare Grenzen stoßen, und die universellen Trends des durchbrochenen Gleichgewichts –, so deutet sich darin die Möglichkeit an, dass auf dem Planeten Erde etwas Neues entsteht.

Wir werden diesen Hinweisen folgen, indem wir uns die drei Trendarten genauer ansehen, die das nächste Jahrhundert prägen werden – die Wachstumstrends, die Stabilisierungstrends und die sprunghaften, unberechenbaren Trends der Politik: die Kämpfe, Diskussionen und Verhandlungen auf der Kommandobrücke, die schließlich den Kurs bestimmen werden, dem unser planetares Schiff während der kommenden Jahrzehnte folgen wird.

Wachstumstrends und die Zukunft

Im Zuge der Menschheitsgeschichte gibt es viele stark steigende Trends, deren Motor das kollektive Lernen ist: Populationen sind gewachsen, menschliche Technologien sind mächtig geworden, menschliche Tauschnetze haben sich ausgeweitet, und der menschliche Ressourcenverbrauch ist gestiegen. In den vergangenen Jahrhunderten haben sich einige dieser Trends derart beschleunigt, dass sie bereits exponentielle Züge aufzuweisen beginnen.

Der Energieverbrauch zeigt, wie extrem einige dieser Trends sind. Ein einzelner Mensch kann rund 150 Watt erzeugen (1 Watt ist ein Fluss von 1 Joule pro Sekunde) oder ein Fünftel einer Pferdestärke (1 Pferdestärke entspricht ungefähr 735 Watt).[33] Alte Technologien, wie die Verwendung von Feuer oder domestizierter Pferde, Kamele und Ochsen, erhöhen die Durchschnittsenergie, die einer Person zur Verfügung stand, auf eine Pferdestärke. In den letzten beiden Jahrhunderten hat sich die uns zu Gebote stehende Energie um ein Vielfaches erhöht. Heute werden fossile Brennstoffe in solchen Mengen verwendet, dass jede Person im Durchschnitt über 100 Pferdestärken oder 73 500 Watt gebietet. Wer große Maschinen steuert, wie zum Beispiel Verkehrsflugzeuge, hat regelmäßig die Kontrolle über viele Millionen Watt. Die Zahlen lassen erahnen, in welchem Maß das kollektive Lernen die Macht unserer Spezies gesteigert hat und wie sehr sich diese Steigerung in der Moderne beschleunigt hat.

Nach Condorcet scheinen viele dieser Wachstumstrends der Menschheit eine bessere Zukunft anzukündigen. Wachstum an wissenschaftlichem und medizinischem Wissen sowie Wachstum an Wohlstand und Bildung gelten im Allgemeinen als gutartige Formen des Wachstums. Sie haben unser Leben verbessert. Sie haben Elemente der Condorcet'schen Utopie in viele Teile der Erde gebracht, zuerst nach

Europa und die Nordatlantikregion und dann, mit einer Verzögerung von einem Jahrhundert, in die meisten anderen Gebiete des Globus. Wirtschaftswachstum ist ein alter Trend, dessen Bedeutung sich in der Moderne gewandelt hat. In der Geschichte trug Wirtschaftswachstum lange Zeit wenig zum Lebensstandard der meisten Menschen bei. Es wurde vom Bevölkerungswachstum geschluckt oder kam den Regierungen und Eliten zugute, so dass die meisten Menschen weiterhin am Rand des Existenzminimums lebten, immer in Gefahr zu verhungern. Selbst im Jahr 1800 lebten noch mehr als 80 Prozent unterhalb der heutigen internationalen Armutsgrenze von rund zwei oder drei Dollar pro Tag. Dann veränderten sich die Dinge rasch. Im Jahr 2017 befanden sich nur noch weniger als 10 Prozent unterhalb dieser Schwelle, und das trotz Bevölkerungswachstum und dem ständig zunehmenden Reichtum der Eliten.[34] Der steigende Wohlstand der Nichteliten ist neu in der menschlichen Geschichte und gilt als eine der bedeutenden Errungenschaften des großen Umbruchs durch fossile Brennstoffe. Im selben Zeitraum hat sich die Lebenserwartung mehr als verdoppelt – von ungefähr 30 Jahren auf mehr als 70, während der Prozentsatz der Kinder, die unter fünf Jahren starben, von 40 auf 4 Prozent zurückging. Für den Umweltwissenschaftler Vaclav Smil ist die Kindersterblichkeit der womöglich beste Einzelindikator für Verbesserungen der Lebensqualität, weil sich sehr viele medizinische, sanitäre, wirtschaftliche und soziale Strukturen verändern müssen, bevor mehr Babys überleben können.[35] Modern Maschinen haben viel mühselige körperliche Plackerei ersetzt, das Analphabetentum Erwachsener ist von 88 Prozent auf 14 Prozent gesunken, und die moderne Medizin hat Krankheiten wie Pocken und Kinderlähmung fast vollkommen ausgerottet und das durch andere Krankheiten verursachte Leid erheblich vermindert. Niemand sollte die Bedeutung von Anästhetika unterschätzen, die Mitte des 19. Jahrhunderts erstmals eingeführt wurden. Fanny Burneys Beschreibung einer Mastektomie ohne Narkose im Jahr 1810 führt uns lebhaft vor Augen, wie entsetzlich Operationen vor Verwendung von Anästhetika waren.[36] Heute kann zum ersten Mal in der Menschheitsgeschichte ohne Qual und ohne die fast vollkommene Gewissheit einer Infektion ein Zahn gezogen oder eine Gliedmaße amputiert werden.

Weniger klar, aber dennoch beeindruckend sind die Wachstumstrends auf dem Gebiet, das Condorcet »moralischen Fortschritt« nennt. Beim Betroffenheitsbereich haben wir sowohl auf individueller wie auf staatlicher Ebene langsame Fortschritte beobachtet. Zumindest auf dem Papier bekunden die meisten modernen Staaten ihren Respekt für die grundlegenden Menschenrechte. Das ist neu. Gleiches gilt für die moderne Auffassung, dass Sklaverei und die Diskriminierung aufgrund von Geschlecht oder ethnischer Zugehörigkeit inakzeptabel sind. Trotz der entsetzlichen Geschichten, die in Presse und sozialen Medien verbreitet werden (»Blut bringt Auflage«), ist die interpersonale Gewalt, einschließlich der staatlich gebilligten Folter, in der Neuzeit stark zurückgegangen, und auch zwischenmenschliche Gewalt wird zunehmend abgelehnt.[37] Obwohl die Praxis vieler moderner Gesellschaften ihren offiziellen Verpflichtungen nicht gerecht wird, sprechen etliche Anzeichen dafür, dass bessere materielle Lebensstandards, da sie die Menschen von dem verzweifelten Kampf um knappe Ressourcen befreien, zu einem rücksichtsvolleren Umgang miteinander führen, den Condorcet als »moralischen Fortschritt« anerkannt hätte.

Technologische Innovation sorgte für die ersten Stadien eines weiteren Wachstumstrends, mit dem Condorcet nicht rechnete: die ersten vorsichtigen Schritte ins All. Im Jahr 1961 begann die bemannte Raumfahrt, als Juri Gagarin die Erde ein einziges Mal umkreiste. Im Jahr 1969 setzte Neil Armstrong als erster Mensch den Fuß auf einen anderen Himmelskörper, den Mond. Anfang des 21. Jahrhunderts haben Weltraumroboter mehrere Planeten und Monde des Sonnensystems besucht, während die beiden 1977 gestarteten Voyager-Satelliten die äußersten Ränder unseres Systems erreicht haben. Im Jahr 2021 wurden die ersten Touristen ins All geflogen, und einige Nationen planen bemannte Missionen zum Mond, zu Asteroiden in unserer Nähe und zum Mars.

Planetare Grenzen und stabilisierende Trends

Kollektiv hat die Menschheit stark vom Wachstum profitiert. Doch trotz dieser Errungenschaften wissen wir heute, dass viele steigende Wachstumstrends gezügelt werden müssen.

Einige Wachstumstrends flachen spontan ab. Die globalen wirtschaftlichen Wachstumsraten (ein ungefährer Anhaltspunkt für den menschlichen Ressourcenverbrauch) sind von etwa 5,5 Prozent jährlich in dem Jahrzehnt nach 1961 auf etwas über 2 Prozent jährlich in dem Jahrzehnt nach 2011 zurückgegangen, und das trotz ihres raschen Anstiegs in Regionen wie China und Indien.[38] In der Rückschau sehen die bemerkenswerten Wachstumsraten des globalen BIP Mitte des 20. Jahrhunderts wie der Beginn einer Verlangsamung aus.

Noch spektakulärer, aber ähnlich in seinem Zeitablauf, ist die Verlangsamung des Bevölkerungswachstums nach zwei Jahrhunderten außergewöhnlich raschen Wachstums. Ab Ende der 1960er-Jahre begannen die Wachstumsraten zu sinken. Was anfangs wie ein exponentiell steigender Trend ausgesehen hatte, verwandelte sich in eine S-Kurve. Im Jahr 1968 zeigten sich die ersten Anzeichen einer Verlangsamung. Zufälligerweise veröffentlichten Paul und Ann Ehrlich, zwei moderne Malthusianer, just im selben einen Bestseller mit dem Titel *Die Bevölkerungsbombe*, in dem sie vor einem unmittelbar bevorstehenden globalen Zusammenbruch infolge von Überbevölkerung warnten.[39] Ihr schlechtes Timing sollte alle Möchtegern-Zukunftsforscher daran erinnern, wie leicht man danebenliegen kann! Heute gehen die meisten Demografen davon aus, dass die Weltbevölkerung ihren Scheitelpunkt erst später in diesem Jahrhundert erreichen wird, und zwar bei einer Zahl zwischen neun und zwölf Milliarden, um dann wieder einen langen Rückgang zu erleben.[40] Die Veränderung ist beträchtlich, weil der lange Trend des Bevölkerungswachstums mit zeitweiligen Hochs und Tiefs seit mehr als 10 000 Jahren anhält. Dieser lange Wachstumstrend scheint sich abzuflachen. Langsames Bevölkerungswachstum wird den Druck auf globale Ressourcen und Umwelten verringern, aber es wird auch das Wirtschaftswachstum abbremsen, da sich die Zahl der Lohnempfänger stabilisiert und die Bevölkerungen altern.

Wie Malthus lagen die Ehrlichs falsch, wenn auch aus anderen Gründen. Das Bevölkerungswachstum begann sich nicht zu verlangsamen, weil Nahrung oder Ressourcen ausgingen, sondern weil sich das demografische Verhalten infolge gewandelter Lebensweisen veränderte. Im Agrarzeitalter lebten die meisten Menschen von der Landwirtschaft; da war der einfachste Weg zum Wohlstand, möglichst viele Kinder zu haben, die auf dem Hof arbeiten und die Eltern im Alter versorgen konnten. Doch bis zu 50 Prozent der Kinder starben schon in jungen Jahren. Um die Zahl der Kinder zu maximieren, die das Erwachsenenalter erreichten, mussten die Frauen so viele Kinder gebären wie möglich. Deshalb war das Leben der meisten Frauen während des Agrarzeitalters davon beherrscht, Kinder zu gebären und großzuziehen.

Die Moderne veränderte die alten demografischen Verhältnisse, da wir eine Spezies von Stadtbewohnern und Lohnempfängern wurden. In modernen Städten und Großstädten überlebten mehr Kinder bis zum Erwachsenenalter aufgrund von besserem Zugang zu Löhnen, Nahrung und medizinischer Versorgung. Stadtkinder großzuziehen, ist allerdings kostspieliger, weil die Eltern für Nahrung und Ausbildung bezahlen müssen und weil man Stadtkinder in der Regel nicht so früh arbeiten lassen kann wie auf dem Land. Aus diesen und anderen Gründen ziehen es die meisten städtischen Familien vor, weniger, aber gesündere und besser ausgebildete Kinder zu haben. Aus einer Ära mit hohen Geburts- und Todesraten sind wir in eine Ära mit geringen Geburts- und Todesraten eingetreten. Das hat die Lebensweise von Frauen in der ganzen Welt verändert, weil damit ein entscheidender Faktor für Geschlechterungleichheit entfiel. Im Jahr 1800 hatte eine Frau im Durchschnitt 5,8 Kinder; 1950 lag der Durchschnitt noch immer bei 4,8 Kinder, ging dann aber bis 2014 auf fast 2,5 zurück.[41] In den letzten beiden Jahrhunderten kam es zu einem explosionsartigen Bevölkerungswachstum, weil die Todesraten infolge von Verbesserungen in der Nahrungsmittelproduktion und Gesundheitsfürsorge lange vor dem Rückgang der Geburtsraten zu sinken begannen. Im 19. Jahrhundert gingen die Geburtsraten in wohlhabenden und urbanisierten Ländern zurück, doch weltweit setzte ihr Rückgang erst im 20. Jahrhundert ein, bis sie sich in den 1960er-Jahren wieder mit den Todesraten einpendelten.

Die Raten des Bevölkerungswachstums fallen auch ohne massive politische Eingriffe, obwohl der Rückgang durch systematisches staatliches Handeln, etwa die Verbesserung von Bildungs- und Berufschancen junger Mädchen, beschleunigt werden könnte. Andere gefährliche Wachstumstrends werden erst nach schwierigen, gezielten und umfangreichen politischen Eingriffen abflachen.

Einer der gefährlichsten Wachstumstrends betrifft die anthropogenen Auswirkungen auf das globale Klimasystem. Die technologische Kreativität des Menschen hat schon immer Druck auf lokale Umwelten ausgeübt, doch bis in die Neuzeit hinein hat sich kaum jemand vorstellen können, dass menschliches Handeln in der Lage ist, Umwelten in planetarem Maßstab zu verändern. Als einer der Ersten hat der schwedische Chemiker Svante Arrhenius geahnt, welche Ausmaße die modernen anthropogenen Auswirkungen annehmen könnten. In den 1890er-Jahren hat er berechnet, dass die Menschen bei der Verwendung entsprechender Mengen von fossilen Brennstoffen die Erdatmosphäre durch den »Treibhauseffekt«, wie er später getauft wurde, erwärmen könnten.[42] In den 1960er-Jahren fing der Klimaforscher Charles Keeling auf Hawaii an, die atmosphärische Kohlendioxidkonzentration zu messen, und stellte fest, dass sie rasch anstieg. Die sogenannte Keeling-Kurve hat sich ständig nach oben bewegt und mit ihr, wie Arrhenius vorhergesagt hatte, die globale Durchschnittstemperatur. Im Jahr 2021 lag sie ungefähr ein Grad Celsius über dem vorindustriellen Niveau, und alles deutet darauf hin, dass steigende Temperaturen anomale Klimaereignisse auslösen – extreme Stürme, Überschwemmungen und großflächige Brände. Langzeituntersuchungen der Klimaveränderungen, die sich auf die Analyse von Luftblasen in Eisbohrkernen stützen, zeigen, dass die Kohlendioxidkonzentrationen während der letzten 200 Jahre weit höhere Werte erzielen als in den vergangenen eine Million Jahren. Kein Wunder. Seit 1800 haben sich die Kohlendioxidemissionen um mehr als das Tausendfache erhöht.

Heute stammen die einflussreichsten Klimavorhersagen vom Zwischenstaatlichen Ausschuss für Klimaänderungen, dem *Intergovernmental Panel on Climate Change* (IPCC), der 1988 von den Vereinten Nationen und der Weltorganisation für Meteorologie ins Leben gerufen wurde. Seit 1990 hat der IPCC sechs Berichte vorgelegt, die die Forschungsergebnisse von Hunderten Wissenschaftlern aus allen Teilen der Welt zusammenfassen. Der erste Teil des im August 2021 veröffentlichten Berichts enthält fünf mögliche Szenarien (*Shared Socioeconomic Pathways*, »gemeinsame sozioökonomische Entwicklungspfade«, kurz SSP) für klimatische Veränderung, wobei sich die Autoren auf bereits vorhandene Maßnahmen und Technologien zum Klimawandel stützen.[43] Der IPCC-Bericht ist ein Beispiel für Zukunftsdenken auf höchstem Niveau. Die beteiligten Wissenschaftler modellieren wahrscheinliche Trends des globalen Klimas unter umfassender Berücksichtigung der Ursachen des Klimawandels und der mit ihm verknüpften Wahrscheinlichkeiten und Ungewissheiten; dabei verwenden sie riesige Datenmengen aus Forschungsarbeiten von Wissenschaftlern in vielen verschiedenen Ländern; und sie analysieren diese Daten mit der ganzen Rechenleistung moderner Supercomputer. Es wäre sehr töricht, diese Vorhersagen zu ignorieren, auch wenn wir wissen, dass sie, wie alle Vorhersagen, durch unbekannte und unerwartete Trends und Ereignisse auf den Kopf gestellt werden könnten.

Laut dem IPCC-Bericht von 2021 ist es nach allen fünf SSP-Szenarien wahrscheinlich, dass die globalen Temperaturen bis 2040 um 1,5 Grad Celsius gegenüber dem Niveau von 1850 bis 1900 ansteigen werden. Nur unter den Bedingungen der optimistischsten Szenarien wird der Temperaturanstieg bis 2100 weniger als 2 Grad gegenüber diesem Niveau betragen. In weniger optimistischen Szenarien würden sie die Temperaturen um mehr als 5 Grad Celsius übertreffen. Globale Durchschnittstemperaturen von mehr als 2,5 bis 3 Grad Celsius über denen des Zeitraums von 1850–1900 hat es im Lauf der Menschheitsgeschichte noch nicht gegeben.[44] Bei solchen Temperaturen würden Küstenstädte überflutet und die Wüsten sich massiv ausbreiten; es käme zu unvorhersehbaren und heftigen Klimaveränderungen, häufigeren Klimaschwankungen, mehr Dürren, mehr Überschwemmungen, mehr Flächenbränden, mehr Zyklonen; die Folge wären Störungen der Nahrungsmittelproduktion und die beschleunigte Ausbreitung neuer Krankheiten. Wie das Anstupsen eines Käfigtiers könnten steigende Treibhausgasemissionen heftige ökologische Wutausbrüche auslösen. Beispielsweise sind riesige Mengen von Methan als Methanhydrat (Methanclathrat) in den Ozeanen eingefroren. Wenn die Ozeane sich erwärmen, wird das Methanhydrat irgendwann schmelzen und plötzlich große Methanmengen in die Atmosphäre freisetzen. Das könnte andere Kippelemente oder Kipppunkte auslösen, etwa einen Umschwung des Nordatlantikstroms, der dann arktisches Klima in große Teile Europas bringen könnte. (Der IPCC-Bericht von 2021 gelangt zu dem Schluss, dass es im 21. Jahrhundert »sehr wahrscheinlich« zu einer Schwächung des Nordatlantikstroms komme, aber bei »mittlerem Vertrauen«, sprich, in 5 von 10 Fällen, sei nicht damit zu rechnen, dass dieser vor 2100 gänzlich zusammenbrechen werde.)[45] Kipppunkte sind bekannte Unbekannte, wie die Darstellung unerforschter Länder auf europäischen Karten des Mittelalters. Sie sagen uns: »Jenseits einer Erwärmung von 2 Grad Celsius warten die Ungeheuer!« Kipppunkt-Ungeheuer könnten das Leben für unsere Enkel und deren Kinder sehr unangenehm machen.

Kohlendioxid verweilt sehr lange in der Atmosphäre, weshalb die globale Erwärmung auch dann noch fortdauern wird, wenn die Treibgasemissionen schon längst gefallen sind. Eine drastische Reduzierung der Emissionen könnte jedoch die Erwärmung bis 2100 auf weniger als 2 Grad Celsius gegenüber den vorindustriellen Niveaus begrenzen.

Ein weiterer gefährlicher Trend betrifft die Artenvielfalt auf dem Planeten Erde. Menschen und ihre domestizierten Tiere verbrauchen ständig wachsende Mengen an Ressourcen und Energie, und das zulasten anderer Arten. Im Jahr 2020 betrug die Biomasse der Menschen und ihrer domestizierten Tiere mehr als das Zwanzigfache der gesamten Biomasse aller anderen Landsäugetiere, während die Biomasse der domestizierten Hühner doppelt so groß war wie die aller anderen Vogelarten zusammengenommen.[46] Im Bericht der *Intergovernmental Science-Policy Platform on Biodiversity and Ecosystem Services* (ISPBS, »Zwischenstaatliche Plattform für Biodiversität und Ökosystem-Dienstleistungen«) heißt es, die Aussterberate sei »mindestens zehn bis hundert Mal höher als die durchschnittliche Rate während der letzten 10 Millionen Jahren, und sie beschleunigt sich noch«.[47] Das ist nicht nur tragisch, sondern auch gefährlich für uns Menschen, weil unser Überleben und Wohlbefinden von den Organismen in unserer Umgebung abhängen, von den Bäumen über die Fische bis hin zu bestäubenden Insekten wie den Bienen.[48] Können unsere Nachkommen wirklich darauf hoffen, dass sie sich in einer ökologisch verarmten Biosphäre wohlfühlen werden?

Schädigungen der Umwelt könnten unbekannte Trends auslösen. Wir leben heute in neuen biochemischen Umwelten, die im Lauf der letzten 200 Jahre geschaffen wurden, als die Menschen Millionen neuer Materialien und Chemikalien produzierten – von Kunststoffen und Kunstdüngern bis zu Beton und bewusstseinsverändernden Drogen. Wir verstehen nicht ganz, was das für die Biosphäre als Ganzes bedeuten könnte. In ihrem Buch *Silent Spring* (deutsch: *Stummer Frühling*) dokumentierte die Biologin Rachel Carson 1962 die schrecklichen Auswirkungen der Pestizide und anderer agrochemischer Produkte auf Menschen und andere Arten. Die Anfang 2020 ausgebrochene Pandemie hat uns etwas vor Augen geführt, wovor uns die Epidemiologen seit Jahren warnen: Wir verwandeln unsere epidemiologischen Umwelten in einer Weise, die der Ausbreitung und der artübergreifenden Übertragung von Krankheiten Vorschub leistet. Im modernen Menschen haben Viren ein Vehikel gefunden, das sie in wenigen Tagen um die Welt befördern kann.

Wie wir heute wissen, ist das weltweite geologische, biologische und atmosphärische System, das der Umweltforscher James Lovelock einst »Gaia« nannte, zwar außerordentlich komplex, aber auch begrenzt.[49] Im Lauf von fünfzig Jahren hat die Vorstellung von den planetaren Grenzen den Weg bis in die seriöse Zukunftsforschung gefunden. Um herauszufinden, wie sehr man planetare Systeme belasten kann, bevor sie zusammenbrechen, hat ein Forschungsteam unter Leitung des Klimawissenschaftlers Johan Rockström mehrere »planetare Grenzen« bestimmt, jenseits deren die globale Umwelt möglicherweise kollabiere. Zu diesen Grenzen gehören hohe Konzentrationen atmosphärischer Treibhausgase, ozonabbauender Chemikalien und Aerosole; Versauerung der Ozeane; Entwaldung; Rückgang der Biodiversität und Abnahme von Süßwasserreserven.[50] Aus ihrer Forschungsarbeit geht hervor, dass wir bereits einige dieser Grenzen überschritten haben, zum Beispiel die der Biodiversität und der Stickstoffflüsse. Dazu meint

Rockström: »Wir sind die erste Generation, die weiß, dass wir die Fähigkeit des Erdsystems untergraben, die Entwicklung der Menschheit zu unterstützen und zu tragen.«[51]

Ein weiterer Trend, den wir abflachen müssen, betrifft die Zerstörungskraft der menschlichen Waffen. Im 19. Jahrhundert waren Kanonen die stärksten Kriegswaffen. Im schlimmsten Fall töteten sie viele Männer auf einen Schlag. Zwei Jahrhunderte später verfügen wir über Waffen, deren Zerstörungskraft ungleich größer ist. Die Atombombe, die am 6. August 1945 über Hiroshima gezündet wurde, tötete mindestens 60 000 Menschen sofort, während etwa die gleiche Anzahl in den folgenden Jahren an Verstrahlung oder Verletzungen starb. In den folgenden Jahrzehnten entwickelten die Vereinigten Staaten und die Sowjetunion die weit wirkungsvolleren Wasserstoffbomben, bis die Zahl und die Zerstörungskraft der Nuklearwaffen, die sie in ihren Arsenalen bunkerten, groteske Ausmaße annahmen. Im Jahr 1980 waren fast 100 000 Nuklearsprengköpfe stationiert. Wären sie zum Einsatz gekommen, hätten sie die Biosphäre in ein oder zwei Tagen vernichtet. Am schlimmsten wären noch nicht einmal die Bomben selbst gewesen, sondern die Staubwolken, die so hoch in der Atmosphäre gehangen hätten, dass sie nicht hätten abregnen können. Monate- oder jahrelang wäre das Sonnenlicht abgefangen worden. Wir hätten einen nuklearen Winter bekommen, der den Himmel verdunkelt und die Landwirtschaft weltweit zugrunde gerichtet hätte. Von dieser nuklearen Katastrophe sind wir nur einen kleinen Schritt weit entfernt gewesen. Kurz nach der Kubakrise 1962 erklärte Präsident Kennedy, die Wahrscheinlichkeit für einen totalen Nuklearkrieg habe zwischen 1 zu 2 und 1 zu 3 gelegen.[52] Seither hat die Welt noch einige Male am Abgrund gestanden, so dass uns die Bedeutung von MAD nachdrücklich vor Augen geführt wurde – *Mutually Assured Destruction*, gesicherte gegenseitige Vernichtung –, ein Akronym, das 1962 in Herman Kahns Hudson Institute geprägt wurde.

Mehr durch Glück als durch Geschick haben wir den nuklearen Weltuntergang bislang vermieden, und seit Ende der 1980er-Jahre begann die Zahl der nuklearen Gefechtsköpfe zurückzugehen. Doch im Jahr 2021 schätzt man, dass neun Staaten insgesamt über rund

13 000 Kernwaffen verfügen, davon rund 1500 in höchstem Alarmzustand, das heißt, jederzeit abschussbereit. Und ihre Zahl nimmt wieder zu. Die Gefahr einer plötzlichen Vernichtung durch einen Nuklearkrieg wird über allen Versuchen schweben, den Zustand des Planeten zu verbessern, solange wir nicht einen Weg gefunden haben, ihre Besitzer davon zu überzeugen, dass sie die Waffen und mit ihnen die Mittel, sie zu bauen, zerstören müssen.

Es gibt noch einen Wachstumstrend, der die menschliche Zukunft in Gefahr bringen könnte – die wachsende Ungleichheit. Als die Gesellschaften des Agrarzeitalters überschüssige Ressourcen produzierten, die ungerecht verteilt werden konnten, entstanden über Generationen hinweg systematische Ungleichheiten, was Reichtum und Macht durch Bestrafung anderer betrifft. Während der letzten 5000 Jahre kontrollierten in der Regel kleine Eliten den überschüssigen Reichtum, während die meisten Menschen als Bauern am Rand des Existenzminimums lebten. Große Ungleichheit erzeugt soziale Spannungen und kann im Extremfall zum Zusammenbruch der Gesellschaft führen. Lässt man die Ungleichheit ungehindert anwachsen, ist es, als zöge man eine Sprungfeder immer weiter auseinander und hoffte, sie werde nicht zerbrechen.

In der Neuzeit haben wachsender Wohlstand, veränderte Lebensstile und Menschenrechtsbewegungen zwar die Ungleichheiten zwischen den Ethnien und den Geschlechtern gemildert, die tieferen Ungleichheiten von Reichtum und Macht haben sich jedoch eher verstärkt. Ende des 19. und Anfang des 20. Jahrhunderts verschärften sich die globalen Ungleichheiten, da die Nationen, die sich zuerst industrialisierten – meist in Europa oder im Westen gelegen –, mit ihrer Überlegenheit an Reichtum sowie an technologischer und militärischer Macht große Teile des restlichen Planeten beherrschten. In der zweiten Hälfte des 20. Jahrhunderts sorgten Entkolonisierung und die Übernahme moderner Technologien in andere Weltregionen dafür, dass sich die Ungleichheiten ein wenig verringerten. Trotzdem bestehen nach wie vor fundamentale Ungleichheiten und tragen weiter zu Massenmigrationen und lokalen Kriegen bei. Die Auswirkungen des Klimawandels werden sich in den Ländern, die am wenigsten zur globalen Erwärmung beigetragen haben und am wenigsten in der Lage sind, auf sie zu reagieren, am stärksten bemerkbar machen. Und das Gerangel zwischen den mächtigen Nationen um ein paar Vorteile, ein Verhalten, das die Ursache für so viele Kriege des 20. Jahrhunderts war, wird unter dem Eindruck der modernen Ungleichheiten und der Erinnerung an die tiefen Ungleichheiten des imperialistischen Zeitalters fortdauern, da aufsteigende Mächte wie China und Indien die einstige Vormachtstellung der europäischen Staaten und der USA infrage stellen.

Innerstaatliche Ungleichheiten waren Anlass zu vielen Revolutionen und Bürgerkriegen der Moderne. Die Sozialisten erwarteten, solche Ungleichheiten würden die wohlhabendsten »kapitalistischen« Gesellschaften zum Einsturz bringen, aber merkwürdigerweise kam es nicht dazu. Wie der französische Wirtschaftswissenschaftler Thomas Piketty gezeigt hat, ist das innerstaatliche Ausmaß an Ungleichheit zurückgegangen, vor allem in den wohlhabenderen kapitalistischen Gesellschaften.[53] Das lag vor allem an den Weltkriegen in der ersten Hälfte des 20. Jahrhunderts, die den traditionellen Reichtum an Grundbesitz zerstörten, während die wachsende Produktion der Industriestaaten es den Regierungen ermöglichte, die Unzufriedenheit ihrer weniger begüterten Bürger dadurch aufzufangen, dass sie sie durch den Aufbau von Sozialsystemen schützten. Schließlich entdeckten kapitalistische Unternehmer und Regierungen, dass sich die Profite steigern und zugleich die sozialen Spannungen abbauen ließen, indem man Lohn und Lebensstandard der Lohnempfänger erhöhte, denn so waren besser gestellte Arbeiter weniger unzufrieden und sie verfügten über mehr Kaufkraft. Aus diesen und anderen Gründen erlebte der Lebensstandard zunächst im Westen eine spektakuläre Steigerung, dann auch in vielen anderen Ländern, darunter in Asien durch den Anfang der 1980er-Jahre einsetzenden bemerkenswerten Wirtschaftsboom in China, Indien und anderen »Tigerstaaten«.

Von den 1970er-Jahren an begannen die innerstaatlichen Ungleichheitsniveaus wieder zu steigen, zunächst im kapitalistischen Westen, dann in großen Teilen der übrigen Welt. In den reichen kapitalistischen Staaten schickte man sich unter dem Einfluss neoliberaler Marktwirtschaftler an, die in früheren Jahrzehnten des Jahrhunderts geschaffenen Umverteilungsmechanismen abzubauen, mit der Begründung, sie schränkten das freie Gewinnstreben ein und senkten dadurch die Wachstumsraten, die, zumindest theoretisch, jedem zugutekämen. Nach dem Zusammenbruch der sowjetischen Planwirtschaft kam es in den ehemaligen Ostblockstaaten zu einem abrupten Anstieg der Ungleichheiten. Die rasche Industrialisierung in Ländern wie China und Indien trug ihren Teil zur dort wachsenden Ungleichheit bei. Heute erreicht die Ungleichheit in vielen Ländern wieder die hohen Niveaus des ausgehenden 19. Jahrhunderts. Im Jahr 2018 schätzte man, dass sich etwas mehr als die Hälfte des privaten Reichtums der Welt im Besitz von 1 Prozent der Weltbevölkerung befand.[54]

Die steigenden Trends der Ungleichheit können wie die des Klimawandels unvorhersehbare Kipppunkte überschreiten. Wer kann vorhersagen, wann Ungleichheit einen revolutionären Umsturz auslösen wird? Heute geht von diesen Kipppunkten eine besondere Gefahr aus, weil Kernwaffen einen Klassenkampf in ein nukleares Weltuntergangsszenario verwandeln könnten. Es wird nicht leicht sein, die extremen Ungleichheiten einzuschränken. In einer neueren Geschichte der globalen Ungleichheit meint der Historiker Walter Scheidel, die Ungleichheit sei nie signifikant durch gezielte menschliche Bemühungen zurückgegangen, sondern immer nur durch Katastrophen wie Kriege, Zusammenbrüche von Staatswesen, natürliche Katastrophen oder Pandemien.[55] Wir können nur hoffen, dass diese Regel zumindest in der Zukunft nicht mehr so uneingeschränkt gilt. Es könnte ja sein, dass in einer stabilen künftigen Welt, der weniger an grenzenlosem Wirtschaftswachstum gelegen ist, die Aufgabe, politische und gesellschaftliche Stabilität durch eine Verringerung der Ungleichheit zu bewahren, ernster genommen wird als heute.

Unbekannte: Die Politik der Zukunft

Viele der betrachteten Trends sind regelmäßig genug, um einleuchtende Vorhersagen zu erlauben. Sie liegen in den Bereichen »wahrscheinlich« oder »vorstellbar« von Zukunftskegel 2. Heute verstehen wir viele von ihnen besser als vor fünfzig Jahren. Die Art und Weise, wie wir auf diese Trends reagieren, wird jedoch von der Politik abhängen. Die meisten politischen Prozesse sind zu unregelmäßig für zuverlässige Vorhersagen. Überwiegend liegen sie im Vorhersagebereich »möglich«. Werden die Menschen einen Konsens erzielen, der stark genug ist, um ihnen das schlüssige, intelligente und entschlossene Handeln zu ermöglichen, das für die Schaffung eines nachhaltigen Utopia notwendig ist? Oder werden Streitigkeiten über Interessen, Ziele und Kosten die erforderlichen Kurskorrekturen verhindern?

Zuverlässige Vorhersagen sind deshalb unmöglich, weil es in der Politik wenige regelmäßige Trends und viele Unbekannten gibt. Hoffnungen auf eine bessere Welt könnten auf verschiedene Weisen zunichtegemacht werden – durch eine kleine Gruppe, die über Kernwaffen oder gentechnisch hergestellte Viren verfügt, durch schludrige wissenschaftliche Arbeit, durch zögerliche Politiker oder durch Staatschefs, die über zu begrenzte Zukunftsvorstellungen verfügen. Oder aufgrund der schieren Komplexität der Probleme, vor denen wir stehen. In der politischen Geschichte lassen sich jedoch auch einige verheißungsvolle, wenn auch nicht sehr stabile Trends finden. Drei geben besonderen Anlass zur Hoffnung, und wir sind ihnen allen schon begegnet. Der erste Trend ist die Entstehung eines weltweiten menschlichen Tauschnetzes, das unser Bewusstsein für gemeinsame globale Herausforderungen schärft und langsam zu einer neuen Bindung und Hingabe an die globale Gemeinschaft führt. Der zweite Trend ist die Entstehung globaler Koordinationsinstitutionen wie der Vereinten Nationen und vieler NGOs, die heute länderübergreifend arbeiten. Sie können den weltweit aufkommenden Sorgen und Befürchtungen eine Stimme und ein gewisses politisches Gewicht verleihen, und viele dieser Institutionen haben eine weitgehend übereinstimmende Auffassung von einer besseren Zukunft. Auch multinationale Unternehmen könnten eine entscheidende Rolle beim Aufbau nachhaltiger Gesellschaften spielen, sobald sich die Erkenntnis durchgesetzt hätte, dass der Kapitalismus nur in einer ökologisch nachhaltigen Welt existieren kann. Den dritten Trend hätte Condorcet wohl »wissenschaftlichen Fortschritt« genannt. Heute wissen wir viel mehr über das planetare System als noch vor wenigen Jahrzehnten, wir verfügen über viele der Technologien, die wir brauchen werden, um eine nachhaltige Zukunft zu schaffen, und noch weit mehr befinden sich im Planungsstadium.[56]

Das sind vielversprechende Trends, aber keine Garantien. Auf der 26. UN-Klimakonferenz im November 2021 in Glasgow verpflichteten sich die UN-Mitgliedstaaten auf Ziele, die fast mit Sicherheit nicht verhindern können, dass die Erwärmung bis zum Jahr 2100 auf weniger als 1,5 Grad Celsius über dem vorindustriellen Niveau klettert. Dennoch vermittelten diese Ziele den Eindruck, dass das Bewusstsein für die globale Bedeutung des Problems gewachsen ist. Werden die Staaten ihren Bekundungen Taten folgen lassen?

Imagination möglicher Zukunftsszenarien

Die betrachteten Trends bieten vielversprechende Hinweise auf mögliche Geschehnisse der nächste 100 Jahre. Wir haben starke Wachstumstrends ausgemacht, doch viele von ihnen flachen sich inzwischen ab. Dieses Muster haben wir schon vorher beobachtet. Eine Wendung hin zu stabileren Trends findet auch statt, nachdem man einen neuen Stern hell hat aufleuchten sehen oder nachdem sich eine neue biologische Art nach einer raschen Wachstumsphase auf einem neuen Reifestadium eingependelt hat. Wann immer neue komplexe Phänomene entstehen, begegnet man diesem Prozess, und nun können wir beobachten, was hier auf unserer Erde entsteht: ein bewusster Planet.

Ein altes, komplexes Gebilde – der Planet Erde und seine lebende Fracht – wird durch eine nach planetaren Maßstäben plötzliche Mutation verwandelt: durch das Erscheinen einer Art, die so viel Macht erworben hat, dass sie die Zukunft der Biosphäre durch bewusstes Handeln gestalten kann. Die Sphäre des menschlichen Denkens, von dem bedeutenden russischen Geologen Wladimir Wernadski »Noosphäre« genannt, hat plötzlich so an Einfluss gewonnen, dass sie die Zukunft der Erde verändern kann.[57] Die meisten Prozesse werden, wie bisher, ohne bewusstes Denken ablaufen, aber von nun an wird die Zukunft des Planeten in vielen wichtigen Situationen von bewussten menschlichen Entscheidungen abhängen. Die Veränderung hat schon begonnen, denn wir sind bereits dabei, den Planeten Erde zu verändern. Es geht nur um die Frage, wie gut es uns gelingen wird, den Übergang zu gestalten.

Es lassen sich viele Arten vorstellen, wie der Übergang zu einem bewussten Planeten vor sich gehen könnte, und nicht alle versprechen ein erfolgreiches Ergebnis. Vielleicht hilft es, wenn wir uns mehrere Szenarien vorstellen, die alle auf die Goldene Mitte der Prognose zwischen Genauigkeit und Allgemeinheit abzielen und sich auf einer Art Normalverteilungskurve verteilen, die zeigt, dass einige wahrscheinlicher sind als andere. Die gute Nachricht lautet, dass es uns Menschen vermutlich in fast allen künftigen Katastrophenszenarien gelingen wird, wenn auch vielleicht erst nach einer langen Lehrzeit, zu kompetenten und womöglich sogar halbwegs guten planetaren Managern zu werden. Vieles von dem, was wir tun müssen, wissen wir bereits; heute kennen wir das planetare System viel besser als noch vor fünfzig Jahren; die gesellschaftlichen und staatlichen Einstellungen zur Umwelt haben sich tiefgreifend verändert; und wir verfügen über die meisten Werkzeuge und Ressourcen, die wir für den Erfolg brauchen. Dazu schreibt Jørgen Randers: »100 Prozent Wind-, Wasser- und Solarenergie können mit der heute bereits verfügbaren Technik erreicht werden. Auch Mangel an finanziellen Mitteln ist nicht das eigentliche Problem. Militärausgaben betragen mehr als 2–3 Prozent des globalen BIP. Man bräuchte viel weniger als das, um die Kosten für die Reduzierung der Treibhausgase um 50 Prozent innerhalb von zwanzig Jahren zu decken und die notwendige Anpassung an die verbleibenden Auswirkungen des Klimawandels vorzunehmen.«[58]

Wir haben auch die politischen und wirtschaftlichen Mittel, um rasch und entschlossen handeln zu können. Dass es den Volkswirtschaften der USA und der Sowjetunion gelang, sich binnen eines Jahres, nachdem sie in den Zweiten Weltkrieg hineingezogen wurden, so radikal umzugestalten, zeigt, wie rasch moderne Staaten Richtungswechsel vornehmen können, wenn die Debatten vorbei sind. Ebenso verblüffend war die Kehrtwende, die die meisten Staaten vollzogen, um die Covid-19-Pandemie zu bewältigen. Sobald ein globaler Konsens erreicht ist, könnten die Veränderungen schnell kommen.

Vier allgemeine Szenarien für die nahe Zukunft

Ausgehend von den in diesem Kapitel beschriebenen Ideen und Trends, können wir nun anfangen, spezifischere Wege zu alternativen Zukünften zu entwerfen. Sie werden weiter reichen als die gemeinsamen sozioökonomischen Entwicklungspfade (SSPs) des sechsten IPCC-Berichts, weil sie im Gegensatz zu dem Bericht die Möglichkeit grundlegender politischer Veränderungen in der nahen Zukunft einbeziehen.

Von jetzt an werde ich auf die Einschränkungen, Wenns und Aber vorsichtiger Prognosen verzichten und einfach einige der möglichen Zukünfte beschreiben, die sich aus den bisherigen Überlegungen ergeben. Einige dieser Szenarien werden Ihnen vielleicht merkwürdig verfrüht erscheinen, andere überoptimistisch, wieder andere zu pessimistisch, und auf einer vorgestellten Normalverteilungskurve sind manche wahrscheinlicher als andere. Trotzdem ist die Imagination möglicher Zukünfte für sich genommen ein wichtiges Werkzeug des Zukunftsdenkens. Diese spekulativen Szenarien entstehen aus einer Haltung, die zugleich spielerisch und ernsthaft ist – spielerisch, weil wir in unserer Vorstellung immer mit möglichen Zukünften spielen, und ernsthaft, weil es uns alles andere als egal ist, welche der vorgestellten Zukünfte am Ende eintreten werden.

Die vier im Folgenden beschriebenen Szenarien habe ich von dem Zukunftsforscher Jim Dator übernommen, der jahrelang mit Probandengruppen arbeitete, die sich gemeinsam mögliche Zukünfte vorstellen sollten.[59] Wie er herausfand, fielen die meisten vorgestellten Zukünfte in vier Kategorien, die er »Kollaps«, »Disziplin«, »Wandel« und »fortgesetztes Wirtschaftswachstum« (oder »Weiter wie bisher«) nannte. Versionen von Dators Taxonomie haben viele Zukunftsforscher verwendet. Dator hat der Versuchung widerstanden, seine verschiedenen Szenarien in eine Rangfolge zu bringen, aber wir werden uns über diese Regel hinwegsetzen und mögliche Zukünfte danach bewerten, wie nahe sie den oben beschriebenen globalen Utopien kommen. Das ist wichtig, denn, wie schon H. G. Wells meinte, glaubhafte Vorstellungen einer besseren Zukunft können Hoffnung wecken, und Hoffnung sei selbst ein starker Motivator. Meine eigenen vier Szenarien heißen, auch wenn die Verwandtschaft zu Dators Kategorien nicht zu leugnen ist, »Kollaps«, »Downsizing« (oder »Reduzierung«), »Nachhaltigkeit« und »Wachstum«.

Welches Szenario sich am Ende auch immer herauskristallisieren wird, der Weg dorthin wird turbulent verlaufen. Zu technologischen und wirtschaftlichen Turbulenzen wird es schon allein deswegen kommen, weil der Umstieg von fossilen Brennstoffen auf nachhaltige Technologien extrem kompliziert ist und weil auf diesem Weg Fehler einfach unvermeidlich sind. Durch Konflikte zwischen den Bedürfnissen des langsam entstehenden globalen Systems und den Ansprüchen der Regionen, Staaten und anderen lokalen Interessengruppen sind politische Turbulenzen vorprogrammiert. Die Vereinigten Staaten, die dominierende Weltmacht am Ende des 20. Jahrhunderts, wird von Rivalen herausgefordert, die kontinuierlich an Bedeutung gewinnen. Die kapitalistischen Demokratien, die die Welt nach dem Zusammenbruch der Sowjetunion beherrschten, haben an Selbstvertrauen verloren, weil ihr Wachstum zurückgegangen ist und ihre einst wohlhabenden Mittelschichten schrumpfen. Inzwischen machen aufsteigende Mächte wie Indien und China ihre Ansprüche mit neuem Selbstbewusstsein geltend, während kleine Dissidentengruppen aufgrund der modernen Militärtechnologie zu ernsthaften Bedrohungen des globalen Friedens geworden sind. Gefährliche Konflikte sind wahrscheinlich. Aber wir sollten auch nach dem entscheidenden politischen Kipppunkt Ausschau halten, an dem politische Entscheidungsträger in vielen Weltregionen beispielsweise unter dem Eindruck regionaler Klimakatastrophen zu der Einsicht gelangen, dass ihre eigenen vitalen Interessen eine globale Zusammenarbeit bei der Gestaltung nachhaltiger Zukünfte verlangen.

Nur bei extremen »Kollapsszenarien« werden wir als Planetenmanager vollkommen versagen. In den schlimmsten Szenarien gehen die Gesellschaften durch ein Zusammenwirken von Hunger, Krieg, politisch-wirtschaftlichem Kollaps und Pandemien zugrunde. Es droht dann das Aussterben unserer Art. Der Menschheit ledig, wird sich die Biosphäre im Laufe vieler Jahrhunderte erholen. Toby Ord hat den ambitionierten Versuch unternommen, die Wahrscheinlichkeit »existen-

Tabelle 8.1: Die Wahrscheinlichkeit verschiedener existenzieller Krisen

Existenzielle Katastrophen durch …	Wahrrscheinlichkeit innerhalb der nächsten 100 Jahre
Asteroiden- oder Kometeneinschlag	~ 1 zu 1 000 000
Ausbruch eines Supervulkans	~ 1 zu 10 000
Sternexplosion	~ 1 zu 1 000 000 000
Natürliche Risiken insgesamt	~ 1 zu 10 000
Nuklearkrieg	~ 1 zu 1000
Klimawandel	~ 1 zu 1000
Andere Umweltschäden	~ 1 zu 1000
Natürlich entstehende Pandemien	~ 1 zu 10 000
Künstliche Pandemien	~ 1 zu 30
Unangepasste Künstliche Intelligenz*	~ 1 zu 10
Unvorhergesehene anthropogene Risiken	~ 1 zu 30
Andere anthropogene Risiken	~ 1 zu 50
Anthropogene Risiken insgesamt	~ 1 zu 6
Existenzielles Risiko insgesamt	~ 1 zu 6

(Übernommen von Toby Ord, *The Precipice*, S. 167.)

Dazu merkt Toby Ord an: »Dies sind meine besten Schätzungen für die Wahrscheinlichkeit einer existenziellen Katastrophe durch eine dieser Ursachen zu irgendeinem Zeitpunkt der nächsten 100 Jahre (wenn die Katastrophe verzögerte Auswirkungen hat, wie etwa der Klimawandel, spreche ich von jenem Zeitpunkt während der nächsten 100 Jahre, an dem es kein Zurück mehr gibt). Die Schätzungen weisen ein beträchtliches Maß an Unsicherheit auf und sollen nur die richtige Größenordnung angeben – jede könnte leicht um einen Faktor 3 höher oder niedriger ausfallen. Es sei darauf hingewiesen, dass die Summen nicht stimmen: erstens, weil sonst der Eindruck einer falschen Genauigkeit entstünde, und zweitens aus komplizierten Gründen [die an anderer Stelle erörtert werden].«

* Unangepasst im Hinblick auf menschliche Interessen

zieller Katastrophen« zu schätzen, von Katastrophen, die das »langfristige Potenzial« der Menschheit zerstören und Tausenden von Generationen die Chance auf eine gute Zukunft rauben.[60] Nach diesen sehr vorsichtigen Annahmen führen rund 16 Prozent (ein Sechstel) möglicher Zukünfte in eine »existenzielle Katastrophe«. Zwar sollten wir diese Schätzungen nicht allzu ernst nehmen, aber sie könnten uns doch einen Hinweis auf die richtigen Größenordnungen geben. Die wichtigste Erkenntnis aus den in Tabelle 8.1 zusammengefassten Ord'schen Schätzungen besagt, dass die größten Gefahren für unsere Zukunft aus der technologischen und wirtschaftlichen Maßlosigkeit des Menschen erwachsen. Eigentlich ist das eine gute Nachricht, bedeutet sie doch, dass die Menschen im Grunde fähig sein müssten, diese Gefahren zu bewältigen.

Weniger düstere Szenarien finden sich in den verbleibenden 84 Prozent des Ord'schen Ergebnisraums möglicher Zukünfte: den Fällen, in denen Menschen überleben. Dazu gehören nicht ganz so extreme Kollapsszenarien, die für unser langfristiges Überleben nicht verhängnisvoll sind, aber dennoch ziemlich katastrophal. Nach diesen Szenarien wird es den menschlichen Gesellschaften nicht gelingen, die komplexen Herausforderungen zu bewältigen, vor die uns das Management einer Biosphäre stellt. Die Menschheit wird in ein möglicherweise jahrhundertelanges dunkles Zeitalter eintreten.[61] Kriege werden ganze Regionen verwüsten, Pandemien und Hungersnöte Millionen Menschen töten, Überlebende werden am Rande des Existenzminimums dahinvegetieren, und wohlhabende Eliten werden in speziellen Siedlungen leben, die zu Festungen ausgebaut sind. Die meisten Errungenschaften der Moderne werden verloren gehen, unter anderem die Fortschritte auf dem Gebiet der Menschenrechte; unter Umständen kommt es zur Wiedereinführung von krassen Formen der Geschlechter- und Rassendiskriminierung, von körperlichen Strafen, Verstümmelungen und Folterungen, wenn die Verknappungen zu immer verzweifelteren Überlebenskämpfen führen. Angesichts von Nahrungsknappheit, unzureichender medizinischer Versorgung und begrenzten Vorräten an Anästhetika und einfachsten Arzneien dürfte die Lebenserwartung auf ein vormodernes Niveau zurückfallen. Wenn man in einigen Jahrhunderten zurückblicken wird, werden die heute Lebenden den künftigen Betrachtern vielleicht wie eine privilegierte Vorkrisenkohorte der Menschheit erscheinen, die Letzten, die den fragwürdigen Luxus des Zeitalters fossiler Brennstoffe genießen konnten. Unsere Nachkommen werden sich fragen, was da schiefgegangen ist und warum wir uns nicht gegen die Katastrophe gestemmt haben.

Was die »Downsizing«-Szenarien betrifft, so werden sich die Staaten und Gesellschaften, nachdem sie zu dem Schluss gekommen sein werden, dass das Wachstum selbst das Hauptproblem sei, auf Nachhaltigkeitsziele konzentrieren und viele Wachstumstrends strikt einschränken. Regierungen zügeln Wachstum durch hohe Besteuerung und direkte Eingriffe in nicht nachhaltige Aktivitäten. Die Folge wird eine eher spartanische Welt sein, mit weniger Luxus und strenger Begrenzung der Familiengröße. Für die meisten Menschen wird der Lebensstandard niedriger sein als Anfang des 21. Jahrhunderts, wenngleich reiche Eliten in geschützten Blasen höhere Lebensstandards genießen dürften. Unter solchen Bedingungen werden es liberale Demokratien schwer haben, denn bei schrumpfenden Ressourcen wird das Konsensprinzip kaum anzuwenden sein.[62] Daher werden Downsizing-Gesellschaften häufig auf autoritäre Methoden zurückgreifen müssen. Es handelt sich um ein Szenario, das Stabilisierungsziele anstrebt, aber weniger Achtung vor den Freiheits- und Gleichheitsidealen moderner utopischer Entwürfe hat. Unsere Nachkommen werden gelernt haben, wie man einen Planeten nachhaltig managt, dabei aber möglicherweise viele politische und bürgerliche Rechte aus dem Blick verloren haben. Wissenschaftliche und technologische Innovationen wird es weiterhin geben, wenn auch vielleicht nicht in dem Tempo wie in weniger autoritären Szenarien. Im schlimmsten Fall mögen Downsizing-Zukünfte dystopisch oder sogar orwellhaft aussehen, im besten Fall wie die anarchistische Welt Anarres in Ursula Le Guins Roman *Planet der Habenichtse*. Die Weltraumforschung wird fortgesetzt werden, möglicherweise in großem Umfang, wenn sie von Staaten gefördert wird, die um die Ressourcen von Asteroiden, Monden und Planeten konkurrieren.

»Nachhaltigkeitsszenarien« verbinden Condorcets optimistische Geisteshaltung mit dem Realismus, den das Wissen um planetare Grenzen vermittelt. Sie entwerfen Zukünfte, in denen hohe Lebensstandards durch nachhaltige Technologien aufrechterhalten werden, wohingegen die Hoffnungen auf nie endendes Wachstum des Konsums aufgegeben wurden. Nachhaltigkeitsszenarien kommen den oben beschriebenen utopischen Zielen am nächsten. In seinem Buch *Journey to Earthland* entwirft Paul Raskin das Bild einiger turbulenter Jahrzehnte, in denen traditionelle Regierungen ihre traditionellen Wachstumswerte gegen die Nachhaltigkeitswerte einer globalen Zivilgesellschaft verteidigen. Mitte des Jahrhunderts, wenn die Gefahren eines ökologischen und politischen Zusammenbruchs unübersehbar werden, bildet sich ein breiter globaler Konsens über die Bedeutung der Nachhaltigkeit, und es werden neue Institutionen gegründet, die das globale Handeln koordinieren. Die Wertvorstellungen der meisten Gesellschaften favorisieren nun Nachhaltigkeit, Gleichheit und Lebensqualität anstelle von gesteigertem Konsum.[63] In Nachhaltigkeitsszenarien wird der Begriff der Global Citizenship – Weltbürgerschaft – so selbstverständlich werden wie heute die Staatsbürgerschaft. Doch regionale und kulturelle Vielfalt sollte auch weiterhin gepflegt werden, wie das heute in vielen multikulturellen Nationalstaaten der Fall ist.

Die technologische Innovation wird sich fortsetzen, angetrieben von dem mächtigsten Antrieb der menschlichen Geschichte, dem kollektiven Lernen. Neuerungen wird es auf vielen Feldern geben – neue Methoden der Erzeugung nachhaltiger Energie, kostengünstigere und effizientere Formen der Beförderung und Produktion, neue Techniken, um Treibhausgase einzufangen oder zu vergraben, und viele Arten intelligenter Roboter. Zu den Neuerungen werden auch medizinische Interventionen gehören, die in der Lage sind, das Altern zu verlangsamen (einige Ärzte verstehen das Altern bereits als Krankheit und nicht als Unvermeidlichkeit), die Lebensspanne zu verlängern, neue intelligente Prothesen zu liefern und Krankheiten wie Krebs zu heilen.[64] Nachhaltige Innovationen und radikale Einschränkung der Verschwendung, einschließlich der Ausgaben für Militär und Werbung, werden dafür sorgen, dass der Lebensstandard höher ist als zu Anfang des 21. Jahrhunderts. Das wachsende Bewusstsein für die Gefahren des Überkonsums wird jedoch ein Ethos der Genügsamkeit und allgemeinen Gleichheit favorisieren. Die Annahme, Fortschritt bedeute endloses Wachstum, wird durch neue Definitionen ersetzt, die aber zulassen, dass weiterhin Fortschritte auf vielen Feldern erzielt werden, nur eben innerhalb eines stabilen Gleichgewichtszustands, der dafür sorgt, dass

Wachstum und Bevölkerung das einhalten, was die Autoren von *Grenzen des Wachstums* als »sorgfältig gegeneinander ausgewogen« bezeichneten.[65] Die Weltbevölkerung wird sich bei acht Milliarden oder weniger stabilisieren, allgemeine Gesundheitsfürsorge und Bildung sowie garantierte materielle Sicherheit für alle werden zum Normalfall werden, und die meisten Menschen werden weniger als 20 Stunden in der Woche arbeiten. Sie werden »zeitwohlhabend« sein und sich an neuen und ökologisch realistischeren Vorstellungen von einem »guten Leben« ausrichten. In solchen Szenarien werden die Menschen schließlich lernen, achtsam und verantwortungsvoll mit der Biosphäre umzugehen. Nationale Regierungen werden überleben, aber die Macht der globalstaatlichen Organisationen wird zunehmen, und deren Autorität wird von den meisten Gemeinschaften auf der Erde akzeptiert werden.

»Wachstumsszenarien« schließlich spielen die Bedeutung der Wachstumsgrenzen herunter und entwerfen eine Zukunft, die von den großen Wachstumstrends der Neuzeit beherrscht wird. In diesen Szenarien werden Wirtschaftswachstum und Innovation von der kapitalistischen Allianz zwischen Regierung und Wirtschaft getragen, die der Motor so vieler Wachstumstrends in der Neuzeit war. Unterstützer der Wachstumsszenarien sind Techno-Optimisten. Sie bestreiten die Notwendigkeit einer grundlegenden Kurskorrektur, weil sie der Auffassung sind, ein florierender Kapitalismus würde die Technologien hervorbringen, die man braucht, um Wachstum und Nachhaltigkeit miteinander zu versöhnen, während Regierungen mit umwelttechnischen Großprojekten einspringen würden, wo es notwendig wäre. In besonders optimistischen Wachstumsszenarien geht man davon aus, dass anhaltendes Wirtschaftswachstum und neue Technologien den meisten Menschen einen steigenden Konsum und wachsenden Lebensstandard verschaffen werden, während sie gleichzeitig die gefährlicheren ökologischen Probleme lösen. Die Unternehmen werden entdecken, dass sich auch mit nachhaltigen Technologien Gewinne erzielen lassen. Allerdings wird die Ungleichheit in hochkompetitiven ökonomischen Bereichen weiter steigen und zu erheblicher sozialer Instabilität führen. Wie in den meisten anderen Szenarien werden einige Forscher mit der biologischen und genetischen Modifikation von Menschen experimentieren. Das wird einigen medizinischen Nutzen bringen, aber auch für neue soziale Unterschiede sorgen, weil sich allmählich kleine Bevölkerungsgruppen von genetisch oder bionisch veränderten Menschen bilden, vor allem unter den Reichen, die sich kostspielige medizinische Eingriffe leisten können.[66] Einige Menschen werden 150 Jahre oder noch älter werden; Erweiterungen der Hör-, Seh- und Denkfähigkeit werden selbstverständlich sein. Prothesen werden direkt vom Gehirn gesteuert oder man lässt fehlende Glieder vielleicht einfach nachwachsen. Das Bevölkerungswachstum wird sich verlangsamen, wenn auch nicht so stark wie in Nachhaltigkeits- oder Downsizing-Szenarien.

Wenn sich die Fürsprecher von Wirtschaftswachstumsszenarien irren, wie in *Grenzen des Wachstums* und ähnlichen Schriften angenommen wird, könnten sich die Wachstumsszenarien in Kollapsszenarien verwandeln. Dann kann es sein, dass wir an Kipppunkte der globalen Erwärmung gelangen, dass Systeme der Nahrungsproduktion ausfallen oder dass Konflikte über Ressourcen zu katastrophischen Kriegen führen.

Selbst in den drei eher optimistischen Szenarien wird die Vergangenheit schwer auf der Zukunft lasten. Existenzielle Gefahren wie Nuklearkriege oder gentechnisch ausgelöste Pandemien werden die Menschheit bedrohen, während die Welt auf Jahrhunderte hinaus unangenehm warm sein wird. Viele heutige Großstädte werden überflutet sein, die Versauerung der Ozeane wird die Fischbestände und die marine Biodiversität reduziert haben, Wüsten werden sich ausweiten und Wetterereignisse, die heute extrem erscheinen, werden die Norm sein. In den Wachstumsszenarien dürfte sich die Aussterberate anderer Arten beschleunigen, während sie sich in den Nachhaltigkeits- und Downsizing-Szenarien verlangsamen wird. Doch in allen Szenarien wird die Welt selbst im Vergleich zu heute biologisch verarmt sein. Konkurrenz wird zu Kriegen führen, aber nur in Kollapsszenarien wird Krieg das globale System zum Zusammenbruch bringen. In allen Szenarien wird es beträchtliche Ungleichheit geben, wenn sie auch in Nachhaltigkeits- und Downsizing-Szenarien begrenzt bleiben wird. Die alte Triebkraft des kollektiven Lernens wird dafür sorgen, dass in den meisten Szenarien die technologische, wissenschaftliche und künstlerische Kreativität fortlebt, und auch in der sozialen Organisation wird sich Kreativität zeigen. Neue wissenschaftliche Paradigmen werden unsere Vorstellung von Phänomenen wie der dunklen Materie oder der Beziehung zwischen Relativitätstheorie und Quantenphysik – vielleicht sogar von unserem Bewusstsein – verändern. Wir werden in Erfahrung bringen, ob es jenseits der Erde noch Leben gibt. Am Ende dieses Jahrhunderts wird es, zumindest nach den meisten Zukunftsszenarien, überall im Sonnensystem kleine menschliche Pionierkolonien geben, während sich Roboter-Raumschiffe auf dem Weg zu anderen Sternensystemen befinden.

Abbildung 8.1 zeigt mögliche Veränderungen der Weltbevölkerung in verschiedenen Szenarien, um einige der wichtigsten Unterschiede zu verdeutlichen. Die Einzelheiten sollten nicht zu ernst genommen werden, aber die allgemeine Form der Trendkurven lässt eindeutige Unterschiede zwischen diesen Szenarien erkennen. Tatsächlich wird wohl keines dieser Szenarien genau so eintreten, wie es hier abgebildet ist. Die Zukunft, die uns tatsächlich erwartet, wird sich als eine komplexe und widersprüchliche Mischung der vielen Trends erweisen, die wir gesehen haben, der guten und der schlechten, ergänzt durch Trends und Ereignisse, die wir uns heute noch nicht vorstellen können. Wenn die Zukunft eingetreten ist, wird sie sicherlich genauso chaotisch sein wie die Vergangenheit.

Schritt drei: Was ist zu tun?

Ein detaillierter Handlungsplan würde den Rahmen hier sprengen. Doch wir müssen handeln, wenn wir den Kollaps vermeiden und uns in Richtung optimistischerer Szenarien entwickeln wollen. Die betrachteten Trends sagen uns, welche Richtung wir wählen müssen. »Die Hauptlösung ist jedoch so simpel«, sagte Greta Thunberg 2019 in ihrer Rede auf dem Weltwirtschaftsforum von Davos, »dass selbst ein kleines Kind sie versteht. Wir müssen unsere Treibhausemissionen stoppen. Und entweder tun wir das oder nicht.«[67] In allen eher optimistischen Szenarien müssen wir zu kompetenten planetaren Managern

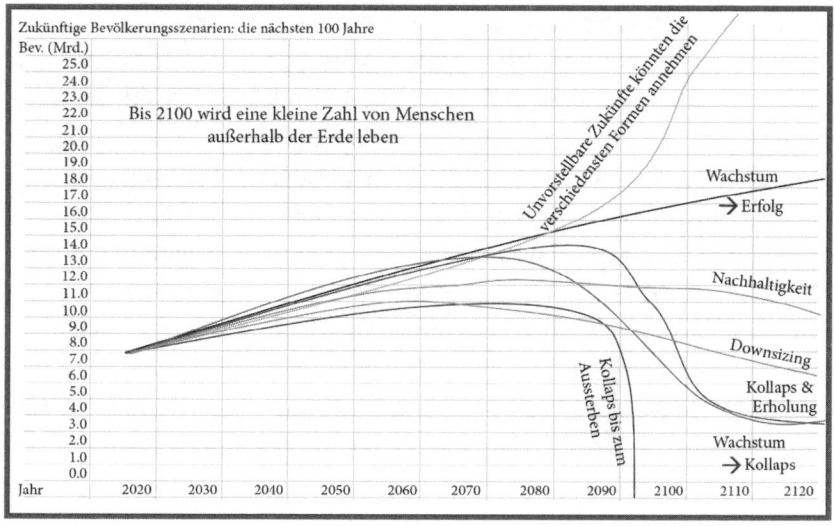

Abbildung 8.1: Bevölkerungsentwicklung bis 2120 in vier verschiedenen Zukunftsszenarien: Wachstum, Nachhaltigkeit, Downsizing und Kollaps

werden. Das heißt, wir müssen Wirtschaftssysteme entwickeln, in denen die Preise die tatsächlichen Umweltkosten von Waren und Dienstleistungen besser widerspiegeln und in denen die Treibhausgasemissionen drastisch gekürzt werden. Selbst für die Wachstumsszenarien könnte es eine Verlangsamung der Wirtschaftswachstumsraten bedeuten. Wir müssen die Aussterberaten anderer Arten verlangsamen oder senken und das zahlenmäßige Wachstum der Menschen und der domestizierten Tiere abbremsen oder umkehren. Um katastrophische Konflikte zu vermeiden, werden wir die gefährlichen Waffen kontrollieren und extreme Ungleichheiten einschränken müssen. Das Pariser Abkommen von 2015, die Nachhaltigkeitsziele der Vereinten Nationen und viele andere globale Vereinbarungen sind verheißungsvolle Wegweiser in eine bessere Zukunft.

Die letzte moralische Gewissheit ist schließlich die Einsicht, dass vieles von der Politik abhängen wird. Der Teufel steckt im Detail, und jedem entscheidenden Schritt werden komplizierte und schwierige Verhandlungen zwischen Nationen, Regionen, Konzernen und vielen anderen Gruppen vorausgehen. Die Welt des Jahres 2100 wird von Millionen unvorhersagbarer Entscheidungen während der nächsten Jahrzehnte geprägt sein. Obwohl wir nunmehr eine globale Spezies sind, wissen wir nicht, ob unsere Betroffenheitsbereiche sich schon so weit aufgefächert haben, dass sie die anhaltende globale Zusammenarbeit ermöglichen, die wir brauchen, um als planetare Manager Erfolg zu haben. Ob wir dazu in der Lage sind oder nicht, wird über das Schicksal des neuen komplexen Gebildes entscheiden, das gerade auf dem Planeten Erde entsteht: ein bewusster Planet. Die Gesundheit und das Schicksal dieses neuen Systems werden die Zukunft unserer Nachkommen auf Jahrhunderte hinaus bestimmen und darüber entscheiden, wie lange unsere Art überlebt. Können wir lernen, so effektiv zusammenzuarbeiten wie die Zellen, die die ersten Makroben bildeten?

Kapitel 9
Mittlere Zukünfte

Die menschliche Evolutionslinie

Wenn wir unsere Karten richtig ausspielen, befindet sich die Menschheit noch in einer frühen Lebensphase. Wir sind noch Teenager und freuen uns auf ein erfülltes Erwachsenenleben.

– Toby Ord, 2020[1]

Charakteristische Merkmale der mittleren Zukünfte

Nehmen wir an, wir überleben die Gefahren der nächsten Jahrhunderte. Welche Zukünfte erwarten unsere Nachkommen in einer Zeitspanne von Tausenden oder sogar Millionen Jahren? Das ist die »mittlere Zukunft«. Es ist schwierig, über die mittleren Zukünfte wirklich ernsthaft nachzudenken, weil sie von unberechenbaren und eigenwilligen Wesen wie uns geprägt sein werden. Außerdem erstrecken sich diese Zukünfte in so weite Ferne, dass sich selbst ganz regelmäßige Trends im Nebel von Millionen anderer Trends verlieren. Doch wie immer haben wir Hinweise, die verheißungsvoll und manchmal atemberaubend sind, und so werde ich nicht der Versuchung widerstehen, genauer zu untersuchen, was sie uns zuflüstern.

Die mittlere Zukunft ist weniger persönlich als die nahe Zukunft. Zwar mögen wir ein gewisses Gefühl der Verbundenheit mit der unabsehbaren Gemeinschaft menschenähnlicher Geschöpfe empfinden, die in unserer Vorstellung Vergangenheit und Zukunft bevölkern. Und der Gedanke, die Zukunft dieser Gemeinschaft könnte viel länger und ereignisreicher sein als die Vergangenheit, ist faszinierend. Aber wir können nicht die gleiche tief empfundene Anteilnahme für unsere fernen Nachkommen aufbringen wie für die Menschen, die die nächsten hundert Jahre erleben werden. Auch haben wir keinen solchen Einfluss auf ihr Leben. Die Folgen unserer heutigen Handlungen werden chaotisch durch die Jahrhunderte und Jahrtausende trudeln, wie unruhig schlagende Schmetterlingsflügel, aber wir werden in keiner vernünftig begründbaren Weise angeben können, dass sie Ereignisse in der fernen Zukunft *verursachen* werden. Ausgenommen in einer entscheidenden Hinsicht! Falls wir die nächsten Jahrhunderte nicht überleben, werden unsere Nachkommen überhaupt keine Zukunft haben. Also können wir für unsere Nachkommen nicht mehr tun, als heil durch diese Nadelöhr-Jahrhunderte zu kommen und zu lernen, wie man einen Planeten managt, während wir Weltuntergangs-Waffen besitzen, aber und nur wenige außerirdische Siedlungen, die Flüchtlingen im Katastrophenfall Zuflucht böten. Wenn wir Erfolg haben, werden die Generationen, die während der nächsten Jahrhunderte leben, lernen, sich als Teile einer neuen komplexen Einheit zu verhalten, eines bewussten Planeten. Das wird Milliarden Menschen und posthumanen Geschöpfen Wege in die mittlere Zukunft eröffnen. Die Möglichkeit, ein so wunderbares Vermächtnis weiterzugeben, verleiht den Zeiten, in denen wir heute leben, einen tieferen Sinn. Wenn uns das gelingt, geht die Geschichte weiter.

Die nächsten tausend Jahre

Management eines Planeten

Kommen bewusste Planeten häufig vor? Gibt es Millionen von ihnen in unserer Galaxis? Oder ist das, was wir hier auf der Erde gerade betrachten, eine kosmologische Anomalie? Wir wissen es nicht. In jedem Fall aber ist der Übergang von ungeheurer Bedeutung. Er ist ein weiteres Beispiel für den langen kosmologischen Trend zu wachsender Komplexität, der Emergenz neuer Strukturen mit neuen Eigenschaften. Ist das Überschreiten dieser besonderen Schwelle der logische Endpunkt der turbulenten Veränderungen in den letzten Jahrtausenden der menschlichen Geschichte? Verleiht es dieser Geschichte eine Art Sinn oder Bedeutung? Könnte es ein Schritt hin zur Entwicklung noch größerer komplexer Entitäten in der Größenordnung von Sternensystemen oder sogar Galaxien sein?

Was wird es für die Menschen bedeuten, planetare Manager zu werden? Wir können uns einige glaubhafte Szenarien nach dem Muster unserer ersten Babyschritte vorstellen. Wie alle komplexen Entitäten wird ein bewusster Planet charakteristische emergente Eigenschaften besitzen, die ihm helfen, zu überleben und sich zu entfalten. Mit Sicherheit wird er folgende Dinge brauchen: (1) Koordination und Planung auf planetarer Ebene; (2) eine Menge erstklassiger wissenschaftlicher und technologischer Erkenntnisse, um vertrackt komplexe Probleme zu lösen; (3) neue Unterrichts- und Ausbildungsmethoden, damit möglichst viele Menschen begreifen, vor welchen kollektiven Herausforderungen sie stehen; und (4) ethische Systeme, die die Menschen zu der Einsicht bringen, welchen Wert eine gesunde Biosphäre für das Wohlergehen ihrer eigenen Nachkommen und für Milliarden anderer Arten hat.

Koordinations- und Planungssysteme sind gerade im Entstehen, sowohl innerhalb der Vereinten Nationen als auch in vielen anderen internationalen Organisationen, Körperschaften, wissenschaftlichen Netzwerken und NGOs, die länderübergreifend tätig sind. Wissenschaft und Technologie machen heute eindrucksvolle Fortschritte und es gibt, sieht man von den ganz pessimistischen Zukunftsszenarien ab, wenig Grund für die Annahme, dass sich diese Entwicklung verlangsamen wird. Eher ist mit einer Beschleunigung zu rechnen. Allerdings sind die heutigen Bildungssysteme diesen neuen Herausforderungen nicht gewachsen, in erster Linie, weil sie immer noch der Ära des Nationalismus verhaftet sind und selten globale Perspektiven berücksichtigen. Die Bildungsinstitutionen müssen gründlich überholt werden, um der Jugend eine planetare Sichtweise zu vermitteln und sie mit dem technischen, politischen und sozialen Rüstzeug zu versehen, das sie benötigen, um an dem kollektiven Projekt des planetaren Managements teilzuhaben. H. G. Wells schrieb: »Die menschliche Geschichte wird mehr und mehr zu einem Wettrennen zwischen Bildung und Katastrophe.«[2] Die Bildungssysteme werden auch von der Entwicklung planetarer Ethiksysteme bestimmt werden. Um ihrer Rolle als planetare Manager gerecht zu werden, müssen kommende Generationen ihre regionalen und nationalen Einstellungen überwinden und sich nicht nur der Menschheit als Ganzes zugehörig fühlen, sondern auch den vielen anderen Arten, mit denen sie diesen Planeten teilen. Wenn die Menschen anfangen, auf andere Planeten und Monde auszuwandern, werden sie sehr viel lebensfeindlichere Umwelten antreffen, was sie sicherlich für die Schönheit und Gastlichkeit unseres Heimatplaneten empfänglicher machen wird.

Welche langfristigen Trends werden die Geschichte der nächsten tausend Jahre bestimmen?

Es ist fast unmöglich, sich zuverlässige Vorstellungen von politischen Zukünften zu machen, obwohl es einige faszinierende imaginative Geschichten der Zukunft gibt.[3] Allerdings wissen wir, dass unbedingt bessere planetare Regierungs- und Koordinationsformen entwickelt werden müssen, wenn das planetare Management Erfolg haben soll.

Leichter vorstellbar sind technologische Trends, weil der Basistrend des kollektiven Lernens sicherlich die technologische Kreativität am Leben erhalten wird, die die menschliche Geschichte bislang geprägt hat. Abgesehen davon haben Technologien ihre eigene Logik, so dass wir schon heute Trends erkennen können, die in den kommenden Jahrhunderten wahrscheinlich eine wichtige Rolle spielen werden. Zu solchen wichtigen neuen Technologien werden gehören: (1) Methoden zur Erzeugung großer Mengen nachhaltiger Energie; (2) Nanotechnologien; (3) künstliche Intelligenz und Robotik; und (4) biologische Technologien, die menschliche Körper so verwandeln werden, dass in einigen Fällen Kombinationen aus Menschen und Maschinen von unbegrenzter Lebensdauer entstehen werden.

Neue Energietechnologien

Die moderne Welt wurde mit den kolossalen Energien der fossilen Brennstoffe erbaut, aber wir wissen heute, dass wir sie nicht länger nutzen dürfen. Können wir die Errungenschaften der Moderne bewahren, indem wir noch mehr Energie erzeugen, jedoch auf nachhaltige Weise? Hier besteht Anlass zu vorsichtigem Optimismus, denn viele der Technologien, die wir benötigen werden, existieren bereits. Dabei werden zwei Veränderungen von entscheidender Bedeutung sein: Wir müssen riesige Mengen nachhaltiger Elektrizität erzeugen, und wir müssen mit nachhaltig erzeugter Elektrizität alles betreiben – Autos, Produktion, Kommunikation, Haushaltsgeräte und so fort. Die unmittelbare Herausforderung besteht darin, diese Technologien sehr rasch einzusetzen, denn im Jahr 2020 erzeugten fossile Brennstoffe noch immer rund 85 Prozent aller genutzten Energie, bildeten die Grundlage für große Teile der weltweiten Infrastruktur und waren maßgebend für die meisten wirtschaftlichen Beziehungen.

Die vielversprechendsten Technologien zur Energieerzeugung sind ganz neue Nutzungsarten des Sonnenlichts. Wasserkraftanlagen nutzen Sonnenenergie indirekt, indem sie mit Flüssen, die durch Verdunstung und Niederschlag entstanden sind, stromerzeugende Turbinen antreiben. Windkraftanlagen nutzen Luftströmungen, die von der Sonne gebildet werden, zum Antrieb der Turbinen. Solarstromanlagen machen sich das Sonnenlicht direkt zunutze. Sie gewinnen die Sonnenenergie durch künstliche Formen der Fotosynthese, die bereits effizienter sind als die natürlichen Methoden. Das Potenzial dieser Technologien ist gewaltig, weil sich ihre Effizienz rasch verbessert. Es ist durchaus vorstellbar, dass es in ein oder zwei Jahrhunderten überall Geräte geben wird, mit denen man die Sonnenenergie einfängt – Geräte, die flexibel und kompakt genug sind, um an Kleidung, Hüten, Dächern und Straßen angebracht zu werden. Einige werden der Sonne wie Sonnenblumen folgen. Eine weitere verheißungsvolle Energiequelle ist Wasserstoff, besonders für Industrien wie Luftfahrt und Stahlproduktion, die auf hohe Energiedichten angewiesen sind. Bringt man Wasserstoff und Sauerstoff zusammen, werden beträchtliche Energiemengen frei, wobei das Abfallprodukt dieses Prozesses in erster Linie Wasser ist. Die Schwierigkeit besteht darin, nachhaltige Methoden zur Produktion und Speicherung des Wasserstoffs zu entwickeln.

Im 20. Jahrhundert setzte man große Hoffnungen auf die nicht solare Energiegewinnung durch Kernreaktoren. Doch die zerschlugen sich, weil es zu schlimmen Unfällen wie der Tschernobyl-Katastrophe 1986 kam und weil die Kernspaltung radioaktive Abfälle produziert, die noch jahrtausendelang strahlen. Allerdings könnten neue und sicherere Formen der Kernkraft noch eine Rolle spielen.[4] Experimente mit der Fusionsenergie, die sicherer und sauberer sein soll als die Spaltenergie, begannen Mitte des 20. Jahrhunderts. Hier besteht das Problem darin, die Reaktionen bei außerordentlich hohen Temperaturen zu steuern und zu kontrollieren. Aber die Hoffnung ist groß, dass sich diese Probleme möglicherweise bis zum Ende des 21. Jahrhunderts lösen lassen. Natürlich könnten auch vollkommen neue Energietechnologien entwickelt werden. So gibt es zum Beispiel die Idee, eine große Zahl von Satelliten in die Umlaufbahn zu schicken, die im All Sonnenenergie sammeln und diese als Mikrowellenstrahlung zur Erde schicken.[5]

Der Energiesektor könnte auch von neuen Technologien und neuen Formen der Regulierung profitieren. Mithilfe von Umweltsteuern könnte man Energieverschwendung sanktionieren und Einfluss darauf nehmen, wie Konsumenten Energie nutzen. Superleiter, die Energie mehr oder weniger ohne Widerstand befördern, könnten den Stromverlust bei Speicherung und Übertragung drastisch reduzieren. Auch Transport und Verkehr könnten sie revolutionieren, indem sie Supermagnete für die nahezu reibungslose Beförderung an Land speisen würden.[6] Zurzeit ist Superleitung nur bei sehr niedrigen Temperaturen möglich, aber man hofft, schon in wenigen Jahrzehnten Superleiter auch bei Raumtemperaturen einsetzen zu können.

Sollten die neuen Energietechnologien eines Tages so verbessert und perfektioniert sein wie einst die Dampfmaschine von James Watt, könnten sie die Grundlage für eine Ära äußerst ergiebiger und nachhaltiger Energiegewinnung bilden. Das wiederum wäre womöglich der erste Schritt hin zur Kontrolle weit größerer Energieflüsse. In den 1960er-Jahren schlug der sowjetische Astronom Nikolai Kardaschow eine neue Methode vor, um die Energiekontrolle in kosmologischen Größenordnungen zu klassifizieren. Er war fasziniert von der Suche nach Leben im Universum (SETI, *search for extraterrestrial intelligence*) und fragte sich, was für Technologien nötig wären, um Signale quer durch Galaxien zu schicken.⁷ Zur Beantwortung dieser Frage entwickelte er eine hypothetische Skala zur Klassifizierung von Zivilisationen auf der Basis ihrer Energienutzung. Typ-I-Zivilisationen kontrollieren den größten Teil der Energie, die sie von ihrem Stern erreicht, was ungefähr 10^{17} Watt entspricht. Heute verbrauchen die Menschen auf der Erde annähernd diese Menge an Energie, die größtenteils von unserer Sonne stammt, weshalb Carl Sagan in den 1970er-Jahren zu dem Ergebnis kam, dass das Energiesystem der Erde einer Typ-0,7-Zivilisation auf der Kardaschow-Skala entspreche.⁸ In ein oder zwei Jahrhunderten werden neue Energietechnologien wahrscheinlich eine Typ-I-Zivilisation auf der Erde schaffen.

In Kardaschows Hierarchie können Typ-II-Zivilisationen zehn Milliarden Mal mehr Energie – oder rund 10^{27} Watt – kontrollieren, indem sie den größten Teil der von ihrem lokalen Stern ausgestrahlten Energie nutzen. Das ließe sich durch den Bau von »Dyson-Sphären« erreichen, Netzwerken von Solarpaneelen, die so groß wie Sonnensysteme wären und den größten Teil des Energieausstoßes eines Sterns auffangen könnten. Diese Idee, 1937 erstmals von dem Schriftsteller Olaf Stapledon vorgeschlagen und 1960 von dem Kosmologen Freeman Dyson zu einem physikalisch schlüssigen Entwurf ausgearbeitet, ist faszinierend, weil Dysons Sphären, falls es sie denn schon gäbe, durch das von ihnen emittierte Infrarotlicht zu entdecken wären.⁹ Sollten wir sie entdecken, würden sie vollkommen neue Arten komplexer Entitäten darstellen, die in der Größenordnung ganzer Sternensysteme lägen.

Bei Typ-III-Zivilisationen auf der Kardaschow-Skala hätten wir es mit komplexen Gebilden von galaktischen Ausmaßen zu tun. Sie könnten noch einmal zehn Milliarden Mal so viel Energie – oder 10^{37} Watt – kontrollieren, was dem Energieausstoß einer ganzen Galaxis entspräche. Einige Forscher haben die spekulative These aufgestellt, die merkwürdigen, ringförmigen Galaxien, die als Hoag-Objekte bezeichnet werden, seien galaktische Verkörperungen von Dyson-Sphären. Man stellt sich vor, diese Objekte seien durch eine Art galaktischer Landschaftspflege entstanden, das heißt, viele Sternensysteme seien weggeräumt oder weggeschnitten worden, so dass sich zwischen dem Kern einer Galaxie und einem äußeren Ring von bewohnten Sternensystemen ein von jeglichen Hindernissen freier Raum gebildet habe. Zivilisationen im äußeren Ring könnten dann fast die gesamte Energie nutzen, die vom Kern ausgestrahlt werde. Michio Kaku vertritt die Ansicht, die Föderation der Planeten in *Star Trek* repräsentiere eine Typ-II-Zivilisation, während das Imperium in der *Star-Wars*-Reihe, das den größten Teil einer Galaxie kolonisiert hat, sich schon der Stufe einer Typ-III-Zivilisation nähere.[10]

Kardaschows hypothetische Skala bietet eine Möglichkeit, uns die technologischen Entwicklungsstufen, die unsere Nachkommen erreichen könnten, und die neuen komplexen Entitäten, die sie möglicherweise erbauen werden, in irgendeiner Weise vorzustellen. Gegenwärtig ist jedoch die Aussicht gering, dass unsere Nachkommen während des nächsten Jahrtausends zu anderen Sternensystemen reisen werden. So ausgefeilt ihre Technologien im Jahr 3000 auch sein mögen, werden sie sich wahrscheinlich doch noch auf der technologischen Stufe einer Typ-I-Zivilisation befinden.

Nanotechnologie: Winzige Maschinen

Es gibt eine große Zahl vielversprechender Entwicklungen in der Nanotechnologie, das heißt beim Bau von Maschinen in molekularen Größenskalen. In einer nanotechnischen Welt könnten viele unserer Maschinen so klein wie *E.-coli*-Bakterien sein. Der Physiker Richard Feynman nahm diese Technologien 1959 in einem Vortrag mit dem Titel »There's Plenty of Room at the Bottom« (»Da unten ist noch viel Platz«) vorweg.[11] Seither erleben die Nanotechnologien eine Blütezeit. Heute findet man Computerchips schon überall, aber inzwischen können wir auch einzelne Atome umherbewegen. Der Zukunftsforscher John Smart meint, die wichtigsten technologischen Fortschritte würden im Nanobereich erzielt, von der Entstehung der Quantencomputer über neue Materialien wie Kohlenstoffnanoröhren, verbesserte Batterien, Fortschritte in der Superleitung, Verbesserung der Fusionstechnologie und neue Methoden in der Gentechnik.[12] Biologen sondieren bereits die Möglichkeit von Nanobots, die fähig sind, in den Körper einzudringen, Problembereiche aufzusuchen, die nötigen Reparaturen vorzunehmen und dann wie Proteine innerhalb einer Zelle zu zerfallen. Am Ende werden viele Maschinen so unsichtbar klein und billig sein, dass das, was sie an Geld und Energie kosten, kaum noch ins Gewicht fällt. Fürsprecher der Nanotechnologie hoffen, dass unsere Nachkommen in einigen Jahrhunderten routinemäßig völlig umweltneutrale Maschinen von enormer Stärke zu vernachlässigbar geringen Kosten herstellen können.[13] Auch wird die Herstellung dann nicht mehr in Fabriken stattfinden, sondern in tragbaren 3-D-Nanodruckern, die so allgegenwärtig sein werden wie heute die Computer. Nanomaschinen werden sich überall in unserer Umgebung und vielfach auch in unserem Körper befinden. Eine besonders wichtige Rolle wird die Nanoproduktion in außerirdischen Kolonien spielen.

Künstliche Intelligenz

Künstliche Intelligenz (KI) und Roboter könnten in ihren Auswirkungen sogar noch revolutionärer sein.[14] Anfang des 21. Jahrhunderts sind wir bereits von Maschinen, Autos, Waffen und Telefonen umgeben, die in gewisser Weise intelligenter sind als wir, weil sie genauere Berechnungen anstellen und mehr Daten analysieren können. Im Jahr 2020 trug ungefähr die halbe Weltbevölkerung Smartphones bei sich, jedes davon mit mehr Rechenleistung ausgestattet als 1969 Neil Armstrongs Mondlandefähre, die einen Speicher von gerade einmal 64 Kilobyte hatte. Die künstliche Intelligenz hat sich langsamer als gemeinhin erwartet entwickelt, weil sich herausstellte, dass selbst sehr intelligente Maschinen einige Dinge nicht leisten können, die für Menschen selbstverständlich sind. Ihnen fehlt der gesunde Menschenverstand, weil sie ihre Logik zu ernst nehmen und Schwierigkeiten mit der Mustererkennung haben. In den kommenden Jahrzehnten lassen sich diese Probleme vielleicht überwinden, indem man den Maschinen beibringt, ihre Leistung durch »tiefgehendes Lernen« *(deep learning)* eigenständig zu verbessern. Computer haben sich schon selbst beigebracht, in Spielen wie Schach und Go Weltmeister zu schlagen. Diesen Maschinen geht es nicht um Perfektion, sie rechnen nicht einfach, sondern lernen wie Lebewesen durch Erfahrung, oft indem sie gegen sich selbst spielen, und sich die Strategien merken, die sich in der Vergangenheit bewährt haben. Das ist hoch komplexes Zukunftsdenken. Häufig verstehen nicht einmal ihre Trainer die von ihnen benutzten Strategien.

Die große Frage der KI-Forschung lautet: Können wir intelligente Maschinen noch kontrollieren, sobald sie klüger sind als wir. Ein Spartakus-Aufstand von intelligenten Robotern, die unsere Nachkommen versklaven oder vernichten, ist eine erschreckende Aussicht. Sie ist nach Einschätzung von Toby Ord (vgl. Tabelle 8.1 auf S. 270) aber auch einer der eher wahrscheinlichen Pfade in eine existenzielle Katastrophe. Bereits 1863 schrieb Samuel Butler: »Wir selbst schaffen unsere eigenen Nachfolger. Der Mensch wird für die Maschine das werden, was Pferd und Hund für den Menschen sind.«[15] Besonders unheimlich ist der Gedanke, dass eine Roboterrevolution in einer Zeitspanne von Nanosekunden begonnen und abgeschlossen werden könnte. In seinem Buch *Superintelligenz* beschreibt der Philosoph Nick Bostrom ein Computernetz, das Büroklammern herstellt und seine Aufgabe mit unermüdlicher Zielstrebigkeit erledigt. Irgendwann schicken sich die Computer an, die ganze Erde und dann Teile des beobachtbaren Universums in Büroklammern zu verwandeln.[16] Können wir beweisen, dass ihre Ziele in irgendeiner Weise besser oder schlechter sind als die aller Lebewesen (Überleben und Fortpflanzen)? Sorgen sollte uns auch der Umstand bereiten, dass ein großer Teil der zeitgenössischen Forschung über Robotik und KI von militärischen Bedürfnissen diktiert wird. Militärroboter werden zum Töten konstruiert. Wir können nur hoffen, dass robotische Krieger, Geschosse und Drohnen sehr lange an einer sehr kurzen Leine gehalten werden.

Szenarien wie ein gewaltsamer Roboteraufstand führen uns vor Augen, dass uns unsere eigenen Technologien vernichten oder retten könnten. Falls es uns jedoch gelingt, intelligente Maschinen unter Kontrolle zu halten, werden diese sicherlich eine entscheidende Rolle im planetaren Management und bei der Schaffung besserer Zukünfte spielen. Heute schon gehen wir mit dem sogenannten »Internet der Dinge« starke und umfassende Allianzen mit Computern und Robotern ein. Eines Tages werden intelligente Maschinen und Geräte, einschließlich selbstfahrender Autos und Hightech-Prothesen, in der Lage sein, die Gedanken ihrer Besitzer zu lesen. Implantate, die auf unsere Gedanken reagieren können, sind bereits im Einsatz. Im Jahr 1998 ermöglichte ein Gehirnimplantat einem gelähmten Mann zum ersten Mal, einen Computer durch Gedanken zu steuern. Ähnliche Implantate lassen sich auch zur Steuerung von Rollstühlen und Exoskeletten einsetzen.[17] Wird es eines Tages Kleidungsstücke geben, die mithilfe von winzigen eingebetteten Solarmodulen je nach Wetter ihre Beschaffenheit und Dicke verändern? Eine Welt voller intelligenter und hilfreicher Maschinen, viele von ihnen so klein, dass sie unsichtbar sind, könnte schon in wenigen Jahrhunderten zur Selbstverständlichkeit werden. Für viele Menschen wird ihr Wirken so geheimnisvoll bleiben, wie es die unsichtbaren Zauberkräfte waren, die die Vorstellungswelten sämtlicher früheren Gesellschaften heimsuchten.

Transhumanismus: Menschen modifizieren

Neue medizinische, biologische und genetische Technologien werden Menschen und Dinge verwandeln. Könnten wir das Jahr 3000 besuchen, kämen uns die Menschen, die wir träfen, vermutlich ebenso seltsam vor wie die Technologien, die sie benutzten, und die Städte, in denen sie lebten. Erst gegen Ende des 20. Jahrhunderts haben wir gelernt, wie unsere Genome arbeiten, und heute wissen wir bereits, wie wir die DNA eines Organismus Gen um Gen modifizieren können, indem wir Techniken wie CRISPR, auch »Genschere« genannt, anwenden. Freeman Dyson hat vorhergesagt, dass man mithilfe dieser Techniken neue Organismen und sogar nicht biologische Objekte herstellen wird.[18] Wenn wir lernten, künstliches Fleisch zu produzieren, könnte das das Leben der Tiere, die wir gegenwärtig als Futter behandeln, grundlegend verändern und uns ermöglichen, eine großherzige und mitfühlende Beziehung zu unseren Mitgeschöpfen zu unterhalten. Wenn es uns eines Tages gelänge, Häuser, Straßenlaternen und Fahrzeuge biologisch zu züchten, würde das unsere Einstellung zu Dörfern und Städten wandeln. Die Betonwüsten heutiger Städte würden zu Mandelbrot'schen Landschaften, die wie riesige Pilzansammlungen aussähen.[19]

Mit neuen Biotechnologien werden wir Condorcets Traum von der

Optimierung menschlicher Körper und der Verlängerung der Lebensspanne einen Schritt näher kommen. Wir modifizieren bereits die Gene vieler anderer Arten. Auf die gentechnische Modifizierung menschlicher Gene haben wir bislang nur aus ethischen Bedenken verzichtet. Doch schon heute werden Embryonen genetisch korrigiert. Wie lange wird es noch dauern, bis das erste gentechnisch erzeugte menschliche Baby – vielleicht in einer künstlichen Gebärmutter herangewachsen, mit einem optimierten Gehirn und ohne bekannte Gendefekte – geboren wird? Bis zum Jahr 3000 werden solche Verfahren wohl so selbstverständlich sein wie heute die Verwendung von Brillen oder Hörgeräten. Können wir die böswillige Verwendung solcher Technologien ausschließen, etwa die Erzeugung ganzer Unterschichten als Dienstpersonal für Eliten, wie zum Beispiel die Klone in Aldous Huxleys Roman *Schöne neue Welt*?

Die moderne Denkrichtung des Transhumanismus sieht in der Optimierung unserer eigenen Körper einen willkommenen und möglicherweise vorherrschenden Trend der menschlichen Zukünfte. Transhumanisten freuen sich auf kybernetische biologische und genetische Transformationen, die, wie sie hoffen, die körperlichen und geistigen Kräfte des Menschen optimieren, die meisten lebensbedingten physischen und psychischen Nachteile in menschlichen Körpern beseitigen, die Lebenserwartung unbegrenzt erweitern und vielleicht die Verschmelzung des Menschen mit Maschinen erlauben werden. Natasha Vita-More (ihr Pseudonym ist typisch für den verspielten Stil vieler transhumanistischer Schriften) listet einige Ziele des Transhumanismus auf:

> Im Kern des Transhumanismus ist die Überzeugung, dass die Lebensspanne sich verlängern und der Alterungsprozess umkehren lässt und dass der Tod optional und nicht obligatorisch sein sollte. Außerdem vertreten Transhumanisten die Ansicht, dass mithilfe künstlicher Intelligenz die Entscheidungsfindung auf menschlicher Ebene verbessert wird, Nanotechnologie zur Bewältigung von Umweltkatastrophen beitragen kann, Molekularproduktion die Armut besiegt und Gentechnik viele Krankheiten lindern kann.[20]

Im Jahr 1962 entwarf der Schriftsteller und Philosoph Stanislaw Lem eine Welt, in der VR-Geräte – Geräte, die virtuelle Realität erzeugen – so hoch entwickelt und so perfekt mit den entsprechenden Regionen unseres Gehirns vernetzt sind, dass wir zwischen realen und virtuellen Welten nicht mehr unterscheiden können. Dreißig Jahre später gelangte er zu dem Schluss, dass ein Großteil der von ihm beschriebenen Technologie bereits existiere.[21] Werden wir am Ende unseren menschlichen Körper vollständig verlassen – vielleicht, indem wir unseren Geist in Computer herunterladen oder in optimierte Avatarkörper? Wird es uns eines Tages möglich sein, von Körper zu Körper zu wandern, so wie wir heute von einem Haus ins andere ziehen? Oder teilen wir unser Bewusstsein direkt mit anderen? Können wir uns Formen der Bildungsvermittlung vorstellen, die Lehrer überflüssig machen, weil Wissen durch Fortentwicklungen der heutigen USB-Speichersticks direkt in die Gehirne der Schüler eingegeben wird?[22] Lässt sich ein Rechtssystem vorstellen, das Straftäter zu Gehirnmodifikationen verurteilt?

Einige dieser Ideen sind uns äußerst unangenehm, aber keine lässt sich ausschließen. Wenn sich die raschen medizinischen Fortschritte der vergangenen ein, zwei Jahrhunderte unverändert fortsetzen, dann dürften bis zum Jahr 3000 viele Menschen sehr gesund sein, ein Alter von mehreren Hundert Jahren erreichen und aus heutiger Sicht übermenschlich erscheinende Kräfte besitzen. Damit wird eine allmähliche Aufteilung unserer Art in viele Untergruppen beginnen. In wenigen Jahrhunderten könnte es eine wachsende Vielfalt von Menschen, Cyborgs und transhumanen Geschöpfen geben, alle mit unterschiedlichen und speziellen Optimierungen. Für uns, die wir heute leben, wäre die Begegnung mit solchen Menschen eine eher unangenehme Erfahrung.

Einige der in diesem Abschnitt diskutierten Technologien können wir in ihren frühen Stadien schon heute sehen, ja wir leben mit einigen von ihnen bereits. Bis zum Jahr 3000 wird es jedoch wahrscheinlich viele Technologien geben, die wir uns heute noch nicht einmal vorstellen können – Technologien, die uns ebenso sehr verblüffen werden, wie unsere Smartphones einen wieder zum Leben erweckten Cicero verwirrt hätten.

Reisen jenseits der Erde

Die biologische Diversifizierung wird durch Reisen zu anderen Planeten und Himmelskörpern beschleunigt werden. Wenn wir an den starken Trend globaler menschlicher Wanderbewegungen denken, können wir mit Sicherheit davon ausgehen, dass viele unserer Nachkommen in den nächsten Jahrhunderten ins All auswandern und andere Arten mitnehmen werden. Einmal dort, werden sie durch eine »Abknospung« neue bewusste Planetenkörper erzeugen – gewissermaßen die Fortpflanzung des bewussten Planeten.

Ben Finney, ein Historiker des Pazifikraums, schreibt:

> Im Zuge der Evolution wurden wir zu einem exploratorischen Wandertier (...). Unseren Vorfahren gelang es, sich von ihrer tropischen Heimat dank besserer Reise- und Überlebenstechniken in Umwelten zu verbreiten, für die sie eigentlich nicht angepasst waren. Migration ins All sowie die Entwicklung von Systemen zur Beförderung, Lebenserhaltung, Verbreitung und Ansiedlung menschlichen Lebens dort sind eine Fortsetzung unseres irdischen Verhaltens und kein radikaler Bruch mit ihm.[23]

Finney zufolge bietet die polynesische Migration in den Pazifik nützliche Analogien zu künftigen Wanderbewegungen in das Sonnensystem. Polynesische Migrationen seien auf die Existenz eines riesigen Archipels angewiesen gewesen, dessen Inseln gleichsam Trittsteine in den Pazifik hinein darstellten, und genau das Gleiche könnte für die Planeten, Monde und Asteroide in unserem Sonnensystem gelten.[24] Wie die polynesischen Wanderbewegungen werden auch künftige Migrationen durch das Sonnensystem auf neue Navigationstechniken und neue Schiffstypen angewiesen sein – sowie auf Auswanderergruppen, die gewillt sind, lange und gefährliche Reisen auf sich zu nehmen und sich seltsamen neuen Umwelten anzupassen.

Im Gegensatz zu den Polynesiern haben wir schon robotische Pfadfinder vorausgeschickt. Seit dem Start des ersten von Menschen gefertigten Objekts ins All (*Sputnik*, 1957) haben wir Hunderte von Satelliten in andere Regionen des Sonnensystems geschickt, wobei zwei davon, die *Voyager*-Sonden, inzwischen dessen äußerste Ränder hinter sich gelassen haben. Innerhalb der nächsten hundert Jahre werden Tausende von Menschen in kleinen Kolonien auf dem Mond, dem Mars und in Bergbauansiedlungen auf Asteroiden leben. Alle werden sie über eine Armada von Robotern und 3-D-Druckern für die Schwerarbeit verfügen. Sie werden auch andere Arten mitbringen, so wie die Polynesier mit Hühnern, Schweinen, Ratten, Wasserbrotwurzeln, Süßkartoffeln und Bananen reisten. Die Arten, die man auf andere Planeten mitnehmen will, werden aber möglicherweise mit Blick auf andere Schwerkraftverhältnisse und Atmosphären genetisch verändert. Sehr schwierig und kostspielig wird es sein, dauerhafte Siedlungen auf dem Mond und dem Mars zu errichten, und viele Kolonien werden scheitern. Dennoch sollte sich die Aufgabe nicht als unmöglich erweisen. Die Verhältnisse werden lebensfeindlicher sein als die lebensfeindlichsten Regionen auf der Erde. Aber anders als die ersten polynesischen Migranten Neuland betreten haben, werden wir dank vorheriger Roboterexplorationen mit einem glänzenden Werkzeugkasten voller neuer Technologien ausgestattet sein.

Im Laufe einiger Jahrhunderte werden sich Kolonisten auf vielen Monden, Planeten und Asteroiden unseres Sonnensystems niederlassen oder speziell zu diesem Zweck erbaute Sternenschiffe beziehen, einige so groß wie Asteroiden oder kleine Planeten. Ein Großteil der Industrie, die noch auf der Erde für Menschen produziert, wird ins All verlegt werden. Nach seinem ersten Raumflug im Juli 2021 erklärte Jeff Bezos, der CEO von Amazon: »Was ich Ihnen sagen möchte, klingt unglaublich, aber es wird passieren. Wir können die ganze Schwerindustrie, die ganze umweltschädliche Industrie von der Erde ins All verlegen und dort betreiben.«[25] Wie die frühesten menschlichen Migranten auf der Erde werden die Pioniere, die in andere Teile des Sonnensystems reisen, versuchen, ihre neuen Umgebungen so umzubilden, dass sie ihren Bewohnern das Leben erleichtern. Dieser Prozess, »Terraforming« genannt, wird bescheiden anfangen, mit geschützten Unterkünften und einem unter der Oberfläche gelegenen Wegenetz. Doch nach und nach werden die Kolonisten versuchen, Landformen und Ozeane zu bilden und Atmosphären zu erzeugen, in denen sie atmen können. In seiner Mars-Trilogie beschreibt Kim Stanley Robinson das Terraforming des roten Planeten, wobei er womöglich etwas zu optimistisch davon ausgeht, dass schon nach zwei oder drei Jahrhunderten große Bevölkerungsgruppen Marsluft atmen könnten.

Im Zuge der Umwandlung ihrer neuen Heimstätten werden die interplanetaren Migranten wahrscheinlich auch sich selbst kulturell und biologisch verändern. Die Kolonisten, die ständig fern der Erde leben, werden eine neue Einstellung zu ihr und zur Menschheit bekommen und neue politische Systeme, kulturelle Normen und Technologien entwickeln. Sie werden sich biologisch verändern, da sie sich etlichen neuen Gegebenheiten anpassen müssen – anderen Atmosphären, Druckverhältnissen, Ernährungsweisen, neuen zirkadianen Rhythmen und den Strapazen langer Raumreisen. Auch mithilfe transhumanistischer Technologien, die sie von der Erde her kennen, werden sie sich modifizieren.[26]

Nach der Pionierphase wird die planetare Migration eine wichtige neue Epoche in der Geschichte der Menschheit einleiten: das Ende der kurzen, aber gefährlichen Ära, die im 20. Jahrhundert begann, als die Menschen auf einem einzigen Planeten lebten, aber die Macht hatten, ihre planetare Heimstatt zu vernichten. Während dieser »Nadelöhr-Ära« war unsere Entwicklungslinie so gefährdet wie nie. Migrationen in erdferne Gebiete sollten die Wahrscheinlichkeit erhöhen, dass unsere Linie Hunderte, Tausende oder vielleicht auch Millionen Jahre überleben wird, so wie die biologische Reproduktion biologischen Arten das Überleben ermöglicht, auch wenn die einzelnen Individuen sterben.

Irgendwann gegen Ende des nächsten Jahrtausends, nach Jahrzehnten oder Jahrhunderten robotischer Erkundungen, werden unsere Nachkommen vielleicht zu anderen Sternensystemen aufbrechen. Sie könnten Kometen als Trittsteine benutzen, in unserem Sternensystem vielleicht die Oort'sche Wolke, deren Kometen teilweise nur eine schwache Bindung an unsere Sonne haben, weil sie in ihren Bahnen bis auf die halbe Strecke an die nächsten Sterne heranrücken, das Drei-Sterne-

System Alpha Centauri.[27] Unsere fernen Nachkommen werden schließlich den größten Teil unserer Galaxis kolonisieren, so wie die ersten Organismen bei uns einst die jungen Ozeane der Erde kolonisierten. Interstellare Migrationen werden von bislang unvorstellbaren Antriebssystemen für die Raumschiffe abhängen, von Technologien, die nachhaltige Umwelten gewährleisten, und von der Fähigkeit, Menschen (oder posthumane Geschöpfe!) in jahrhundertelangen Winterschlaf zu versetzen. Interstellare Reisen werden auch davon abhängen, ob es Gruppen gibt, die bereit sind, sich auf lange und gefährliche Reisen zu begeben, wenn nur geringe oder gar keine Hoffnung auf Rückkehr besteht. Ein Raumschiff, das mit 1 Prozent der Lichtgeschwindigkeit unterwegs wäre, brauchte mehr als 400 Jahre, um das Alpha-Centauri-System zu erreichen. Falls die Menschen sich aber von dort aus etwa mit derselben Geschwindigkeit ausbreiteten, könnten sie innerhalb von 100 Millionen Jahren – eine Zeitspanne, die etwas länger als unser zeitlicher Abstand zur Herrschaft der Dinosaurier auf der Erde ist – Sternensysteme in der ganzen Milchstraße besiedeln.[28]

Werden Migranten vom Planeten Erde anderen Lebensformen begegnen? Die Chancen dafür schienen sich Ende des 20. Jahrhunderts verbessert zu haben, denn wir haben herausgefunden, wie verbreitet und vielfältig Planeten im Universum sind, welche Größe die interstellaren Wolken aus lebensbildenden Molekülen wie Aminosäuren aufweisen und wie vielfältig die Bedingungen sind, unter denen erdgebundene Organismen überleben können.[29] In einigen Jahrzehnten sollten wir genug über die Atmosphären naher Exoplaneten gelernt haben, um herausfinden zu können, ob einer von ihnen möglicherweise Leben enthält. Die Aussichten, mit komplexen, intelligenten Lebensformen Kontakt aufzunehmen, die zu irgendeiner Art kollektiven Lernens fähig sind, sind dagegen weit geringer. Schließlich benötigten die mehrzelligen Lebensformen mehr als drei Milliarden Jahre, um sich auf dem Planeten Erde zu entfalten. Außerdem hat man den Himmel nunmehr sechzig Jahre lang nach Botschaften abgesucht und ist noch immer nicht fündig geworden. Sollten wir tatsächlich auf andere intelligente Lebensformen stoßen, die wie wir zu kollektivem Lernen fähig sind, werden uns wahrscheinlich neben den biologischen, neurologischen und technologischen Unterschieden auch die riesigen Entfernungen im All weiterhin trennen. Bei unmittelbaren Begegnungen wäre die Wahrscheinlichkeit gering, dass sich die Arten auf der gleichen technologischen Entwicklungsstufe wie wir befänden. Eher träfen wir wohl erfahrene Reisende, deren Technologien den unseren weit überlegen wären. Wir wären die Grünschnäbel, und unser technologischer Rückstand spräche nicht für uns. Das ist eine zentrale Idee in Cixin Lius wunderbarem Science-Fiction-Werk *Trisolaris-Trilogie,* in dem die Erde von einer Invasion aus dem Alpha-Centauri-System bedroht wird. Natürlich könnten wir auch auf Zivilisationen stoßen wie die unsere »so wie wir Wildtiere in Nationalparks aus wissenschaftlichem Interesse halten«.[30]

Szenarien

Wir können einige dieser Fäden zusammenspinnen, indem wir uns Szenarien für die nächsten tausend Jahre ausmalen, so wie wir es für die nächsten hundert gemacht haben. Tausend Jahre sind eine lange Zeit, lang genug, um sehr oft verschiedene Szenarien für verschiedene Perioden und verschiedene Regionen auf der Erde und in ihren Kolonien durchzuspielen. Doch wenn wir 1000 oder auch 2000 Jahre, bis zur Zeit Ciceros, zurückblicken, bekommen wir einen gewissen Eindruck von diesen Zeitskalen. Insofern könnte es durchaus hilfreich sein, mögliche Szenarien mithilfe der im vorigen Kapitel verwendeten Begriffe zu gruppieren: »Kollaps«, »Downsizing«, »Nachhaltigkeit« und »Wachstum«.

Extreme Kollapsszenarien bedeuten das Ende der menschlichen Geschichte. Diese Möglichkeit wird während der nächsten Nadelöhr-Jahrhunderte fortbestehen, die Carl Sagan einmal als die Zeit der technologischen Adoleszenz bezeichnet hat, in der wir die Macht zur Selbstvernichtung haben.[31] Tatsächlich könnten sich die existenziellen Gefahren einige Jahrhunderte lang sogar noch vervielfältigen. Sollten wir wirklich als Art aussterben, wird es mit an Sicherheit grenzender Wahrscheinlichkeit unsere eigene Schuld gewesen sein. Unser Untergang könnte durch Inkompetenz, mangelnde Weitsicht, Unfähigkeit

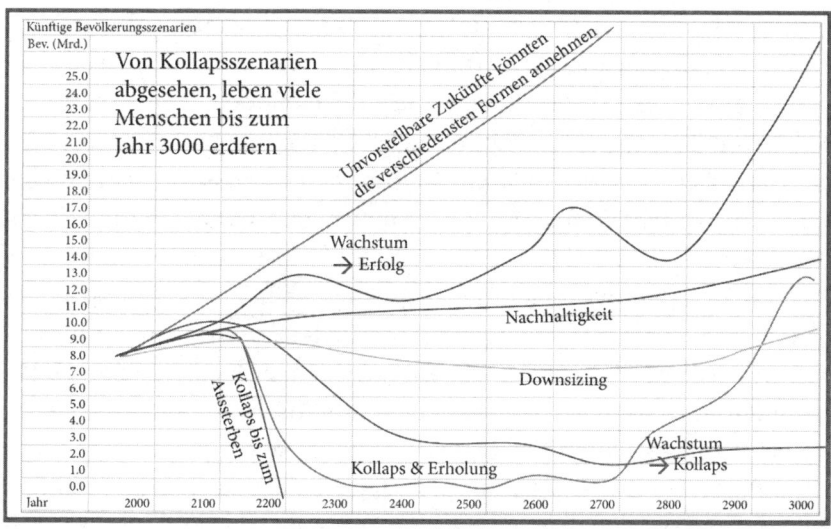

Abbildung 9.1: Bevölkerungsentwicklung in den nächsten 1000 Jahren in vier verschiedenen Zukunftsszenarien: Wachstum, Nachhaltigkeit, Downsizing und Kollaps.

zur Zusammenarbeit oder nicht mehr beherrschbare technologische Entwicklungen verursacht werden.

Weniger apokalyptische Kollapsszenarien umfassen partielle oder regionale Kollapse, gefolgt von langsamer Erholung über viele Jahrhunderte. Nach einem schweren Kollaps – vergleichbar dem Fall von Rom – nimmt die Erholung einen Großteil des folgenden Jahrtausends in Anspruch. Die Produktivität fällt in den Keller, die Bevölkerungen schrumpfen auf wenige Hundert Millionen, und die meisten Menschen leben am Rand des Existenzminimums, wenngleich es noch geschützte Enklaven des Wohlstands geben mag, ähnlich den feudalen Burgen früherer Zeiten. In seinem Science-Fiction-Roman *Ein Lobgesang auf Leibowitz* beschreibt Walter M. Miller 1959, wie nach einem Nuklearkrieg – der als »Flammen-Sintflut« in Erinnerung bleibt – binnen eines Jahrhunderts neue Technologien entwickelt werden. Schließlich (Achtung, Spoiler!) wird ein Großteil der früheren Technologie wiederentdeckt, einschließlich der Kernwaffen – und wieder wird mit den Waffen eine neue Flammen-Sintflut entfesselt. Ist es denkbar, dass wir gegenwärtig an einer Art technologischer Obergrenze leben? Kommen Weltuntergangstechnologien, sobald sie verfügbar sind, auch unweigerlich zum Einsatz? Das ist eine Idee, die Condorcet deprimiert und Malthus mit einer gewissen grimmigen Genugtuung erfüllt hätte. Solche Szenarien könnten erklären, warum wir keinen Kontakt zu intelligenten Außerirdischen haben. Gut möglich, dass wir wirklich allein im Universum sind. Es könnte aber auch sein, dass alle intelligenten, zu kollektivem Lernen fähigen Lebensformen früher oder später in eine Nadelöhr-Epoche geraten, in der existenzielle Krisen fast unausweichlich sind, so dass diesen Geschöpfen keine lange Dauer beschieden ist. Taumeln Arten wie wir flackernd wie galaktische Glühwürmchen in ihre kollektive Existenz hinein und wieder hinaus?

Hoffen wir, dass Millers Plot zu pessimistisch ist. Wir können uns auch Szenarien vorstellen, in denen es Menschen, obwohl sie langsame Lerner sind, schließlich nach einer Lehrzeit von vielen Jahrhunderten gelingt, sich selbst und den Planeten Erde in den Griff zu bekommen. Vielleicht werden unsere Nachkommen viele Generationen lang die Sequenz Kollaps, Krieg und Erholung durchleben müssen, bevor sie die politischen Fertigkeiten, das kooperative Ethos und die neuen, zum Planetenmanagement erforderlichen Technologien erworben haben. In diesem Szenario könnten sich unsere Nachkommen dann vielleicht bis zum Jahr 3000 als kompetente Planetenmanager präsentieren.

Andere einleuchtende Szenarien sind optimistischer. Sie entwerfen Zukünfte, in denen Menschen rasch lernen, wie man einen ganzen Planeten managt, und dieses Geschäft im Laufe der Zeit immer besser beherrschen; Zukünfte, in denen eine einigermaßen effektive Weltregierung entsteht oder in denen kybernetische, biologische und genetische Modifikationen die Gesundheit der Menschen verbessern, ihre Lebensspanne verlängern und vielleicht neue menschliche Unterarten entwickeln; und schließlich Zukünfte, in denen alle technischen Neuerungen nachhaltig sind und die menschliche Kreativität viele neue Lebens- und Seinsweisen schafft. In allen diesen Szenarien werden einige Menschen anfangen, außerhalb der Erde zu leben, was schließlich die Nadelöhr-Epoche beenden wird.

In den Downsizing-Szenarios werden sich die meisten Gesellschaften enthaltsamer und weniger konsumorientiert verhalten als die wohlhabenden Gesellschaften zu Anfang des 21. Jahrhunderts. Selbst im Jahr 3000 wird der materielle Lebensstandard womöglich nicht viel höher liegen als heute. Vielleicht werden Downsizing-Szenarios aber auch nur periodisch und regional auftreten, möglicherweise nach größeren Krisen. Oder sie werden vielleicht das Leben vor allem in erdfernen Kolonien bestimmen, wo die Verhältnisse rauer sind.

Wachstumsszenarien werden mit den auf Wettbewerb basierenden kapitalistischen Methoden fortbestehen, die für die Moderne charakteristisch sind. Wie wir gesehen haben, liegt die Hauptgefahr solcher Szenarien darin, dass sie die ökologischen Gefahren eines unkontrollierten Wachstums und Ressourcenabbaus unterschätzen. Sollten sie jedoch funktionieren, werden sie unvorstellbare neue Technologien hervorbringen, viele unserer gegenwärtigen Umweltprobleme lösen und Gesellschaften von nie dagewesenem materiellem Überfluss hervorbringen. Selbst dann ist allerdings die Wahrscheinlichkeit groß, dass bei einem Wachstum dieser Art die Welt noch ungleicher wird, ein Umstand, der für beträchtliche Instabilität und Konflikte innerhalb und zwischen »Nationen« oder Regionen sorgen könnte. Ebenfalls wahrscheinlich ist es, dass in Gesellschaften, denen mehr an Wachstum als an Nachhaltigkeit gelegen ist, die Biodiversität auch weiterhin zurückgeht. Urras, der zweite der Zwillingsplaneten in Ursula Le Guins Roman *Planet der Habenichtse,* könnte ein fiktionales Modell für ein etwas dekadentes Wachstumsszenario abgeben.

Nachhaltigkeitsszenarien werden Gesellschaften hervorbringen, die den globalen Utopien des frühen 21. Jahrhunderts ähneln. Unsere Nachkommen werden die langfristigen Aufgaben, die das Management eines Planeten und einer Biosphäre stellen, rasch in den Griff bekommen. Die globalen Klimaverhältnisse werden auf Jahrhunderte hinaus wärmer sein als heute, und die Biodiversität wird, wenn überhaupt, nur sehr langsam wieder zum Niveau der fernen Vergangenheit zurückkehren, weil Menschen selbst nach den optimistischsten Szenarien auch weiterhin einen unverhältnismäßig großen Anteil der Ressourcen unserer Erde verbrauchen werden. Doch die Aussterberaten anderer Arten werden sich stabilisieren. Die Konzentrationen der Treibhausgase werden genau überprüft, und Erfahrungen mit dem Leben in erdfernen Kolonien werden unseren Nachkommen ständig vor Augen führen, wie wichtig es ist, die ökologischen Regeln und die Grenzen der Ressourcen zu achten.

In Nachhaltigkeitsszenarien werden die erdgebundenen Bevölkerungen in 1000 Jahren etwa genauso groß sein wie heute, vielleicht sogar etwas kleiner, obwohl die Zahl der Menschen insgesamt größer sein wird, weil viele schon in erdfernen Kolonien Fuß gefasst haben werden. Die meisten werden gesünder und länger leben; viele werden über biologische Optimierungen verfügen, geklont oder genetisch aufgerüstet sein. Vermögensunterschiede werden begrenzt sein, und die meisten Menschen auf der Erde und die Bewohner lebensfreundlicher erdferner Kolonien werden einen höheren Lebensstandard haben als wir heute, wenn auch weniger extravagant, weil das heutige Konsumverhalten längst aufgegeben worden sein wird. Fortschrittliche Formen des 3-D-Druckens werden allgegenwärtig sein und den Menschen ermöglichen, sich neue Organe, neue Geräte, neue Häuser und neue Fahrzeuge so mühelos auszudrucken, wie wir heute Dokumente vervielfältigen. Viele Maschinen werden intelligent, aber winzig sein. Nanomaschinen werden Abfall beseitigen, Körper nach Krebszellen absuchen, Vitamine und andere Arzneimittel verabreichen, im Ozean und der Atmosphäre unterwegs sein, um Treibhausgase einzufangen, und sich im All tummeln, um bei der Wartung von Raumschiffen und erdfernen Kolonien zu helfen. Alle werden ihre eigenen Energiesysteme haben. Viele der Objekte und Gebäude in Städten und erdfernen Kolonien wird man aus organischen Materialien gezüchtet haben, so dass wir Kurven und weiche Oberflächen sehen werden, wo wir heute nur gerade Linien und Betonblöcke erblicken.

In den attraktivsten Nachhaltigkeitsszenarien wird es effektive, aber nicht autoritäre globale Regierungssysteme geben, während viel Macht auf regionale oder lokale Ebenen übertragen wird. Das Konsumwachstum wird sich verlangsamen, dafür wird es auf den Gebieten des Wissens und der Kreativität einen enormen Zuwachs geben. Die Kunst wird sich in Formen und Medien entfalten, die wir uns heute noch nicht vorstellen können. Es wird sich also keineswegs um stagnierende

Gesellschaften handeln. Innovationen verschiedenster Art werden vielfältige neue Lebensstile, Denkweisen und Formen des Zusammenlebens hervorbringen. Die Bedürfnisse der erdfernen Kolonien werden die Entwicklung neuer Technologien für Raumtransport und Kommunikation vorantreiben. Die kargen Lebensverhältnisse in den erdfernen Kolonien könnten nicht zuletzt die Lebensweisen, Moden und ethischen Normen auf der Erde beeinflussen.

Die Zukünfte, die dann tatsächlich eintreten, werden Elemente all dieser Szenarien in sich vereinigen. Die Extreme – totaler Kollaps oder utopischer Erfolg – sind am unwahrscheinlichsten. Eher sind Zukünfte wahrscheinlich, in denen Elemente verschiedener Szenarien in verschiedenen Regionen oder zu verschiedenen Zeiten realisiert werden. Sie werden durch unerwartete Ereignisse beeinflusst werden – gute und schlechte, völlig unerwartete Katastrophen, plötzliche technologische Durchbrüche und unheimliche Ausfälle, die uns in Richtungen führen werden, die wir heute noch nicht ahnen können.

Die menschliche Entwicklungslinie in ferner Zukunft

Falls es uns gelingt, die Nadelöhr-Jahrhunderte zu überstehen, könnten unsere Nachkommen noch einige Hunderttausend Jahre (so lange, wie wir Menschen bereits existieren) oder vielleicht auch einige Millionen Jahre vor sich haben. Die Spekulation über Zukünfte in diesen Größenordnungen bringen uns in die Nähe eines Bereichs, den die Science-Fiction-Fans »Raumopern« nennen. Kim Stanley Robinson beschreibt ihn wie folgt: »Du zischst durch die Galaxie, und die Gesetze der Physik geben sich ganz entspannt.«[32] Isaac Asimov verlegte die Romane seines Foundation-Zyklus um 50 000 Jahre in die Zukunft, in ein fiktives Reich mit Tausenden von Gemeinschaften, die über die ganze Galaxis verteilt sind. Bedenkt man, wie extrem weit Sternensysteme auseinanderliegen, und geht man davon aus, dass wir keine Möglichkeit finden, mit Lichtgeschwindigkeit oder schneller zu reisen (was gegenwärtig außerordentlich unwahrscheinlich ist), so wird es für die Menschheit nicht mehr die eine gemeinsame Zukunft geben. In der

Umgebung verschiedener Sterne werden sich unterschiedliche Zukunftsszenarien realisieren, und darunter werden Szenarien sein, die wir uns heute noch nicht einmal vorstellen können.

Noch nicht einmal mehr die Frage, was wir unter »Menschen« verstehen, wird sich eindeutig beantworten lassen, denn transhumanistische Technologien und evolutionäre Anpassungen an verschiedene Umwelten werden die Menschheit in viele Unterarten aufteilen. Das wird den kurzen Augenblick in der menschlichen Geschichte beenden, der vor 50 000 Jahren begann und in dem es nur eine Menschenart gab. Unsere Nachkommen werden biologisch, technologisch und kulturell divergieren, während sie sich in unterschiedlichen Umwelten auf Planeten, Monden und künstlichen Satelliten niederlassen, die viele verschiedene Sterne in unterschiedlichen Regionen der Galaxis umkreisen oder den interstellaren Raum durchqueren. Nach Kardaschows Modell werden die meisten technologisch fortgeschrittenen Gesellschaften wohl einen Großteil der Energie der Sterne kontrollieren und uns unbegreifliche Technologien für Zwecke verwenden, die wir uns noch gar nicht vorstellen können.

Der lange Trend kollektiven Lernens wird sich sicherlich fortsetzen. Unsere Nachkommen werden Informationen austauschen und neue Technologien hervorbringen, neue Methoden, ihre Umwelt zu kontrollieren und zu reisen, neue Arten des Zusammenlebens und neue Formen des Spiels, der Kunst und der Spiritualität. Tauschnetze werden sich über Sternensysteme hinweg erstrecken. Das wird wiederum mit Sicherheit den Austausch von Ideen, Lebensweisen und Technologien ermöglichen und fantastisch vielfältige, ursprünglich vom Menschen abstammende Zivilisationen hervorbringen. Schließlich werden unsere Nachkommen zu anderen Galaxien aufbrechen. Auf ihren Wanderungen werden sie vielleicht andere, ebenfalls zum kollektiven Lernen fähige Arten treffen, mit denen sie Handel treiben, kämpfen oder sich sogar vermischen könnten. Die gegenwärtige Ära der menschlichen Geschichte, in der eine einzige, homogene Art einen einzigen Planeten bewohnt, wird wie ein kurzer Ausnahmemoment in einer fernen und fantastischen Vergangenheit wirken.

Trends wie diese bilden den Ausgangspunkt für einige der extremsten

Spekulationen über ferne posthumane Zukünfte. Von Kardaschows Typologie zukünftiger Zivilisationen ausgehend, spekuliert Michio Kaku über Typ-III-Zivilisationen, die über so gewaltige Energien verfügen, dass sie sogar die vermeintlich fundamentalen physikalischen Gesetze außer Kraft setzen können. Vielleicht, so meint er, werden unsere fernen Nachkommen in der Lage sein, Raum und Zeit zu »Wurmlöchern« zu krümmen, durch die sie in andere Universen reisen können, wenn das unsere zu unbequem, zu kalt oder einfach zu langweilig würde. In dem einflussreichen Essay »Time without End« aus dem Jahr 1979 meint Freeman Dyson, wenn das Leben weiter existiere und sich auch in Zukunft so entwickle wie während seiner Evolution auf der Erde, sei es unmöglich, »für die Vielfalt der physischen Formen, die das Leben annehmen kann, irgendeine Grenze zu bestimmen«.[33] Leben und Bewusstsein könnten sich von Fleisch und Blut lösen und in Maschinen oder noch exotischere Formen abwandern. Unter anderem stellte Dyson sich vor, solche Lebensformen könnten die Tiefen des Alls bewohnen und aus strukturierten Wolken geladener Staubteilchen bestehen, eine Anspielung auf den außerirdischen Protagonisten in Fred Hoyles Roman *The Black Cloud* (deutsch: *Die schwarze Wolke*) aus dem Jahr 1957. Solche evolutionären Verwandlungen würden bedeuten, dass das Leben im interstellaren Raum unbegrenzt fortbestehen könnte, selbst in einem Universum, das abkühlte, alterte, keine freie Energie und kein flüssiges Wasser mehr hätte. Vielleicht vollzöge sich in einem solchen Universum das Leben langsamer und verbrächte lange Perioden im Winterschlaf.

Das ist natürlich alles hochgradig spekulativ. Vielleicht ist das Beste, was man über solche Gedankenspiele sagen kann, die Feststellung, dass sie nicht völlig absurd sind. Doch wenn diese Spekulationen auch nur im Entferntesten vorstellbar sind, führen sie uns vor Augen, dass die Entstehung von Lebewesen, die zu kollektivem Lernen fähig sind, ein Ereignis von ungeheurer Bedeutung war, ganz gleich, wo und wann es in unserem Universum geschehen ist.

Kapitel 10
Ferne Zukünfte

Der Rest der Zeit

Meine Batterie ist schwach, und es wird dunkel.

– Jacob Margolis, Journalist, Februar 2019; eine poetische Paraphrase der letzten Botschaft, die Opportunity Rover am 10. Juni 2018 vom Mars geschickt hat.[1]

Charakteristische Merkmale ferner Zukünfte

Im vorliegenden Kapitel blicken wir über die Entwicklungslinie unserer Art hinaus auf die Zukünfte der Erde, der Sonne, der Galaxis und des ganzen Universums. Es beendet die epische Geschichte, die vor 13,8 Milliarden Jahren mit dem Urknall begann. Nun versuchen wir ernsthaft mit den Augen der Götter auf die riesige Karte zu blicken, die weit ausgebreitet und vierdimensional die B-Reihe der Zeit und das Blockuniversum abbildet. Unsere Bemühungen sind, wie immer, vorläufig und spekulativ, aber manchmal stellt sich das gespenstische Gefühl ein, wir könnten die Umrisse der fernen Zukunft deutlicher erkennen als die nächsten Jahrhunderte oder Jahrtausende. Diese verschwommenen Ausblicke scheinen uns zudem etwas Überraschendes und Wichtiges mitzuteilen: Wir leben am Anfang der Zeit. Unser Universum ist jung, und der größte Teil seiner Geschichte muss noch erzählt werden.

Wir werden keine persönlichen Beziehungen zu diesen fernen Zukünften haben und können sie auch in keiner nennenswerten Weise beeinflussen. Doch auf eine merkwürdige Art scheint es leichter zu sein, sich die fernsten Zukünfte auszumalen, als eine Vorstellung von den mittleren Zukünften des vorhergehenden Kapitels zu vermitteln. Das liegt daran, dass die Karten der fernen Vergangenheit vor allem von ziemlich regelmäßigen, mechanischen Prozessen bestimmt werden, so dass wir uns nicht so lange mit dem unvorhersagbaren Verhalten zweckorientierter Geschöpfe aufhalten müssen. Planeten verhalten sich in geregelter Weise, ebenso Galaxien; und wie es scheint, gilt dies auch für die Universen als Ganzes, wenn wir die unvorhersagbaren Aktivitäten einer winzigen Zahl von zweckorientierten Geschöpfen vernachlässigen. In diesem Kapitel wird unser Zukunftsdenken mit großen Trends arbeiten, die mechanisch, regelmäßig und beständig genug erscheinen, um sie mit einiger Gewissheit in die ferne Zukunft zu projizieren. Kosmologen versichern uns, es gebe in der Entwicklung des ganzen Universums sogar Trends, die wir mit einiger Sicherheit bis ans Ende der Zeit projizieren können.

Natürlich könnte unsere Gewissheit fehl am Platze sein. Schon morgen könnten alle Vorhersagen durch eine Entdeckung ad absurdum geführt werden. Was heute glaubhaft erscheint, erweist sich in zwanzig Jahren vielleicht als lächerlich.

Planetarische und galaktische Zukünfte

Die Zukunft von Erde, Sonne und Sonnensystem

Selbst auf kosmischen Größenskalen werden zielorientierte Geschöpfe eine gewisse Rolle spielen. Einige Millionen Jahre lang werden das Artengemisch auf unserem Planeten sowie dessen Klima- und Meeressysteme in hohem Maße von menschlichen Aktivitäten bestimmt werden. Anfang des 21. Jahrhunderts haben menschliche Einflüsse die gesamte Biomasse der Erde bereits um 50 Prozent reduziert, überwiegend durch Waldzerstörung. Solange Menschen auf der Erde leben, ist nicht damit zu rechnen, dass sich die Biodiversität gänzlich erholen wird.[2] Wenn unsere Entwicklungslinie auf andere Planeten- oder Sternensysteme auswandert, wird sich unsere Wirkung in galaktischen Größenordnungen entfalten. Sollten einige der spektakuläreren Szenarien des letzten Kapitels zutreffen, würden unsere fernen Nachkommen unter Umständen die Energie ganzer Galaxien manipulieren und die physikalischen Gesetze, wie wir sie heute kennen, außer Kraft setzen können. In den meisten Szenarien für die ferne Zukunft werden unsere Nachkommen jedoch nur eine Nebenrolle spielen.

In der Größenordnung von Hunderten Millionen Jahren werden vor allem geologische und astronomische Prozesse die Zukunft der Erde gestalten.[3] Heute verstehen wir die Trends der Plattentektonik gut genug, um weitgehend verlässliche Vorhersagen über die geografischen Konfigurationen abgeben zu können, die die Erde in 100–200 Millionen Jahren annehmen wird.[4] Die meisten tektonischen Platten bewegen sich mit einer Geschwindigkeit von mehreren Zentimetern pro Jahr in Richtungen, die die Geologen kennen, und so können diese einigermaßen genau vorhersagen, wie sich die Kontinente und Ozeane in späteren Zeiten neu ordnen werden. Der Atlantik wird breiter, während Pazifik und Mittelmeer schrumpfen, weshalb es wahrscheinlich ist, dass Amerika auf Ost- und Südostasien sowie auf Australien treffen wird, während Nordafrika und Europa sich über einem verschwundenen Mittelmeer fest miteinander verbinden werden. In rund 200 Millionen Jahren werden diese Trends die verstreuten Kontinentalfragmente der heutigen Welt zusammenraffen und zu einem neuen Superkontinent verbinden, der von einigen Forschern schon den Namen »Amasia« erhalten hat. Er wird von einem riesenhaft vergrößerten Atlantischen Ozean umflossen sein. Pangäa, der letzte Superkontinent, fiel vor rund 200 Millionen Jahren auseinander, insofern könnte diese »Wiedervereinigung« zu einem langen, zyklischen Trend gehören, der vielleicht schon seit mehreren Milliarden Jahren wirksam ist.[5]

In zwei oder drei Milliarden Jahren wird sich die Bewegung der tektonischen Platten verlangsamen und allmählich zum Stillstand kommen, weil der Erdkern immer weniger Wärme abstrahlt. Sobald die Maschinerie der Plattentektonik stillsteht, wird die Geografie der Erde weltweit zu einer gefrorenen Grimasse erstarren. Es türmen sich keine Berge mehr auf, die Erosion wird die Oberflächen der Kontinente glätten, und Stürme werden ungehindert über die leeren Flächen heulen.

Das langfristige Schicksal der Erde und des Sonnensystems wird von der Entwicklung unseres Heimatsterns abhängen. Das leuchtet ein, wenn wir uns klarmachen, dass die Sonne 99,8 Prozent der Materie in unserem Sonnensystem enthält – die Planeten und Monde, die sie umkreisen, sind kaum mehr als ein staubiger Halo. Die traditionellen Religionen hatten sicherlich recht mit der Annahme, dass die Sonne der Feudalherr unserer kleinen Region des Universums sei. Andere Sterne werden angesichts der ungeheuren Abstände kaum einen Einfluss auf unsere Zukunft haben. Wenn die Sonne die Größe einer Grapefruit hätte (und die Erde die eines Blumensamens, der in einer Entfernung von 16 Meter um sie kreiste), betrüge die Entfernung zu den nächsten Sternen, dem Drei-Sterne-System Alpha Centauri, 4300 Kilometer (4,4 Lichtjahre in der Wirklichkeit), etwas mehr als die Strecke von San Francisco nach New York.[6] Diese räumliche Distanzierung ist typisch für Sterne, die sich wie unsere Sonne ungefähr auf halbem Weg zwischen dem dichten Kern der Milchstraße und den spärlich bevölkerten äußeren Grenzbereichen befinden.

Die Sonne kreist wie die meisten Sterne in unserer Galaxie um deren Zentralregionen. Seit seiner Geburt vor 4,5 Milliarden Jahren hat unser Sonnensystem die Galaxis ungefähr zwanzig Mal umkreist, mal über und mal unter ihrer Zentralebene, wie ein Reiter auf einem Karussellpferd, umgeben von Millionen anderen Sternen. Manchmal gibt es Annäherungsversuche von benachbarten Sternen, aber keiner kommt uns wirklich zu nahe. Alle ein oder zwei Milliarden Jahre hat unser Sonnensystem interstellare Staubwolken durchquert, die das Licht vom Rest des Universums einige Millionen Jahre lang abblockten. Sollten unsere fernen Nachfahren eine solche Periode durchleben, werden sie vielleicht meinen, unsere Sonne sei der einzige Stern im Universum. Gegenwärtig befinden wir uns in der Nähe der Zentralebene unserer Galaxis, so dass unsere Sichtlinie von interstellarem Staub blockiert wird, wenn wir in Richtung des galaktischen Zentrums blicken. In 15 Millionen Jahren werden wir dafür hoch über der Ebene reiten, und jeder Astronom, der sich dann noch auf der Erde befindet, wird einen wundervollen Ausblick auf den zentralen Wulst der Milchstraße haben.[7]

Angesichts der üblichen räumlichen Distanzierung der Sterne können wir uns unser Sonnensystem als einen entlegenen Archipel in einem unvorstellbar riesigen Ozean von Sternen und Planeten vorstellen. Kürzlich sind wir zwei fremden Reisenden aus anderen Systemen begegnet. Das merkwürdige keksförmige Objekt, das 2017 entdeckt und auf den Namen »Oumuamua« (Hawaiianisch für »ein ferner, vorauseilender Bote«) getauft wurde, ist wahrscheinlich ein Splitter, der von einem plutoähnlichen Planeten in einem anderen Sternensystem abgeschlagen wurde.[8] Ein anderer interstellarer Reisender, 21/Borisow, wurde 2019 von einem Amateurastronom auf der Krim entdeckt. Beide Himmelskörper sind so schnell unterwegs, dass sie der gravitativen Anziehung unseres Sonnensystems entkommen werden. Deshalb gehen die Astronomen davon aus, dass sie aus anderen Sternensystemen stammen.

Die Astronomen haben Millionen Sterne verschiedener Art und in verschiedenen Entwicklungsstadien untersucht. Daher kennen sie die Haupttrends der Sternenentwicklung, sprich, sie können die Zukunft unserer Sonne mit ziemlicher Sicherheit voraussagen.[9] Wie alle Sterne hat sich unsere Sonne aus einer kontrahierenden Wolke aus Wasserstoff, Helium, Staub und Eis gebildet. Entzündet hat sie sich, als durch den zunehmenden Druck das Zentrum so heiß wurde, dass einzelne Protonen zu Heliumkernen fusionierten oder verschmolzen. Solange die Sonne noch nicht fusionierte Protonen besitzt, wird sie weiterbrennen. Im Wesentlichen unterscheiden sich Sterne in der Größe der Gas- und Staubwolke, der sie ihre Geburt verdanken. In größeren Wolken erzeugt die Gravitation stärkere Drücke und höhere Temperaturen, woraus folgt, dass große Sterne ihren Protonenvorrat schneller verbrennen und früher sterben. Umgekehrt brennen die kleinen Sterne, die als »Rote Zwerge« bezeichnet werden, langsamer und werden Billionen Jahre leben.

Unsere Sonne ist von mittlerer Größe. Sie besteht jetzt seit 4,5 Milliarden Jahren und wird wahrscheinlich noch einmal den gleichen Zeitraum überdauern, es sei denn, es gelänge unseren fernen Nachkommen, wie einige Forscher meinen, sie mit Kardaschow'schen Typ-II oder -III-Technologien zu zähmen und ihren Tod um einige Milliarden

Jahren hinauszuzögern.[10] Ansonsten wird das Schicksal unserer Sonne langfristig davon abhängen, wann ihr die nicht fusionierten Protonen ausgehen. Im Laufe der Zeit werden Sterne wie unsere Sonne immer größer und heißer, weil die Protonen zu Heliumkernen verschmelzen, die sich im Sonnenkern sammeln. Heute ist unsere Sonne ungefähr 10 Prozent größer als bei ihrer Geburt, und sie strahlt vielleicht 40 Prozent mehr Energie ab.[11] Das Leben auf der Erde hat diesen Erwärmungstrend überlebt, weil die Konzentration der Treibhausgase in der Erdatmosphäre mit dem Anstieg der Sonnenemissionen zurückging und die der Nicht-Treibhausgase, wie zum Beispiel Sauerstoff, stieg. Diese Veränderungen halfen, die Oberflächentemperaturen in einem Rahmen zu halten, der die Entfaltung des Lebens ermöglichte, weil in den Ozeanen das Wasser weiterhin in flüssiger Form erhalten blieb. Haben wir nur Glück gehabt oder trugen die Organismen, wie James Lovelock meinte, zu den Bedingungen bei, die sie brauchten, um zu überleben?[12] Ob er nun recht hatte oder nicht, es gibt keine Garantie dafür, dass die Erde immer so lebensfreundlich sein wird wie heute. Tatsächlich lassen jüngere Forschungsergebnisse darauf schließen, dass in rund einer Milliarde Jahren die zunehmende Wärme der Sonnenemissionen das atmosphärische Kohlendioxid zerlegen könnte, was für das Leben eine Katastrophe wäre, weil Pflanzen, die Kohlendioxid atmen, ersticken würden und die Tiere ohne den von den Pflanzen ausgeatmeten Sauerstoff ebenfalls dem Erstickungstod zum Opfer fielen.[13]

In drei oder vier Milliarden Jahren wird eine noch heißere Sonne das Wasser der Ozeane, die ursprüngliche Heimat des Lebens auf der Erde, verkochen. Strahlung spaltet die Wassermoleküle in Wasserstoff und Sauerstoff auf. Die leichten Wasserstoffatome schweben ins All, während sich die Sauerstoffatome mit Elementen wie Eisen verbinden, so dass die Erde wie ein aufgegebenes Schiffswrack aussieht. Wenn die Oberflächentemperatur 1000 Grad erreicht, schmelzen die Felsen wie die Uhren auf einem Dalí-Gemälde. Die Erde sieht aus wie ihre ausgedörrte und kahle Nachbarin Venus, und selbst die widerstandsfähigsten Lebensformen geben auf und gehen zugrunde.[14]

In vier Milliarden Jahren wird man der Sonne ihr Alter ansehen. Bislang war sie eine robuste und gefestigte Sternenbürgerin, was gut für das Leben auf der Erde war, denn es sorgte dafür, dass die Lebewesen, darunter auch wir, sich auf stabile astronomische Trends verlassen konnten. Am Ende aber, wenn der Protonenvorrat der Sonne schwindet, wird sie anfangen, sich sprunghafter zu verhalten. Die Fusion wird langsamer, und dann bricht mehr oder weniger plötzlich der Kern zusammen. Das ist aber noch nicht das Ende, weil der plötzliche Zusammenbruch den Kern noch einmal aufheizt und die steigenden Temperaturen die Fusion in Regionen außerhalb des Kerns in Gang setzen. Diese Regionen werden sich ausdehnen, bis die äußeren Ränder der Sonnen die gegenwärtige Umlaufbahn der Erde erreichen. Die Sonne bläht sich auf und beginnt, äußere Schichten abzuwerfen wie überflüssige Kleidungsstücke. Zu diesem Zeitpunkt haben sich die Erde und die anderen Planeten der Sonne vielleicht schon weiter zurückgezogen, da die Masse und die Anziehungskraft der Sonne abgenommen haben. Allerdings wird die Erde sicherlich von den herumschleudernden Trümmern des zunehmend unberechenbaren Sterns schlimm zugerichtet. Die aus Gas bestehenden Riesenplaneten im äußeren Sonnensystem werden, obschon in sicherer Entfernung, ebenfalls unter dem immer ungezügelteren Verhalten der Sonne zu leiden haben. Auch sie driften davon, wobei einige von ihnen vielleicht in die Tiefen des Alls entschwinden und wie Oumuamua, unser Besucher aus dem Jahr 2017, zu heimatlosen planetarischen Nomaden werden.

Die Sonne wird sich in einen Roten Riesen verwandeln. Mehrere Hundert Millionen Jahre wird sie wie Betelgeuse im Sternbild Orion aussehen. Jetzt wird sie Energie erzeugen, indem sie Heliumkerne zu Kernen des Kohlenstoffs, Sauerstoffs und anderer Elemente verschmilzt. Die Fusion großer Kerne benötigt allerdings viel höhere Temperaturen als die einzelner Protonen, und deshalb wird diese Phase womöglich nur einige Millionen Jahre dauern. In ihren letzten verzweifelten Todeszuckungen wird die Sonne sich in wilden Krämpfen abwechselnd ausdehnen und zusammenziehen.

Schließlich wird die Fusion stottern und zum Erliegen kommen. In rund fünf Milliarden Jahren wird unsere zusammengeschrumpfte und altersschwache Sonne sterben. Ihr Leichnam wird noch Jahrmilliarden als Zombie-Stern, als Weißer Riese, vor sich hin glimmen. Wenn er aufhört zu glühen, verwandelt er sich in einen Schwarzen Zwerg. So wird er über einen Zeitraum, der sehr viel länger sein wird als seine Lebenszeit, einsame Kreise ziehen. Wenn der Planet Erde zu diesem Zeitpunkt noch nicht zerschlagen oder verbrannt ist, wird seine gefrorene Leiche den toten Stern umkreisen, der ihn einst mit Wärme und Licht versorgte. Vielleicht wird er auch durch ein unglückliches Swing-by-Manöver aus dem Sonnensystem hinausgeschossen, um wie die Milliarden Leidensgenossen von Oumuamua und 21/Borisov gleichsam ewig zwischen fremden Sternensystemen umherzuwandern.

Dieses Ende mag uns schrecklich erscheinen, aber es könnte auch schlimmer kommen. Sterne, die größer als unsere Sonne sind, sterben jung und heftig in Supernova-Explosionen, die so gewaltig sind, dass sie ein ganzes Sonnensystem binnen Stunden verdampfen können. In solchen Systemen ist nicht genügend Zeit für die Entwicklung von Leben. Unser Sonnensystem ist zu dem viel langsameren Tod der meisten Sternensysteme von Durchschnittsgröße verdammt. Ein Rest seiner Vergangenheit wird zahllose Milliarden Jahre erhalten bleiben, wenn die erkalteten Planeten in gespenstischer Dienstbeflissenheit ihren toten Souverän umkreisen. In seiner fernen Vergangenheit wird dieses tote System jedoch einmal eine Heimstatt für Leben gewesen sein, und das können nicht alle Sternensysteme von sich behaupten.

Galaktische Zukünfte

Wie Sterne, Sonnensysteme, Menschen und Bakterien entwickeln sich auch Galaxien.

Sterne werden gleichsam in galaxiengroßen Kreißsälen geboren, die aus Wasserstoff und einigen versprengten anderen Elementen bestehen. Wenn sie sterben, schleudern sie einen Teil ihrer Rohstoffe wieder ins All, indem sie als Supernovae explodieren oder ihre äußeren Schichten absprengen. Das Material in der abkühlenden Asche toter Sterne steht damit jedoch nicht mehr zur Sternbildung zur Verfügung. Das heißt, wenn Galaxien altern, enthalten sie immer weniger Material, das für die Bildung neuer Sterne geeignet ist. In unserer Galaxis dürfte die Sternbildungsrate vor mehreren Milliarden Jahren auf ihrem

Höhepunkt gewesen sein. Die Milchstraße altert, immer mehr ihrer Bewohner sind Sternleichen oder Rote Zwerge. In einigen Milliarden Jahren werden die Vorräte an Sternenstaub zur Neige gehen. Dann wird die weitere Sternbildung von den kleinen Mengen an neuem Material abhängen, das alternde Sterne wie unsere Sonne liefern, wenn sie ihre äußeren Schichten absprengen. Die Ära der energiereichen Sternbildung, die einige Hundert Millionen Jahre nach dem Urknall begann, wird beendet sein. Überall im Universum werden die Galaxien von kleinen, langsam brennenden Roten Zwergen beherrscht sein. Galaxien aus Roten Zwergen wird eine längere Dauer beschieden sein als den strahlenden Galaxien unserer Zeit.[15]

Im Laufe der Zeit wird die Gravitation benachbarte Galaxien zu sanften, aber grandiosen Kollisionen bringen. Die Milchstraße und Andromeda sind die größten der etwa dreißig bis sechzig Galaxien in unserer Lokalen Gruppe.[16] Ihre gravitative Anziehung wird kleine Nachbarn heranholen und ihnen den größten Teil ihres stellaren Besitzes rauben. Die Milchstraße zieht bereits die beiden Galaxien der Magellanschen Wolke näher zu sich heran und wird im Laufe von Hunderten Millionen Jahren langsam mit ihnen verschmelzen. Wenn die Galaxien kollidieren, werden einzelne Sterne aneinander vorbeigleiten, doch ihre Bahnen werden durch die Verwerfungen und Krümmungen der Gravitationsfelder abgelenkt. Staubwolken verschmelzen miteinander und werden dichter, was neue Schübe von Sternbildungen auslösen könnte. Andromeda und die Milchstraße nähern sich einander mit mehreren Hundert Kilometern pro Sekunde. In drei oder vier Milliarden Jahren, wenn für die Sonne ihre letzten Jahre gekommen sind, werden sie aufeinandertreffen und entweder einander umkreisen und wieder auseinanderdriften oder im Laufe von Jahrmillionen miteinander verschmelzen. Eine Verschmelzung wird langsam, aber chaotisch vonstattengehen. Die Schwarzen Löcher in den Zentren der beiden Galaxien werden sich zu einem neuen galaktischen Monstrum zusammenschließen. Sterne werden rotierend in neue Richtungen geschickt, die sie (unter ihnen vielleicht auch unsere sterbende Sonne) in die Tiefen des Alls senden oder in den Rachen des Monstrums im neuen Kern der Galaxie werfen könnten. Vielleicht werden am Ende alle Galaxien in unserer Lokalen Gruppe eine einzige ungeheure Supergalaxie bilden. Galaxienverschmelzungen werden aufhören, wenn die beschleunigte Expansion des Universums sie so schnell voneinander entfernt, dass sie sich nicht mehr begegnen können. Jede Supergalaxie wird dann wie eine verlorene Insel in einem zunehmend verlassenen Universum aussehen.

Kosmologische Zukünfte und das Ende der Zeit

Wie wird alles enden?

Gewiss haben alle menschlichen Gesellschaften nach dem Ende aller Dinge gefragt. Im Prinzip gibt es zwei Möglichkeiten: Entweder das Universum ist ewig und hat kein Ende, oder es ist endlich und hat ein Ende. Viele Religionen und philosophische Systeme des indischen Subkontinents stellen sich ein Universum ohne Anfang und Ende vor.[17] Dasselbe galt für die moderne wissenschaftliche Kosmologie seit Newtons Zeiten bis zur Mitte des 20. Jahrhunderts. Andere Traditionen hingegen, darunter die abrahamitischen Religionen des Judaismus, Christentums und Islams, beschreiben ein von Gott geschaffenes Universum mit einem Anfang und einem Ende. Seit den 1960er-Jahren haben die meisten Kosmologen die Urknalltheorie akzeptiert, nach der das Universum einen Anfang, eine lange Entwicklungsgeschichte und schließlich ein Ende hat. Den Begriff *Big Bang* (Großer Knall) – die englische Bezeichnung für Urknall – hatte der Astronom Fred Hoyle ursprünglich als spöttischen Spitznamen für eine Theorie geprägt, die er absurd fand. Noch lange vertrat er seine Auffassung eines »Steady-State-Universums«, eines stationären Universums, in dem es keinen Anfang und kein Ende gebe. Die meisten Kosmologen gehen heute jedoch davon aus, dass das Universum vor rund 13,8 Milliarden Jahren entstanden ist, und viele spekulieren über sein mögliches Ende.[18]

Wenn Sie glauben, es gebe vielleicht ein Ende der Zeit, dann denken sie vielleicht an eine sogenannte Eschatologie, wie die Theologen sagen, an ein gewaltiges, apokalyptisches Finale oder vielleicht auch an ein allmähliches Dahinschwinden. »Eschatologie ist die Lehre vom Ende aller Dinge, der endgültige Abschluss der Schöpfungsgeschichte.«[19] In einigen Traditionen ist das Ende nah, manchmal so nah, dass einige von uns es noch erleben könnten. Nach diesen Lehren werden die letzten Tage den Sinn des Daseins offenbaren.[20]

Können uns die wissenschaftlichen Eschatologien Einsichten über unser Dasein und das Universum vermitteln? Gibt es eine wissenschaftliche Entsprechung zum Begriff der »Erlösung«? Schon, aber nur in dem poetischen Sinne, dass ein Blick auf die letzten Seiten uns zeigt, welche Rolle wir in der Geschichte spielen. In wissenschaftlichen Kosmologien wird nicht erwartet, dass das Ende der Zeit den Sinn und Zweck des Universums offenbart. Aber wenn wir uns das Ende der Zeit anschauen, gewinnen wir durchaus einen Eindruck vom vollständigen Verlauf der Geschichte, deren frühe Stadien wir nun recht gut kennen. Und das kann sinnvoll und ästhetisch befriedigend sein.

Moderne wissenschaftliche Darstellungen vom Ende der Zeit

Um eine Vorstellung von der Größenordnung moderner wissenschaftlicher Eschatologien zu gewinnen, können wir das Alter unserer Sonne von rund neun Milliarden Jahren als Grundeinheit wählen.[21] Bislang gibt es das Universum also erst seit 1,4 Sonnenleben. Die meisten Kosmologen erwarten, dass es noch Milliarden oder Billionen Sonnenleben existieren wird. Damit lässt sich etwas anfangen. Es sagt uns, dass wir in einem jungen Universum leben, nicht weit vom Anfang der Zeit. Bislang haben wir nur die ersten Zeilen von der Geschichte des Universums gesehen. Wie wird diese Geschichte weitergehen? Gibt es kosmologische Entwicklungstendenzen, die regelmäßig und einfach genug sind, um ihnen einige Hinweise entnehmen zu können? Tatsächlich haben wir solche Hinweise, und trotz der unfassbaren Größenordnungen der modernen Kosmologie lässt sich mithilfe dieser Tendenzen leichter über das Ende der Zeit spekulieren als über das Schicksal der Menschheit während der nächsten hundert Jahre.

Alle maßgeblichen kosmologischen Entwicklungstendenzen gehen davon aus, dass unser Universum expandiert. Erste Anhaltspunkte dafür fand man in den 1920er-Jahren. Der Astronom Edwin Hubble zeigte, dass sich weit entfernte Galaxien schneller von uns entfernen als Galaxien, die uns näher sind, und dass das Universum folglich, wie dann der Kosmologe Georges Lemaître nachwies, expandieren muss. Mehrere Jahrzehnte lang führte die These von der Expansion des Universums ein Randdasein in der wissenschaftlichen Kosmologie. Allmählich aber sprachen die Daten immer deutlicher dafür, dass das Universum in der fernen Vergangenheit tatsächlich anders ausgesehen hatte. Insofern musste es irgendeine Geschichte und somit, wie jede Geschichte, auch einen Anfang haben. Ende der 1940er-Jahre behauptete der russisch-amerikanische Physiker George Gamow, den Urknall habe es tatsächlich gegeben. Im Zuge seiner Expansion und Abkühlung sei das Universum dann an einen Wendepunkt gelangt, an dem seine Temperatur so weit gesunken war, dass sich geladene Protonen und Elektronen zu elektrisch neutralen Atomen verbinden konnten. Plötzlich wurde der größte Teil der Materie im Universum elektrisch neutral, und die Lichtenergie wurde in einem gewaltigen Blitz freigesetzt. Kaum jemand nahm diese Theorie ernst, bis die beiden Radioastronomen Arno Penzias und Robert Wilson 1964 zufällig auf Gamows Energieblitz stießen. Heute bezeichnen wir ihn als »kosmische Hintergrundstrahlung«. Für die meisten Astronomen war damit die Theorie des sich ausdehnenden Universums bewiesen, und in den 1960er-Jahren wurde die »Urknallkosmologie« zum zentralen Paradigma der modernen Astronomie.

Die Urknallkosmologie revolutionierte das astronomische Denken, denn sie zeigte, dass das Universum – wie der Planet Erde und der Hund Ihres Nachbarn – eine Veränderungsgeschichte besaß. Das veranlasste die Astrophysiker, nach langfristigen Entwicklungstendenzen in der Geschichte des Universums zu suchen. Wird sich die Expansion ewig fortsetzen oder wird sie sich irgendwann verlangsamen und vielleicht sogar umkehren? Um diese Frage zu beantworten, musste man zwei Dinge messen: wie schnell das Universum expandiert und wie viel Materie es enthält. Die zweite Messung war notwendig, weil die Masse, die das Universum besitzt, Aufschluss darüber gibt, wie stark die gravitative Anziehung ist, die diese Masse auf die Expansion ausübt.

Reicht sie aus, um die Expansion zu zügeln?[22] Verlangsamt sich die Expansionsbewegung möglicherweise? Wenn nicht, wird sich das Universum in alle Ewigkeit ausdehnen. Es wird immer langsamer abkühlen, seine Materie und Energie wird sich in immer größere Räume verteilen und immer ungeordnetere Formen annehmen. Die Entropie, die ursprünglich den Fluss der freien Energie ermöglichte, der zur Bildung komplexer Strukturen erforderlich war, wird am Ende den Zerfall dieser Strukturen bewirken, so dass das Universum eine immer einfachere Struktur bekommen wird. Dieses Szenario bezeichneten die Physiker des 19. Jahrhunderts als »Wärmetod« des Universums. Schließlich wird alle Energie die unstrukturierte Zufallsform der Wärme annehmen, und das Universum wird alle Kreativität verlieren. Bestenfalls werden die wenigen verbliebenen Dinge und Energien noch kleine zufällige und ziellose Bewegungen ausführen.

Wenn andererseits genügend Masse vorhanden ist, um der Expansion entgegenzuwirken, könnte das Universum eines Tages damit beginnen, sich wieder zusammenzuziehen. Dabei wird es immer dichter und immer wärmer werden, bis alle Materie und Energie erneut, wie beim ursprünglichen Urknall, in einem Punkt konzentriert sind. Wird dann der ganze Zyklus von Neuem beginnen, mit einem neuen Urknall und einem neuen Universum? Könnten nachfolgende Universen zwischen zwei Zuständen wechseln – der eine kalt, riesig und leer, der andere heiß, winzig, voller Materie und Energie? Die Idee eines kollabierenden Universums lässt andere faszinierende Ereignisse möglich erscheinen. Wird die Zeit, wenn sie in Expansionsrichtung verläuft, in einem kollabierenden Universum ihre Richtung umkehren? In seinem Bestseller *Eine kurze Geschichte der Zeit* spielte Stephen Hawking mit dieser Idee, ließ sie aber später wieder fallen.[23]

Jahrzehntelang gelang es den Forschern nicht, diese Fragen zu beantworten, weil alle Daten dafür sprachen, dass das Universum sich direkt auf der Grenze zwischen ewiger Expansion und künftigem Kollaps bewegte. Es schien genügend Masse im Universum zu geben, um die Expansion irgendwann zum Stillstand zu bringen, aber ein bisschen zu wenig, um sie umzukehren. Das legte den Schluss nahe, das Universum werde ewig expandieren, wenn auch immer langsamer und langsamer, was zu der schwierigen, fast theologischen Frage führte, warum das Universum unbegrenzt in diesem seltsamen kosmologischen Gleichgewichtszustand verharren sollte wie eine auf der Spitze stehende Nadel, die nicht umfällt.

Im Jahr 1998 fand diese Debatte ein unerwartetes Ende, als zwei Astronomenteams – das eine unter Leitung von Brian Smith in Australien und das andere von Saul Perlmutter in den USA – versuchten, die Expansionsrate des Universums genauer zu messen. Dazu orientierten sie sich an Supernovae vom Typ 1a, die alle ungefähr die gleiche Energiemenge emittieren. Daher kann man ihre scheinbare Helligkeit, von der Erde aus wahrgenommen, als Maß für ihre tatsächliche Entfernung mit großer Genauigkeit messen. Beide Teams kamen zu dem verblüffenden Schluss, dass sich die Expansionsrate des Universums nicht verlangsamt, sie nimmt vielmehr zu, und das seit mehreren Milliarden Jahren. Den Grund kennen wir noch immer nicht, allerdings vertreten die meisten Kosmologen die Auffassung, verantwortlich sei eine Energieform, die sogenannte Dunkle Energie, die die Expansionsrate mit der Ausdehnung des Universums erhöht. Diese Ergebnisse, die heute von den meisten Astronomen bestätigt werden, lassen darauf schließen, dass das Universum bis in alle Ewigkeit schneller und schneller expandieren wird.

Wenn diese These stimmt, wird das Universum immer größer, kälter und leerer, bis verschiedene Teile des Universums den Kontakt untereinander verlieren, weil das Licht ferner Objekte sie nicht mehr erreichen kann. Schließlich werden wir außer unserer lokalen Galaxiengruppe, die durch Gravitation zusammengehalten wird, nichts mehr sehen. Sollten bis dahin Astronomen überlebt haben, werden sie vielleicht grübelnd über alten Berichten hocken, in denen es heißt, das Universum habe nicht nur etliche Dutzende, sondern Milliarden Galaxien besessen. In einem zerstückelten Universum, das zehntausend Mal so alt wie das unsere ist und viel, viel größer, werden selbst Rote Zwerge sterben. Galaxien bestehen dann aus toten Sternen, Schwarzen Löchern und jener Art von Zufallsobjekten, die das Vakuum laut Quantenphysik erzeugt. Schwarze Löcher werden die restliche Sternenmaterie verschlingen, weshalb irgendwann nur noch aufgeblähte Schwarze Löcher und die seltsamen Trümmer von Quantenereignissen übrig bleiben, von denen uns die moderne Physik berichtet. Schließlich werden selbst die Schwarzen Löcher verdunsten, und es wird nichts bleiben als leerer Raum und Dunkle Energie, allenfalls noch die Energie von einigen verlassenen Photonen, die sich fragen, was sie hier verloren haben.[24] Und dann müssen wir uns unfassbare Räume und Zeitspannen vorstellen, in denen einige Photonen und Neutrinos unterwegs sind, ohne in diesem völlig verödeten Universum, das seine Zombie-Existenz über gigantische Zeiträume fortsetzen wird, noch irgendeinem Objekt zu begegnen. Nichts wird von Dauer sein. Wir können uns noch nicht einmal sicher sein, dass Raum und Zeit in irgendeinem begreifbaren Sinn weiterbestehen werden. Und doch versichert uns die Quantenphysik, dass, stünde unendlich viel Zeit zur Verfügung, alles kurzzeitig aus der Leere auftauchen könnte, etwa eine Kopie Ihres Gehirns oder eine Vase mit Tulpen.[25] Nun werden unsere Spekulationen freilich so bizarr, dass wir sie nicht mehr allzu ernst nehmen sollten!

Wie wahrscheinlich ist diese Geschichte? Sie ist erst zwei Jahrzehnte alt, und wie Jim Holt meint, »scheinen Kosmologen sich etwa jedes Jahrzehnt anders zu besinnen«.[26] Nach den Daten, die uns heute vorliegen, ist es die beste Geschichte, die wir über die ferne Zukunft des Universums erzählen können. Es gibt jedoch viele Gründe zu der Annahme, dass die Geschichte sich weiterentwickeln wird. Einer davon ist der Umstand, dass wir über den größten Teil des Universums nichts wissen. Die Bewegungen der meisten Galaxien lassen vermuten, dass es eine riesige Materiemenge gibt, die wir nicht nachweisen können. »Dunkle Materie« heißt sie bei Astronomen. Sie könnte bis zu 25 Prozent der Masse des Universums ausmachen. Noch verwirrender ist die »Dunkle Energie«, die die Expansionsrate des Universums zu beschleunigen scheint. In Einsteins Allgemeiner Relativitätstheorie gibt es gewisse Hinweise auf eine solche Kraft. Falls sie existiert, stellt sie gegenwärtig rund 70 Prozent der Masse des Universums. Rechnen wir die Masse der Dunklen Materie und der Dunklen Energie zusammen, sieht es so aus, als könnten wir 95 Prozent des Universums nicht wirklich erklären. Ganz offensichtlich fehlen uns einige wichtige Informationen. Sollten wir in den kommenden Jahrzehnten die Dunkle Energie und die Dunkle Materie besser verstehen, kann es durchaus sein, dass all unsere Vorstellungen über die Zukunft des Universums revidiert werden müssen.

Ein anderes Konzept, das die Geschichte, die ich erzählt habe, umschreiben könnte, ist das »Multiversum«. Heute denken viele Kosmologen ernsthaft über die Möglichkeit nach, dass unser Universum nicht allein ist. Es gibt einleuchtende theoretische Gründe (aber noch keine empirischen Belege) für die These, dass sich Urknälle in einem riesigen multidimensionalen Raum, viel größer noch als das Blockuniversum, fortwährend ereignen könnten. Ebendas nennen die Kosmologen ein Multiversum. Falls dem so ist, könnten sich verschiedene Universen – wie verschiedene Tierarten – in ihren Hauptmerkmalen etwas voneinander unterscheiden, woraus folgte, dass verschiedene Universum-Arten sich in einer Art pandimensionalen kosmologischen Zeit evolutionär entwickelten. Vielleicht ist die Gravitation etwas stärker oder der Elektromagnetismus etwas schwächer als in anderen Universen.[27] Nach dieser Hypothese wären sehr verschiedene Formen von Universen möglich. Vielleicht haben manche nur eine Lebensdauer von wenigen Sekunden. Andere haben unter Umständen länger Bestand als unseres. In einem können sich komplexe Organismen wie *E. coli* oder Kaninchen entwickeln, während im nächsten noch nicht einmal Sterne geboren werden. Der Physiker Lee Smolin meint, wenn neue Universen in Schwarzen Löchern entstünden, hieße das, dass nur Universen mit der Fähigkeit, Sterne hervorzubringen, die groß genug sind, um zu Schwarzen Löchern zusammenzustürzen, in der Lage wären, ihre kosmologischen Parameter zu reproduzieren und an neue Generationen von Universen weiterzugeben.[28] Daraus scheint zu folgen, dass solche Universen durch eine Art natürlicher Selektion kosmologischen Ausmaßes immer häufiger werden. Und natürlich können nur die Universen, die in der Lage sind, komplexe Gebilde wie uns zu erschaffen, von Geschöpfen wie uns bewohnt werden, weshalb es vielleicht gar nicht verwunderlich ist, dass wir uns in einem Universum befinden, das durch die Feinabstimmung aller Bedingungen die Entstehung komplexer Dinge ermöglicht.

Alles hübsche Ideen, aber ... bislang haben wir keine Beweise für sie. Mit unseren technischen Mitteln können wir nur ein einziges Universum betrachten. Alle Theorien über andere Universen stützen sich nur auf Schlussfolgerungen und Fantasien. Wir haben eine Stichprobe von eins. Früher stellten Astronomen ihren Studenten oft die folgende Examensfrage: »Definieren Sie das Universum und geben Sie zwei Beispiele.«[29] Für jeden, der versucht, die Zukunft zu verstehen, ist der Scherz schmerzhaft. Obwohl wir uns ständig eine Art Multi-Zukunft vorstellen, müssen wir uns doch immer nur mit einer begnügen.

Danksagung

Große Teile dieses Buches wurden in Sydney während der COVID-19-Pandemie geschrieben, die uns alle veranlasste, uns stärker nach innen zu kehren. In meinem Fall galt diese Wendung nach innen meiner liebevollen Familie. Chardi und Emily mussten sich damit abfinden, dass ich über lange Zeiträume in meinem Arbeitszimmer verschwand, obwohl wir sicherlich bessere und interessantere Dinge hätten unternehmen können. Emilys süße Tochter Sophia hat unser aller Leben heller und fröhlicher gemacht, seit sie da ist (fünf Monate zu dem Zeitpunkt, da ich dies schreibe). Die moderne Technik hat uns ermöglicht, mit unseren englischen und amerikanischen Familien regelmäßig in Kontakt zu bleiben, was auch für Daniel und Evie Rose, Sophies Cousin und Cousine, sowie ihre Eltern Joshua und Olivia gilt. Und für unsere Brüder und Schwestern Diana, Rob, Russ, Fred und Joe in England und in den Vereinigten Staaten. Und für die Cousins und Freunde in England, den Vereinigten Staaten und anderswo. Der lange Reifungsprozess dieses Buchs war getragen von dem herzerwärmenden Gefühl, in diese liebevollen Netze eingebettet zu sein, während die abstrakte Idee der Zukunft realer wurde, wenn ich an die Zukunft dieser Menschen dachte.

Ein großer Teil meiner Dankesschuld gebührt anderen Wissenschaftlern. Ich möchte der Macquarie University in Sydney, an der ich den größten Teil meiner akademischen Laufbahn verbrachte, dafür danken, dass sie mich bei meinem seltsamen, aber ergiebigem Projekt Big History viele Jahre lang unterstützt hat. Auch der Fachbereich Geschichte an der San Diego State University förderte das Programm Big History, und ich habe in beiden Fachbereichen gute Freunde. Den Big-History-Studenten, die ich im Laufe der Jahre unterrichtete, bin ich zu großem Dank verpflichtet, weil die Gespräche mit ihnen mir in einem Maße, das sich wohl nur wenige von ihnen vorstellen können, geholfen haben, dem Big-History-Ansatz Gestalt und Überzeugungskraft zu verleihen. Die Mitglieder der International Big History Association bilden eine vielfältige und hilfreiche Gemeinschaft für alle, die an einer möglichst breit angelegten Forschung interessiert sind, während Bill Gates und seine Kollegen die Lehre von Big History freigiebig durch das Big-History-Project unterstützen.

Die Brockman-Agentur hat mir bei der Veröffentlichung zweier miteinander verbundener Bücher, erstens *Big History* (über die Vergangenheit) und zweitens *Zukunft denken* (genau, über die Zukunft!) großzügige, begeisterte und stets wirksame Hilfe gewährt. Tracy Behar und Ian Straus vom Verlag Little, Brown and Company haben das Manuskript zweimal sehr eingehend lektoriert und dabei mein ursprüngliches Manuskript sehr viel ansehnlicher gemacht. Ich bin ihnen zu großem Dank verpflichtet.

Ein Buch wie dieses zu schreiben, führt Sie weit ab von dem wissenschaftlichen Fachgebiet, auf dem Sie ursprünglich zu Hause waren. (Meines war die russische Geschichte, die ein oder zwei Spuren in diesem Buch hinterlassen hat.) Das verleiht den Kommentaren wissenschaftlicher Freunde, deren Fachwissen auf anderen Gebieten liegt, besondere Bedeutung. Auf immer neuen Gebieten musste ich den fachkundigen Rat meiner Freunde einholen, um zu erfahren, was ich lesen sollte (und was *nicht,* weil man einfach nicht genug Zeit hat, um die falschen Bücher zu lesen, wenn man mit seinen Fragen die Grenzen vieler Disziplinen überschreitet). Diejenigen, die ich gefragt haben, waren großzügig mit ihrer Zeit, ihren Kommentaren und ihrem Fachwissen. Viele Ideen und Literaturhinweise erhielt ich in kurzen Gesprächen oder E-Mails. Für diese Hilfen möchte ich mich hier pauschal, aber sehr herzlich bedanken.

Insbesondere gilt mein Dank all jenen Menschen, die Teile dieses Buch in seinen Entstehungsphasen gelesen haben. Als ich die merkwürdige, aber faszinierende Welt der Zukunftsforschung betrat, war der australische Zukunftsforscher Joe Voros mein Führer und Mentor. Er machte mich mit den grundlegenden Arbeiten des Feldes vertraut. Aber auch seine eigene Arbeit, die Big History und Zukunftsforschung miteinander verknüpft, war sehr anregend für mich. Von Joe erhielt ich noch in einem sehr späten Stadium hilfreiche Kommentare zum Manuskript. Auch an andere Freunde und Wissenschaftler schickte ich Entwürfe, und alle reagierten (oft trotz großer Arbeitsbelastung) mit großzügigen Kommentaren und bewahrten mich häufig vor peinlichen Missgriffen in den Fakten, dem Ton oder der Emphase. Dazu gehörten der Astrophysiker Charlie Lineweaver; die Historiker Merry Wiesner-Hanks, Marnie Hughes-Warrington, Craig Benjamin und Esther Quaedackers; ein Biologe, Michael Gillings; ein Philosoph und Politologe, Sasa Pavkovic; und mein Doktorand Max Barnett. Charlie machte mich darauf aufmerksam, dass die Entropie nicht nur eine zerstörerische, sondern auch eine kreative Kraft ist; Merry stieß auf verbliebene Spuren von Eurozentrismus in meinem Text (peinlich!); Craig wies mich auf Widersprüche in der Terminologie und den Transliterationen aus dem Chinesischen hin; Michael warnte mich davor, Lebewesen zu leichtfertig Zwecke und Ziele zuzuschreiben; und Sasa dämpfte den Optimismus mancher Zukunftsszenarien in Kapitel 8. Ich habe nicht alle ihre Vorschläge beherzigt, und darum ist es mir besonders wichtig, zu betonen, dass ich allein verantwortlich bin für verbliebende Fehler, Irrtümer, Ungeschicklichkeiten, blinde Flecken – all die Dinge, die ein Autor kurz nach Abgabe des endgültigen Manuskripts zu entdecken fürchtet. Diese Feststellung ist besonders wichtig, wenn es um ein Thema geht, das so außergewöhnlich ist wie die Zukunft, denn ich erlag häufig der Versuchung, seltsame Nebenwege einzuschlagen, manchmal gegen alle gut gemeinten Ratschläge. Meine Freunde konnten mich nicht immer vor meiner eigenen Sturheit schützen.

Glossar

Anmerkung: Das Glossar enthält im Wesentlichen zwei Arten von Einträgen: (1) einfache Erklärungen von Fachbegriffen wie *Entropie;* (2) Definitionen von Begriffen, die in diesem Buch eine spezielle Bedeutung haben, etwa *kollektives Lernen* oder *Zukunftsdenken*.

Agrarzeit der menschlichen Geschichte: Vom Ende der letzten Eiszeit, vor ungefähr 10 000 Jahren, bis zum Beginn der Neuzeit, vor einigen Jahrhunderten.

Aktionspotenzial: Elektrische Impulse, die von Neuronen durch Axone geschickt werden, um mit anderen Neuronen oder mit Muskeln zu kommunizieren; ihre Energie bekommen die Aktionspotenziale durch **Chemiosmose**.

Angstzone: Ein Bereich imaginierter Zukünfte, in dem wir uns große Sorgen um die Zukunft machen und vermuten, dass Vorhersagen möglich sind; dies ist die Zone möglicher Zukünfte, in der die Bemühungen um Vorhersagen und Prognosen am größten sind.

Anthropozän: Die Epoche, die im 20. Jahrhundert begann, als unsere Art plötzlich zum wichtigsten Antrieb der Veränderung des Planeten Erde wurde. Im Jahr 2000 wurde der Begriff von dem Klimaforscher Paul Crutzen vorgeschlagen und ist inzwischen von Wissenschaftlern vieler verschiedener Disziplinen aufgegriffen worden.

A-Reihe: Eine Bezeichnung, die von J. Ellis McTaggart in einem berühmten Artikel über die Zeit vorgeschlagen wurde, um eine von zwei grundsätzlichen Theorien der Zeitphilosophie zu beschreiben. Die A-Reihe nimmt unsere Alltagserfahrung ernst, in der wir die Zeit als einen dynamischen Strom erleben, der die Zukunft erst in die Gegenwart und dann in die Vergangenheit verwandelt. Die zentrale Metapher ist die Zeit als Fluss. Siehe **B-Reihe.**

Big History: Geschichten über die Vergangenheit als Ganzes, in verschiedenen Größenordnungen und durch die Optik verschiedener Disziplinen betrachtet.

Blockuniversum: Eine imaginierte Struktur, die die gesamte Vergangenheit und Zukunft des ganzen Universums enthält; es ist der B-Reihe implizit als die Vorstellung vom göttlichen Blick auf die Zeit und wird auch manchmal so bezeichnet.

B-Reihe: Eine Bezeichnung, die von J. Ellis McTaggart in einem berühmten Artikel über die Zeit vorgeschlagen wurde, um eine von zwei grundsätzlichen Theorien der Zeitphilosophie zu beschreiben. Die B-Reihe transzendiert unsere Alltagserfahrung und betrachtet die Zeit gewissermaßen von oben. Die entscheidende Metapher ist die Zeit als Landkarte. Siehe **A-Reihe; Blockuniversum.**

Chemiosmose: Die meisten (möglicherweise alle) Zellen können positive Ionen durch ihre Membran nach außen pumpen. Dadurch erzeugen sie im Inneren eine kleine negative Ladung, die wichtige biochemische Prozesse mit der nötigen Energie versorgen kann, unter anderem elektrische Impulse, die an andere Zellen geschickt werden. Siehe **Aktionspotenzial.**

Deduktion: Logische Argumente, die zu bestimmten Schlussfolgerungen führen, wenn sie auf Axiomen beruhen, die als wahr gelten; am offenkundigsten in der Mathematik. Siehe **Induktion.**

Determinismus: In seiner extremen Form besagt der Determinismus, dass jede Einzelheit in der Geschichte des Universums im Prinzip von Anfang an vorhersagbar sei.

Durchbrochenes Gleichgewicht: Veränderungsmuster, die zuerst in der Biologie entdeckt wurden, die aber, wie man jetzt weiß, in der Evolution aller komplexen Entitäten zu beobachten ist. Auf eine Emergenzphase folgt eine relativ stabile Phase und schließlich eine Phase der Zusammenbrüche und Ausfälle.

Energie: Die Kräfte, die das Potenzial haben, Ereignisse in Gang zu setzen. Siehe **freie Energie; Zweiter Hauptsatz der Thermodynamik.**

Entropie: Ein Maß für Unordnung; siehe **Zweiter Hauptsatz der Thermodynamik.**

Entzauberung: Nach Max Webers Auffassung ist ein entscheidendes Merkmal der modernen Wissenschaft, dass sie die Existenz willkürlicher oder launenhafter Geister, Kräfte und Götter bestreitet, so dass sich ein Universum ergibt, das von regelmäßigen, mechanischen Prozessen bestimmt wird und ein gewisses Maß an Vorhersagbarkeit zulässt.

Eukaryoten: Zellen, die einen Kern und andere Organellen enthalten; alle Makroben bestehen aus eukaryotischen Zellen. Siehe **Prokaryoten.**

Ferne Zukünfte: Imaginierte Zukünfte in der Größenordnung von Jahrmilliarden bis hin zur gesamten Lebenszeit des Universums.

Freie Energie: Eine Energie, die wie die Gravitation geordnet und nicht zufällig ist, so dass sie Arbeit leisten und Ereignisse in Gang setzen oder verändern kann.

Gewissheit: Nach der diesem Buch zugrunde liegenden Definition gibt es sie in zwei Formen. Absolute Gewissheit lässt keine Ausnahmen zu und findet, von deduktiven Schlussketten abgesehen, in der Wirklichkeit wahrscheinlich nicht statt. *Moralische Gewissheit* bezeichnet Behauptungen über die Zukunft, denen wir hinreichend vertrauen, um nach ihnen zu handeln. Siehe **moralische Gewissheit.**

Goldene Mitte: Hier die empfindliche Balance, die jede seriöse Vorhersage anstrebt – die Balance zwischen übermäßiger Allgemeinheit (die Vorhersagen wolkig und uninteressant macht) und übermäßiger Genauigkeit (die dafür sorgt, dass sie sich als falsch erweisen).

Gründerzeit der Menschheitsgeschichte: Der erste und bei Weitem längste Zeitabschnitt in der Menschheitsgeschichte, von der Evolution der ersten Menschen vor einigen Hunderttausend Jahren bis zum Ende der letzten Eiszeit, ungefähr vor zehntausend Jahren. Diese Zeit wird oft mit anderen Begriffen wie zum Beispiel »Paläolithikum« beschrieben; mit der hier gewählten Bezeichnung möchte ich unterstreichen, dass zu dieser Zeit die Grundlagen für alle späteren Abschnitte in der menschlichen Geschichte gelegt wurden.

Induktion: Logische Argumente, die von Bekanntem auf Unbekanntes schließen. Anders als deduktive Argumente sind induktive Argumente immer auf einen Glaubenssprung angewiesen. Die meisten Formen des **Zukunftsdenkens** beruhen auf **Induktion**. Siehe **Deduktion**.

Information: Informationen über Vergangenheit und Gegenwart sind entscheidend für das Zukunftsdenken, weil sie die Ungewissheit verringern und die Zahl möglicher Zukünfte begrenzen. Als generelle Regel gilt, mehr (gute) Informationen verbessern unsere Vorhersagefähigkeit.

Kausalität: Die Idee, dass ein Ereignis andere, spätere Ereignisse erklären kann. Die Idee ist für die meisten Formen des Zukunftsdenkens entscheidend, weil sie uns ermöglicht, Folgen vorherzusagen, wenn wir Ursachen beobachten. Doch der Kausalitätsbegriff führt zu schwierigen philosophischen Rätseln, weil man, wie Hume zeigte, nicht schlüssig beweisen kann, dass A B verursacht, denn jedes B hat mehrere Ursachen. Neuere Arbeiten (etwa von Judea Pearl) zeigen, dass der Kausalitätsbegriff unentbehrlich und nützlich ist, wenn man Kausalität als Ergebnis lokaler, perspektivischer und probabilistischer Eingriffe in Ereignisse versteht.

Kollektives Lernen: Eine Fähigkeit, die nur der Mensch besitzt und die durch die menschliche Sprache ermöglicht wird. Dank ihr ist der Mensch in der Lage, neue Ideen, Erfahrungen, Erkenntnisse und Daten auszutauschen, zu speichern und zu sammeln, und das mit solcher Genauigkeit und in solchem Umfang, dass die Informationen, die der Menschheit zur Verfügung stehen, in einem historischen Zeitrahmen anwachsen. Kollektives Lernen erklärt, warum die menschliche Kontrolle über viele Aspekte unserer Umwelten und Zukünfte im Lauf der menschlichen Geschichte zugenommen hat und noch heute den Wandel auf dem Planeten Erde bestimmt. Siehe **Anthropozän**.

Komplexe Entitäten: Einheiten, die aus verschiedenen Komponenten zusammengesetzt und so angeordnet sind, dass sie über charakteristische »emergente« Eigenschaften verfügen und ihre strukturelle Beschaffenheit über einen gewissen Zeitraum bewahren können.

LUCA: Der letzte gemeinsame Vorfahr aller lebenden Organismen (im Englischen LUCA genannt, nach *Last Universal Common Ancestor*); ein vorgestellter Vorfahr allen Lebens auf der Erde, der wahrscheinlich vor fast vier Milliarden Jahren existierte.

Makroben: Organismen wie wir selbst, die sich aus einer großen Zahl von eukryotischen Zellen zusammensetzen. Auch als **mehrzellige Organismen** bezeichnet.

Materie: Der physische »Stoff« des Universums, der Raum einnimmt. Einstein zeigte, dass Materie aus komprimierter Energie besteht und wieder in Energie zurückverwandelt werden kann, beispielsweise durch Protonenfusion. Siehe **Energie**.

Mechanisches Verhalten: Veränderungsprozesse aller Art, die sich als Ergebnis mechanischer Gesetze erklären lassen. Sie wirken auf passive Strukturen ohne Ziele und Zwecke ein und sind deshalb meist regelmäßig genug, um ein gewisses Maß an Vorhersagen zuzulassen. Siehe **Zweckorientiertheit**.

Mehrzellige Organismen: Wird hier als Synonym für Mikroben verwendet.

Mikroben: Einzellige Organismen, zu denen alle Prokaryoten gehören.

Mittlere Zukünfte: Imaginierte Zukünfte in Größenordnungen von Hunderten, Tausenden und sogar Millionen Jahren.

Moralische Gewissheit: Hinreichende Gewissheit in Bezug auf probabilistische Prozesse, einschließlich künftiger Prozesse, um auf ihrer Grundlage handeln zu können. Den Begriff hat Leibniz geprägt.

Nahe Zukunft: Imaginierte Zukünfte in der Größenordnung von rund 100 Jahren.

Nasreddin-Hodscha-Strategie: Eine paradoxe Forschungsstrategie: Wir bringen über einen Gegenstand, zu dem kaum oder keine direkte Evidenz vorliegt, etwas in Erfahrung, indem wir an einer anderen Stelle suchen, wo es Evidenz gibt, die möglicherweise relevant sein könnte. Beruht auf einer Anekdote über einen berühmten türkischen Weisen.

Natürliche Zeit: Die Rhythmen der nicht humanen Welt, etwa Tag und Nacht oder der Wechsel der Jahreszeiten.

Neuzeit der Menschheitsgeschichte: Die letzten Jahrhunderte, in denen Globalisierung, neue Technologien und die Energie der fossilen Brennstoffe für die Entstehung der heutigen globalen menschlichen Gesellschaft gesorgt haben, die den Planeten verändert.

Organismen, Lebewesen: Leben besteht aus Organismen, komplexen Entitäten, die aus Zellen aufgebaut sind und die über eine charakteristische Zielorientiertheit und Kreativität zu verfügen scheinen, während sie versuchen, ihre Strukturen zu bewahren und sich zu reproduzieren, trotz der zerstörerischen Kräfte, von denen sie umgeben sind.

Prokaryoten: Zellen ohne Kern und Organellen; die meisten Einzeller sind Prokaryoten. Siehe **Eukaryoten.**

Protein: Moleküle, die in allen Zellen vorkommen. Sie bestehen aus genau geordneten Ketten kleinerer Moleküle (Aminosäuren), die sich zu sehr exakten Strukturen zusammenfalten und den Proteinen so ermöglichen, in den Zellen die grundlegende biochemische Arbeit zu verrichten.

Psychologische Zeit: Die sprunghaften zeitlichen Rhythmen des menschlichen Körpers und Geistes, wie zum Beispiel Aufmerksamkeit und Ermüdung, Wachheit und Schlaf.

Random Dipping: Ein Verfahren, das die Vorstellung möglicher Zukünfte erleichtern soll. Es beruht auf Zufallsentscheidungen in der Gegenwart, zum Beispiel dem Werfen von Würfeln.

Soziale Zeit: Die Rhythmen, die unseren Aktivitäten durch die Aktivitäten anderer Menschen aufgezwungen werden. Die soziale Zeit hat in dem Maße an Bedeutung gewonnen, wie die menschlichen Tauschnetze an Größe und Einfluss zunahmen.

Trendsuche: Der Versuch, regelmäßige Trends in der Vergangenheit zu bestimmen und zu verstehen, die als Hinweise auf wahrscheinliche Zukünfte dienen können.

Uhrzeit: Das vorherrschende moderne Empfinden, das die Zeit als universell, metronomisch und messbar erlebt. Da wir unseren Rhythmus häufig auf die Uhrzeit abstimmen müssen, empfinden wir sie häufig als Zwang.

Utopie: Bezeichnet in diesem Buch die Ziele, nach denen die Organismen sich richten, um in der Zukunft zu bestehen.

Vorhersage: Jeder Versuch, wahrscheinliche Zukünfte zu erkennen.

Wahrscheinlichkeit: Ein Maß für die Stärke der Erwartung, dass ein Ereignis stattfindet oder sich eine Behauptung als wahr erweist; im 17. Jahrhundert lieferte die Wahrscheinlichkeitstheorie der Berechnung von Wahrscheinlichkeiten eine strenge mathematische Grundlage, die heute noch für alle statistischen Methoden gilt.

Weissagung: Der Versuch, Aspekte der Zukunft durch Kontakt mit Geistwesen, Göttern oder Kräften wahrzunehmen oder zu verändern.

Zeitpfeil: Die Vorstellung, dass die Zeit sich nur in eine Richtung bewegt.

Zelle: Der fundamentale Baustein aller Lebewesen; eine halb durchlässige Membran umgibt alle Moleküle und Substanzen, die die Zelle zum Überleben braucht. Siehe **Eukaryoten; Prokaryoten.**

Zirkadianer Rhythmus: Im Körperinneren erzeugte Rhythmen, die dem Organismus helfen, den Rhythmen in der Außenwelt zu folgen. Wahrscheinlich sind sie in allen Zellen und Organismen vorhanden.

Zirkumnutation: Mit diesem Ausdruck bezeichnet Darwin die zufälligen Kreisbewegungen, die die Pflanzen zur Erkundung ihrer Umgebung ausführen.

Zukunft: Alle Zeit, die es gibt, mit Ausnahme der Vergangenheit und der Gegenwart. In der A-Reihe umfasst die Zukunft viele mögliche Zukünfte. Wir wissen nicht, in welchem Sinne die Gegenwart in der Zukunft »existiert«, daher bezeichnen wir als Zukunft streng genommen unsere gegenwärtige *Antizipation* dessen, was in der Zukunft liegen könnte.

Zukunftsdenken: Im vorliegenden Buch im weitesten Sinne verwendet, um alle Methoden zu erfassen, mit deren Hilfe Lebewesen sich auf ungewisse Zukünfte vorbereiten und sie zu bewältigen versuchen. Der Begriff deckt viele verschiedene Bezeichnungen ab, die von Zukunftsforschern verwendet werden, wie zum Beispiel Voraussicht, Vorhersage und Prognose.

Zukunftsforschung: Das weite, transdisziplinäre Forschungsfeld möglicher Zukünfte, das sich im 20. Jahrhundert entwickelt hat.

Zukunftskegel: Ein Diagramm möglicher Zukünfte, das auf Diagrammen basiert, die von Einstein und Minkowski entwickelt wurden.

Zukunftsmanagement: Der Versuch, mithilfe von Zukunftsdenken in Ereignisse einzugreifen und sie in Richtung unserer erhofften Zukünfte oder **Utopien** zu lenken.

Zweckenorientiertheit: Dient hier zur Beschreibung von Verhaltensweisen, die *aussehen,* als wären sie von Zwecken wie Überleben und Reproduktion motiviert. Alle Lebewesen lassen ein solches Verhalten erkennen, aber wir verstehen nicht wirklich, wie es zustande kommt. Zweckorientiertes Verhalten, eingeschlossen das des Menschen, erscheint manchmal zu unregelmäßig, um verlässliche Vorhersagen zuzulassen. Siehe **Mechanisches Verhalten**.

Zweiter Hauptsatz der Thermodynamik: Die probabilistische Behauptung, dass in einem geschlossenen System (etwa dem Universum) die Entropie (Unordnung) in der Regel zunimmt. Dies lässt auf die Existenz einer Zeitrichtung schließen, zumindest für komplexe Entitäten, deren Strukturen irgendwann in der Zukunft zusammenbrechen werden. Paradoxerweise erklärt der Zweite Hauptsatz sowohl den Energiefluss, der die Emergenz komplexer Entitäten ermöglicht, als auch die Tatsache, dass alle komplexen Entitäten irgendwann zusammenbrechen werden. Siehe **Entropie**.

Anmerkungen

Einleitung

1. Shakespeare, *Macbeth,* Erster Aufzug, Dritte Szene, Übersetzung von Schlegel/Tieck.
2. Lutherbibel, 1. Korinther 13:12.
3. Cicero, *Zwei Bücher von der Weissagung und vom Schicksa*l, S. 109.
4. Collingwood, *Philosophie der Geschichte,* S. 129.
5. Rescher, *Predicting the Future,* S. 1.
6. Es gibt jedoch einige Fachbücher über moderne Ansätze zur Zukunftsplanung, etwa Hines und Bishop, *Thinking about Future,* und Szostak, *Making Sense of the Future.*
7. Zu Big History *siehe* Benjamin u. a. (Hg.), *Routledge Companion to Big History;* Christian, *Big History;* Gibelyou und Northrop, *Big Ideas;* zu Big History und Zukunftsdenken *siehe* Voros, »Big Futures«.
8. Garrett, *Hume,* Kindle, S. XIX.
9. Watts, ›New‹ Science of Networks, S. 243–246, sowie Caldarelli und Catanzaro, *Networks,* S. 2; zur Seidenstraße siehe Christian, »Silk Roads or Steppe Roads«.
10. Bell, *Foundations,* Bd. 1, S. 182.
11. Erwin Schrödinger, *Was ist Leben,* München 1987, Piper-E-Book, Kindle.
12. Collingwood, *Philosophie der Geschichte,* S. 62.; Carr, , S. 67; Konfuzius zitiert in De Vito und della Sala, »Predicting the Future«, S. 1019.
13. Siehe Christian, *Maps of Time* und *Origin Story.*

Kapitel 1: Was ist die Zukunft?

1 Zitiert in Franz Zauner, *Erkenntnis, Freiheit, Religion, David Humes Religionskritik*, Berlin und Wien 2011, S. 134.
2 Dator, *A Noticer in Time*, S. 77.
3 »Temporalities«, Forum *Past and Present;* Wood, »Big History and the Study of Time«.
4 Holt, *Als Einstein und Gödel spazieren gingen*, Position 431.
5 Omar Chayyám, *Rubaiyat*, xxvii.
6 John Milton, *Das verlorene Paradies*, übers. v. Karl Eitner, Leipzig 1880, S. 102.
7 Augustinus, *Bekenntnisse*, 11. Kapitel, 22. Kapitel, https://www.ub.uni-freiburg.de/fileadmin/ub/referate/04/augustinus/bekennt1.htm#; Ismael, *How Physics Makes Us Free*.
8 Ismael, »Temporal Experience«, S. 460; gute Einführungen sind u. a. Bardon, *Brief History of the Philosophy of Time*, sowie Baron und Miller, *Introduction to the Philosophy of Time;* vgl. auch Callender, *Oxford Handbook of Philosophy of Time*.
9 T. R. V. Murti, zitiert in Loy, »Mahāyana Deconstruction of Time«, S. 14.
10 Mellor, *Real Time* und *Real Time II*.
11 Baron und Miller, *Introduction to the Philosophy of Time;* McTaggart, »Unreality of Time« (1908).
12 Bardon, *Brief History of the Philosophy of Time*, S. 6; McTaggart, »Unreality of Time« (1908), S. 458.
13 Newton schrieb auf Latein; dieses Zitat stammt aus der deutschen Übersetzung von Jakob Philipp Wolfers: Isaac Newton, *Mathematische Prinzipien der Naturlehre*, Erkl. 8, Anm. I, Berlin 1872, S. 25.
14 Mark Twain, *Huckleberry Finns Abenteuer*, Zürich 2019, S. 83 ff.
15 Deutscher Text nach der englischen Übersetzung in Omar Chayyam, *Rubaiyat*, xxvi.
16 Zur hawaiianischen Zeit vgl. Cossins, »The Time Delusion«, S. 34; Dator, *A Noticer in Time*, S. 79; McGrath, »Deep Histories in Time, or Crossing the Great Divide?«, S. 4.

17 Der australische Zukunftsforscher Joe Voros machte mich mit Zukunftskegeln bekannt; vgl. Voros, »Big History and Anticipation«.
18 Price, *Time's Arrow and Archimedes' Point*, Kapitel 1.
19 James, »The Dilemma of Determinism«, in *Delphi Complete Works of William James*, Position 36,352, Kindle.
20 Augustinus, *Bekenntnisse*, Kapitel 11. https://www.projekt-gutenberg.org/augustin/bekennt/chap011.html; Blackburn, *The Big Questions: Philosophy*, Position 1720, Kindle.
21 Brief von Einstein vom 21. März 1955 an Vero und Bice (Beatrice) Besso, Einstein Archiv Dokument 7-245.
22 Vonnegut, Kurt. *Schlachthof 5 oder Der Kinderkreuzzug*, Hamburg 2017, S. 30. Ian Straus verdanke ich den Hinweis auf die Tralfamadorianer.
23 Augustinus, *Bekenntnisse*, 11. Buch, 15. Kapitel.
24 James, »Perception of Time«, in *The Principles of Psychology*, Kapitel 15, *Delphi Complete Works of William James*, Position 11,732, Kindle; Dennett, *Philosophie des menschlichen Bewusstseins*, vgl. Kapitel 5 zu einschlägigen psychologischen Versuchen.
25 Augustinus, *Bekenntnisse*, 11. Buch, 17. Kapitel.
26 Zitiert in: Michaela Boenke, *Geschichte der Philosophie II: Philosophie des späten Mittelalters und der Renaissance*, 8. Vorlesung, http://www.phil-hum-ren.uni-muenchen.de/php/Boenke/VL2002s/VL08.htm. Zwar distanzierte sich Newton später von der Metapher des »Sensoriums«, beharrte aber weiterhin darauf, dass Gott »allgegenwärtig« im wörtlichen Sinne sei.
27 Omar Chayyám, *Die Sinnsprüche Omars des Zeltmachers*, Nr. 61, S. 32.
28 Laplace, *Philosophischer Versuch über die Wahrscheinlichkeiten*, S. 3 f.
29 Cicero, »Von der Weissagung«, S. 1466.
30 Augustinus, *Zweiundzwanzig Bücher über den Gottesstaat*, Buch 5, Kapitel 9, in einem Abschnitt, in dem er sich Cicero widerspricht, https://bkv.unifr.ch/de/works/9/versions/20/divisions/102410
31 Zu Laudan vgl. Curd und Cover, *Philosophy of Science*, S. 152; ferner Hacking, *The Taming of Chance*.

32 Zu Russell siehe Paul Davies, *Demon in the Machine*, S. 68 ff.; Waldrop, *Inseln im Chaos*, S. 425.
33 Gisin, »Mathematical Languages Shape Our Understanding of Time in Physics«; seine Argumentation wird zusammengefasst in Wolchover, »Does Time Really Flow?«
34 Feynman, *Vom Wesen physikalischer Gesetze*, Vortrag 6, S. 181.
35 Boethius, *Trost der Philosophie*, Stuttgart 2016, S. 157.
36 Anderson, »More Is Different«; William James, »The Dilemma of Determinism«, in *Delphi Complete Works of William James*, Position 35,914, Kindle.
37 Hume, *Traktat über die menschliche Natur*, S. 172 f.; Baron und Miller, *Introduction to the Philosophy of Time*, Kap. 6; Russell, *History of Western Philosophy*, S. 85; zu Rauchen und Lungenkrebs vgl. McGrayne, *Die Theorie, die nicht sterben wollte*, S. 131 f.
38 Russell, »On the Notion of Cause«, zitiert in Kistler, »Causation«.
39 Russell, »Psychological and Physical Causal Laws«, S. 288 f.
40 Pearl und Mackenzie, *The Book of Why*; Pearl, »Art and Science of Cause and Effect«.
41 Ich stütze mich hier auf einen rückwärts abgespielten Film, der die Zubereitung eines Rühreis zeigt. TED-Talk aus dem Jahr 2011: »History of the World in 18 Minutes«, aufgenommen im März 2011 in Long Beach, CA, TED-Video, 17:24, https://www.ted.com/talks/david_christian_the_history_of_our_world_in_18_minutes?language=en
42 Zur paradoxen Beziehung zwischen Komplexität und dem Zweiten Hauptsatz vgl. Egan und Lineweaver, »Life, Gravity and the Second Law of Thermodynamics«.
43 Price, *Time's Arrow and Archimedes' Point*, Kapitel 3.

Kapitel 2: Praktisches Zukunftsdenken

1 Ismael, »Temporal Experience«, S. 480.
2 *Marx-Engels-Werke*, Bd. 3, Berlin 1978, S. 7.
3 Die Zitate aus der *Bhagavad Gita* sind entnommen aus: *Bhaga-*

vadgita, *Des Erhabenen Gesang,* hg. v. Walter Otto, Gesang 1, 2, 3 und 11, Jena 1922.
4 Einstein, »Zur Elektrodynamik bewegter Körper«.
5 Elias, *Über die Zeit,* S. 9.
6 Streng genommen ist das die Lichtgeschwindigkeit im Vakuum.
7 Zitat in: Riggs, »Contemporary Concepts«, S. 51; Einstein, *Relativitätstheorie,* Kapitel 9.
8 Danks, »Safe-and-Substantive Perspectivism«, S. 127.
9 Wilczek, *Fundamentals,* S. 163 ff.
10 Beispielsweise Christian, *Big History.*
11 Nurse, *Was ist Leben?,* S. 109.
12 Aus dem Gedicht »Geh nicht gelassen in die gute Nacht« (übers. von Curt Meyer-Clason), in Dylan Thomas, *Windabgeworfenes Licht. Gedichte. Englisch/Deutsch,* München und Wien 1992, S. 367.
13 Dennett, *Spielarten des Geistes,* S. 74.
14 Safina, *Die Kultur der wilden Tiere,* S. 63.
15 Collingwood, *Philosophie der Geschichte,* S. 129.
16 Augustinus, *Bekenntnisse,* 11. Buch, 18. Kapitel, a. a. O.
17 Waldrop, *Inseln im Chaos,* S. 428, Paraphrase eines Interviews mit Brian Arthur.
18 Chalmers, *Wege der Wissenschaft,* S. 38.
19 Hume, *Traktat über die menschliche Natur,* S. 119.
20 Garrett, *Hume,* S. 17.
21 Wikipedia, »Maraṇasati«, https://de.wikipedia.org/wiki/Mara%E1%B9%87asati.
22 Dieses Beispiel ist entnommen aus: Pinker, *Wie das Denken im Kopf entsteht,* S. 136 f.
23 Zitiert in Silver, *Die Berechnung der Zukunft,* S. 283.
24 Das Buch, das Nate Silver 2012 über Vorhersagen schrieb, heißt im englischen Original *Signal and the Noise* (Signal und Rauschen).
25 Rescher, *Predicting the Future,* S. 61.
26 Rescher, »Predicting and Knowability«, S. 118.
27 Ord, *The Precipice,* S. 79.

28 Silver, *Die Berechnung der Zukunft*, S. 83.
29 Vikram Mansharamani, »Navigating Uncertainty: Thinking in Futures«, in Schroeter, *After Shock*, S. 15.
30 Goodwin, *Forewarned*, Position 127 und 1005, Kindle.

Kapitel 3: Wie Zellen die Zukunft managen

1 Vgl. Waldrop, *Inseln im Chaos*, S. 356.
2 Hume, *Traktat über die menschliche Natur*, S. 182 f.
3 Godfrey-Smith, *Metazoa*, Position 3132, Kindle.
4 LeDoux, *Bewusstsein*, S. 60; Kant, *Anthropologie in pragmatischer Hinsicht*, S. 96.
5 Waldrop, *Inseln im Chaos*, S. 439.
6 Richerson, »Integrated Bayesian Theory of Phenotypic Flexibility«, S. 54–64.
7 Lyon, »The Cognitive Cell«, S. 4.
8 Ebenda, S. 3.
9 Dennett, *Spielarten des Geistes*, S. 74.
10 Porter, *Die Kunst des Heilens*, S. 227; Nurse, *Was ist Leben?*, S. 19 f.
11 Nurse, *Was ist Leben?*, S. 18–24.
12 Waldrop, Inseln im Chaos, S. 377.
13 LeDoux, *Bewusstsein*, S. 59.
14 Zimmer, *Microcosm*, S. 146 f.
15 Ebenda, S. 125.
16 Ebenda, S. 113 f.
17 Bray, *Wetware*, Position 100, Kindle.
18 Nurse, *Was ist Leben?*, S. 93 f.
19 Goodsell, *Wie Zellen funktionieren;* Bray, *Wetware*, Position 804, Kindle.
20 Bray, *Wetware*, Position 27, Kindle.
21 Die folgende Passage ist angelehnt an Bray, *Wetware*, Position 775, Kindle; und Roth, *Long Evolution*, S. 70.
22 Mitchell, *Complexity*, Position 2445, Kindle.
23 Zu den Flagellen, Zimmer, *Microcosm*, S. 24 ff.

Kapitel 4: Wie Pflanzen und Tiere die Zukunft managen

1. Chamovitz, *Was Pflanzen wissen*, München 2017, S. 73 f.
2. Mukherjee, *Das Gen*, S. 420.
3. Wolpert, *Developmental Biology*, Position 1098, Kindle.
4. Nurse, *Was ist Leben?*, S. 114 f.
5. Peter Wohlleben, *Das geheime Leben der Bäume*, Wohlleben beschreibt, welch schwierige Entscheidungen Bäume im Lauf ihres Lebens treffen müssen.
6. Chamovitz, *Was Pflanzen wissen*, S. 32.
7. Wolpert, *Developmental Biology*, Position 682, Kindle.
8. Chamovitz, *Was Pflanzen wissen*, S. 97–102.
9. Ebenda, S. 78 ff., 65 und 50–61; Simard, *Finding the Mother Tree*.
10. Zum »Pflanzengedächtnis« vgl. Chamovitz, *Was Pflanzen wissen*, Kapitel »Woran sich eine Pflanze erinnert«.
11. Chamovitz, *Was Pflanzen wissen*, S. 194; Darwin, Insektenfressende Pflanzen, in Charles Darwin, *Insectenfressende Pflanzen*, Stuttgart 1876, S. 16.
12. Foster und Kreitzman, *Circadian Rhythms*, S. 108; Chamovitz, *Was Pflanzen wissen*, S. 37.
13. Chamovitz, *Was Pflanzen wissen*, S. 195.
14. Foster und Kreitzman, *Circadian Rhythms*, S. xvii, 11, 45.
15. Angelehnt an ebenda, S. 1.
16. Ebenda, S. 57; zur einfachsten möglichen inneren Uhr vgl. S. 125 ff.
17. Darwin, *Das Bewegungsvermögen der Pflanzen*, Stuttgart 1881, S. 492; Peter Wohlleben spielt mit derselben Idee in *Das geheime Leben der Bäume*, München 2015, S. 77.
18. Darwin, *Das Bewegungsvermögen der Pflanzen*, S. 1.
19. Chamovitz, *Was Pflanzen wissen*, S. 46 f.
20. Sheldrake, *Verwobenes Leben*, Kapitel 4.
21. Sabrin u. a., »Hourglass Organization of the C. elegans Connectome«.
22. Rodolfo Llinás, *I of the Vortex: From Neurons to the Self*, zitiert in Churchland, *Braintrust*, S. 44; Mitchell, *Complexity*, Position 2445, Kindle.

23 Roth, *Long Evolution*, S. 82, Kapitel 7.
24 LeDoux, *Bewusstsein*, S. 157 f.; Roth, *Long Evolution*, S. 79 ff., Kapitel 7.
25 Roth, *Long Evolution*, S. 98.
26 Ebenda, S. 94 und 115.
27 Davies, *Demon in the Machine*, S. 195.
28 O'Shea, *Das Gehirn*, S. 77.
29 Roth, *Long Evolution*, S. 234, S. 226.
30 Ebenda, Kapitel 5.
31 Zitiert in Kandel, *Auf der Suche nach dem Gedächtnis*, München 2006, S. 95.
32 LeDoux, *Bewusstsein*, S. 79.
33 O'Shea, *Das Gehirn*, S. 57 ff.; Roth, *Long Evolution*, S. 67.
34 Angelehnt an O'Shea, *Das Gehirn*, Kap. 3.
35 Kandel, *Auf der Suche nach dem Gedächtnis*, S. 10 f.
36 Ebenda, S. 91.
37 Ebenda.
38 Ebenda, S. 263, 236 und 287.
39 LeDoux, *Bewusstsein*, S. 47 f.
40 Kandel, *Auf der Suche nach dem Gedächtnis*, S. 238 f.
41 Plutarch, *Cäsar*, Kap. 63, S. 74.
42 Goodwin, *Forewarned*, Position 779, Kindle.
43 Gilbert, *Ins Glück stolpern*, S. 155 f.
44 Seth, *Being You*, S. 96–101, Kindle.
45 Kahneman, *Schnelles Denken, langsames Denken*.
46 Ebenda, Kap. 10; »scherzhaft«, weil wir, wie wir in Kapitel 7 sehen werden, statistischen Schlussfolgerungen nur trauen können, wenn sie auf »großen« Zahlen beruhen.
47 Ebenda, S. 38.
48 Russell, *Human Compatible*, S. 16.
49 Gopnik, *Kleine Philosophen*, S. 144; den neuesten Überblick liefert Seth, *Being You*.

Kapitel 5: Was ist neu am menschlichen Zukunftsdenken?

1. Wordsworth und Wordsworth, *Penguin Book of Romantic Poetry*, S. 255. Dt. Übersetzung von Adolf Laun, https://www.alloway-burnsclub.org.uk/poems/german3.html
2. Sornette, »Dragon-kings«.
3. Roth, *Long Evolution*, S. 251.
4. Safina, *Die Kultur der wilden Tiere*, S. 83, Über die Gehirne von Pottwalen; Roth, *Long Evolution*, S. 232 und Tabelle auf S. 226.
5. Churchland, *Conscience*, S. 24.
6. Dunbar, *Human Evolution*.
7. Wie komplex und belastend diese Verrechnungen sein können, wird deutlich in Cheney und Seyfarth, *Baboon Metaphysics*.
8. Roth, *Long Evolution*, S. 234, 260; Churchland, *Braintrust*, S. 119.
9. Kahneman, *Schnelles Denken, langsames Denken*.
10. Safina, *Die Kultur der wilden Tiere*, ist ein wunderschöner Bericht über die Vielfalt tierischer Kulturen; über »kollektives Lernen«: Christian, *Maps of Time* und *Big History*; über kulturelle Evolution: Mesoudi, *Cultural Evolution*, eine nützliche Einleitung.
11. Mesoudi, *Cultural Evolution*, S. 203.
12. Steven Pinker, *Der Sprachinstinkt*, Kapitel 1, S. 18.
13. Die Bedeutung der Kooperation unterstreicht Michael Tomasello in seinen Schriften, etwa in *Warum wir kooperieren*.
14. Roth, *Long Evolution*, S. 260.
15. Goswami, *Child Psychology*, S. 52.
16. Gopnik, *Kleine Philosophen*, S. 104.
17. Zur Erziehung in oralen Kulturen vgl. Kelly, *Knowledge and Power*, S. 31 f.; Karl Popper wird zitiert in Plotkin, *Darwin Machines*, S. 69 f.: »Die Zunahme unseres Wissens ist das Ergebnis eines Prozesses, der große Ähnlichkeit mit dem von Darwin als ›natürliche Selektion‹ bezeichneten Mechanismus hat.«
18. Adam Ferguson, *Versuch über die Geschichte der bürgerlichen Gesellschaft*, Leipzig 1768, S. 6 f.
19. Whitehead, *Abenteuer der Ideen*, S. 221, in einem Kapitel über Voraussicht.

20 Zu einigen ernsten Vorbehalten gegenüber solchen Verfahren vgl. Noble und Davidson, »Tracing the Emergence«.
21 Zitiert in Gell, *The Anthropology of Time*, S. 126.
22 Eliade, *Myth of the Eternal Return*.
23 Gell, *The Anthropology of Time*, S. 127.
24 Entnommen: Goody, »Time: Social Organization«, S. 31.
25 Gell, *The Anthropology of Time*, S. 315.
26 Goody, »Time: Social Organization«, S. 31.
27 Ebenda.
28 Elias, *Über die Zeit*, S. 125.
29 Gell, *The Anthropology of Time*, S. 3.
30 Goody, »Time: Social Organization«, S. 30.
31 Christian, *Maps of Time*, S. 254 und S. 209.
32 Rose, *Dingo Makes Us Human*, S. 5.
33 Ein zentrales Argument in Lynne Kelly, *Knowledge and power in prehistoric societies: orality, memory, and the transmission of culture*, Cambridge 2015, Kapitel 2.
34 Marshall, *The Old Way*, S. 266.
35 Haynes, »Astronomy and the Dreaming«, S. 54.
36 Marshack, *The Roots of Civilization;* Gründe für Skepsis sind aufgelistet in Noble and Davidson, »Tracing the Emergence«, S. 127 ff.
37 Lee und DeVore, *Man the Hunter*, S. 37, zitiert in Sahlins, »Original Affluent Society«, S. 22.
38 Kelly, *Knowledge and Power*, S. 133.
39 Haynes, »Astronomy and the Dreaming«, S. 54.
40 McGrath und Jebb, *Long History, Deep Time*, S. 4.
41 Ein zentrales Argument in Swain, *A Place for Strangers*.
42 Goody, »Time: Social Organization«, S. 39.
43 Buch der Prediger 1:4–11 (Lutherbibel).
44 Vgl. Sahlins, »Original Affluent Society«; Woodburn, »Egalitarian Societies«.
45 Zitiert in Sahlins, »Original Affluent Society«, S. 27.
46 Kelly, *Knowledge and Power*, S. 117.
47 Cicero, *Vom Wesen der Götter*, S. 2.
48 Goswami, *Child Psychology*, S. 34 f.

49 Heute gibt es eine Disziplin, die sich mit den kognitiven Aspekten der Religion beschäftigt: vgl. Guthrie, *Faces in the Clouds;* Boyer, *Und der Mensch schuf Gott,* Stuttgart 2004; Larson, *Understanding Greek Religion.*
50 Larson, *Understanding Greek Religion,* S. 74 f.
51 Rawson, *Cicero,* S. 241.
52 Marshall Thomas, *The Old Way,* S. 261.
53 Im Folgenden angelehnt an Marshall Thomas, *The Old Way,* S. 269–273.
54 Lewis-Williams, *Conceiving God,* Position 4604, Kindle.

Kapitel 6: Zukunftsdenken im Agrarzeitalter

1 Aischylos, *Die Tragödien,* Stuttgart 2016, S. 320.
2 Aus Johnston, *Ancient Greek Divination,* S. 7 f.
3 Daten von *Our World in Data* über Bevölkerung Waldzerstörung und Verstädterung; aus Christian, *Big History,* vorwiegend gestützt auf Smil, *Harvesting the Biosphere.*
4 1. Mose 9:2 (Lutherbibel).
5 Goody, »Time: Social Organization«, S. 39 ff.; *Epic of Gilgamesh,* http://www.ancienttexts.org/library/mesopotamian/gilgamesh/tab1.htm
6 Cicero, »Von der Weissagung«, S. 1477, 1476; genau genommen werden diese Auffassungen von dem »Protagonisten« in Ciceros Dialog mit seinem Bruder Quintus vertreten, weshalb es schwer ist, Ciceros tatsächliche Ansicht zu erkennen.
7 Offenbarung 4:1 (Lutherbibel).
8 Hobbes, *Leviathan,* Kapitel 12, »Von der Religion«.
9 Jaspers, *Ursprung und Ziel der Geschichte;* vgl. auch Eisenstadt, »Axial Age«.
10 Zitiert in Bellah, *Der Ursprung der Religion,* S. 380.
11 Die Formulierung »imaginierte Gemeinschaften« ist Benedict Andersons klassischer Nationalismus-Studie *Imagined Communities* entlehnt.
12 Cicero, »Von der Weissagung«, S. 1495 f.

13 Atwood, *Encyclopedia of Mongolia and the Mongol Empire*, S. 494 f.
14 Zitiert in: Christian, *History of Russia, Central Asia and Mongolia*, Bd. 1, S. 59 ff.
15 De Rachewiltz, *Secret History of the Mongols*, Bd. 1, S. 457–60; zu anderen möglichen Übersetzungen vgl. Atwood, *Encyclopedia of Mongolia and the Mongol Empire*, S. 99.
16 Christian, *History of Russia, Central Asia and Mongolia*, Bd. 1, S. 425.
17 De Rachewiltz, *Secret History of the Mongols*, Abschn. 244–246 (Bd. 1, S. 168–174).
18 Atwood, *Encyclopedia of Mongolia and the Mongol Empire*, S. 100.
19 Christian, *History of Russia, Central Asia and Mongolia*, Bd. 1, S. 425.
20 Thomas und Humphrey, *Shamanism, History and the State*, S. 11.
21 Johnston, *Ancient Greek Divination*, S. 3.
22 Xenophon, *Anabasis. Der Zug der Zehntausend*, übers. v. Max Oberbreyer, Leipzig 1878, Kindle-Ausgabe.
23 Johnston, *Ancient Greek Divination*, S. 11 f.; Beard, »Cicero and Divination: The Formation of a Latin Discourse«, S. 33–46; die meisten Forscher nehmen Ciceros Skepsis ernster.
24 Flower, *Seer in Ancient Greece*, S. 34.
25 Johnston, *Ancient Greek Divination*, S. 33 f.
26 Ebenda, S. 49.
27 Hobbes, *Leviathan*, Kapitel 12, »Von der Religion«, Hamburg 1996, S. 95; Strathern, *Brief History of the Future*, S. 13.
28 Johnston, *Ancient Greek Divination*, S. 69 f.
29 Parke und Wormell, The Delphic Oracle, Bd. 1, S. 189.
30 Raphals, *Divination*, S. 220.
31 Nissinen, Ritner und Seow, *Prophets and Prophecy*, S. 25.
32 Raphals, *Divination*, S. 148; Flower, *Seer in Ancient Greece*, S. 32.
33 Flower, *The Greek Seer*, S. 32 ff.
34 Raphals, *Divination*, S. 72.
35 Keightley, »The Shang«, S. 247, 252.
36 Raphals, *Divination*, S. 43; Keightley, »The Shang«, S. 236 f.

37 Keightley, *These Bones Shall Rise Again*, S. 102.
38 Raphals, *Divination*, S. 88 f.
39 Keightley, »The Shang«, S. 236 f.
40 Keightley, *These Bones Shall Rise Again*, S. 103.
41 Ebenda, S. 127.
42 Ebenda, S. 129.
43 Ebenda, S. 130; Raphals, *Divination*, S. 182 f.
44 Raphals, *Divination*, S. 205.
45 Ebenda, S. 165.
46 Keightley, »The Shang«, S. 256, und *These Bones Shall Rise Again*, S. 109.
47 Für einen allgemeinen Überblick vgl. Campion, *Astrology and Cosmology*.
48 *König Lear*, erster Akt, zweite Szene.
49 Raphals, *Divination*, S. 136.
50 Pankenier, *Astrology and Astronomy in Early China*, S. 6–7.
51 Raphals, *Divination*, S. 136.
52 Zu einer modernen Übersetzung der alten Fassung des *Yijing* mit ausführlichem Kommentar vgl. Redmond, *The I Ching*.
53 C. G. Jung, 1949, zitiert in Redmond, *The I Ching*, S. 22.
54 *I Ging*. Text und Materialien, übers. von Richard Wilhelm, München, 14. Aufl., 1990, S. 28 f.
55 Keightley, »The Shang«, S. 258 ff.
56 Raphals, *Divination*, 94, Zitat, S. 99.
57 Bacigalupo, *Shamans of the Foye Tree*, S. 17.
58 Lewin, »Popular Religion«, S. 68.
59 Ebenda, S. 64; Ryan, *Bathhouse at Midnight*, S. 51–52.
60 Ryan, *Bathhouse at Midnight*, S. 44.
61 Ebenda, S. 96, 100, 108.
62 Evans-Pritchard, *Hexerei*, S. 208.
63 Aus Christian, *History of Russia, Central Asia and Mongolia*, 2:343–344.
64 Aus ebenda, 1:59.
65 Tedlock, »Toward a Theory of Divinatory Practice«, 65.
66 Bacigalupo, *Shamans of the Foye Tree*, 26.

67 Cicero, »Von der Weissagung«, S. 1444 und 1506; Johnston, *Ancient Greek Divination*, S. 9.
68 Vitebsky, *The Shaman*, S. 112 f.
69 Evans-Pritchard, *Hexerei*, S. 133 f.
70 Ebenda, S. 126.
71 Ebenda, S. 160–166.
72 Cicero, *Von der Weissagung*, S. 1468.
73 Augustinus, *Bekenntnisse*, Buch 7, Kapitel 6, a. a. O.
74 Evans-Pritchard, *Hexerei*, S. 167 f.
75 Beard, SPQR, 465; der folgende Abschnitt stützt sich auf: Hansen, *Anthology of Ancient Greek Popular Literature*, Kapitel 10. Dort wird übersetzt, was unter Fachleuten als »zweite Auflage« des Orakels bezeichnet wurde.
76 In einer späteren Version wurden Fragen für Soldaten und Bauern hinzugefügt; Stewart, *Sortes Barberinianae*, S. 185–188.
77 Toner, *Popular Culture in Ancient Rome*, S. 48.
78 Luijendijk und Klingshirn, *My Lots Are in Thy Hands*, S. 1; Hansen, *Anthology of Ancient Greek Popular Literature*, S. 285 f.
79 Toner, *Popular Culture in Ancient Rome*, S. 47 f.

Kapitel 7: Modern Future Thinking

1 Marquis de Condorcet, *Entwurf eines historischen Gemäldes der Fortschritte des menschlichen Geistes*, Tübingen 1796 (https://www.gleichsatz.de/b-u-t/trad/hk/condorcet10.html).
2 Steffen u. a., »Trajectory of the Anthropocene«.
3 Die Daten in diesem Abschnitt stammen größtenteils von der Website *Our World in Data* und aus Christian, *Big History*, S. 371, der sich seinerseits stützt auf Smil, *Harvesting the Biosphere*.
4 Beispielsweise Arthur, *The Nature of Technology*, und Headrick, *Macht euch die Erde untertan*.
5 Zu einer Big-History-Perspektive der Globalisierung vgl. Christian, Vorwort und Einleitung zu Zinkina u. a., *Big History of Globalization*.
6 Ogle, *Global Transformation of Time*, S. 1 f.

7 Whitehead, *Abenteuer der Ideen*, S. 210, in einem Kapitel über Voraussicht.
8 Aus Fernandez-Armesto, *The World*, CD.
9 Zur Entdeckung der Tiefenzeit vgl. Toulmin und Goodfield, *Entdeckung der Zeit*; obwohl älter, ist es ausgezeichnet.
10 Zur chronmetrischen Revolution vgl. Christian, »History and Science after the Chronometric Revolution«.
11 Shapin, *Die wissenschaftliche Revolution*, Frankfurt am Main 2017, FISCHER Digital, Kindle-Version, Positionen 601–602.
12 Davies, *Magic*, S. 45; zur Übernahme der Schiller-Metapher »Entgötterung der Welt« vgl. Gerth und Mills, *From Max Weber*, S. 51.
13 Max Weber, *Wissenschaft als Beruf*, 1919. https://www.molnut.uni-kiel.de/pdfs/neues/2017/Max_Weber.pdf
14 Shapin, *Die wissenschaftliche Revolution*, Position 2428 und 544–546.
15 Paraphrase von Wooton, *The Invention of Science*, S. 5 f., 8 f.
16 Porter, *Die Kunst des Heilens*, S. 464.
17 Wie Shapin anmerkt, handelte es sich dabei möglicherweise nur um ein Gedankenexperiment, vgl. *Die wissenschaftliche Revolution*, Position 1318; zu Torricelli vgl. Dewdney, *Epic Drama*, S. 152 ff.
18 Silver, *Die Berechnung der Zukunft*, 455.
19 Pearl, »Art and Science of Cause and Effect«, S. 415.
20 René Descartes, *Abhandlung über die Methode, richtig zu denken und die Wahrheit in den Wissenschaften zu suchen*, Berlin 1870, http://www.zeno.org/Philosophie/M/Descartes,+Ren%C3%A9/Abhandlung+%C3%BCber+die+Methode,+richtig+zu+denken+und+Wahrheit+in+den+Wissenschaften+zu+suchen
21 Gilmour, »Nature and Function of Astragalus Bones«.
22 Stewart, *Wetter, Viren, Wahrscheinlichkeit*, S. 45; Mlodinow, *Wenn Gott würfelt oder wie der Zufall unser Leben bestimmt*, S. 71; ich danke Nic Baker, der mir Zugang zu seinen Forschungsarbeiten über Cardano gewährt hat.
23 Zitiert in Mlodinow, *Wenn Gott würfelt*, S. 82 f. und 87.
24 Stewart, *Wetter, Viren, Wahrscheinlichkeit*, S. 48 f.

25 Mlodinow, *Wenn Gott würfelt,* Kapitel 3; vom Begriff des Ereignisraums liefert William Feller im ersten Kapitel seiner Einführung in die Wahrscheinlichkeitstheorie eine eingehende Beschreibung.
26 Stewart, *Wetter, Viren, Wahrscheinlichkeit,* S. 53 f.; Experimente haben ergeben, dass selbst Würfe mit ganz gewöhnlichen Münzen keine vollkommen zufälligen Resultate liefern.
27 Diese Diskussion stützt sich unter anderem auf Mlodinow, *Wenn Gott würfelt,* S. 88 ff., wobei er darauf hinweist, dass dieses Ergebnis von Galilei stammt.
28 Daston, *Classical Probability,* S. 15.
29 Weaver, *Die Glücksgöttin,* S. 54.
30 Pascal, *Pensées, Gedanken,* vollst. Ausg., Wiesbaden 2017, S. 181 ff.
31 Arnauld et al., *Logic, or the Art of Thinking,* S. 274 f.
32 Stewart, *Wetter, Viren, Wahrscheinlichkeit,* S. 120.
33 McGrayne, *Die Theorie, die nicht sterben wollte,* S. 7 f.
34 Rosenbaum, »100 Years of Heights and Weights«, S. 281, Datenzusammenfassung, S. 282.
35 David Hume, *Traktat über die menschliche Natur,* S. 179; Daston, *Classical Probability,* S. 10.
36 Isaacson, *Einstein,* S. 325.
37 Hacking, *The Emergence of Probability,* S. 105 f.
38 Hacking, *The Taming of Chance,* S. 40.
39 Zitiert in ebenda, S. 41.
40 Ebenda, S. 2 f., und an verschiedenen Orten.
41 Ebenda, S. 105.
42 Mayer-Schönberger und Cukier, *Big Data,* S. 11.
43 Ebenda.
44 Urry, *What Is the Future?,* S. 89.
45 Holmes, *Big Data,* S. 27
46 Bell, *Foundations of Futures Studies,* B. 1, S. 44.
47 Meadows, Meadows, und Randers, *Die neuen Grenzen des Wachstums,* S. 248 f.
48 Vgl. Turner, »Comparison of The Limits to Growth«, »Is Global Collapse Imminent?«; Herrington, »Update to Limits to Growth«, 2021.

49   Ord, *The Precipice*, S. 70–73.
50   Dewdney, *Epic Drama*, S. 154–158.
51   Blum, *Die Wettermacher*, S. 23 ff.; Dewdney, *Epic Drama*, S. 158 ff.
52   Blum, *Die Wettermacher*, S. 152 f.; zum ECMWF siehe ebenda, Kapitel 8.
53   Silver, *Die Berechnung der Zukunft*, S. 225 f.
54   Zu kurzen Überblicken vgl. Gidley, *The Future*, S. 58; Sardar, *Future: All That Matters*, Kapitel 8; und Bell, *Foundations of Futures Studies*, Bd. 1, Kapitel 1.
55   Zu Wells als Begründer der modernen Zukunftsforschung vgl. Wagar, »H. G. Wells and the Genesis of Future Studies«.
56   Wells, »Discovery of the Future«, 1902.
57   Aus Sardar, *Future: All That Matters*, Position 350, Kindle.
58   Angaben aus Bell, *Foundations of Futures Studies*, Bd. 1, S. 63 f.
59   Strathern, *Brief History of the Future*, S. 205 ff. und 263 ff.
60   Andersson, *Future of the World*, S. 4; zu Flechtheim vgl. Strathern, *Brief History of the Future*, Kapitel 4.
61   Gidley, *The Future*, S. 5 f. und S. 51.
62   Meadows u. a., *Die Grenzen des Wachstums*.
63   Gidley, *The Future*, S. 55 f.; zur WFSF vgl. https://wfsf.org/; Sardar, *Future: All That Matters*, Position 461 ff., Kindle, Diskussion verschiedener Formen der Zukunftsforschung aus verschiedenen regionalen Perspektiven; es gibt jetzt einen Verband professioneller Zukunftsforscher (https://www.apf.org/), auf dessen Website es heißt, er habe 400 Mitglieder aus 40 Ländern.
64   Bell, *Foundations of Futures Studies*, Bd. 1, Kapitel 2; dort geht es um »Purposes of Future Studies«, also die Ziele der Zukunftsforschung; vgl. auch Bd. 1, S. 102–112.
65   Bell, *Foundations of Futures Studies*; und Aligica, »Special Edition on Wendell Bell«; eine Einführung in die Techniken professioneller Zukunftsforscher ist u. a. Hines und Bishop, *Thinking about the Future*; zu Szenarienplanung siehe Schwartz, *The Art of the Long View*.
66   Zum Verhältnis von Science-Fiction und Zukunftsforschung vgl. James und Mendlesohn, »Fiction and the Future«.

Kapitel 8: Nahe Zukünfte

1 Rees, *Unsere Erde*, S. 17.
2 Zitiert in: Krznaric, *The Good Ancestor*, S. 89.
3 Dator, *A Noticer in Time*, S. 42; Harman, *Incomplete Guide to the Future*, zitiert in Joe Voros, »Philosophical Foundations«, S. 69.
4 Maslow, »Theory of Human Motivation« und »Symposium: Revisiting Maslow«.
5 Christian, »History and Global Identity«.
6 *Erklärung zum Weltethos*, Parlament der Weltreligionen, 1993, https://www.zum.de/Faecher/evR/Sekundar2/lpe_12_19.htm
7 https://www.vatican.va/content/francesco/de/encyclicals/documents/papa-francesco_20150524_enciclica-laudato-si.html
8 Zitiert in Sargent, *Utopianism*, S. 15.
9 T. F. Ehrmann (Hg.), *Neueste Beiträge zur Kunde von Indien*, Bd. 2, Weimar 1806, S. 32.
10 Condorcet, *Entwurf einer historischen Darstellung der Fortschritte des menschlichen Geistes*, Frankfurt am Main 1976, S. 38.
11 Ebenda, S. 194; Lukes und Urbinati, *Condorcet*, S. 126, 45, 96.
12 Condorcet, *Entwurf*, S. 219 f.
13 Zu Wells' Einfluss vgl. Hensel, »H. G. Wells and the Drafting of a Universal Declaration of Human Rights«; und Wells, *Rights of Man: or, What Are We Fighting For?*
14 Lukes und Urbinati, *Condorcet*, S. 136 f.
15 Malthus, *Essay on the Principle of Population*.
16 Ebenda, S. 18 ff.
17 Aus Bell, *Foundations of Future Studies*, 1, S. 117; siehe auch https://de.wikipedia.org/wiki/Raumschiff_Erde
18 Meadows u. a., *Die Grenzen des Wachstums*.
19 Ebenda, S. 196. Die Formulierung »eine geistige Umwälzung kopernikanischen Ausmaßes« stammt von den Sponsoren des Club of Rome.
20 Ebenda, S. 17.
21 John Stuart Mill, *Grundsätze der politischen Ökonomie*, Buch IV, Kap. VI, Hamburg 1852, S. 228 f.

22 Aus der Klimarahmenkonvention der Vereinten Nationen, 1992, http://unfccc.int/resource/docs/convkp/convger.pdf
23 *1992 World Scientists' Warning to Humanity*, 16. Jul 1992, Union of ConcernedScientists, https://www.ucsusa.org/resources/1992-world-scientists-warning-humanity
24 »Die Zukunft, die wir wollen«, UN-Generalversammlung, 11. September 2012, https://www.un.org/depts/german/gv-66/band3/ar66288.pdf
25 Resolution der UN-Generalversammlung, verabschiedet am 1. September 2015, Präambel und Einleitung, https://www.un.org/depts/german/gv-69/band3/ar69315.pdf
26 Ebenda. Unter der angegebenen Adresse lassen sich die Ziele für eine nachhaltige Entwicklung in ihrer neuesten Form herunterladen.
27 Randers, *2052*, S. 81.
28 Deutsche Übersetzung: https://dewiki.de/Lexikon/There_are_known_knowns#Verwendung Rumsfelds Pressekonferenz kann heruntergeladen werden unter: https://archive.ph/20180320091111/http://archive.defense.gov/Transcripts/Transcript.aspx?TranscriptID=2636; vgl. Silver, *Die Berechnung der Zukunft*, S. 511 ff., für eine interessante Erörterung.
29 Zitiert in Raworth, *Die Donut-Ökonomie*, S. 177.
30 Taleb, *Der schwarze Schwan*.
31 Eldredge und Gould, »Punctuated Equilibria«.
32 Diese Geschichte erzähle ich in *Big History*.
33 Die folgenden Zahlen stammen aus Kaku, *Die Physik der Zukunft*.
34 Rosling und Rosling, *Factfulness*, S. 51.
35 Max Roser, Hannah Ritchie und Bernadeta Dadonaite, »Child and Infant Mortality«, Our World in Data, letzte Aktualisierung November 2019, https://ourworldindata.org/child-mortality; Smil, *Numbers Don't Lie*, S. 9.
36 Holmes, *The Age of Wonder*, S. 305 ff., fasst ihren entsetzlichen Bericht zusammen; Auszüge in Porter, *Die Kunst des Heilens*, S. 367–371.
37 Pinker, *Gewalt. Eine neue Geschichte der Menschheit*; für eine Zu-

sammenfassung von Pinkers Argument vgl. Steven Pinker, »A History of Violence: Edge Master Class 2011«, *Edge*, 27. September, 2011, https://www.edge.org/conversation/mc2011-history-violence-pinker
38 Schwab, *Stakeholder Kapitalismus*, S. 41 ff.
39 Die wichtigen Diagramme sind zu finden in: Max Roser, »Future Population Growth«, Our World in Data, letzte Aktualisierung November 2019, https://ourworldin-data.org/future-population-growth; Ehrlich und Ehrlich, *Die Bevölkerungsbombe*.
40 Vollset u. a., »Fertility, Mortality, Migration, and Population Scenarios«.
41 Daten aus Max Roser, »Fertility Rate: Children Born per Woman [World]«, Our World in Data, Erstveröffentlichung 2014; erheblich revidierte Version veröffentlicht am 2. Dezember 2017, https://ourworldindata.org/fertility-rate
42 Weart, »Development of the Concept of Dangerous Anthropogenic Climate Change«.
43 Für eine Erklärung der Methoden vgl. Riahi u. a., »Shared Socioeconomic Pathways«.
44 Allan u. a., *Climate Change 2021*, S. 16 ff.
45 Ebenda, S. 36.
46 Zahlen aus Bar-On, Phillips und Milo, »Biomass Distribution on Earth«.
47 S. Díaz u. a., IPBES Global Assessment (2019), S. 24.
48 Der UNEP-Bericht 2021 *Frieden schließen mit der Natur* enthält einige furchterregende Statistiken.
49 Lovelock, *Unsere Erde wird überleben. Gaia – eine optimistische Ökologie*.
50 Rockström und Klum, *Big World. Small Planet*.
51 In Raworth, *Die Donut-Ökonomie*, S. 74.
52 Eine empfehlenswerte Diskussion findet sich in Ord, *The Precipice*, S. 24 ff. und S. 90–102.
53 Piketty, *Das Kapital im 21. Jahrhundert*. Einleitung.
54 Scheidel, *Nach dem Krieg sind alle gleich. Eine Geschichte der Ungleichheit*, Einleitung.

55 Ebenda.
56 Al-Khalili, Jim (Hg.), *What's Next. Even Scientists Can't Predict the Future – or Can They?*
57 Christian, »The Noösphere«.
58 Randers, *2052*, S. 38 f.
59 Dator, *A Noticer in Time*, Kap. 5, Pkt. 4, »The Four Generic Futures«.
60 Ord, *The Precipice*, S. 37, zur Definition der existentiellen Katastrophe vgl. S. 167.
61 Ein langsamer Niedergang wird beschrieben in Greer, *The Long Descent*.
62 Ebenda, S. 83.
63 Raskin, *Journey to Earthland*.
64 Sinclair und LaPlante, *Das Ende des Alterns*.
65 Meadows u. a., *Die Grenzen des Wachstums*, S. 154.
66 Zum Transhumanismus vgl. Grinin und Grinin, »Crossing the Threshold of Cyborgization«.
67 Greta Thunberg, *Ich will, dass ihr in Panik geratet*, Frankfurt 2019, Fischer-E-Book, Kindle-Version.

Kapitel 9: Mittlere Zukünfte

1 Ord, *The Precipice*, S. 52.
2 Wells, *The Outline of History*, B. 2, Kap. 41, Pkt. 4.
3 Zum Beispiel Wagar, *Short History of the Future*; Stableford und Langford, *The Third Millennium*.
4 Gates, *Wie wir die Klimakatastrophe verhindern*, Kap. 4.
5 Kaku, *Die Physik der Zukunft*, S. 353.
6 Ebenda, S. 138.
7 Kardashev, »Transmission of Information by Extra-Terrestrial Civilizations« und »On the Inevitability and the Possible Structures of Supercivilizations«.
8 Sagan, *Nachbarn im Kosmos*, Kap. 34.
9 Rorvig, »How to Spot an Alien Megastructure«, zu neueren Versuchen, solche Strukturen zu entdecken.

10 Voros, »Big Futures«, S. 423, zu Hoag-Objekten; Kaku, *Die Physik der Zukunft*, S. 330.
11 Feynman, »There's Plenty of Room at the Bottom«.
12 John Smart, »Exponential Progress«, in Schroeter, *After Shock*, S. 499.
13 Das ist die Vorstellung von Drexler, *Radical Abundance*.
14 Zu KI vgl. Russell, *Human Compatible*.
15 Kaku, *Abschied von der Erde*, S. 179 f.
16 Bostrom, *Superintelligence*, S. 123.
17 Kaku, *Die Physik der Zukunft*, S. 184 f.
18 Strathern, *Brief History of the Future*, S. 296.
19 Srubar, »Buildings Grown by Bacteria«.
20 Natasha Vita-More, »A History of Transhumanism« in Lee, *The Transhumanism Handbook*, Kap. 2, S. 49.
21 Lem, »Thirty Years Later«, in Swirski, *Art and Science of Stanislaw Lem*.
22 Gerjuoy, »Most Significant Events of the Next Thousand Years«.
23 Lem, »Thirty Years Later«, in Swirski, *Art and Science of Stanislaw Lem*.
24 Finney, *From Sea to Space*, Kap. 3, »One Species or a Million?«, S. 113.
25 Zitiert in Caitlin Yilek, »Jeff Bezos on Future of Spaceflight«, CBS News, 21. Juli 2021; https://www.cbsnews.com/news/jeff-bezos-space-heavy-industry-polluting-industry/
26 Finney, *From Sea to Space*, S. 105.
27 Kaku, *Abschied von der Erde*, Position 477 f.
28 Ord, *The Precipice*, S. 231.
29 In Grinspoon, *Earth in Human Hands*, wird übersichtlich dargestellt, wie sich die Astrobiologie und planetarische Wissenschaft entwickelt hat.
30 Olaf Stapledon, *Starmaker*, zitiert in Kaku, *Abschied von der Erde*, Position 4441.
31 Shostak, »The Value of ›L‹«, S. 404.
32 Robinson, »Realism of Our Times«.
33 Dyson, »Time without End«, S. 453.

Kapitel 10: Ferne Zukünfte

1 Jacob Margolis (@JacobMargolis), »My battery is low and it's getting dark«, Twitter, 12. Februar 2019, 16:38, https://twitter.com/jacobmargolis/status/1095436913173880832
2 Bar-On, Phillips und Milo, »Biomass Distribution on Earth«.
3 Der folgende Abschnitt ist teilweise angelehnt an Meadows, *Future of the Universe*, Kap. 2.
4 Für einen Film über Plattentektonik während der letzte Milliarde Jahre vgl. Robin George Andrews, »Watch This Billion-Year Journey of Earth's Tectonic Plates«, *New York Times*, 6. Februar 2021, https://www.nytimes.com/2021/02/06/science/tectonic-plates-continental-drift.html
5 Nance u. a. »The Supercontinent Cycle«.
6 Meadows, *Future of the Universe*, S. 111.
7 Ebenda, S. 117 und 114.
8 In *Extraterrestrial* spekuliert Avi Loeb, Direktor des Astronomie-Fachbereichs an der Harvard University, über die Möglichkeit, dass es intelligente außerirdische Geschöpfe gibt, aber nur wenige seiner Kollegen nehmen diese Idee ernst.
9 Meadows, *Future of the Universe*, Kap. 2.
10 Voros, »Big Futures«, S. 417.
11 Meadows, *Future of the Universe*, S. 18.
12 Lovelock, *Unsere Erde wird überleben*.
13 Shah, »Complex Life's Days Are Numbered«.
14 Meadows, *Future of the Universe*, S. 65 f.
15 Ebenda, S. 126.
16 Zu Kollisionen von Galaxien vgl. Meadows, *Future of the Universe*, Kap. 10; zur Kollision mit Andromeda vgl. Mack, *Das Ende von allem*, S. 64 f.
17 Walls, *Oxford Handbook to Eschatology*, S. 151.
18 Dyson, »Time without End«.
19 Walls, *Oxford Handbook to Eschatology*, S. 3.
20 Ebenda, S. 6.

21 Irving Klee, »Spiritualism: The Technological Endgame«, in Schroeter, *After Shock*, S. 65.
22 Mack, *Das Ende von allem*, S. 775.
23 Hawking, *Kurze Geschichte der Zeit*, S. 192 f.
24 Mack, *Das Ende von allem*, S. 115.
25 Holt, *Als Einstein und Gödel spazieren gingen*, Kindle-Version, Position 387.
26 Ebenda, Position 4538.
27 Smolin, *Warum gibt es die Welt? Die Evolution des Kosmos*.
28 Rees, *Just Six Numbers*.
29 Meadows, *Future of the Universe*, S. 162.

Literaturverzeichnis

Aligica, Paul Dragos (Hg.), »Special Issue on Wendell Bell«, *Futures* 43, Nr. 6 (2011), S. 563–638.

Al-Khalili, Jim (Hg.), *What's Next. Even Scientists Can't Predict the Future – or Can They?*, London 2017.

Allan, Richard P., P. A. Arias, S. Berger, J. G. Canadell, C. Cassou, D. Chen, A. Cherchi u. a. (Hg.), *Climate Change 2021. The Physical Basis. Summary for Policy Makers*, Cambridge 2021.

Anderson, Benedict, *Imagined Communities. Reflections on the Origins and Spread of Nationalism*, Neuausgabe London 2016, mit einem Vorwort zur Ausgabe von 1991.

Anderson, P. W., »More Is Different. Broken Symmetry and the Hierarchical Structure of Science«, *Science* 177, Nr. 4047 (1972), S. 393–396.

Andersson, Jenny, *The Future of the World. Futurology, Futurists, and the Struggle for the Post Cold War Imagination*, Oxford 2018.

Arnauld, Antoine, und Pierre Nicole, *Logic, or the Art of Thinking*, übers. v. Jill Vance Buroker, Cambridge 1996.

Arthur, Brian, *The Nature of Technology*, New York 2009.

Asimov, Isaac, *Foundation* (1951), *Foundation and Empire* (1952), und *Second Foundation* (1953), New York.

Atwood, Christopher P., *Encyclopedia of Mongolia and the Mongol Empire*, New York 2004.

Augustinus, *Zweiundzwanzig Bücher über den Gottesstaat*, https://bkv.unifr.ch/de/works/9/versions/20/divisions/102410

---, *Bekenntnisse*, https://www.ub.uni-freiburg.de/fileadmin/ub/referate/04/augustinus/bekennt1.htm#

Bacigalupo, Ana Mariella, *Shamans of the Foye Tree. Gender, Power, and Healing among Chilean Mapuche*, Austin 2010. Ich danke Merry Wiesner-Hanks für den Hinweis auf dieses Buch.

Bardon, Adrian, *A Brief History of the Philosophy of Time,* New York 2013.

Baron, Sam, und Kristie Miller, *An Introduction to the Philosophy of Time,* Cambridge 2019.

Bar-On, Yinon M., Rob Phillips, and Ron Milo. »The Biomass Distribution on Earth«, *Proceedings of the National Academy of Science* 115, Nr. 25 (2018), S. 6506–6511.

Beard, Mary, »Cicero and Divination. The Formation of a Latin Discourse«, *Journal of Roman Studies* 76 (1986): 33–46.

---, *SPQR. A History of Ancient Rome,* New York 2015.

Bell, Wendell, *Foundations of Futures Studies,* 2 Bde., New Brunswick, NJ, 1997, 2004.

Bellah, Robert N., *Der Ursprung der Religion, Vom Paläolithikum bis zur Achsenzeit,* Freiburg 2020.

Benjamin, Craig, Esther Quaedackers und David Baker (Hg.), *The Routledge Companion to Big History,* London 2020.

Bhagavadgita, Des Erhabenen Gesang, hg. v. Walter Otto, Gesang 1, 2, 3 und 11, Jena 1922.

Blackburn, Simon, *The Big Questions. Philosophy,* London 2009.

Blum, Andrew, *Die Wettermacher. Wie Wetterberichte entstehen und was sie vorhersagen können,* München 2019.

Boethius, *Trost der Philosophie,* Stuttgart 2016.

Bostrom, Nick, *Superintelligence. Paths, Dangers, Strategies,* Oxford 2014.

Boyer, Pascal, *Und der Mensch schuf Gott,* Stuttgart 2004.

Bray, Dennis, *Wetwear. A Computer in Every Living Cell,* New Haven 2009.

Caldarelli, Guido, und Michele Catanzaro, *Networks. A Very Short Introduction,* Oxford 2012.

Callender, Craig (Hg.), *The Oxford Handbook of Philosophy of Time,* New York 2011.

Campion, Nicholas, *Astrology and Cosmology in the World's Religions,* New York 2012.

Carr, E. H., *Was ist Geschichte,* Stuttgart 1963.

Chalmers, Alan F., *Wege der Wissenschaft,* Berlin u. a. 2007.

Chamovitz, Daniel, *Was Pflanzen wissen*, München 2017.
Cheney, Dorothy L., und Robert M. Seyfarth, *Baboon Metaphysics. The Evolution of a Social Mind*, Chicago 2007.
Christian, David. »History and Global Identity«, in: *The Historian's Conscience: Australian Historians on the Ethics of History*, hg. v. Stuart Macintyre, S. 139–150, Melbourne 2004.
---, *A History of Russia, Central Asia and Mongolia*, Bd. 1, *Inner Eurasia from Prehistory to the Mongol Empire*. Oxford 1998, Bd. 2, *Inner Eurasia from the Mongol Empire to Today*, S. 1260–2000, Hoboken 2018.
---, »History and Science after the Chronometric Revolution«, in: Dick und Lupisella, *Cosmos & Culture*, S. 441–462.
---, *Maps of Time. An Introduction to Big History*, 2. Aufl., Berkeley 2011.
---, »The Noösphere«, in: *This Idea Is Brilliant*, hg. v. John Brockman, New York 2018.
---, *Big History. Die Geschichte der Welt – vom Urknall bis zur Zukunft der Menschheit*, München 2018.
---, »Silk Roads or Steppe Roads? The Silk Roads in World History«, *Journal of World History*, 11, 1, 2000, S. 1–26.
Churchland, Patricia, *Braintrust. What Neuroscience Tells Us about Morality*, 2011; Princeton 2018, mit neuem Vorwort.
---, *Conscience. The Origins of Moral Intuition*, New York 2019.
Marcus Tullio Cicero, *Vom Wesen der Götter*, München 1829.
---, *Von der Weissagung*, Gesammelte Werke, Maosaicum Books, Kindle-Version.
Collingwood, R. G., *Philosophie der Geschichte*, Stuttgart 1955.
Condorcet, *Entwurf einer historischen Darstellung der Fortschritte des menschlichen Geistes*, Frankfurt am Main 1976.
Cossins, Daniel, »The Time Delusion«, *New Scientist*, 6. Juli 2019, S. 32–36.
Curd, Martin, und J. A. Cover, *Philosophy of Science. The Central Issues*, New York 1998.
Danks, David, »Safe-and-Substantive Perspectivism«, in: Massimi und McCoy, *Understanding Perspectivism*, Kap. 7.

Darwin, Charles. *Insectenfressende Pflanzen,* Stuttgart 1876.

Daston, Lorraine, *Classical Probability in the Enlightenment,* Princeton 1995. Ich danke Nic Baker für den Hinweis auf dieses Buch.

Dator, James, *Jim Dator. A Noticer in Time. Selected Work, 1967–2018,* Cham 2019.

Davies, Owen, *Magic. A Very Short Introduction,* Oxford 2012.

Davies, Paul, *The Demon in the Machine. How Hidden Webs of Information Are Finally Solving the Mystery of Life,* London 2019.

Dennett, Daniel, *Philosophie des menschlichen Bewusstseins,* Hamburg 1994.

---, *Spielarten des Geistes,* München 1999.

de Rachewiltz, Igor, *The Secret History of the Mongols. A Mongolian Epic Chronicle of the Thirteenth Century,* 2 Bde., Leiden 2006.

De Vito, Stefania, und Sergio Della Sala, »Predicting the Future«, *Cortex,* 47, Nr. 8, 2011, S. 1018–1022.

Dewdney, Christopher, *The Epic Drama of the Atmosphere and Its Weather,* London 2019.

Díaz, S., J. Settele, E. S. Brondízio, H. T. Ngo, M. Guèze, J. Agard, A. Arneth, u. a. (Hg.), *IPBES (2019): Summary for Policymakers of the Global Assessment Report on Biodiversity and Ecosystem Services of the Intergovernmental Science-Policy Platform on Biodiversity and Ecosystem Services,* Bonn 2019.

Dick, Steven J., und Mark L. Lupisella (Hg.), *Cosmos & Culture. Cultural Evolution in a Cosmic Context,* Washington 2009.

Drexler, K. Eric, *Radical Abundance. How a Revolution in Nanotechnology Will Change Civilization,* New York 2013.

Dunbar, Robin, *Human Evolution. A Pelican Introduction,* New York 2014.

Dyson, Freeman, »Time without End. Physics and Biology in an Open Universe«, *Reviews of Modern Physics,* 51, 3, 1979, S. 447–460.

Egan, Chas A., und Charles H. Lineweaver, »Life, Gravity and the Second Law of Thermodynamics«, *Physics of Life Reviews,* 5, 2008, S. 225–242.

Ehrlich, Paul R., und Anne Ehrlich, *Die Bevölkerungsbombe,* Frankfurt am Main 1973.

Einstein, Albert. *Über die spezielle und die allgemeine Relativitätstheorie,* Berlin u. a. 2016.

---, »Zur Elektrodynamik bewegter Körper«, *Annalen der Physik,* 322, 10, S. 891–921.

Eisenstadt, Shmuel, »The Axial Age. The Emergence of Transcendental Visions and the Rise of Clerics«, *European Journal of Sociology / Archives Européennes de Sociologie / Europäisches Archiv für Soziologie,* 23, 2, 1982, S. 294–314.

Eldredge, Niles, und Stephen Jay Gould, »Punctuated Equilibria. An Alternative to Phyletic Gradualism«, in: *Models in Paleobiology,* hg. v. T. J. M. Schopf, S. 82–115, San Francisco 1972.

Eliade, Mircea, *Myth of the Eternal Return, or, Cosmos and History,* Princeton 1954.

Elias, Norbert, *Über die Zeit,* Frankfurt am Main 1988.

Evans-Pritchard, E. E., *Hexerei, Orakel und Magie bei den Zande,* Frankfurt am Main 1988.

Feller, William, *An Introduction to Probability Theory and Its Applications,* Bd. 1, 3. Aufl., New York 1968.

Ferguson, Adam, *An Essay on the History of Civil Society,* 3. Aufl., London, 1768.

Fernandez-Armesto, Felipe, *The World. A History,* Upper Saddle River 2007.

Feynman, Richard P., *Vom Wesen physikalischer Gesetze,* München 1993.

---, »There's Plenty of Room at the Bottom«, Vortrag auf der Jahrestagung der American Physical Society am California Institute of Technology, Pasadena, 29. Dezember 1959. http://www.zyvex.com/nanotech/feynman.html

Finney, Ben, *From Sea to Space,* Auckland 1992.

Flower, Michael A., *The Seer in Ancient Greece,* Berkeley 2008.

Foster, Russell G., und Leon Kreitzman, *Circadian Rhythms. A Very Short Introduction,* Oxford 2017.

Gallois, William, »Zen History«, *Rethinking History,* 14, 3, 2010, S. 421–440. https://doi.org/10.1080/13642529.2010.482799

Garrett, Don, *Hume. The Routledge Philosophers,* New York 2015.

Gates, Bill, *Wie wir die Klimakatastrophe verhindern*, München 2021.

Gell, Alfred, *The Anthropology of Time. Cultural Constructions of Temporal Maps and Images*, Oxford 1992.

Gerjuoy, Herbert, »The Most Significant Events of the Next Thousand Years«, in: Slaughter, *Knowledge Base of Futures Studies*, Bd. 3, T. 3.

Gerth, H. H., und C. Wright Mills (Hg.), *From Max Weber. Essays in Sociology*, London 2013.

Gibelyou, Cameron, und Douglas Northrop, *Big Ideas. A Guide to the History of Everything*, New York 2020.

Gidley, Jennifer M., *The Future. A Very Short Introduction*, Oxford 2017.

Gilbert, Stanley, *Ins Glück stolpern*, München 2006.

Gilmour, G. H., »The Nature and Function of Astragalus Bones from Archaeological Contexts in the Levant and Eastern Mediterranean«, *Oxford Journal of Archaeology*, 16, 1997, S. 167–175. Ich danke Ray Laurence für den Hinweis auf dieses Buch.

Gisin, N., »Mathematical Languages Shape Our Understanding of Time in Physics«, *Nature Physics*, 16, 2020, S. 114–16. https://doi.org/10.1038/s41567-019-0748-5

Godfrey-Smith, Peter, *Metazoa. Animal Minds and the Birth of Consciousness*, Glasgow 2020.

Goodsell, David S., *Wie Zellen funktionieren*, Heidelberg 2010.

Goodwin, Peter, *Forewarned. A Sceptic's Guide to Prediction*, London 2017.

Goody, Jack, »Time: Social Organization«, in: *International Encyclopaedia of the Social Sciences*, hg. v. David Sills, Bd. 16, S. 30–42, New York 1968.

Gopnik, Alison, *Kleine Philosophen. Was wir von unseren Kindern über Liebe, Wahrheit und den Sinn des Lebens lernen können*, Berlin 2011.

Goswami, Usha, *Child Psychology. A Very Short Introduction*, Oxford 2014.

Greer, John Michael, *The Long Descent. A User's Guide to the End of the Industrial Age*, Gabriola Island 2008.

Grinin, Anton, und Leonid Grinin, »Crossing the Threshold of Cyborgization«, *Journal of Big History*, 4, 3, 2020, S. 54–65.

Grinspoon, David, *Earth in Human Hands. Shaping Our Planet's Future*, New York 2016.

Guthrie, Stewart, *Faces in the Clouds. A New Theory of Religion*, New York 1993.

Hacking, Ian, *The Emergence of Probability*, 2. Aufl., Cambridge 2006.

---, *The Taming of Chance*, Cambridge 1990.

Hansen, William, *The Anthology of Ancient Greek Popular Literature*, Bloomington 1998.

Hawking, Stephen, *Eine kurze Geschichte der Zeit*, Reinbek 1988.

Haynes, Roslynn, »Astronomy and the Dreaming. The Astronomy of the Aboriginal Australians«, in: *Astronomy across Cultures. The History of non-Western Astronomy*, hg. v. Helaine Selin, London 2000.

Headrick, Daniel, *Macht euch die Erde untertan*, Darmstadt 2021.

Hensel, D. Gert, »H. G. Wells and the Drafting of a Universal Declaration of Human Rights«, *Peace Research*, 35, 1, 2003, S. 93–102.

Herrington, Gaya, »Update to Limits to Growth. Comparing the World3 Model with Empirical Data«, *Journal of Industrial Ecology*, 24, 2012, S. 614–626. https://advisory.kpmg.us/articles/2021/limits-to-growth.html

Hines, Andy, und Peter Bishop, *Thinking about the Future. Guidelines for Strategic Foresight*, 2. Aufl., Houston 2015.

Holmes, Dawn E., *Big Data A very short Introduction*, Oxford 2017.

Holmes, Richard. *The Age of Wonder. How the Romantic Generation Discovered the Beauty and Terror of Science*, Glasgow 2008.

Holt, Jim, *Als Einstein und Gödel spazieren gingen*, Rowohlt-E-Book, Hamburg 2020.

Hoyle, Fred. *Die schwarze Wolke*, München 1970.

Hume, David, *Traktat über die menschliche Natur*, Hamburg u. a. 1904.

Huxley, Aldous, *Schöne neue Welt*, Frankfurt am Main 1953.

I Ging. Text und Materialien, übers. von Richard Wilhelm, München, 14. Aufl., 1990.

Isaacson, Walter, *Einstein. His Life and Universe*, New York 2007.

Ismael, Jenann, *How Physics Makes Us Free*, New York, 2016.

---, »Temporal Experience«, in: *The Oxford Handbook of Philosophy of Time*, hg. v. Craig Callender, Kap. 15, S. 460–482, New York 2011.

James, Edward, und Farah Mendlesohn, »Fiction and the Future«, in: Slaughter, *Knowledge Base of Future Studies*, Bd. 1, T. 3.

James, William, *Delphi Complete Works of William James*, East Sussex 2018.

Jaspers, Karl, *Vom Ursprung und Ziel der Geschichte*, München 1949.

Johnston, Sarah Iles, *Ancient Greek Divination*, Oxford, 2008.

Kahneman, Daniel, *Schnelles Denken, langsames Denken*, München 2017.

Kaku, Michio, *Abschied von der Erde, Die Zukunft der Menschheit*, Hamburg 2019.

---, *Die Physik der Zukunft. Unser Leben in 100 Jahren*, Hamburg 2011.

Kandel, Eric, *Auf der Suche nach dem Gedächtnis. Die Entstehung einer neuen Wissenschaft des Geistes*, München 2006.

Kant, Immanuel, *Anthropologie in pragmatischer Hinsicht*, Leipzig 1833.

Kardashev, N. S., »On the Inevitability and the Possible Structures of Supercivilizations«, in: *The Search for Extraterrestrial Life: Recent Developments. Proceedings of the 112th Symposium of the International Astronomical Union Held at Boston University, Boston, Mass., U.S.A., June 18–21, 1984*, hg. v. Michael Papagiannis, S. 497–504, Dordrecht 1985.

---, »Transmission of Information by Extra-Terrestrial Civilizations«. *Soviet Astronomy*, 8, 2, 1964, S. 217–21; übers. aus *Astronomicheskii Zhurnal*, 41, 2, 1964, S. 282–287.

Kay, John, und Mervyn King, *Radical Uncertainty. Decision Making for an Uncertain Future*, London 2020.

Keightley, David N., »The Shang: China's First Historical Dynasty«, in: *The Cambridge History of Ancient China*, Cambridge 1999.

---, *These Bones Shall Rise Again. Selected Writings on Early China*, hg. v. Henry Rosemont, Albany 2014.

Kelly, Lynne, *Knowledge and Power in Prehistoric Societies. Orality, Memory and the Transmission of Culture*, Cambridge 2015.

Khayyam, Omar, *Die Sinnsprüche Omars des Zeltmachers,* aus dem Persischen von Friedrich Rosen, Wiesbaden 2008.

Kistler, Max, »Causation«, in: *The Philosophy of Science: A Companion,* hg. v. Anouk Baberousse, Denis Bonnay und Mikael Cozic, New York 2018.

Krznaric, Roman, *The Good Ancestor. How to Think Long-Term in a Short-Term World,* London 2020.

Laplace, Pierre-Simon de, *Philosophischer Versuch über die Wahrscheinlichkeiten,* Leipzig 1886.

Larson, Jennifer. *Understanding Greek Religion,* New York 2016.

LeDoux, Joseph, *Bewusstsein. Die ersten vier Milliarden Jahre,* Stuttgart 2021.

Lee, Newton (Hg.), *The Transhumanism Handbook,* Cham 2019.

Lee, Richard B., und Irven DeVore (Hg.), *Man the Hunter,* Chicago 1968.

Le Guin, Ursula, *Planet der Habenichtse,* Hamburg 1999.

Lewin, Moshe, »Popular Religion in Twentieth Century Russia«, in: *The Making of the Soviet System. Essays in the Social History of Interwar Russia,* S. 57–71, London, Methuen 1985.

Lewis-Williams, David, *Conceiving God. The Cognitive Origin and Evolution of Religion,* London 2010.

Liu, Cixin, *Trisolaris-Trilogie,* München 2017–2021.

Loeb, Avi. *Extraterrestrial. The First Sign of Intelligent Lie Beyond Earth,* London 2021.

Lovelock, James, *Unsere Erde wird überleben. Gaia – eine optimistische Ökologie,* München u. a. 1979.

Loy, David, »The Mahāyāna Deconstruction of Time«, *Philosophy East and West,* 36, 1, 1986, S. 13–23.

Luijendijk, AnneMarie, und William E. Klingshirn (Hg.), *My Lots Are in Thy Hands. Sortilege and Its Practitioners in Late Antiquity,* Leiden 2018.

Lukes, Steven, und Nadia Urbinati (Hg.), *Condorcet. Political Writing,* Cambridge 2012, S. 1–147.

Lyon, Pamela, »The Cognitive Cell. Bacterial Behavior Reconsidered«, *Frontiers in Microbiology,* 6, 2015, https://doi.org/10.3389/fmicb.

2015.00264 (Für den Hinweis auf dieses Buch danke ich Martin Robert von Universität Tohoku.)

Mack, Katie, *Das Ende von allem, astrophysikalisch betrachtet,* München 2021.

Malthus, Thomas Robert, *An Essay on the Principle of Population,* hg. v. Philip Appleman, New York 1976.

Marshack, Alexander, *The Roots of Civilization. The Cognitive Beginning of Man's First Art, Symbol and Notation,* New York 1972.

Marshall Thomas, Elizabeth, *The Old Way. A Story of the First People,* New York 2006.

Marx, Karl, *The Marx-Engels Reader,* 2. Aufl., hg. v. Robert C. Tucker, New York 1978.

Maslow, Abraham, »Symposium. Revisiting Maslow. Human Needs in the 21st Century«, in: *Society,* 54, 2017, S. 508 f., https://doi.org/10.1007/s12115-017-0198-6

---, »A Theory of Human Motivation«, *Psychological Review,* 50, 1943, S. 370–396.

Massimi, Michela, und Casey D. McCoy (Hg.), *Understanding Perspectivism. Scientific Challenges and Methodological Prospects,* New York 2019.

Mayer-Schönberger, Viktor, und Kenneth Cukier, *Big Data. Die Revolution, die unser Leben verändern wird,* München 2017.

McGrath, Ann, »Deep Histories in Time, or Crossing the Great Divide?«, in: McGrath und Jebb, *Long History, Deep Time. Deepening Histories of Place,* Canberra 2015.

McGrath, Ann, und Mary Anne Jebb (Hg.), *Long History, Deep Time. Deepening Histories of Place,* Canberra 2015.

McGrayne, Sharon B., *Die Theorie, die nicht sterben wollte,* Berlin und Heidelberg 2014.

McTaggart, J. Ellis, »The Unreality of Time«, *Mind,* 17, 68, 1908, S. 457–474.

---, »The Unreality of Time« (eine Erörterung der Argumente in McTaggarts Artikel aus dem Jahr 1908), in: *The Philosophy of Time,* hg. v. Robin Le Poidevin und Murray MacBeath, S. 23–34, Oxford 1993.

Meadows, A. J. (Jack), *The Future of the Universe*, London 2007.
Meadows, D. H., D. L. Meadows und J. Randers, *Die neuen Grenzen des Wachstums*, Stuttgart 1993.
Meadows, D. H., D. L. Meadows, J. Randers und W. W. Behrens, *Die Grenzen des Wachstums. Bericht des Club of Rome zur Lage der Menschheit*, Stuttgart 1972.
Mellor, D. H., *Real Time*, Cambridge 1981.
---, *Real Time II*, London 1998.
Mesoudi, Alex, *Cultural Evolution. How Darwinian Theory Can Explain Human Culture and Synthesize the Social Sciences*, Chicago 2011.
Miller, Walter M., *Lobgesang auf Leibowitz*, Hamburg 1959.
Mitchell, Melanie, *Complexity. A Guided Tour*, New York 2009.
Mlodinow, Leonard, *Wenn Gott würfelt, oder Wie der Zufall unser Leben bestimmt*, Reinbek 2009.
Mukherjee, Siddhartha, *Das Gen. Eine sehr persönliche Geschichte*, Frankfurt am Main 2017.
Nance, R. Damian, J. Brendan Murphy und M. Santosh, »The Supercontinent Cycle. A Retrospective Essay«, *Gondwana Research*, 25, 2014, S. 4–29.
Neale, Margo, *First Knowledges. The Power and Promise*, Port Melbourne 2020.
Newton, Isaac, *Mathematische Prinzipien der Naturlehre*, Berlin 1872.
Nissinen, Martti, Robert Kriech Ritner, Choon Leong Seow, *Prophets and Prophecy in the Ancient Near East*, Atlanta 2003.
Noble, W., und I. Davidson, »Tracing the Emergence of Modern Human Behavior. Methodological Pitfalls and a Theoretical Path«, *Journal of Anthropological Archaeology*, 12, 2, 1993, S. 121–149.
Nurse, Paul, *Was ist Leben. Die fünf Antworten der Biologie*, Berlin 2021.
Ogle, Vanessa, *The Global Transformation of Time, 1870–1950*, Cambridge 2015.
Ord, Toby, *The Precipice. Existential Risk and the Future of Humanity*, New York 2020.
O'Shea, Michael, *Das Gehirn, Eine Einführung*, Stuttgart 2008.

Our World in Data. Max Roser et al. https://ourworldindata.org

Pankenier, David W., *Astrology and Cosmology in Early China. Conforming Earth to Heaven,* Cambridge 2013.

Parke, H. W., und D. E. W. Wormell, *The Delphic Oracle.* Bd. 1, *The History;* Bd. 2, *The Oracular Responses,* Oxford 1956.

Pearl, Judea, »The Art and Science of Cause and Effect«, öffentliche Vorlesung, UCLA Faculty Research Lectureship Program, 1996, nachgedruckt als Epilog zu Pearl, *Causality. Models, Reasoning, and Inference,* New York 2009, S. 401–428. http://bayes.cs.ucla.edu/BOOK-2K/causality2-epilogue.pdf

Pearl, Judea, und Dana Mackenzie, *The Book of Why. The New Science of Cause and Effect,* London 2018.

Piketty, Thomas, *Das Kapital im 21. Jahrhundert,* München 2016.

Pinker, Steven, *Gewalt, eine neue Geschichte der Menschheit,* Frankfurt am Main 2011.

---, *Wie das Denken im Kopf entsteht,* Frankfurt am Main 2012.

---, *Der Sprachinstinkt. Wie der Geist die Sprache bildet,* München 1998.

Plotkin, Henry, *Darwin Machines and the Nature of Knowledge,* Cambridge, MA, 1994.

Plutarch, *Cäsar,* Stuttgart 2015.

Polak, Fred, *The Image of the Future,* Amsterdam 1973.

Porter, Roy. *Die Kunst des Heilens,* Heidelberg, Berlin 2000.

Price, Huw, *Time's Arrow and Archimedes' Point. New Directions for the Physics of Time,* New York 1997.

Randers, Jørgen, *2052. Der neue Bericht an den Club of Rome. Eine globale Prognose für die nächsten 40 Jahre,* München 2014.

Raphals, Lisa, *Divination and Prediction in Early China and Ancient Greece,* Cambridge 2013.

Raskin, Paul, *Journey to Earthland. The Great Transition to Planetary Civilization,* Boston 2016.

Raworth, Kate, *Die Donut-Ökonomie. Endlich ein Wirtschaftsmodell, das den Planeten nicht zerstört,* München 2020.

Rawson, Elizabeth, *Cicero. A Portrait,* Bristol 2001.

Rees, Martin, *Just Six Numbers. The Deep Forces that Shape the Universe,* New York 2000.

---, *Unsere Zukunft. Perspektiven für die Menschheit,* Darmstadt 2020.

Rescher, Nicholas, *Predicting the Future. An Introduction to the Theory of Forecasting,* Albany 1998.

---, »Predicting and Knowability. The Problem of Future Knowledge«, in: *The Limits of Science,* Bd. 109, *Poznan Studies in the Philosophy of Humanities and the Sciences,* hg. v. W. J. Gonzalez, S. 115–133, Leiden 2016.

Riahi, Keywan, Detlef P. van Vuuren, Elmar Kriegler, Jae Edmonds, Brian C. O'Neill, Shinichiro Fujimori, Nico Bauer u. a. (Hg.), »The Shared Socio-economic Pathways and Their Energy, Land Use, and Greenhouse Gas Emissions Implications. An Overview«, *Global Environmental Change,* 42, 2017, S. 153–168.

Richerson, Peter J., »An Integrated Bayesian Theory of Phenotypic Flexibility«, *Behavioral Processes,* 161, 2019, S. 54–64.

Richerson, Peter J., Robert Boyd und Robert L. Bettinger, »Was Agriculture Impossible during the Pleistocene but Mandatory during the Holocene? A Climate Change Hypothesis«, *American Antiquity,* 66, 3, 2001, S. 387–411.

Riggs, Peter, »Contemporary Concepts of Time in Western Science and Philosophy«, in: McGrath und Jebb, *Long History, Deep Time,* S. 47–66.

Robinson, Kim Stanley, »The Realism of Our Times. Kim Stanley Robinson on How Science Fiction Works«, Interview mit John Plotz, *Public Books,* 23. September 2020, https://www.publicbooks.org/the-realism-of-our-times-kim-stanley-robinson-on-how-science-fiction-works

---, *Die Mars-Triologie,* München 2015.

Rockström, Johan, und Mattias Klum, *Big World. Small Planet,* Stockholm 2015.

Rorvig, Mordechari, »How to Spot an Alien Megastructure«, *New Scientist,* 30. Januar 2021, S. 45–47.

Rose, Deborah Bird, *Dingo Makes Us Human. Life and Land in an Australian Aboriginal Culture,* Cambridge 2000.

Rosenbaum, S., »100 Years of Heights and Weights«, *Journal of the Royal Statistical Society*, Series A (Statistics in Society), 151, 2, 1988, S. 276–309.

Rosling, Hans, und Ola Rosling, *Factfulness. Ten Reasons We're Wrong about the World – and Why Things Are Better Than You Think*, London 2018.

Roth, Gerhard, *The Long Evolution of Brains and Minds*, New York 2013.

Russell, Bertrand, *Philosophie des Abendlandes. Ihr Zusammenhang mit der politischen und der sozialen Entwicklung*, Köln 2007.

---, »Psychological and Physical Causal Laws«, in: *Basic Writings*, S. 288 (aus *The Analysis of Mind*, London und New York 1921).

Russell, Stuart, *Human Compatible, künstliche Intelligenz und wie der Mensch die Kontrolle über superintelligente Maschinen behält*, Frechen 2020.

Ryan, W. F., *The Bathhouse at Midnight. An Historical Survey of Magic and Divination in Russia*, University Park 1999.

Rynasiewicz, Robert, »Newton's Views on Space, Time, and Motion«, *The Stanford Encyclopedia of Philosophy*. http://plato.stanford.edu/archives/fall2008/entries/newtonstm/

Sabrin, Kaeser M. u. a., »The Hourglass Organization of the C. elegans Connectome«, *BioRxiv: The Preprint service for Biology*, 5. April 2019, https://www.biorxiv.org/content/10.1101/600999v2

Safina, Carl, *Die Kultur der wilden Tiere. Wie Wale Familien gründen, Papageien Schönsein lernen und Schimpansen Frieden schließen*, München 2022. Ich danke Rida Vaquas für diesen Literaturhinweis.

Sagan, Carl, *Nachbarn im Kosmos, Leben und Lebensmöglichkeiten im Universum*, Cambridge 2000.

Sahlins, Marshal, »The Original Affluent Society«, in: *Stone Age Economics*, S. 1–39. London 1974.

Sardar, Ziauddin, *Future. All That Matters*, London 2013.

Sargent, Lyman Tower, *Utopianism. A Very Short Introduction*, Oxford 2010.

Scheidel, Walter, *Nach dem Krieg sind alle gleich. Eine Geschichte der Ungleichheit*, Darmstadt 2018.

Schrödinger, Erwin, *Was ist Leben?*, München 1987, Piper-E-Book, Kindle-Version.

Schroeter, John (Hg.), *After Shock. The World's Foremost Futurists Reflect on 50 Years of Future Shock – and Look Ahead to the Next 50*, Bainbridge Island, WA, 2020.

Schwab, Klaus, mit Peter Vanham, *Stakeholder Kapitalismus. Wie muss sich die globale Welt verändern, damit sie allen dient? Vorschläge des Weltwirtschaftsforum-Gründers*, Weinheim 2022.

Schwartz, Peter, *The Art of the Long View. Planning for the Future*, Sydney 1996.

Seth, Anil, *Being You. A New Science of Consciousness*, London 2021.

Shah, Karina, »Complex Life's Days Are Numbered«, *New Scientist*, 6. März 2021, S. 12.

Shapin, Steven, *The Scientific Revolution*, Chicago 1996.

Sheldrake, Merlin, *Entangled Life. How Fungi Make Our Worlds, Change Our Minds, and Shape Our Futures*, New York 2020.

Shostak, Seth, »The Value of ›L‹«, in: Dick und Lupisella, *Cosmos & Culture. Cultural Evolution in a Cosmic Context*, S. 399–414.

Silver, Nate, *Die Berechnung der Zukunft*, München 2013.

Simard, Suzanne, *Finding the Mother Tree. Uncovering the Wisdom and Intelligence of the Forest*, New York 2021.

Sinclair, David A., und Matthew D. LaPlante, *Das Ende des Alterns*, München 2020.

Slaughter, Richard A. (Hg.), *Knowledge Base of Futures Studies [KBFS]*, Hawthorn, CD-ROM Professional ed., 2005.

Smil, Vaclav, *Harvesting the Biosphere. What We Have Taken from Nature*, Cambridge, MA, 2013.

---, *Numbers Don't Lie. 71 Things You Need to Know about the World*, New York 2020.

Smolin, Lee. *Warum gibt es die Welt? Die Evolution des Kosmos*, München 1999.

Sornette, Didier, »Dragon-kings, Black Swans, and the Prediction of Crises«, *International Journal of Terraspace Science and Engineering*, 2, 1, 2009, S. 1–18.

Srubar, Will, »Buildings Grown by Bacteria – New Research Is Finding Ways to Turn Cells into Mini-Factories for Materials«, *The Conversation*, 23. März 2020. https://theconversation.com/buildings-grown-by-bacteria-new-research-is-finding-ways-to-turn-cells-into-mini-factories-for-materials-131279

Stableford, Brian, und David Langford, *The Third Millennium. A History of the World, AD 2000–3000*, London 1985.

Stapledon, Olaf, *Sternenschöpfer, Star Maker*, Lüneburg 2022.

Steffen, Will, Wendy Broadgate, Lisa Deutsch, Owen Gaffney und Cornelia Ludwig, »The Trajectory of the Anthropocene. The Great Acceleration«, *Anthropocene Review*, 2, 1, 2015, S. 81–98.

Stewart, Ian, *Wetter, Viren und Wahrscheinlichkeit. Wie wir die Ungewissheiten des Lebens berechenbar machen, Do Dice Play God?*, Hamburg 2022.

Stewart, Randall, *The Sortes Barberinianae within the Tradition of Oracular Texts*, Kap. 8, in: Luijendijk und Klingshirn, *My Lots Are in Thy Hands*.

Strathern, Oona, *A Brief History of the Future*, London 2007.

Swain, Tony, *A Place for Strangers. Toward a History of Australian Aboriginal Being*, Melbourne 1993.

Swirski, Peter (Hg.), *A Stanislaw Lem Reader*, Evanston 1997.

Szostak, Rick, *Making Sense of the Future*, New York 2022.

Taleb, Nassim Nicholas, *Der schwarze Schwan, Die Macht höchst unwahrscheinlicher Ereignisse*, München 2018.

Tedlock, Barbara, »Toward a Theory of Divinatory Practice«, *Anthropology of Consciousness*, 17, 2, 2008, S. 62–77.

»Temporalities«, *Forum in Past and Present*, 243, 2019.

Thomas, N., und C. Humphrey (Hg.), *Shamanism. History and the State*, Ann Arbor 1994.

Tomasello, Michael, *Warum wir kooperieren*, Berlin 2017.

Toner, J., *Popular Culture in Ancient Rome*, Cambridge 2009.

Toulmin, Stephen, und June Goodfield, *The Discovery of Time*, Chicago 1965.

Turner, G. M., »A Comparison of The Limits to Growth with 30 Years

of Reality«, *Global Environmental Change,* 18, 3, 2008, S. 397–411, https://doi.org/10.1016/j.gloenvcha.2008.05.001
---, »Is Global Collapse Imminent? An Updated Comparison of The Limits to Growth with Historical Data«, *MSSI Research Paper,* 4, Melbourne Sustainable Society Institute 2014. https://sustainable.unimelb.edu.au/publications/research-papers/is-global-collapse-imminent
United Nations Environment Programme. *Making Peace with Nature.* 2021. https://www.unep.org/events/unep-event/launch-unep-making-peace-nature-report
Urry, John, *What Is the Future?,* London 2016.
Vitebsky, Piers, *The Shaman,* Basingstoke 1995.
Vollset, Stein Emil, Emily Goren, Chun-Wei Yuan, Jackie Cao, Amanda E. Smith, Thomas Hsiao, Catherine Bisignano u. a., »Fertility, Mortality, Migration, and Population Scenarios for 195 Countries and Territories from 2017 to 2100: A Forecasting Analysis for the Global Burden of Disease Study«, *Lancet,* 396, 10258, 2020, S. 1285–1306, https://doi.org/10.1016/S0140-6736(20)30677-2
Voros, Joseph, »Big Futures: Macrohistorical Perspectives on the Future of Humankind«, in: *The Ways That Big History Works. Cosmos, Life, Society and Our Future,* Bd. 3, von *From Big Bang to Galactic Civilizations. A Big History Anthology,* hg. v. Barry Rodrigue, Leonid Grinin und Andrey Korotayev, S. 403–436. Delhi 2017.
---, »Big History and Anticipation: Using Big History as a Framework for Global Foresight«, in: *Handbook of Anticipation. Theoretical and Applied Aspects of the Use of the Future in Decision Making,* hg. v. R. Poli, Cham (Schweiz) 2017, https://doi.org/10.1007/978-3-319-31737-3_95-1
---, »On the Philosophical Foundations of Futures Research«, in: *Knowing Tomorrow? How Science Deals with the Future,* hg. v. P. van der Duin, Kap. 5, S. 69–90, Delft, 2007.
Wagar, W. Warren, »H. G. Wells and the Genesis of Future Studies«, in: Slaughter, *Knowledge Base of Futures Studies,* Bd. 1, S. 1.
---, *A Short History of the Future,* 3. Aufl., Chicago 1999.

Waldrop, M. Mitchell, *Inseln im Chaos. Die Erforschung komplexer Systeme,* Reinbek 1996.

Walls, Jerry (Hg.), *The Oxford Handbook to Eschatology,* Oxford 2010.

Watts, Duncan J., »The ›New‹ Science of Networks«, *Annual Review of Sociology,* 30, 2004, S. 243–270.

Weart, Spencer, »The Development of the Concept of Dangerous Anthropogenic Climate Change«, in: *The Oxford Handbook of Climate Change and Society,* hg. v. John Dryzek, Richard B. Norgaard und David Schlosberg, S. 67–81, Oxford 2011.

Weaver, Warren, *Die Glücksgöttin,* München 1964.

Wells, H. G., »The Discovery of the Future«, *Nature,* 6. Februar, 1902, S. 326–331.

---, *The Outline of History,* New York 1920.

---, *The Rights of Man; or, What Are We Fighting For?,* 1940, London 2015, mit einer Einführung von Ali Smith.

---, *Die Zeitmaschine. Eine Erfindung,* Zürich 1974.

Westfall, Richard S., *The Life of Isaac Newton,* Cambridge 1993.

Whitehead, A. N., *Abenteuer der Ideen,* Frankfurt am Main 2000.

Wilczek, Frank, *Fundamentals. Die zehn Prinzipien der modernen Physik,* München 2021.

Wohlleben, Peter, *Das geheime Leben der Bäume, was sie fühlen, wie sie kommunizieren. Die Entdeckung einer verborgenen Welt,* Frankfurt am Main u. a. 2016.

Wolchover, Natalie, »Does Time Really Flow? New Clues Come from a Century-Old Approach to Math«, *Quanta Magazine,* 7. April 2020.

Wolpert, Lewis, *Developmental Biology,* Oxford 2011.

Wood, Barry, »Big History and the Study of Time: The Underlying Temporalities of Big History«, in: Benjamin, Quaedackers und Baker, *The Routledge Companion to Big History,* S. 37–56.

Woodburn, James, »Egalitarian Societies«, *Man, the Journal of the Royal Anthropological Institute,* 17, 3, 1982, S. 432–451.

Wooton, David, *The Invention of Science. A New History of the Scientific Revolution,* New York 2015.

Wordsworth, Jonathan, und Jessica Wordsworth (Hg.), *The Penguin Book of Romantic Poetry,* London 2003.

Zimmer, Carl, *Microcosm. E. Coli and the New Science of Life*, New York 2009.

Zinkina, Julia, Leonid Grinin, Ilya Ilyin, Alexey Andreev, Ivan Aleshkovskii und Andrey Korotayev, *Big History of Globalization. From the Big Bang to Modernity*, Cham 2018.